第1卷

从初等数学到高等数学

彭翕成 著

中国科学技术大学出版社

内 容 简 介

本书是希望在中学数学和高等数学之间搭一座桥梁.以中学数学为起点,逐步展示高等数学的基本思想和方法,便于大学新生快速适应高度抽象的高等数学.反过来,介绍如何把握高等数学的高观点,更好地服务于中学数学的教与学.

本书用数学分析、线性代数和高等几何等现代数学的思想方法解释和理解中学数学,力求用通俗易懂的语言,深入浅出地揭示现代数学的思想方法,找出现代数学与中学数学的结合点,从高观点来引领初等数学,指导中学数学教学.

本书案例翔实,思想新颖,方法简明,可启迪读者的思维,开阔读者的视野,提高读者提出问题、分析问题与解决问题的能力,适合高中学生、教师、师范生,以及数学教育研究者参考.

图书在版编目(CIP)数据

从初等数学到高等数学.第 1 卷/彭翕成著.—合肥:中国科学技术大学出版社,2017.1
(2023.3 重印)

ISBN 978-7-312-03792-4

Ⅰ.从… Ⅱ.彭… Ⅲ.数学教学—教学研究 Ⅳ.O1-4

中国版本图书馆 CIP 数据核字(2016)第 254194 号

从初等数学到高等数学(第 1 卷)

CONG CHUDENG SHUXUE DAO GAODENG SHUXUE(DI 1 JUAN)

出版	中国科学技术大学出版社
	安徽省合肥市金寨路 96 号,230026
	http://press.ustc.edu.cn
	https://zgkxjsdxcbs.tmall.com
印刷	安徽国文彩印有限公司
发行	中国科学技术大学出版社
开本	787 mm×1092 mm 1/16
印张	18.25
字数	403 千
版次	2017 年 1 月第 1 版
印次	2023 年 3 月第 8 次印刷
定价	58.00 元

前　言

学习高等数学,对中学数学教学有何帮助? 这是很多师范生常有的疑惑.这个疑惑甚至等到他们走上工作岗位还未消除.

如果有师范生跑去问他的大学老师,老师可能会这么回答:

深入才能浅出,居高才能临下.

要给学生一杯水,教师必须有一桶水.

只有深刻掌握了数学的思想、方法,对数学本质认识清楚,才能高屋建瓴,胸有成竹.

学习了高等数学去教初等数学,遇到一些看似平凡的内容,你可以看出内在的不平凡,这叫举轻若重.遇到一些在初等数学里解释不清的疑难问题,则可透过本质,轻松化解,这叫举重若轻.

……

如果师范生追问:能否举例说明,我怎么感觉大学四年所学对将来的中学教学好像帮助不大,特别是偏微分方程、复变函数这些课程?

这时大学老师常常语塞,大多又会回到前面那些大道理:"居高临下,深入浅出……".

大道理好讲,具体细致的工作不好做.

其实这个问题由来已久,也不只是困惑师范生和中学老师.这个问题也引起了很多专家学者的思考,他们也尝试着回答它.

F·克莱因曾提出一个名词——双重忘记,意思是进入大学学习高等数学忘记了中学数学,毕业后去当中学教师又忘记了高等数学.

双重忘记,这是很多人的感受.进入大学学习,感觉不到大学数学和高中数学有什么联系,好像是重新学习一个新东西,而不是在前面的基础上提升.而走上中学教师的岗位之后,所学的高等数学知识又不大用得上.

F·克莱因为了解决这一问题,写了《高观点下的初等数学》,这已经成为数学教育研究领域的经典名著.

此后,类似著作不断涌现,如张奠宙、邹一心的《现代数学与中学数学》算得上代表性著作.若不纠结于书名,很多名家所写的普及性著作都可以算作此类,如上海教育出版社的《初等数学论丛》、中国科学技术大学出版社的《数林外传系列》等.

初等数学研究,是一个大课题;高等数学研究,又是一个大课题.将两者综合研究,涵盖更广,且绝不是两者的简单相加.对于这么大的一个课题,也绝不是几个人,发几篇文章,出几本书就能研究清楚的.需要不断有人研究,向前推进.更何况,初等数学和高等数学的研究内容也在不断变化着.

那如何研究初等数学和高等数学二者之间的关系呢? 角度有很多.F·克莱因作为著名的数学家,由于自身深厚的数学功底,他选择了居高临下这个角度.这样的研究角度可以让人看清楚一些初等数学问题的背景,提高数学修养.但这样写也存在一些问题,譬如在某些问题上,作者所站高度过高,超出了一般读者的接受能力;又如作者主要是以数学家的身份在写这本书,与中学数学的联系较少.

能否从初等数学出发,向高等数学走去呢? 这当然也是可以考虑的一个研究角度.这也正是本书书名的来由.

"从",表示出发点;"到",表示希望前进的方向.

有读者看了我这方面的几篇文章,问:"为何你研究这么浅? 找的题目大多是初等数学能解决的,你为何不多找些初等数学解决不了的? 这才能凸显出高等数学的优势."

这是由于这位读者对我的写作定位不了解.我的立足点就是初等数学,希望向高等数学走去,但能走到哪一阶段,不好说.如果是要找一些初等数学解决不了的问题,这太容易了,高等数学习题集里比比皆是.但要找一些题目,可以从初等数学和高等数学两个角度来思考,从而加深对数学的理解,这才是不容易的.

必须承认,与《高观点下的初等数学》相比,《从初等数学到高等数学》在书名上弱了不少.这一方面是因为我学识有限,谈不出什么高观点,就算想鼓足勇气,做个虚假广告,冒充高观点,但也怕读者质疑:凭什么说你的观点高? 高在哪? 献丑不如藏拙,因此还是老实一点为好.另一方面,是因为我也受到了弗赖登塔尔的影响.

弗赖登塔尔曾问:为什么中学数学和大学数学之间缺口的弥补工作拖延了这么久,至今仍未实现? 随着数学的社会重要性日益增加,沟通缺口的迫切要求也更强烈.今天我们若想实现F·克莱因的想法,去教"高观点下的初等数学",就必须从接近中学数学的较低水平做起.

这说明,高观点和低起点并不是对立的.

关于初等数学和高等数学的界定,学术界一直没有定论.

龚昇先生认为:"将微积分称为高等数学是习惯上的说法,微积分在牛顿时代自然是高等的,现在看来,只能说是数学的初步知识."

单墫先生表示:"其实研究本身并无高等、初等的分别.得到高深的结论是新发现,解决初等的问题同样是新发现,都是人类向未知领域的迈进.而且很多人们耳熟能详的大问题,如费马大定理,如哥德巴赫问题,论起它们的出身,无不属于初等数学."

而在本书中,则认为使用了导数、行列式这些知识就算是高等数学了,虽然这些知识在某些地区的中学教材中已经出现.

我从读大学起就研究这一问题,主要是从以下几个角度入手:

(1) 对照初、高中教材,查看每一个知识点,想想用高等数学知识怎么看待;

(2) 对照大学教材,查看每一个知识点,想想如何与中学数学知识联系;

(3) 想想哪些中学知识是大学里用得比较多的,初等数学起到了什么样的基础作用;

(4) 在解题中学习理解数学知识,找一些题目,分别用初等数学、高等数学两个视角看,有的还给出多种解法进行对比.

还有一些着眼点,一散开,比最初想象的篇幅大很多,所以最后决定先将精力集中在微积分和线性代数上.将来若有机会,再考虑出版续集,甚至是系列丛书.

我虽有这么宏伟的设想,但也清楚,自己不是写这书的最佳人选.我一不在中学教书,二不教高等数学,属于两不靠.我认识一些对中学数学和大学数学都有研究的朋友,也曾"怂恿"他们来写这方面的书籍,因为我觉得他们能比我做得更好,但他们有的说忙,有的则过于自谦.

说实话,找他们多了心里也烦.蜀之鄙有二僧,说起去南海,当然富和尚更有优势,但最终却是穷和尚先去了.求人不如求己,自己动手,丰衣足食.我尝试着做这个工作,也算对大学时代苦苦思考的这一问题做个交代,也希望给还在思考这个问题的朋友一些启发.

我曾经将本书的部分章节发表在新浪博客上,得到了读者的鼓励,他们都期待着本书早日出版,特别是彭翕成 QQ 读者群(306162497)里的朋友.他们说:"早点出版,即使并不是那么完美,您这么用心做这件事情,相当不容易了.相信您这本书的出版,必将带动这个课题的研究,以及相关书籍的出版."

安慰的话,是不大可靠的,我也一向不信抛砖引玉这个说法.不然可做个实验,别人抛个砖,你真的愿意抛个玉吗? 玉要出来,是自己想出来的,和前面的砖关系不大.

只能说,写这本书,我尽力了,真的是集腋成裘.图书馆十多排微积分、线性代数习题集都快被我翻遍了.因为我固执地认为:"居高临下,深入浅出"这样的大道理当然是没有错的,但"居高临下,深入浅出"如何操作,却少有人提,语焉不详.要想真的说服人,还得要一个个具体的案例.目前已有的好案例还不多,很多书籍都是抄来抄去,可恭维为经典案例长盛不衰,也可讥笑为老生常谈,所以很有必要扎扎实实做一些案例整理和创新研究.

本书假定读者群为:数学教育方向的师范生,刚进入大学对高等数学学习不适应而希望借助初等数学基础研究高等数学的大一新生,学有余力特别是希望参加自主招生的高中生,大学、中学数学老师,以及广大的数学教育研究者、数学解题研究者.

如果本书将来某一天能成为师范生用的教材,或是中学老师进修的讲义,我将感到无比高兴.

我的老师张景中先生多次语重心长地对我说:"你要是懂一点微积分就好了,那么你可以做更深入一点的研究."可见在张师看来,我是一点微积分都不懂的.现在却偏偏出版了这样一本书,写得如何,只能由读者来评判了.欢迎读者批评指正.

本书初稿由杨春波老师校对,本书重印吸收了李有贵、熊金鑫、杨春波、陈起航等老师的建议,使得本书得到进一步的优化,在此表示感谢.

本书出版得到以下课题资助:

(1) 国家科技支撑计划课题(2014BAH22F01):中小学师资培训公共服务体系关键技术及标准规范研究;

(2) 华中师范大学中央高校基本科研业务费专项资金(CCNU15A02006):面向几何教学的几何约束算法研究.

彭翕成 QQ 读者群:306162497,微信公众号:彭翕成讲数学,邮箱:pxc417@126.com.

彭翕成

2016 年中秋节于武昌桂子山

目　录

1 ▶ 一题多解　架构初等、高等数学桥梁

一题多解,是解题研究中长盛不衰的研究点.

用多种方法解答同一道数学题,其好处是明显的.不仅将多个知识点,以同一道题为载体串联起来,达到牢固掌握和运用所学知识的目的,更重要的是,通过多角度的思考,不同解法的分析比较,可以寻找到解题的最佳途径和方法,培养创造性思维和能力.

谷超豪先生有这样一首诗:

"人言数无味,我道味无穷.良师多启发,珍本富精蕴.解题岂一法,寻思求百通.幸得桑梓教,终生为动容."

这首诗是谷先生为母校温州中学 90 周年校庆所作的,感谢母校的培养.其中"解题岂一法,寻思求百通"一句可理解成一题多解的研究,使得单个知识形成知识网络,一通百通.

丘成桐先生在北师大附中 110 周年校庆的演讲中,也极力推崇一题多解.

"我听说很多小学或是中学的老师希望学生用规定的方法学习,得到老师规定的答案才给满分,我觉得这是错误的.

"数学题的解法是有很多的,比如勾股定理的证明方法有几十种,不同的证明方法帮助我们理解定理的内容.19 世纪的数学家高斯,用不同的方法构造正十七边形,不同的方法来自不同的想法,不同的想法导致不同方向的发展.

"所以数学题的每种解法有其深厚的意义,你会领会不同的思想,所以我们要允许学生用不同的方法来解决."

一题多解的研究由来已久.同一个问题,用代数方法解,用几何方法解,用三角方法解……这些解法大都局限在初等数学领域.

而近年来,将一个问题用初等数学和高等数学的方法来解决,成为研究热点.这一方面是由于越来越多的高考题、竞赛题,特别是自主招生题,都或隐或现有着高等数学的背景,另一方面也由于中小学老师对高观点下的解题研究越发重视,特别是高校教师的参与,使得初等数学和高等数学的结合更加紧密.

高等数学和初等数学并没有严格的界限.

徐利治先生也认为:"由于数学科学是一个有机统一体,许多分支学科都有共同的客观本原,这就决定了初等数学与高等数学必然是互通的.例如,高等数学中的许多基本概念与思想方法,都可以在初等数学中找到它们的具体背景和原型.另一方面,又可以看到初等数学中的一些命题、公式和定理如何在高等数学中取得应用上更为宽广的抽象形式.诸如此类,都说明了初等、高等数学在内容与方法上的统一性."

众所周知,已故的杰出数学家华罗庚与匈牙利著名数学家爱多士等都特别重视用初等方法求解高等数学问题,以及用初等方法证明高等数学定理.事实上,数学中的初等方法和初等证明最能揭示问题与定理的本质,还能显示数学美的特征,故最能激发和满足人们的好奇心和审美情趣.正是这个原因,20世纪40年代中期美国数学学会将菲尔兹奖颁发给了塞尔贝格,以奖赏他用初等方法证明了素数理论中的核心定理——素数分布定理.

中学老师回过头来学习高等数学,其目的还是要落脚在初等数学问题上.基于此,我们认为可以寻找一些题目,分别用高等数学和初等数学方法来解,互相对比看看各自的特色,加深对高等数学和初等数学的理解.这些题目自然也成了沟通高等数学和初等数学之间天然的桥梁.

1.1 代　　数

例1　a,b,c 为实数,若 $ax+by=1,bx+cy=1,cx+ay=1,ac-b^2\neq0$,求证:$ab+bc+ca=a^2+b^2+c^2$.

证法1　由 $ax+by=1,bx+cy=1$ 得 $acx+bcy=c,b^2x+bcy=b$,两式相减得 $x=\dfrac{b-c}{b^2-ac}$.同理得 $y=\dfrac{b-a}{b^2-ac}$,代入 $cx+ay=1$ 得 $c\,\dfrac{b-c}{b^2-ac}+a\,\dfrac{b-a}{b^2-ac}=1$,所以 $ab+bc+ca=a^2+b^2+c^2$.

看到上述题目和解答,第一感觉就是条件 $ac-b^2\neq0$ 多余.因为上述证明稍加改写,就可去掉这个条件.

证法1改写　由 $ax+by=1,bx+cy=1$ 得 $acx+bcy=c,b^2x+bcy=b$,两式相减得 $(b^2-ac)x=b-c$.同理得 $(b^2-ac)y=b-a$,代入 $cx+ay=1$,即 $(b^2-ac)cx+a(b^2-ac)y=b^2-ac,c(b-c)+a(b-a)=b^2-ac$,所以 $ab+bc+ca=a^2+b^2+c^2$.

这样一来,b^2-ac 不出现在分母上,不管其是否为0,都不受影响.至于将 $cx+ay=1$ 两边同乘以 b^2-ac,也无须考虑 b^2-ac 是否为0.

证法2(武汉陈起航提供)

$$ab + bc + ca = ab(ax + by) + bc(bx + cy) + ca(cx + ay)$$
$$= a^2(bx + cy) + b^2(cx + ay) + c^2(ax + by) = a^2 + b^2 + c^2.$$

证法 3

$$ab + bc + ca - a^2 - b^2 - c^2 = \begin{vmatrix} a & b & -1 \\ c & a & -1 \\ b & c & -1 \end{vmatrix} = \begin{vmatrix} a & b & ax+by-1 \\ c & a & cx+ay-1 \\ b & c & bx+cy-1 \end{vmatrix} = \begin{vmatrix} a & b & 0 \\ c & a & 0 \\ b & c & 0 \end{vmatrix} = 0.$$

证法 4 方程组 $\begin{cases} ax + by - 1 = 0 \\ bx + cy - 1 = 0 \\ cx + ay - 1 = 0 \end{cases}$ 有非零解 $(x, y, -1)$，所以 $\begin{vmatrix} a & b & 1 \\ b & c & 1 \\ c & a & 1 \end{vmatrix} = 0$，展开得 ab

$+ bc + ca = a^2 + b^2 + c^2$.

后面三种证法表明，无须考虑 $b^2 - ac$ 是否为 0. 题目中加上 $ac - b^2 \neq 0$ 这一条件，可能是命题者为了降低难度，考虑到中学生更习惯 $x = \dfrac{b-c}{b^2 - ac}$，而不是 $(b^2 - ac)x = b - c$.

进一步想，就会发现条件 $ac - b^2 \neq 0$ 纯属画蛇添足. 因为所求等式 $ab + bc + ca = a^2 + b^2 + c^2$ 可转化为 $(a-b)^2 + (b-c)^2 + (c-a)^2 = 0$，等价于 $a = b = c$，可推出 $ac - b^2 = 0$. 这意味着条件 $ac - b^2 \neq 0$ 不仅多余，而且还造成了矛盾. 添上脚的蛇也就不再是蛇，添上矛盾条件的题也就不再是合格的题了.

例 2 证明：设 a, b, c 互不相等，则
$$\frac{a^3}{(a-b)(a-c)} + \frac{b^3}{(b-c)(b-a)} + \frac{c^3}{(c-a)(c-b)} = a + b + c.$$

证法 1 改证
$$-a^3(b-c) - b^3(c-a) - c^3(a-b) = (a+b+c)(a-b)(b-c)(c-a).$$
根据对称性，只研究 a 即可. 显然两边 a^3 的系数都是 $-(b-c)$，而 a 的系数左边为 $b^3 - c^3$，右边为 $(b-c)(-bc + bc + c^2 + b^2 + bc) = b^3 - c^3$，所以原式成立.

证法 2 设 $D = \begin{vmatrix} a^3 & b^3 & c^3 \\ a & b & c \\ 1 & 1 & 1 \end{vmatrix}$，按第一行展开得

$$D = a^3(b-c) + b^3(c-a) + c^3(a-b).$$

而

$$D = \begin{vmatrix} a^3 - b^3 & b^3 - c^3 & c^3 \\ a - b & b - c & c \\ 0 & 0 & 1 \end{vmatrix} = (a-b)(b-c) \begin{vmatrix} a^2 + ab + b^2 & b^2 + bc + c^2 \\ 1 & 1 \end{vmatrix}$$

$$= (a-b)(b-c)(a^2 + ab - c^2 - bc) = (a-b)(b-c)(a-c)(a+b+c).$$

两边同除以$(a-b)(b-c)(a-c)$,命题得证.

例3 已知a,b,c为互不相等的三个实数,证明:$\dfrac{a-b}{1+ab}+\dfrac{b-c}{1+bc}+\dfrac{c-a}{1+ca}$不为0.

证法1 只需证明

$$F(a,b,c)=(a-b)(1+bc)(1+ca)+(b-c)(1+ab)(1+ca)$$
$$+(c-a)(1+ab)(1+bc)$$

不为0即可.而

$$F(a,b,c)=(a-b)(1+bc)(1+ca)+(b-c)(1+ab)(1+ca)$$
$$+(c-a)(1+ab)(1+bc)$$
$$=(a-b)+(a^2-b^2)c+(ca-bc)abc$$
$$+(b-c)+(b^2-c^2)a+(ab-ca)abc$$
$$+(c-a)+(c^2-a^2)b+(bc-ab)abc$$
$$=(a-b)(b-c)(c-a)\neq 0.$$

证法2 设$a=\tan\alpha,b=\tan\beta,c=\tan\gamma$,其中$\alpha,\beta,\gamma\in\left(-\dfrac{\pi}{2},\dfrac{\pi}{2}\right)$.由$a,b,c$互不相等可知$\alpha,\beta,\gamma$互不相等.

$$\dfrac{a-b}{1+ab}+\dfrac{b-c}{1+bc}+\dfrac{c-a}{1+ca}=\dfrac{\tan\alpha-\tan\beta}{1+\tan\alpha\tan\beta}+\dfrac{\tan\beta-\tan\gamma}{1+\tan\beta\tan\gamma}+\dfrac{\tan\gamma-\tan\alpha}{1+\tan\gamma\tan\alpha}$$
$$=\tan(\alpha-\beta)+\tan(\beta-\gamma)+\tan(\gamma-\alpha)$$
$$=[1-\tan(\alpha-\beta)\tan(\beta-\gamma)]\tan[(\alpha-\beta)+(\beta-\gamma)]$$
$$+\tan(\gamma-\alpha)$$
$$=\tan(\alpha-\beta)\tan(\beta-\gamma)\tan(\gamma-\alpha)\neq 0.$$

证法3 固定a,b,将c视为变量x,考虑函数$F(a,b,x)=(a-b)(1+bx)(1+ax)$$+(b-x)(1+ab)(1+ax)+(x-a)(1+ab)(1+bx)$中$x^2$的系数$(a-b)ab-a(1+ab)$$+(1+ab)b=b-a\neq 0$,所以$F(a,b,x)$为二次多项式,且二次项系数不为0,至多有两个零点,而显然$x=a$和$x=b$是$F(a,b,x)$的零点,所以不存在其他的零点.而a,b,c互不相等,所以$F(a,b,c)\neq 0$.

评析 证法1属于初中解法,靠的是耐心细致,不怕麻烦,多项式展开时注意对称性,方便消去.证法2是根据表达式的形式,联想三角公式,进行转化.证法3看似和证法1类似,但存在本质的不同,利用了多项式方程根的个数来分析.

有些人看到$\dfrac{a-b}{1+ab}$马上就进行三角代换,已经形成了条件反射.我们也要想一想,代数问题能否用代数方法解决?能否不用高中知识,初中方法也能解决?

例4 已知$(z-x)^2-4(x-y)(y-z)=0$,求证:$x-y=y-z$.

证法 1 由于

$$(z-x)^2 - 4(x-y)(y-z) = [(x-y)+(y-z)]^2 - 4(x-y)(y-z)$$
$$= [(x-y)-(y-z)]^2 = 0,$$

所以 $x-y=y-z$.

证法 2 由于

$$(z-x)^2 - 4(x-y)(y-z) = z^2 + x^2 - 2zx - 4xy + 4xz + 4y^2 - 4yz$$
$$= z^2 + x^2 + 4y^2 - 4xy + 2xz - 4yz$$
$$= (z+x-2y)^2 = 0,$$

所以 $x-y=y-z$.

证法 3 由于

$$(z-x)^2 - 4(x-y)(y-z) = \begin{vmatrix} z-x & 2(x-y) \\ 2(y-z) & z-x \end{vmatrix} = \begin{vmatrix} 2y-z-x & -2y+x+z \\ 2(y-z) & z-x \end{vmatrix}$$
$$= (2y-z-x)\begin{vmatrix} 1 & -1 \\ 2(y-z) & z-x \end{vmatrix} = (2y-z-x)^2,$$

所以 $x-y=y-z$.

评析 证法 1 使用了 $(a-b)^2 = (a+b)^2 - 4ab$,证法 2 使用了 $(a+b+c)^2 = a^2 + b^2 + c^2 + 2ab + 2bc + 2ca$,算是基本公式的应用.证法 1 相对简单.证法 3 相对而言,没有优势,但这样的证法可应用于其他因式分解的问题,值得注意.

例 5 设 $\dfrac{y-z}{y+z} = a, \dfrac{z-x}{z+x} = b, \dfrac{x-y}{x+y} = c$,求证:$a+b+c+abc = 0$.

证法 1

$a+b+c+abc$

$$= \frac{y-z}{y+z} + \frac{z-x}{z+x} + \frac{x-y}{x+y} + \frac{y-z}{y+z} \cdot \frac{z-x}{z+x} \cdot \frac{x-y}{x+y}$$

$$= \frac{(y-z)(z+x)(x+y) + (z-x)(y+z)(x+y)}{(x+y)(y+z)(z+x)}$$
$$+ \frac{(x-y)(y+z)(z+x) + (x-y)(y-z)(z-x)}{(x+y)(y+z)(z+x)}$$

$$= \frac{[(y-z)(z+x) + (z-x)(y+z)](x+y) + (x-y)[(y+z)(z+x) + (y-z)(z-x)]}{(x+y)(y+z)(z+x)}$$

$$= \frac{2z(y-x)(x+y) + 2z(y+x)(x-y)}{(x+y)(y+z)(z+x)} = 0.$$

证法 2 由已知得 $\begin{cases} (a-1)y + (a+1)z = 0 \\ (b+1)x + (b-1)z = 0. \\ (c-1)x + (c+1)y = 0 \end{cases}$ 若 $xyz \neq 0$,将其看作是关于 (x,y,z) 的齐

次线性方程组,它有非零解,则 $\begin{vmatrix} 0 & a-1 & a+1 \\ b+1 & 0 & b-1 \\ c-1 & c+1 & 0 \end{vmatrix} = 0$,展开得 $a+b+c+abc=0$;若 xyz

$=0$,不妨设 $x=0$,则 $c=-1$,$b=1$,于是 $a+b+c+abc=a-a=0$.

例6 解方程组 $\begin{cases} x+ay+a^2z+a^3=0 \\ x+by+b^2z+b^3=0 \\ x+cy+c^2z+c^3=0 \end{cases}$,其中 a,b,c 互不相等.

解法 1

$$D = \begin{vmatrix} 1 & a & a^2 \\ 1 & b & b^2 \\ 1 & c & c^2 \end{vmatrix} = (a-b)(b-c)(c-a),$$

$$D_x = \begin{vmatrix} -a^3 & a & a^2 \\ -b^3 & b & b^2 \\ -c^3 & c & c^2 \end{vmatrix} = -abc \begin{vmatrix} a^2 & 1 & a \\ b^2 & 1 & b \\ c^2 & 1 & c \end{vmatrix} = -abcD, \quad x = \frac{D_x}{D} = -abc,$$

$$D_y = \begin{vmatrix} 1 & -a^3 & a^2 \\ 1 & -b^3 & b^2 \\ 1 & -c^3 & c^2 \end{vmatrix} = (a-b)(b-c)(c-a)(ab+bc+ca), \quad y = \frac{D_y}{D} = ab+bc+ca,$$

$$D_z = \begin{vmatrix} 1 & a & -a^3 \\ 1 & b & -b^3 \\ 1 & c & -c^3 \end{vmatrix} = -(a-b)(b-c)(c-a)(a+b+c), \quad z = \frac{D_z}{D} = -(a+b+c).$$

解法 2 设 $f(t) = x+ty+t^2z+t^3$,由 $f(a)=f(b)=f(c)=0$ 知 $f(t)$ 被 $(t-a)$ · $(t-b)(t-c)$ 整除.设 $f(t) = k(t-a)(t-b)(t-c)$,比较 t^3 的系数,得 $k=1$.所以

$$f(t) = x+ty+t^2z+t^3 = (t-a)(t-b)(t-c)$$
$$= -abc+(ab+bc+ca)t-(a+b+c)t^2+t^3,$$

比较系数得 $x=-abc$,$y=ab+bc+ca$,$z=-(a+b+c)$.

例7 设 a,b,c 为互不相等的三个实数,则三个方程 $ax^2+2bx+c=0$,$bx^2+2cx+a=0$,$cx^2+2ax+b=0$ 无公共实根.

证法 1 设有公共解 X,代入三式并相加,则 $(a+b+c)(X+1)^2=0$.若 $X=-1$,则 $a-2b+c=0$,$b-2c+a=0$,两式相减得 $b=c$,矛盾.若 $a+b+c=0$,则 a,b,c 必有两个同号(含 0),不妨设 $a,b\geq 0$,$c<0$,则由 $bx^2+2cx+a=0$ 知 $x>0$,又不妨设 $x\geq 1$,否则三个方程都除以 x^2,所以 $-c=ax^2+2bx\geq a+2b\geq a+b$.而 $-c=a+b$,所以 $x=1$,$b=0$,由第二个方程 $2c+a=0$,结合 $a+b+c=0$,得 $a=b=c=0$,矛盾.

证法 2 设有公共解 X，$\begin{cases} aX^2 + 2bX + c = 0 \\ bX^2 + 2cX + a = 0 \\ cX^2 + 2aX + b = 0 \end{cases}$ 有非零解，则 $\begin{vmatrix} X^2 & 2X & 1 \\ 1 & X^2 & 2X \\ 2X & 1 & X^2 \end{vmatrix} = 0$，解得

$X = -1$，则 $a - 2b + c = 0$，$b - 2c + a = 0$，两式相减得 $b = c$，矛盾.

例 8 设 a,b,c 为已知的互不相等的数，解线性方程组

$$\begin{cases} x_1 + x_2 + x_3 = a + b + c \\ ax_1 + bx_2 + cx_3 = a^2 + b^2 + c^2. \\ bcx_1 + cax_2 + abx_3 = 3abc \end{cases}$$

解 设 $y_1 = x_1 - a$，$y_2 = x_2 - b$，$y_3 = x_3 - c$，则已知方程组转化为

$$\begin{cases} y_1 + y_2 + y_3 = 0 \\ ay_1 + by_2 + cy_3 = 0 \quad, \\ bcy_1 + cay_2 + aby_3 = 0 \end{cases}$$

而 $\begin{vmatrix} 1 & 1 & 1 \\ a & b & c \\ bc & ca & ab \end{vmatrix} = (a-b)(b-c)(c-a) \neq 0$，所以方程组 $\begin{cases} y_1 + y_2 + y_3 = 0 \\ ay_1 + by_2 + cy_3 = 0 \\ bcy_1 + cay_2 + aby_3 = 0 \end{cases}$ 只有零

解，$y_1 = x_1 - a = 0$，$y_2 = x_2 - b = 0$，$y_3 = x_3 - c = 0$，故 $x_1 = a$，$x_2 = b$，$x_3 = c$.

例 9 已知 $\log_{18} 9 = a$，$18^b = 5$，求 $\log_{36} 45$.（1978 年全国高考数学试题）

解法 1 由 $18^b = 5$ 得 $\log_{18} 5 = b$，故

$$\log_{36} 45 = \frac{\log_{18}(5 \times 9)}{\log_{18}(18^2 \div 9)} = \frac{\log_{18} 5 + \log_{18} 9}{\log_{18} 18^2 - \log_{18} 9} = \frac{a+b}{2-a}.$$

解法 2 由 $18^b = 5$ 得 $\log_{18} 5 = b$. 设 $\log_{36} 45 = c$，则

$$\frac{2\ln 3}{\ln 2 + 2\ln 3} = a，\qquad \frac{\ln 5}{\ln 2 + 2\ln 3} = b，\qquad \frac{\ln 5 + 2\ln 3}{2\ln 2 + 2\ln 3} = c，$$

即 $\begin{cases} a\ln 2 + 2(a-1)\ln 3 = 0 \\ b\ln 2 + 2b\ln 3 - \ln 5 = 0 \\ 2c\ln 2 + 2(c-1)\ln 3 - \ln 5 = 0 \end{cases}$，将之看作是关于 $(\ln 2, \ln 3, \ln 5)$ 的齐次方程，于是

$\begin{vmatrix} a & 2(a-1) & 0 \\ b & 2b & -1 \\ 2c & 2(c-1) & -1 \end{vmatrix} = 0$，展开得 $ac + a + b - 2c = 0$，所以 $\log_{36} 45 = c = \frac{a+b}{2-a}$.

例 10 设直线 $y = bx + c$ 与抛物线 $y = ax^2$ 有两个交点，其横坐标分别为 x_1 和 x_2，直线 $y = bx + c$ 与 x 轴交点的横坐标为 x_3，证明：$\frac{1}{x_3} = \frac{1}{x_1} + \frac{1}{x_2}$.

证法 1 $ax^2 - bx - c = 0$,于是 $x_1 + x_2 = \dfrac{b}{a}$,$x_1 x_2 = -\dfrac{c}{a}$,$\dfrac{1}{x_1} + \dfrac{1}{x_2} = \dfrac{x_1 + x_2}{x_1 x_2} = -\dfrac{b}{c}$,而

$x_3 = -\dfrac{c}{b}$,命题得证.

证法 2 根据题意有 $\begin{cases} ax_1^2 - bx_1 - c = 0 \\ ax_2^2 - bx_2 - c = 0 \\ bx_3 + c = 0 \end{cases}$,将之看作关于 (a, b, c) 的齐次线性方程组,可

得 $\begin{vmatrix} x_1^2 & -x_1 & -1 \\ x_2^2 & -x_2 & -1 \\ 0 & x_3 & 1 \end{vmatrix} = 0$,展开得 $(x_1 - x_2)[x_3(x_1 + x_2) - x_1 x_2] = 0$. 由于 $x_1 \neq x_2$,所以

$x_3(x_1 + x_2) - x_1 x_2 = 0$,命题得证.

证法 3 设 $A(x_1, ax_1^2)$,$B(x_2, ax_2^2)$,$C(x_3, 0)$,而这三点共线,则 $\begin{vmatrix} x_1 & ax_1^2 & 1 \\ x_2 & ax_2^2 & 1 \\ x_3 & 0 & 1 \end{vmatrix} = 0$.

展开得 $(x_1 - x_2)[x_3(x_1 + x_2) - x_1 x_2] = 0$. 由于 $x_1 \neq x_2$,所以 $x_3(x_1 + x_2) - x_1 x_2 = 0$,命题
得证.

例 11 证明:$(ab_1 - a_1 b)^2 + (aa_1 + bb_1)^2 = (a^2 + b^2)(a_1^2 + b_1^2)$.

证法 1

$(ab_1 - a_1 b)^2 + (aa_1 + bb_1)^2 = a^2 b_1^2 + a_1^2 b^2 + a^2 a_1^2 + b^2 b_1^2 = (a^2 + b^2)(a_1^2 + b_1^2)$.

证法 2

$$\begin{vmatrix} a^2 + b^2 & aa_1 + bb_1 \\ aa_1 + bb_1 & a_1^2 + b_1^2 \end{vmatrix} = \begin{vmatrix} a^2 & aa_1 \\ aa_1 & a_1^2 \end{vmatrix} + \begin{vmatrix} a^2 & bb_1 \\ aa_1 & b_1^2 \end{vmatrix} + \begin{vmatrix} b^2 & aa_1 \\ bb_1 & a_1^2 \end{vmatrix} + \begin{vmatrix} b^2 & bb_1 \\ bb_1 & b_1^2 \end{vmatrix}$$

$$= 0 + ab_1(ab_1 - a_1 b) - a_1 b(ab_1 - a_1 b) + 0$$

$$= (ab_1 - a_1 b)^2.$$

例 12 求证:$a^2 + b^2 = 1$,$c^2 + d^2 = 1$,$ac + bd = 0$ 的充要条件是 $a^2 + c^2 = 1$,$b^2 + d^2 = 1$,$ab + cd = 0$.

说明 由于已知和结论具有超强的对称性,反向推导方法完全一样.

证法 1(杨春波提供) 若 $b = 0$,结论显然成立.否则,由 $ac + bd = 0$,可设 $a = bk$,$d = -ck$,代入条件有

$$a^2 + b^2 = b^2 k^2 + b^2 = 1 \implies b^2 = \frac{1}{1 + k^2},$$

$$c^2 + d^2 = c^2 + c^2 k^2 = 1 \implies c^2 = \frac{1}{1 + k^2},$$

所以 $b^2 = c^2 \Rightarrow a^2 + c^2 = 1, b^2 + d^2 = 1, ab + cd = b^2 k - c^2 k = 0$.

证法 2 (杨春波提供) $ac + bd = 0 \Rightarrow a^2 c^2 = b^2 d^2$, 于是

$$a^2 + b^2 = 1 \Rightarrow a^2 c^2 + b^2 c^2 = c^2 \Rightarrow b^2 d^2 + b^2 c^2 = b^2 (c^2 + d^2) = b^2 = c^2.$$

$b^2 = c^2$: 若 $b = c$, 结合 $ac + bd = 0$ 得 $ab + cd = 0$; 若 $b = -c$, 亦得 $ab + cd = 0$.

证法 3 设 $a = \sin A, b = \cos A, c = \cos B, d = \sin B$, 而由 $ac + bd = 0$ 得 $\sin A \cos B + \cos A \sin B = 0$, 即 $\sin(A + B) = 0$, 于是 $A + B = k\pi (k \in \mathbf{Z})$.

$$a^2 + c^2 = \sin^2 A + \cos^2 B = \sin^2 A + \cos^2 (k\pi - A) = \sin^2 A + \cos^2 A = 1,$$

$$b^2 + d^2 = \cos^2 A + \sin^2 B = \cos^2 A + \sin^2 (k\pi - A) = \cos^2 A + \sin^2 A = 1,$$

$$ab + cd = \sin A \cos A + \cos B \sin B = \frac{1}{2}(\sin 2A + \sin 2B)$$

$$= \frac{1}{2}\left[\sin 2A + \sin 2(k\pi - A)\right] = 0.$$

证法 4 将 $a^2 + b^2 = 1, c^2 + d^2 = 1, ac + bd = 0$ 写成矩阵形式:

$$\begin{bmatrix} a^2 + b^2 & ac + bd \\ ac + bd & c^2 + d^2 \end{bmatrix} = \begin{bmatrix} 1 & 0 \\ 0 & 1 \end{bmatrix} = \begin{bmatrix} a & b \\ c & d \end{bmatrix} \begin{bmatrix} a & c \\ b & d \end{bmatrix}.$$

将 $a^2 + c^2 = 1, b^2 + d^2 = 1, ab + cd = 0$ 写成矩阵形式:

$$\begin{bmatrix} a^2 + c^2 & ab + cd \\ ab + cd & b^2 + d^2 \end{bmatrix} = \begin{bmatrix} 1 & 0 \\ 0 & 1 \end{bmatrix} = \begin{bmatrix} a & c \\ b & d \end{bmatrix} \begin{bmatrix} a & b \\ c & d \end{bmatrix}.$$

若设 $\boldsymbol{A} = \begin{bmatrix} a & b \\ c & d \end{bmatrix}$, 则本题只需证 $\boldsymbol{AA'} = \boldsymbol{I}$ 的充要条件是 $\boldsymbol{A'A} = \boldsymbol{I}$, 而这是显然的.

证法 1 和证法 2 是纯代数证法. 证法 3 从题目条件联想到三角代换, 思路自然, 联合三个条件得出 $A + B = k\pi$ 这一关键信息, 推导所求结论也变得简单. 考虑对称性, 充分性和必要性只证一个即可, 节省篇幅. 证法 4 分别将题目条件和结论中的三个式子, "塞进了" 矩阵中, 利用正交矩阵的性质将充要性一举解决.

证法 5 (陈起航提供) 有恒等式 $(a^2 + b^2 - m)^2 + (c^2 + d^2 - m)^2 + 2(ac + bd)^2 = k = (a^2 + c^2 - m)^2 + (b^2 + d^2 - m)^2 + 2(ab + cd)^2$, 此题是 $m = 1, k = 0$ 时的特例.

证法 5 简单精练, 验证此恒等式很简单, 甚至无须展开, 一看便知, 只是想到此式较为困难. 此恒等式与拉格朗日恒等式很相似.

本题的条件容易让人联想到这样一个恒等式:

$$(a^2 + b^2)(c^2 + d^2) = (ac \mp bd)^2 + (ad \pm bc)^2,$$

此式是意大利数学家斐波那契在《算盘书》中给出的. 如果结合此恒等式, 可得证法 6.

证法 6 由 $1 = (a^2 + b^2)(c^2 + d^2) = (ac + bd)^2 + (ad - bc)^2 = 0 + (ad - bc)^2$, 得 $ad - bc = \pm 1$, 将 $ac + bd = 0$ 代入, 即 $a^2 d + b^2 d = \pm a$, 解得 $a = \pm d$, 同理 $b = \mp c$, 所以 $a^2 +$

$c^2 = 1, b^2 + d^2 = 1, ab + cd = 0.$

证法 5 和证法 6 都用到恒等式,相对而言,证法 6 显得更清楚一些,因为得到 $a = \pm d$, $b = \mp c$ 这一关系.能求出此关系当然好,但如果将之推广,计算求解恐怕不容易,还不如用证法 5"模模糊糊"简单证明出来.

斐波那契恒等式的推广就是拉格朗日恒等式,即

$$\left(\sum_{i=1}^{n} a_i^2\right)\left(\sum_{i=1}^{n} b_i^2\right) = \left(\sum_{i=1}^{n} a_i b_i\right)^2 + \sum_{i<j}^{n} (a_i b_j - a_j b_i)^2.$$

如果我们将本题推广,以 $n = 3$ 为例则得:

例13 求证:$a_1^2 + b_1^2 + c_1^2 = 1, a_2^2 + b_2^2 + c_2^2 = 1, a_3^2 + b_3^2 + c_3^2 = 1, a_1 a_2 + b_1 b_2 + c_1 c_2 = 0, a_2 a_3 + b_2 b_3 + c_2 c_3 = 0, a_3 a_1 + b_3 b_1 + c_3 c_1 = 0$ 的充要条件是 $a_1^2 + a_2^2 + a_3^2 = 1, b_1^2 + b_2^2 + b_3^2 = 1, c_1^2 + c_2^2 + c_3^2 = 1, a_1 b_1 + a_2 b_2 + a_3 b_3 = 0, b_1 c_1 + b_2 c_2 + b_3 c_3 = 0, c_1 a_1 + c_2 a_2 + c_3 a_3 = 0.$

证法 1（仿照例12证法5） 有恒等式

$(a_1^2 + b_1^2 + c_1^2 - m)^2 + (a_2^2 + b_2^2 + c_2^2 - m)^2 + (a_3^2 + b_3^2 + c_3^2 - m)^2$
$\quad + 2(a_1 a_2 + b_1 b_2 + c_1 c_2)^2 + 2(a_2 a_3 + b_2 b_3 + c_2 c_3)^2 + 2(a_3 a_1 + b_3 b_1 + c_3 c_1)^2$
$\quad = k$
$\quad = (a_1^2 + a_2^2 + a_3^2 - m)^2 + (b_1^2 + b_2^2 + b_3^2 - m)^2 + (c_1^2 + c_2^2 + c_3^2 - m)^2$
$\quad + 2(a_1 b_1 + a_2 b_2 + a_3 b_3)^2 + 2(b_1 c_1 + b_2 c_2 + b_3 c_3)^2 + 2(c_1 a_1 + c_2 a_2 + c_3 a_3)^2.$

此题是 $m = 1, k = 0$ 时的特例.

证法 2 解关于 a_1, a_2, a_3 的线性方程组 $\begin{cases} a_1^2 + b_1^2 + c_1^2 = 1 \\ a_1 a_2 + b_1 b_2 + c_1 c_2 = 0. \\ a_3 a_1 + b_3 b_1 + c_3 c_1 = 0 \end{cases}$ 设 $T =$

$\begin{vmatrix} a_1 & b_1 & c_1 \\ a_2 & b_2 & c_2 \\ a_3 & b_3 & c_3 \end{vmatrix}$,则 $a_1 = \dfrac{\begin{vmatrix} 1 & b_1 & c_1 \\ 0 & b_2 & c_2 \\ 0 & b_3 & c_3 \end{vmatrix}}{T} = \dfrac{b_2 c_3 - b_3 c_2}{T}$,即 $a_1 T = b_2 c_3 - b_3 c_2.$ 同理 $b_1 T =$

$c_2 a_3 - c_3 a_2, c_1 T = a_2 b_3 - a_3 b_2, a_2 T = b_3 c_1 - b_1 c_3, b_2 T = c_3 a_1 - c_1 a_3, c_2 T = a_3 b_1 - a_1 b_3, a_3 T = b_1 c_2 - b_2 c_1, b_3 T = c_1 a_2 - c_2 a_1, c_3 T = a_1 b_2 - a_2 b_1,$ 于是

$$a_1^2 + a_2^2 + a_3^2 = a_1 \cdot \frac{b_2 c_3 - b_3 c_2}{T} + a_2 \cdot \frac{b_3 c_1 - b_1 c_3}{T} + a_3 \cdot \frac{b_1 c_2 - b_2 c_1}{T} = \frac{T}{T} = 1.$$

同理可证其他五式.

在计算过程中,T 被约去.那么 T 会不会等于 0? 这也是可以计算的.

$(a_1^2 + b_1^2 + c_1^2)T^2 = (b_2 c_3 - b_3 c_2)^2 + (c_2 a_3 - c_3 a_2)^2 + (a_2 b_3 - a_3 b_2)^2,$
$(a_2^2 + b_2^2 + c_2^2)(a_3^2 + b_3^2 + c_3^2) - (a_2 a_3 + b_2 b_3 + c_2 c_3)^2 = 1,$

所以 $T^2 = 1$.

对于本题,还可有另外的推广角度:

例14 求证:$ae + bg = cf + dh = 1, af + bh = ce + dg = 0$ 的充要条件是 $ae + cf = bg + dh = 1, be + df = ag + ch = 0$.

证明 将 $ae + bg = cf + dh = 1, af + bh = ce + dg = 0$ 写成矩阵形式:$\begin{bmatrix} a & b \\ c & d \end{bmatrix} \begin{bmatrix} e & f \\ g & h \end{bmatrix} = \begin{bmatrix} 1 & 0 \\ 0 & 1 \end{bmatrix}$. 将 $ae + cf = bg + dh = 1, be + df = ag + ch = 0$ 写成矩阵形式:$\begin{bmatrix} e & f \\ g & h \end{bmatrix} \begin{bmatrix} a & b \\ c & d \end{bmatrix} = \begin{bmatrix} 1 & 0 \\ 0 & 1 \end{bmatrix}$.

若设 $\boldsymbol{A} = \begin{bmatrix} a & b \\ c & d \end{bmatrix}$,则 $\boldsymbol{A}' = \begin{bmatrix} e & f \\ g & h \end{bmatrix}$,本题只需证 $\boldsymbol{AA}' = \boldsymbol{I}$ 的充要条件是 $\boldsymbol{A}'\boldsymbol{A} = \boldsymbol{I}$,而这是显然的.

例15 已知 $x_1 + 4x_2 + 9x_3 + 16x_4 = 1, 4x_1 + 9x_2 + 16x_3 + 25x_4 = 12, 9x_1 + 16x_2 + 25x_3 + 36x_4 = 123$,求 $16x_1 + 25x_2 + 36x_3 + 49x_4$.

解法1 利用消元法去求解,可得

$$x_1 = \frac{797}{4} - x_4, \quad x_2 = -229 + 3x_4, \quad x_3 = \frac{1}{4}(319 - 12x_4),$$

解得

$$16x_1 + 25x_2 + 36x_3 + 49x_4$$
$$= 16 \times \left(\frac{797}{4} - x_4\right) + 25 \times (3x_4 - 229) + 36 \times \frac{319 - 12x_4}{4} + 49x_4 = 334.$$

解法2 利用恒等式 $(n+3)^2 = n^2 - 3(n+1)^2 + 3(n+2)^2$,将题中第一式不变,第二式乘以 -3,第三式乘以 3,相加可得 $16x_1 + 25x_2 + 36x_3 + 49x_4 = 1 - 3 \times 12 + 3 \times 123 = 334$.

例16 若实数 a, b, x, y 满足 $ax + by = 3, ax^2 + by^2 = 7, ax^3 + by^3 = 16, ax^4 + by^4 = 42$,求 $ax^5 + by^5$.(第八届美国数学邀请赛)

解法1 $ax^3 + by^3 = (ax^2 + by^2)(x + y) - (ax + by)xy$,于是 $16 = 7(x + y) - 3xy$.

$ax^4 + by^4 = (ax^3 + by^3)(x + y) - (ax^2 + by^2)xy$,于是 $42 = 16(x + y) - 7xy$.

解得 $x + y = -14, xy = -38$.所以

$$ax^5 + by^5 = (ax^4 + by^4)(x + y) - (ax^3 + by^3)xy$$
$$= 42 \times (-14) - 16 \times (-38) = 20.$$

解法2 设 $S_n = ax^n + by^n$,由 $ax^{n+2} + by^{n+2} = (ax^{n+1} + by^{n+1})(x + y) - (ax^n + by^n)xy$

得 $S_{n+2} = (x+y)S_{n+1} - xyS_n$. 令 $n = 1, 2, 3$, 得 $\begin{cases} (x+y)S_2 - xyS_1 - S_3 = 0 \\ (x+y)S_3 - xyS_2 - S_4 = 0 \\ (x+y)S_4 - xyS_3 - S_5 = 0 \end{cases}$, 于是三元齐次方程

组有非零解 $(x+y, -xy, -1)$, 因此 $\begin{vmatrix} S_2 & S_1 & S_3 \\ S_3 & S_2 & S_4 \\ S_4 & S_3 & S_5 \end{vmatrix} = 0$, 即 $\begin{vmatrix} 7 & 3 & 16 \\ 16 & 7 & 42 \\ 42 & 16 & S_5 \end{vmatrix} = 0$, 解得 $S_5 = 20$.

解法 3 (杨春波提供)　记 $a_n = ax^n + by^n$, 则 $a_1 = 3, a_2 = 7, a_3 = 16, a_4 = 42$, 所求即为 a_5 的值. 由特征根法, 可设数列 $\{a_n\}$ 满足递推关系 $a_{n+2} + pa_{n+1} + qa_n = 0$, 令 $n = 1$ 及 $n = 2$, 则有 $\begin{cases} a_3 + pa_2 + qa_1 = 0 \\ a_4 + pa_3 + qa_2 = 0 \end{cases}$, 解得 $\begin{cases} p = 14 \\ q = -38 \end{cases}$, 于是 $a_{n+2} = -14a_{n+1} + 38a_n$, 所以 $a_5 = -14a_4 + 38a_3 = -14 \times 42 + 38 \times 16 = 20$, 即 $ax^5 + by^5 = 20$.

例 17　求 a 和 b, 使得 $x^2 - 2ax + 2$ 能整除 $x^4 + 3x^2 + ax + b$.

解法 1　设 $x^4 + 3x^2 + ax + b = (x^2 - 2ax + 2)\left(x^2 + mx + \dfrac{b}{2}\right)$, 根据系数相等可得

$\begin{cases} 0 = -2a + m \\ 3 = 2 + \dfrac{b}{2} - 2am \\ a = -ab + 2m \end{cases}$, 解得 $a = 0, b = 2$ 或 $a = \pm\dfrac{\sqrt{2}}{4}, b = 3$.

解法 2　设 $x^4 + 3x^2 + ax + b = 0$ 的 4 个根分别为 x_1, x_2, x_3, x_4. 由根与系数的关系可知 $x_1 x_2 x_3 x_4 = b$, $x_1 + x_2 + x_3 + x_4 = 0$, 而这 4 个根中有两个是 $x^2 - 2ax + 2 = 0$ 的根, 不妨设 $x_1 x_2 = 2, x_1 + x_2 = 2a$, 于是 $x_3 x_4 = \dfrac{b}{2}, x_1 + x_2 = -2a$, 所以

$$(x^2 - 2ax + 2)\left(x^2 + 2ax + \dfrac{b}{2}\right) = x^4 + 3x^2 + ax + b,$$

比较系数得 $-4a^2 + 2 + \dfrac{b}{2} = 3, 4a - ab = a$, 解得 $a = 0, b = 2$ 或 $a = \pm\dfrac{\sqrt{2}}{4}, b = 3$.

解法 3　因为

$$
\require{enclose}
\begin{array}{r}
x^2 + 2ax + 1 + 4a^2 \\
x^2 - 2ax + 2 \enclose{longdiv}{x^4 + 0x^3 + 3x^2 + ax + b} \\
\underline{x^4 - 2ax^3 + 2x^2} \\
2ax^3 + x^2 + ax + b \\
\underline{2ax^3 - 4a^2 x^2 + 4ax} \\
(1 + 4a^2)x^2 - 3ax + b \\
\underline{(1 + 4a^2)x^2 - 2a(1 + 4a^2)x + 2(1 + 4a^2)} \\
0
\end{array}
$$

所以

$$\begin{cases} 3a = 2a(1+4a^2) \\ b = 2(1+4a^2) \end{cases} \Rightarrow \begin{cases} a = 0 \\ b = 2 \end{cases} \text{或} \begin{cases} a = \pm\dfrac{\sqrt{2}}{4} \\ b = 3 \end{cases}.$$

评析 解法 1 初中生就能想到.解法 2 虽使用了韦达定理,但也没有显得简单很多,与解法 1 本质相同.而进入大学之后,学习高等代数,则会遇到像解法 3 这样的多项式除法.

例 18 (杨春波提供) 若 a,b,c 都是正数,且至少有一个不为 1,$a^x b^y c^z = a^y b^z c^x = a^z b^x c^y = 1$,则 x,y,z 应满足什么条件?

解法 1 将题设中的三个等式相乘,即 $a^{x+y+z} b^{x+y+z} c^{x+y+z} = (abc)^{x+y+z} = 1$,故 $x+y+z=0$ 或 $abc=1$.

(1) 当 $x+y+z=0$ 时,取 $a=b=c\neq1$,则 $a^x a^y a^z = a^y a^z a^x = a^z a^x a^y = a^{x+y+z} = 1$,满足题意.

(2) 当 $abc=1$ 时,因 a,b,c 中至少有一个不为 1,故此时三者中至多有一个为 1,下面再分两种情况讨论:

① a,b,c 中仅有一个为 1.不妨设 $a=1,b\neq1,c\neq1$,从而 $bc=1$,有 $b^y b^{-z} = b^z b^{-x} = b^x b^{-y} = 1$,即 $b^{y-z} = b^{z-x} = b^{x-y} = 1$,从而 $y-z=z-x=x-y=0$,$x=y=z$.

② a,b,c 均不为 1.将 $a = b^{-1} c^{-1}$ 代入 $a^x b^y c^z = 1$ 中,可得 $b^{y-x} c^{z-x} = 1$,两侧同时取自然对数,得 $(y-x)\ln b + (z-x)\ln c = 0$.同理,将 $a = b^{-1} c^{-1}$ 代入 $a^y b^z c^x = 1$ 中,可得 $(z-y)\ln b = (y-x)\ln c$.两式联立消去 $\ln b$,$\ln c$,得 $(y-x)^2 = (x-z)(z-y)$,即 $x^2 + y^2 + z^2 - xy - yz - zx = 0$,配方得 $\dfrac{1}{2}[(x-y)^2 + (y-z)^2 + (z-x)^2] = 0$,故 $x=y=z$.

综上,x,y,z 应满足的条件为 $x+y+z=0$ 或 $x=y=z$.

解法 2 依题意知,关于 $\ln a,\ln b,\ln c$ 的三元一次方程组

$$\begin{cases} x\ln a + y\ln b + z\ln c = 0 \\ y\ln a + z\ln b + x\ln c = 0 \\ z\ln a + x\ln b + y\ln c = 0 \end{cases}$$

存在一组非零解(因 a,b,c 中至少有一个不为 1),由克拉默法则知系数行列式

$$\begin{vmatrix} x & y & z \\ y & z & x \\ z & x & y \end{vmatrix} = 0,$$

即 $x^3 + y^3 + z^3 - 3xyz = 0$,分解因式得

$$\frac{1}{2}(x+y+z)[(x-y)^2 + (y-z)^2 + (z-x)^2] = 0,$$

则 $x+y+z=0$ 或 $x=y=z$.

1.2 几　何

例 1 如图 1.1 所示,单位正方形中,用圆规很容易将正方形划分成若干个区域.分别计算 A,B,C 的面积.

有人认为此题需要用到微积分才能求解.您认为呢?

解法 1 如图 1.2 所示,列出三个等式:$A + 4B + 4C = 1$,$A + 3B + 2C = \frac{\pi}{4}$,$A + 2B + C = D + 2E = 2(D + E) - D = \frac{\pi}{3} - \frac{\sqrt{3}}{4}$,计算得

$$A = 1 - \sqrt{3} + \frac{\pi}{3}, \quad B = -1 + \frac{\sqrt{3}}{2} + \frac{\pi}{12}, \quad C = 1 - \frac{\sqrt{3}}{4} - \frac{\pi}{6}.$$

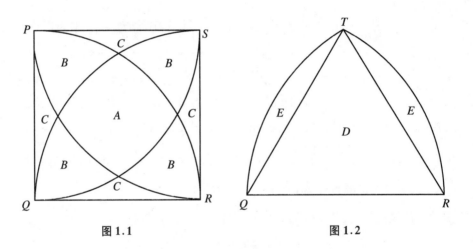

图 1.1　　　　　　　　　　　　图 1.2

如果学过三角函数,会计算弓形面积,则可以直接计算,无须联立方程.需要注意图形中的 $15°,30°,60°$ 等特殊角.

解法 2 如图 1.3 所示,显然 E,F 为 $\overset{\frown}{PR}$ 的三等分点,此题所配图形过于粗糙,图中根本就没有 E,F 点,而且下面三个式子若没有一些辅助线的话不好理解:

$$A = (2\sin 15°)^2 + 4\left(\frac{\pi}{12} - \frac{1}{4}\right) = 2\left(1 - \frac{\sqrt{3}}{2}\right) + \frac{\pi}{3} - 1 = 1 - \sqrt{3} + \frac{\pi}{3},$$

$$C = \frac{1}{2} \times \left(1 - \frac{\sqrt{3}}{2}\right) \times 1 - 2\left(\frac{\pi}{12} - \frac{1}{4}\right) = 1 - \frac{\sqrt{3}}{4} - \frac{\pi}{6},$$

$$B = \frac{1 - A - 4C}{4} = \frac{\sqrt{3}}{2} - 1 + \frac{\pi}{12}.$$

解法 3 如图 1.4 所示,有

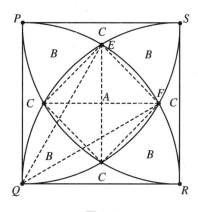

图 1.3

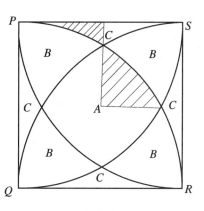

图 1.4

$$A = 4\int_{\frac{1}{2}}^{\frac{\sqrt{3}}{2}} \left(\sqrt{1-x^2} - \frac{1}{2} \right) \mathrm{d}x = 1 - \sqrt{3} + \frac{\pi}{3},$$

$$C = 2\int_{0}^{\frac{1}{2}} \left(1 - \sqrt{1-x^2} \right) \mathrm{d}x = 1 - \frac{\sqrt{3}}{4} - \frac{\pi}{6},$$

$$B = \frac{1 - A - 4C}{4} = \frac{\sqrt{3}}{2} - 1 + \frac{\pi}{12}.$$

例2 设 s 是单位圆周的任意一段整个位于第一象限的弧,A 是位于弧 s 下面和 x 轴上面的区域的面积,B 是位于 y 轴右侧和弧 s 左侧之间区域的面积.证明:$A + B$ 只依赖于弧 s 的长度而与弧 s 的位置无关.

证法 1 $A = \int_{\cos\beta}^{\cos\alpha} \sqrt{1-x^2}\,\mathrm{d}x = \int_{\beta}^{\alpha} \sqrt{1-\cos^2 u}\,(-\sin u)\,\mathrm{d}u = \int_{\alpha}^{\beta} \sin^2 u\,\mathrm{d}u$,同理 $B = \int_{\sin\beta}^{\sin\alpha} \sqrt{1-y^2}\,\mathrm{d}y = \int_{\alpha}^{\beta} \cos^2 u\,\mathrm{d}u$,所以

$$A + B = \int_{\alpha}^{\beta} \sin^2 u\,\mathrm{d}u + \int_{\alpha}^{\beta} \cos^2 u\,\mathrm{d}u = \int_{\alpha}^{\beta} (\sin^2 u + \cos^2 u)\,\mathrm{d}u = \beta - \alpha.$$

证法 2 如图 1.5 所示,有

$$\begin{aligned}
A + B &= S_{EGKF} + S_{CDHG} + 2S_{\overset{\frown}{GHK}} \\
&= 2(S_{\triangle OGK} + S_{\triangle OGH} + S_{\overset{\frown}{GHK}}) = 2S_{\overset{\frown}{OHK}} \\
&= 2 \times \frac{1}{2}(\beta - \alpha) \times 1^2 = \beta - \alpha,
\end{aligned}$$

其中 $S_{\overset{\frown}{GHK}}$ 表示曲边 $\triangle GHK$ 的面积.

评析 虽然微积分才是解决面积问题的根本方法,但对于此题而言,使用微积分这一工具,有点"高射炮打蚊子——大材小用",初等数学巧解有时也让人惊叹.

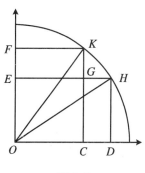

图 1.5

例3 设 $A(0,-10)$，$B(2,0)$，$C(x,x^2)$，求 x，使得 $\triangle ABC$ 的面积最小.

解法1 求得直线 AB 的方程为 $5x-y-10=0$，点 C 到直线的距离为 $\dfrac{|5x-x^2-10|}{\sqrt{5^2+1}}$. 由于 AB 长度固定，需要求 $|5x-x^2-10|$ 的最小值，而 $|5x-x^2-10|=\left(x-\dfrac{5}{2}\right)^2+\dfrac{15}{4}$，显然 $x=\dfrac{5}{2}$ 满足题意.

解法2 显然抛物线 $y=x^2$ 与直线 $AB:5x-y-10=0$ 没有交点. 因点 C 在 $y=x^2$ 上运动，由几何关系可知，当过点 C 的切线斜率与直线 AB 平行时，$\triangle ABC$ 的面积最小，所以 $2x=5$，$x=\dfrac{5}{2}$.

解法3 利用三角形面积的行列式公式 $S=\dfrac{1}{2}\begin{Vmatrix} x_1 & y_1 & 1 \\ x_2 & y_2 & 1 \\ x_3 & y_3 & 1 \end{Vmatrix}$，而 $\begin{vmatrix} 0 & -10 & 1 \\ 2 & 0 & 1 \\ x & x^2 & 1 \end{vmatrix}=-10x+2x^2+20$，下面求 $|-10x+2x^2+20|=2\left[\left(x-\dfrac{5}{2}\right)^2+\dfrac{15}{4}\right]$ 的最小值，易知 $x=\dfrac{5}{2}$ 满足题意.

解法4 做矩阵变换，设变换为 $\begin{bmatrix} X \\ Y \end{bmatrix}=\begin{bmatrix} a & b \\ c & d \end{bmatrix}\begin{bmatrix} x \\ y \end{bmatrix}+\begin{bmatrix} e \\ f \end{bmatrix}$，如图 1.6 所示，将 O,A,B 三点变换为 $O'(0,10)$，$A'(0,0)$，$B'(2,0)$，代入解得 $\begin{bmatrix} X \\ Y \end{bmatrix}=\begin{bmatrix} 1 & 0 \\ -5 & 1 \end{bmatrix}\begin{bmatrix} x \\ y \end{bmatrix}+\begin{bmatrix} 0 \\ 10 \end{bmatrix}$，于是 $C(x,x^2)$ 变换为 $C'(x,x^2-5x+10)$. 而 $\begin{vmatrix} 1 & 0 \\ -5 & 1 \end{vmatrix}=1$，所以

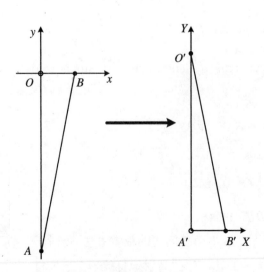

图 1.6

$$S_{\triangle ABC} = S_{\triangle A'B'C'} = x^2 - 5x + 10 = \left(x - \frac{5}{2}\right)^2 + \frac{15}{4},$$

于是 $x = \frac{5}{2}$.

评析 解法1为最常见的解法,但由于本题较简单,后面三种解法并没有什么太大的优势.特别是解法4还显得很烦琐.其解题思想是,原来的直线 AB 与坐标系属于斜交,而经过变换之后,斜交变成直交,相对好处理,只是变换过程麻烦.

例4 如图1.7所示,在四边长度固定的四边形中,证明:内接于圆的四边形面积最大.

证法1 $S = \frac{1}{2}bc\sin x + \frac{1}{2}ad\sin y$,$AC^2 = b^2 + c^2 -$

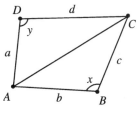

图1.7

$2bc\cos x = a^2 + d^2 - 2ad\cos y$,于是有

$$2S = bc\sin x + ad\sin y,$$

$$\frac{1}{2}(b^2 + c^2 - a^2 - d^2) = bc\cos x - ad\cos y,$$

两式平方相加得

$$4S^2 + \frac{1}{4}(b^2 + c^2 - a^2 - d^2)^2 = b^2c^2 + a^2d^2 - abcd\cos(x + y),$$

显然当 $\cos(x + y) = -1$,$x + y = \pi$ 时 S 取得最大值.

证法2 $S = \frac{1}{2}bc\sin x + \frac{1}{2}ad\sin y$,$AC^2 = b^2 + c^2 - 2bc\cos x = a^2 + d^2 - 2ad\cos y$,

建立拉格朗日函数,有

$$L = \frac{1}{2}bc\sin x + \frac{1}{2}ad\sin y - \lambda(b^2 + c^2 - 2bc\cos x - a^2 - d^2 + 2ad\cos y),$$

$$\frac{\partial L}{\partial x} = \frac{1}{2}bc\cos x - 2\lambda bc\sin x, \qquad \frac{\partial L}{\partial y} = \frac{1}{2}ad\cos y + 2\lambda ad\sin y,$$

当 $\frac{\partial L}{\partial x} = 0, \frac{\partial L}{\partial y} = 0$ 时,$\tan x + \tan y = \frac{1}{4\lambda} - \frac{1}{4\lambda} = 0$,$x + y = \pi$,$S$ 取得最大值.

例5 求曲线 $y = x^2$,$y = \frac{1}{x}$ 的公切线.

解法1 设公切线在 $y = x^2$ 的切点为 (x_1, x_1^2),切线为 $y = x_1^2 + 2x_1(x - x_1)$;公切线在 $y = \frac{1}{x}$ 的切点为 $\left(x_2, \frac{1}{x_2}\right)$,切线为 $y = \frac{1}{x_2} - \frac{1}{x_2^2}(x - x_2)$.比较两切线方程的 x 幂的系数得 $2x_1 = -\frac{1}{x_2^2}$,$-x_1^2 = \frac{2}{x_2}$,解得 $x_1 = -2$,$x_2 = -\frac{1}{2}$.公切线方程为 $4x + y + 4 = 0$.

解法2 设公切线在 $y = \frac{1}{x}$ 的切点为 $\left(x_2, \frac{1}{x_2}\right)$,切线为 $y = \frac{1}{x_2} - \frac{1}{x_2^2}(x - x_2)$;加之又是

$y = x^2$ 的切线,故二次方程 $x^2 = \dfrac{1}{x_2} - \dfrac{1}{x_2^2}(x - x_2)$ 有等根.从而判别式 $\left(\dfrac{1}{x_2^2}\right)^2 + \dfrac{8}{x_2} = 0$,解得 $x_2 = -\dfrac{1}{2}$.公切线方程为 $4x + y + 4 = 0$.

例6 证明椭圆的一个光学性质:椭圆上任一点和两焦点的连线与该点处的法线夹成等角.

证法1 如图 1.8 所示,设椭圆方程为 $\dfrac{x^2}{a^2} + \dfrac{y^2}{b^2} = 1(a > b)$,$P(x, y)$ 为椭圆上任一点,焦点为 $(-c, 0)$,$(c, 0)$,$c = \sqrt{a^2 - b^2}$,$P(x, y)$ 处的法向量为 $\boldsymbol{n} = \left(\dfrac{x}{a^2}, \dfrac{y}{b^2}\right)$,从两个焦点到 $P(x, y)$ 的两向量为 $\boldsymbol{m} = (x \pm c, y)$,故

$$\frac{\boldsymbol{n} \cdot \boldsymbol{m}}{|\boldsymbol{n}||\boldsymbol{m}|} = \frac{\dfrac{x}{a^2}(x \pm c) + \dfrac{y^2}{b^2}}{|\boldsymbol{n}|\sqrt{(x \pm c)^2 + y^2}} = \frac{1 \pm \dfrac{cx}{a^2}}{|\boldsymbol{n}|\sqrt{x^2 + c^2 \pm 2cx + b^2\left(1 - \dfrac{x^2}{a^2}\right)}}$$

$$= \frac{1 \pm \dfrac{cx}{a^2}}{|\boldsymbol{n}|\sqrt{\dfrac{c^2 x^2}{a^2} \pm 2cx + a^2}} = \frac{1 \pm \dfrac{cx}{a^2}}{|\boldsymbol{n}|\left|\dfrac{cx}{a} \pm a\right|} = \frac{1}{a|\boldsymbol{n}|}.$$

这说明夹角的余弦值与取哪一个焦点无关.

证法2 如图 1.9 所示,设椭圆方程为 $\dfrac{x^2}{a^2} + \dfrac{y^2}{b^2} = 1(a > b)$,$P(x_P, y_P)$ 为椭圆上任一点,焦点为 $F_1(-c, 0)$,$F_2(c, 0)$,$PF_1 = a + ex_P$,$PF_2 = a - ex_P$,过点 P 的法线方程为 $a^2 y_P x - b^2 x_P y + b^2 x_P y_P - a^2 x_P y_P = 0$.令 $y = 0$,$x = \dfrac{c^2}{a^2}x_P$,这是法线与 x 轴交点 T 的横坐标.

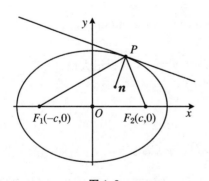

图 1.8

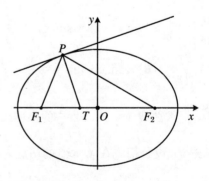

图 1.9

$$TF_1 = c - \frac{c^2 x_P}{a^2} = \frac{c(a^2 + cx_P)}{a^2}, \quad TF_2 = c - \frac{c^2 x_P}{a^2} = \frac{c(a^2 - cx_P)}{a^2},$$

而 $\dfrac{PF_1}{PF_2} = \dfrac{a + ex_P}{a - ex_P} = \dfrac{a^2 + cx_P}{a^2 - cx_P} = \dfrac{TF_1}{TF_2}$,根据角平分线定理,$PT$ 是 $\angle F_1 P F_2$ 的角平分线.

证法 3 因为椭圆的这个性质与坐标系无关,我们可以先旋转椭圆,使得 $P(x,y)$ 处的切线成为水平直线,法线为铅直直线,如图 1.10 所示.设变换位置后的椭圆两焦点坐标分别为 $O(0,0)$ 和 $F(h,k)$(不妨设 $h>0$).根据椭圆定义,点 $P(x,y)$ 满足 $\sqrt{x^2+y^2}+\sqrt{(x-h)^2+(y-k)^2}=L$($L$ 为定值).对等式两边关于 x 求导,于是可得 $\dfrac{x}{\sqrt{x^2+y^2}}=\dfrac{h-x}{\sqrt{(x-h)^2+(y-k)^2}}$.其中用到 $y'=0$,这是因为 $P(x,y)$ 处的切线是水平直线.设 FP,OP 与法线的夹角分别为 α,β,则上式意味着 $\sin\alpha=\sin\beta$.

这一性质说明:从椭圆一个焦点发出的光线,经椭圆反射后,必定通过另一个焦点.

例7 如图 1.11 所示,$\triangle ABC$ 中,D,E,F 分别是 BC,CA,AB 上的点,已知 AD,BE,CF 交于一点 O,求证:$\dfrac{BD}{DC}\cdot\dfrac{CE}{EA}\cdot\dfrac{AF}{FB}=1$.

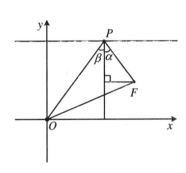

图 1.10

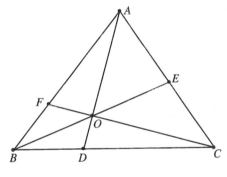

图 1.11

证法 1 $\dfrac{BD}{DC}\cdot\dfrac{CE}{EA}\cdot\dfrac{AF}{FB}=\dfrac{S_{\triangle ABO}}{S_{\triangle ACO}}\cdot\dfrac{S_{\triangle BCO}}{S_{\triangle ABO}}\cdot\dfrac{S_{\triangle CAO}}{S_{\triangle CBO}}=1$.

证法 2 设 $O(x_0,y_0)$ 是 $\triangle ABC$ 平面上的一点,$A(x_1,y_1)$,$B(x_2,y_2)$,$C(x_3,y_3)$,设 AO,BO,CO 交 BC,CA,AB 分别于点 D,E,F.设 $\dfrac{BD}{DC}=\lambda$,则 $D\left(\dfrac{x_2+\lambda x_3}{1+\lambda},\dfrac{y_2+\lambda y_3}{1+\lambda}\right)$,而 A,O,D 共线,得

$$\begin{vmatrix} x_1 & y_1 & 1 \\ x_0 & y_0 & 1 \\ \dfrac{x_2+\lambda x_3}{1+\lambda} & \dfrac{y_2+\lambda y_3}{1+\lambda} & 1 \end{vmatrix}=0,$$

即

$$\frac{x_2+\lambda x_3}{1+\lambda}(y_1-y_0)-\frac{y_2+\lambda y_3}{1+\lambda}(x_1-x_0)+(x_1y_0-x_0y_1)=0,$$

去分母得

$$(x_2 + \lambda x_3)(y_1 - y_0) - (y_2 + \lambda y_3)(x_1 - x_0) + (1 + \lambda)(x_1 y_0 - x_0 y_1) = 0,$$

即

$$\lambda \big[x_3(y_1 - y_0) - y_3(x_1 - x_0) + (x_1 y_0 - x_0 y_1) \big]$$
$$= y_2(x_1 - x_0) - x_2(y_1 - y_0) - (x_1 y_0 - x_0 y_1),$$

$$\frac{BD}{DC} = \lambda = \frac{x_1(y_2 - y_0) + x_2(y_0 - y_1) + x_0(y_1 - y_2)}{x_1(y_0 - y_3) + x_3(y_1 - y_0) + x_0(y_3 - y_1)}.$$

类似可得

$$\frac{CE}{EA} = \frac{x_2(y_3 - y_0) + x_3(y_0 - y_2) + x_0(y_2 - y_3)}{x_2(y_0 - y_1) + x_1(y_2 - y_0) + x_0(y_1 - y_2)},$$

$$\frac{AF}{FB} = \frac{x_3(y_1 - y_0) + x_1(y_0 - y_3) + x_0(y_3 - y_1)}{x_3(y_0 - y_2) + x_2(y_3 - y_0) + x_0(y_2 - y_3)}.$$

计算得

$$\frac{BD}{DC} \cdot \frac{CE}{EA} \cdot \frac{AF}{FB} = 1.$$

例 8 如图 1.12 所示,点 P 是平行四边形 $ABCD$ 对角线 AC 延长线上的点,过点 P 作两条直线,一条交 AB 于点 M、交 BC 于点 E,一条交 AD 于点 N、交 CD 于点 F,求证:

$$\frac{S_{\triangle PMN}}{S_{\triangle AMN}} = \frac{S_{\triangle PEF}}{S_{\triangle CEF}}.$$

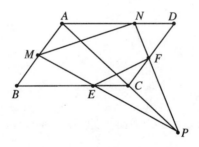

图 1.12

证明 $\dfrac{S_{\triangle PEF}}{S_{\triangle PMN}} = \dfrac{PE \cdot PF}{PM \cdot PN} = \dfrac{S_{\triangle ACE}}{S_{\triangle ACM}} \cdot \dfrac{S_{\triangle ACF}}{S_{\triangle ACN}} = \dfrac{CE}{AM} \cdot \dfrac{CF}{AN} = \dfrac{S_{\triangle CEF}}{S_{\triangle AMN}}.$

单墫教授在《解析几何的技巧》中提供了利用行列式求解的方法.

设 P 为原点,直线 AC 在 x 轴上,$A(a,0)$,$C(c,0)$,直线 AB 为 $a_1 x + b_1 y = a_1 a$,直线 DA 为 $a_2 x + b_2 y = a_2 a$,直线 CD 为 $a_1 x + b_1 y = a_1 c$,直线 BC 为 $a_2 x + b_2 y = a_2 c$,设直线 PM,PN 的方程分别为 $y = kx$,$y = hx$,解得

$$\frac{h}{x_M} = \frac{h(a_1 + b_1 k)}{a_1 a}, \qquad \frac{k}{x_N} = \frac{k(a_2 + b_2 h)}{a_2 a},$$

所以

$$\frac{S_{\triangle AMN}}{S_{\triangle PMN}} = \frac{\begin{vmatrix} 1 & a & 0 \\ 1 & x_M & y_M \\ 1 & x_N & y_N \end{vmatrix}}{\begin{vmatrix} 1 & 0 & 0 \\ 1 & x_M & y_M \\ 1 & x_N & y_N \end{vmatrix}} = \frac{\begin{vmatrix} x_M & y_M \\ x_N & y_N \end{vmatrix} - a(y_N - y_M)}{\begin{vmatrix} x_M & y_M \\ x_N & y_N \end{vmatrix}} = 1 - \frac{a(hx_N - kx_M)}{(h-k)x_N x_M}$$

$$= 1 - \frac{a}{h-k}\left(\frac{h}{x_M} - \frac{k}{x_N}\right) = 1 - \frac{a}{h-k}\left[\frac{h(a_1 + b_1 k)}{a_1 a} - \frac{k(a_2 + b_2 h)}{a_2 a}\right]$$

$$= -\frac{hk}{h-k}\left(\frac{b_1}{a_1} - \frac{b_2}{a_2}\right).$$

同理 $\dfrac{S_{\triangle CEF}}{S_{\triangle PEF}} = \dfrac{hk}{h-k}\left(\dfrac{b_1}{a_1} - \dfrac{b_2}{a_2}\right)$. 所以 $\dfrac{S_{\triangle PMN}}{S_{\triangle AMN}} = -\dfrac{S_{\triangle PEF}}{S_{\triangle CEF}}$, 出现负号是因为采用了有向面积, 取绝对值即可去掉负号.

例9 设 A,B,C,D 为圆上四点, O 为任一点. 求证:

$$OA^2 \cdot S_{\triangle BCD} - OB^2 \cdot S_{\triangle CDA} + OC^2 \cdot S_{\triangle DAB} - OD^2 \cdot S_{\triangle ABC} = 0.$$

证法1 以 O 为原点, 因为 A,B,C,D 四点共圆, 因此 $\begin{vmatrix} x_A^2 + y_A^2 & x_A & y_A & 1 \\ x_B^2 + y_B^2 & x_B & y_B & 1 \\ x_C^2 + y_C^2 & x_C & y_C & 1 \\ x_D^2 + y_D^2 & x_D & y_D & 1 \end{vmatrix} = 0$. 将

此行列式按照第一列展开, 注意到 $x_A^2 + y_A^2 = OA^2$ 等以及面积的行列式公式, 命题即证.

以上证法出自单墫教授的《解析几何的技巧》. 单先生评论道: 本题似乎很难, 确实, 不用解析几何去做, 这题十分棘手. 此题在彭翕成读者群中讨论后, 得到陈起航、陈岗两位老师的帮助, 他们提供了下面的证法.

证法2 如图1.13所示, 设四边形对角线的夹角为 m, 所以

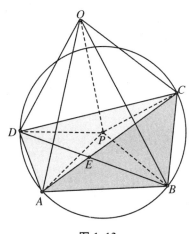

图1.13

$$OA^2 \cdot S_{\triangle BCD} - OB^2 \cdot S_{\triangle CDA} + OC^2 \cdot S_{\triangle DAB} - OD^2 \cdot S_{\triangle ABC}$$

$$= OA^2 \cdot \frac{1}{2} \cdot BD \cdot EC\sin m - OB^2 \cdot \frac{1}{2} \cdot AC \cdot ED\sin m$$

$$+ OC^2 \cdot \frac{1}{2} \cdot BD \cdot EA\sin m - OD^2 \cdot \frac{1}{2} \cdot AC \cdot EB\sin m$$

$$= \frac{1}{2} \cdot BD\sin m(OA^2 \cdot EC + OC^2 \cdot EA)$$

$$- \frac{1}{2} \cdot AC\sin m(OB^2 \cdot ED + OD^2 \cdot EB)$$

$$= \frac{1}{2} \cdot BD\sin m(OE^2 \cdot AC + AC \cdot AE \cdot EC)$$

$$- \frac{1}{2} \cdot AC\sin m(OE^2 \cdot BD + BD \cdot BE \cdot ED)$$

$$= \frac{1}{2} \cdot BD \cdot AC\sin m(AE \cdot EC - BE \cdot ED)$$

$$= S_{ABCD} \cdot (AE \cdot EC - BE \cdot ED)$$

$$= 0 \quad (A,B,C,D \text{ 四点共圆}).$$

(以上用到了斯图尔特定理 $OA^2 \cdot EC + OC^2 \cdot EA = OE^2 \cdot AC + AC \cdot AE \cdot EC$,等等.)

例 10 已知锐角 $\triangle ABC$ 是 $\odot O$ 的内接三角形,点 O 到 $\triangle ABC$ 三边的距离分别为 h_a, h_b, h_c,若 R 为 $\odot O$ 的半径,求证:R 是一元三次方程 $x^3 - (h_a^2 + h_b^2 + h_c^2)x - 2h_a h_b h_c = 0$ 的一个根.

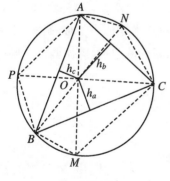

图 1.14

证法 1 如图 1.14 所示,设 AO,BO,CO 分别交圆于点 M,N,P,连接 AP,BP,BM,CM,CN,AN,由中位线的性质易知 $2h_a = CN = PB$,$2h_b = CM = PA$,$2h_c = NA = BM$,根据托勒密定理,有

$$2Ra = cMC + bBM = 2h_b c + 2h_c b,$$

$$2Rb = aNA + cNC = 2h_c a + 2h_a c,$$

$$2Rc = aPA + bPB = 2h_b a + 2h_a b,$$

此即关于 (a,b,c) 的齐次线性方程组 $\begin{cases} Ra - h_c b - h_b c = 0 \\ h_c a - Rb + h_a c = 0 \\ h_b a + h_a b - Rc = 0 \end{cases}$ 有非零解,于是

$$\begin{vmatrix} R & -h_c & -h_b \\ h_c & -R & h_a \\ h_b & h_a & -R \end{vmatrix} = 0,$$ 展开得 $R^3 - (h_a^2 + h_b^2 + h_c^2)R - 2h_a h_b h_c = 0.$

证法 2 要证 $R^3 - (h_a^2 + h_b^2 + h_c^2)R - 2h_a h_b h_c = 0$,即

$$1 - \left[\left(\frac{h_a}{R}\right)^2 + \left(\frac{h_b}{R}\right)^2 + \left(\frac{h_c}{R}\right)^2\right] - 2\frac{h_a}{R}\frac{h_b}{R}\frac{h_c}{R} = 0,$$

也即

$$1 - (\cos^2 A + \cos^2 B + \cos^2 C) - 2\cos A \cos B \cos C = 0,$$

此恒等式的证明见 4.2.6 小节行列式与射影定理.

例 11 如图 1.15 所示，正方形 $ABCD$ 中，E, F, G, H 分别是 AD, EC, BF, AG 的中点，CE 交 DH 于点 I. 求 $\frac{S_{GFIH}}{S_{ABCD}}$.

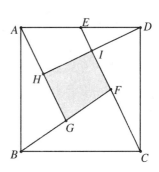

图 1.15

解法 1 先计算 $\frac{HI}{HD}$.

$$\frac{HI}{HD} = \frac{S_{\triangle EHC}}{S_{EHCD}}(消去\ I, I = EC \cap HD) = \frac{\frac{1}{2}(S_{\triangle EAC} + S_{\triangle EGC})}{\frac{1}{2}(S_{\triangle ACD} + S_{EGCD})}(消去\ H)$$

$$= \frac{S_{\triangle EAC} + S_{\triangle EGC}}{S_{\triangle ACD} + S_{\triangle EGC} + S_{\triangle ECD}}(化简) = \frac{S_{\triangle EAC} + \frac{1}{2}S_{\triangle EBC}}{S_{\triangle ACD} + \frac{1}{2}S_{\triangle EBC} + S_{\triangle ECD}}(消去\ G)$$

$$= \frac{\frac{1}{2}S_{\triangle DAC} + \frac{1}{2}\left(\frac{1}{2}S_{\triangle ABC} + \frac{1}{2}S_{\triangle DBC}\right)}{S_{\triangle ACD} + \frac{1}{2}\left(\frac{1}{2}S_{\triangle ABC} + \frac{1}{2}S_{\triangle DBC}\right) + \frac{1}{2}S_{\triangle ACD}}(消去\ E)$$

$$= \frac{\frac{1}{4}a + \frac{1}{2}\left(\frac{1}{4}a + \frac{1}{4}a\right)}{\frac{1}{2}a + \frac{1}{2}\left(\frac{1}{4}a + \frac{1}{4}a\right) + \frac{1}{4}a}(设\ a = S_{ABCD}) = \frac{1}{2}.$$

再证明 $S_{GFIH} = S_{\triangle GFH} + S_{\triangle FIH}$. 由于

$$S_{\triangle GFH} = \frac{1}{2}S_{\triangle GFA} = \frac{1}{2}\left(\frac{1}{2}S_{\triangle BFA}\right) = \frac{1}{4}\left(\frac{1}{2}S_{\triangle BEA} + \frac{1}{2}S_{\triangle BCA}\right) = \frac{1}{8}\left(\frac{1}{2}S_{\triangle BDA} + S_{\triangle BCA}\right)$$

$$= \frac{1}{8}\left(\frac{1}{4}S_{ABCD} + \frac{1}{2}S_{ABCD}\right) = \frac{3}{32}S_{ABCD},$$

$$S_{\triangle FIH} = \frac{1}{2}S_{\triangle FDH} = \frac{1}{4}(S_{\triangle FDA} + S_{\triangle FDG}) = \frac{1}{4}\left(S_{\triangle FDA} + \frac{1}{2}S_{\triangle FDB}\right)$$

$$= \frac{1}{4}\left[\frac{1}{2}S_{\triangle CDA} + \frac{1}{2}\left(\frac{1}{2}S_{\triangle CDB} - \frac{1}{2}S_{\triangle EDB}\right)\right] = \frac{1}{4}\left[\frac{1}{2}S_{\triangle CDA} + \frac{1}{4}\left(S_{\triangle CDB} - \frac{1}{2}S_{\triangle ABD}\right)\right]$$

$$= \frac{1}{16}S_{ABCD} + \frac{1}{32}S_{ABCD} - \frac{1}{64}S_{ABCD} = \frac{5}{64}S_{ABCD},$$

故 $S_{GFIH} = S_{\triangle GFH} + S_{\triangle FIH} = \frac{11}{64}S_{ABCD}.$

解法 2

$$S_{GFIH} = S_{\triangle GFH} + S_{\triangle FIH} = S_{\triangle GFH} + S_{\triangle FDH} \cdot \frac{S_{\triangle EHC}}{S_{EHCD}} \quad (消去\ I,\ I = EC \bigcap HD)$$

$$= \frac{1}{2} S_{\triangle GFA} + \frac{1}{2} (S_{\triangle FDA} + S_{\triangle FDG}) \cdot \frac{\frac{1}{2}(S_{\triangle EAC} + S_{\triangle EGC})}{\frac{1}{2}(S_{\triangle ACD} + S_{EGCD})} \quad (消去\ H)$$

$$= \frac{1}{2} S_{\triangle GFA} + \frac{1}{2} (S_{\triangle FDA} + S_{\triangle FDG}) \cdot \frac{S_{\triangle EAC} + S_{\triangle EGC}}{S_{\triangle ACD} + S_{\triangle EGC} + S_{\triangle ECD}} \quad (化简)$$

$$= \frac{1}{2} \left(\frac{1}{2} S_{\triangle BFA} \right) + \frac{1}{2} \left(S_{\triangle FDA} + \frac{1}{2} S_{\triangle FDB} \right) \cdot \frac{S_{\triangle EAC} + \frac{1}{2} S_{\triangle EBC}}{S_{\triangle ACD} + \frac{1}{2} S_{\triangle EBC} + S_{\triangle ECD}} \quad (消去\ G)$$

$$= \frac{1}{4} \left(\frac{1}{2} S_{\triangle BEA} + \frac{1}{2} S_{\triangle BCA} \right) + \frac{1}{2} \left[\frac{1}{2} S_{\triangle CDA} + \frac{1}{2} \left(\frac{1}{2} S_{\triangle CDB} - \frac{1}{2} S_{\triangle EDB} \right) \right]$$

$$\cdot \frac{S_{\triangle EAC} + \frac{1}{2} S_{\triangle EBC}}{S_{\triangle ACD} + \frac{1}{2} S_{\triangle EBC} + S_{\triangle ECD}} \quad (消去\ F)$$

$$= \frac{1}{8} \left(\frac{1}{2} S_{\triangle BDA} + S_{\triangle BCA} \right) + \frac{1}{4} \left[S_{\triangle CDA} + \left(\frac{1}{2} S_{\triangle CDB} - \frac{1}{4} S_{\triangle ADB} \right) \right]$$

$$\cdot \frac{\frac{1}{2} S_{\triangle DAC} + \frac{1}{2} \left(\frac{1}{2} S_{\triangle ABC} + \frac{1}{2} S_{\triangle DBC} \right)}{S_{\triangle ACD} + \frac{1}{2} \left(\frac{1}{2} S_{\triangle ABC} + \frac{1}{2} S_{\triangle DBC} \right) + \frac{1}{2} S_{\triangle ACD}}$$

$$= \frac{11}{64} S_{ABCD} .$$

解法 3（质点法＋行列式）

$$B + D = A + C, \quad D = A + C - B,$$

$$E = \frac{1}{2} A + \frac{1}{2} D = A - \frac{1}{2} B + \frac{1}{2} C, \quad F = \frac{1}{2} E + \frac{1}{2} C = \frac{1}{2} A - \frac{1}{4} B + \frac{3}{4} C,$$

$$G = \frac{1}{2} B + \frac{1}{2} F = \frac{1}{4} A + \frac{3}{8} B + \frac{3}{8} C, \quad H = \frac{1}{2} A + \frac{1}{2} G = \frac{5}{8} A + \frac{3}{16} B + \frac{3}{16} C.$$

设 $I = xC + (1-x)E = yD + (1-y)H$，即

$$I = xC + (1-x)\left(A - \frac{1}{2} B + \frac{1}{2} C \right) = y(A + C - B) + (1-y)\left(\frac{5}{8} A + \frac{3}{16} B + \frac{3}{16} C \right),$$

解方程 $\begin{cases} 1 - x = \dfrac{5(1-y)}{8} + y \\ -\dfrac{1}{2}(1-x) = \dfrac{3(1-y)}{16} - y \\ x + \dfrac{1}{2}(1-x) = y + \dfrac{3}{16}(1-y) \end{cases}$ 得 $\begin{cases} x = \dfrac{3}{16} \\ y = \dfrac{1}{2} \end{cases}$，所以 $I = \dfrac{1}{2} H + \dfrac{1}{2} D = \dfrac{13}{16} A - \dfrac{13}{32} B + \dfrac{19}{32} C.$

$$S_{\triangle HGF} \over S_{\triangle ABC}} = \begin{vmatrix} \dfrac{5}{8} & \dfrac{3}{16} & \dfrac{3}{16} \\ \dfrac{1}{4} & \dfrac{3}{8} & \dfrac{3}{8} \\ \dfrac{1}{2} & -\dfrac{1}{4} & \dfrac{3}{4} \end{vmatrix} = \dfrac{3}{16}, \qquad \dfrac{S_{\triangle IHF}}{S_{\triangle ABC}} = \begin{vmatrix} \dfrac{13}{16} & -\dfrac{13}{32} & \dfrac{19}{32} \\ \dfrac{5}{8} & \dfrac{3}{16} & \dfrac{3}{16} \\ \dfrac{1}{2} & -\dfrac{1}{4} & \dfrac{3}{4} \end{vmatrix} = \dfrac{5}{32},$$

$$\frac{S_{GFIH}}{S_{ABCD}} = \frac{1}{2}\left(\frac{S_{\triangle HGF}}{S_{\triangle ABC}} + \frac{S_{\triangle IHF}}{S_{\triangle ABC}} \right) = \frac{1}{2}\left(\frac{3}{16} + \frac{5}{32} \right) = \frac{11}{64}.$$

1.3 三 角

例1 求 $u = \sin(\alpha - \beta) + \sin(\beta - \gamma) + \sin(\gamma - \alpha)$ 的最大值和最小值.

解法 1

$u = \sin(\alpha - \beta) + \sin(\beta - \gamma) + \sin(\gamma - \alpha)$

$= \sin\alpha\cos\beta - \cos\alpha\sin\beta + \sin\beta\cos\gamma - \cos\beta\sin\gamma + \sin\gamma\cos\alpha - \cos\gamma\sin\alpha$

$$= \begin{vmatrix} \sin\alpha & \cos\alpha & 1 \\ \sin\beta & \cos\beta & 1 \\ \sin\gamma & \cos\gamma & 1 \end{vmatrix} = 2S_{\triangle ABC},$$

其中 $S_{\triangle ABC}$ 为有向面积,设 $A(\sin\alpha, \cos\alpha), B(\sin\beta, \cos\beta), C(\sin\gamma, \cos\gamma)$. 显然这三点在单位圆上,圆内接三角形以正三角形面积最大,于是 $S_{\triangle ABC}$ 最大值为 $\dfrac{3}{4}\sqrt{3}$,u 的最大值和最小值分别为 $\dfrac{3}{2}\sqrt{3}$ 和 $-\dfrac{3}{2}\sqrt{3}$.

解法 2 $\alpha - \beta = x - t, \beta - \gamma = x + t, \gamma - \alpha = -2x$,所以

$u = \sin(\alpha - \beta) + \sin(\beta - \gamma) + \sin(\gamma - \alpha) = \sin(x - t) + \sin(x + t) - \sin 2x$

$= 2\sin x\cos t - 2\sin x\cos x = 2\sin x(\cos t - \cos x).$

当 $\sin x \geqslant 0$ 时,有

$$u = 2\sin x(\cos t - \cos x)$$

$$\leqslant 2\sin x(1 - \cos x) = 4\sin\frac{x}{2}\cos\frac{x}{2} \cdot 2\sin^2\frac{x}{2}$$

$$= \sqrt{\frac{64}{3}\sin^2\frac{x}{2} \cdot \sin^2\frac{x}{2} \cdot \sin^2\frac{x}{2} \cdot 3\cos^2\frac{x}{2}}$$

$$\leqslant \sqrt{\frac{64}{3}\left(\frac{\sin^2\dfrac{x}{2} + \sin^2\dfrac{x}{2} + \sin^2\dfrac{x}{2} + 3\cos^2\dfrac{x}{2}}{4} \right)^4}$$

$$= \sqrt{\frac{64}{3}\left(\frac{3}{4}\right)^4} = \frac{3}{2}\sqrt{3}.$$

所以 u 的最大值为 $\frac{3}{2}\sqrt{3}$, 类似地可得最小值为 $-\frac{3}{2}\sqrt{3}$.

例2 设 x, y, z 为非零实数, α, β, γ 是满足条件 $|\alpha| = |\beta| = |\gamma| = 1$ 的复数, 且 $x + y + z = 0, \alpha x + \beta y + \gamma z = 0$. 求证: $\alpha = \beta = \gamma$.

证法 1 设 $\alpha = \cos\theta_1 + i\sin\theta_1, \beta = \cos\theta_2 + i\sin\theta_2, \gamma = \cos\theta_3 + i\sin\theta_3, z = -x - y$,

$\gamma = \dfrac{\alpha x + \beta y}{x + y}$, 于是

$$\cos\theta_3 + i\sin\theta_3 = \frac{(\cos\theta_1 + i\sin\theta_1)x + (\cos\theta_2 + i\sin\theta_2)y}{x + y},$$

即 $|x + y|^2 = (\cos\theta_1 x + \cos\theta_2 y)^2 + (\sin\theta_1 x + \sin\theta_2 y)^2$, 也即 $\cos(\theta_1 - \theta_2) = 1$, 于是 $\theta_1 = 2k\pi + \theta_2 (k \in \mathbf{Z})$, 从而 $\alpha = \cos\theta_1 + i\sin\theta_1 = \cos\theta_2 + i\sin\theta_2 = \beta$, 同理可证 $\beta = \gamma$. 所以 $\alpha = \beta = \gamma$.

证法 2 $z = -x - y, \gamma = \dfrac{\alpha x + \beta y}{x + y}$, 如果 $\alpha = \beta$, 则 $\alpha = \beta = \gamma$. 如果 $\alpha \neq \beta$, 则根据复平面上的复比分点公式, 可知 γ 在过 α 和 β 的直线上, 三点共线. 而由 $|\alpha| = |\beta| = |\gamma| = 1$, 这三点又共圆, 在平面几何中直线和圆最多有两个交点, 那必然有两点重合. 而由两点重合易得三点重合, 所以 $\alpha = \beta = \gamma$.

证法 3 设 $\alpha = \cos\theta_1 + i\sin\theta_1, \beta = \cos\theta_2 + i\sin\theta_2, \gamma = \cos\theta_3 + i\sin\theta_3$, 联立 $x + y + z = 0, \alpha x + \beta y + \gamma z = 0$ 得 $\begin{cases} x\cos\theta_1 + y\cos\theta_2 + z\cos\theta_3 = 0 \\ x\sin\theta_1 + y\sin\theta_2 + z\sin\theta_3 = 0 \\ x + y + z = 0 \end{cases}$, x, y, z 为非零实数, 所以

$$\begin{vmatrix} \cos\theta_1 & \cos\theta_2 & \cos\theta_3 \\ \sin\theta_1 & \sin\theta_2 & \sin\theta_3 \\ 1 & 1 & 1 \end{vmatrix} = 0,$$

展开得

$$(\cos\theta_1\sin\theta_2 - \sin\theta_1\cos\theta_2) + (\cos\theta_2\sin\theta_3 - \sin\theta_2\cos\theta_3)$$
$$+ (\cos\theta_3\sin\theta_1 - \sin\theta_3\cos\theta_1) = 0,$$

即 $\sin(\theta_2 - \theta_1) + \sin(\theta_3 - \theta_2) + \sin(\theta_1 - \theta_3) = 0$, 也即 $2\sin\dfrac{\theta_3 - \theta_1}{2}\cos\dfrac{2\theta_2 - \theta_1 - \theta_3}{2}$

$+ 2\sin\dfrac{\theta_1 - \theta_3}{2}\cos\dfrac{\theta_1 - \theta_3}{2} = 0$, 可得 $-4\sin\dfrac{\theta_3 - \theta_1}{2}\sin\dfrac{\theta_2 - \theta_3}{2}\sin\dfrac{\theta_1 - \theta_2}{2} = 0$, 于是 $\theta_1 = 2k\pi + \theta_2$ 或 $\theta_2 = 2k\pi + \theta_3$ 或 $\theta_3 = 2k\pi + \theta_1 (k \in \mathbf{Z})$, 易得 $\alpha = \beta = \gamma$.

例3 设 $0<a<b$，求证：$\dfrac{b-a}{1+b^2}<\arctan b-\arctan a<\dfrac{b-a}{1+a^2}$.

证法 1（李有贵老师提供） 设 $\alpha=\arctan a$，$\beta=\arctan b$，则 $a=\tan\alpha$，$b=\tan\beta$，所以 $0<\alpha<\beta<\dfrac{\pi}{2}\Rightarrow\cos\beta<\cos\alpha$. 故

$$\frac{b-a}{1+b^2}=\frac{\tan\beta-\tan\alpha}{1+\tan^2\beta}=\frac{\cos\beta}{\cos\alpha}\sin(\beta-\alpha)<\sin(\beta-\alpha),$$

$$\frac{b-a}{1+a^2}>\frac{b-a}{1+ab}=\frac{\tan\beta-\tan\alpha}{1+\tan\alpha\tan\beta}=\tan(\beta-\alpha).$$

又 $\sin(\beta-\alpha)<\beta-\alpha<\tan(\beta-\alpha)$，即 $\dfrac{b-a}{1+b^2}<\arctan b-\arctan a<\dfrac{b-a}{1+a^2}$.

证法 2 设 $f(x)=\arctan x$，则 $f'(x)=\dfrac{1}{1+x^2}$，应用中值定理有 $\arctan b-\arctan a=\dfrac{b-a}{1+\xi^2}$，因为 $0<a<\xi<b$，所以 $\dfrac{b-a}{1+b^2}<\arctan b-\arctan a=\dfrac{b-a}{1+\xi^2}<\dfrac{b-a}{1+a^2}$.

例4 如果 $\tan x\tan(y-z)=a$，$\tan y\tan(z-x)=b$，$\tan z\tan(x-y)=c$，求证：$a+b+c+abc=0$.

证法 1

$$\tan(x+y+z)=\frac{\tan(x+y)+\tan z}{1-\tan(x+y)\tan z}=\frac{\dfrac{\tan x+\tan y}{1-\tan x\tan y}+\tan z}{1-\dfrac{\tan x+\tan y}{1-\tan x\tan y}\tan z}$$

$$=\frac{\tan x+\tan y+\tan z-\tan x\tan y\tan z}{1-\tan x\tan y-\tan y\tan z-\tan z\tan x}.$$

当 $\tan(x+y+z)=0$ 时，有 $\tan x+\tan y+\tan z=\tan x\tan y\tan z$. 显然

$$\tan[(x-y)+(y-z)+(z-x)]=0,$$

所以

$$\tan(x-y)+\tan(y-z)+\tan(z-x)=\tan(x-y)\tan(y-z)\tan(z-x),$$

$$a+b+c+abc$$

$$=\tan x\tan(y-z)+\tan y\tan(z-x)+\tan z\tan(x-y)$$

$$\quad+\tan x\tan(y-z)\tan y\tan(z-x)\tan z\tan(x-y)$$

$$=\tan x\tan(y-z)+\tan y\tan(z-x)+\tan z\tan(x-y)$$

$$\quad+\tan x\tan y\tan z[\tan(y-z)+\tan(z-x)+\tan(x-y)]$$

$$=\tan x\tan(y-z)(1+\tan y\tan z)+\tan y\tan(z-x)(1+\tan z\tan x)$$

$$\quad+\tan z\tan(x-y)(1+\tan x\tan y)$$

$$=\tan x(\tan y-\tan z)+\tan y(\tan z-\tan x)+\tan z(\tan x-\tan y)=0.$$

证法 2 $\tan x \tan(y-z) = a$ 可转化为 $\tan x(\tan y - \tan z) = a(1 + \tan y \tan z)$，即 $\tan x \tan y - \tan x \tan z - a \tan y \tan z = a$．设 $\tan x \tan y = X, \tan y \tan z = Y, \tan z \tan x = Z$，于是 $X - aY - Z = a$．类似地有 $-X + Y - bZ = b, -cX - Y + Z = c$．由题设知，$x, y, z$ 具有任意性，说明对应的数组 (X, Y, Z) 不唯一，即关于 (X, Y, Z) 的线性方程组

$$\begin{cases} X - aY - Z = a \\ -X + Y - bZ = b \\ -cX - Y + Z = c \end{cases}$$ 不只一组解，由克拉默法则，系数行列式 $\begin{vmatrix} 1 & -a & -1 \\ -1 & 1 & -b \\ -c & -1 & 1 \end{vmatrix} = 0$，化简得

$a + b + c + abc = 0$．

例5 $\triangle ABC$ 中，$x \sin A + y \sin B + z \sin C = 0$，求证：

$(y + z\cos A)(z + x\cos B)(x + y\cos C) + (z + y\cos A)(x + z\cos B)(y + x\cos C) = 0.$

证法 1 $x \sin A + y \sin B + z(\sin A \cos B + \cos A \sin B) = 0$，即

$$\sin A(x + z\cos B) = -\sin B(y + z\cos A).$$

同理可得

$$\sin B(y + x\cos C) = -\sin C(z + x\cos B),$$

$$\sin C(z + y\cos A) = -\sin A(x + y\cos C).$$

三式相乘可得原结论．

证法 2 $x \sin A + y \sin B + z(\sin A \cos B + \cos A \sin B) = 0$，即

$$\sin A(x + z\cos B) + \sin B(y + z\cos A) = 0.$$

同理可得

$$\sin B(y + x\cos C) + \sin C(z + x\cos B) = 0,$$

$$\sin C(z + y\cos A) + \sin A(x + y\cos C) = 0.$$

将其看作是关于 $(\sin A, \sin B, \sin C)$ 的齐次线性方程组

$$\begin{cases} \sin A(x + z\cos B) + \sin B(y + z\cos A) = 0 \\ \sin B(y + x\cos C) + \sin C(z + x\cos B) = 0 \\ \sin A(x + y\cos C) + \sin C(z + y\cos A) = 0 \end{cases}$$

于是 $\begin{vmatrix} x + z\cos B & y + z\cos A & 0 \\ 0 & y + x\cos C & z + x\cos B \\ x + y\cos C & 0 & z + y\cos A \end{vmatrix} = 0$，展开即得原结论．

对比可知，证法2看似用到更多的知识，但并没有使得问题更简捷，而是更烦琐．

例6 证明：不同的三直线 $\begin{cases} x \sin 3\alpha + y \sin \alpha = a \\ x \sin 3\beta + y \sin \beta = a \\ x \sin 3\gamma + y \sin \gamma = a \end{cases}$ 有公共点的条件是 $\sin \alpha + \sin \beta + \sin \gamma = 0.$

证法 1 设 (h,k) 是已知三直线的公共点，α,β,γ 是 $h\sin3\theta + k\sin\theta = a$ 的三个根，则 $h(4\sin^3\theta - 3\sin\theta) + k\sin\theta = a$，即 $4h\sin^3\theta + (k-3h)\sin\theta - a = 0$，此式可看作是关于 $\sin\theta$ 的三次方程，因为不含二次项 $\sin^2\theta$，所以根据韦达定理，$\sin\alpha + \sin\beta + \sin\gamma = 0$.

证法 2 三直线有公共点，则 $\begin{vmatrix} \sin3\alpha & \sin\alpha & -a \\ \sin3\beta & \sin\beta & -a \\ \sin3\gamma & \sin\gamma & -a \end{vmatrix} = 0$，即

$$-a\begin{vmatrix} \sin3\alpha - \sin3\gamma & \sin\alpha - \sin\gamma & 0 \\ \sin3\beta - \sin3\gamma & \sin\beta - \sin\gamma & 0 \\ \sin3\gamma & \sin\gamma & 1 \end{vmatrix} = 0,$$

$$\Rightarrow -a\begin{vmatrix} 4(\sin^3\alpha - \sin^3\gamma) - 3(\sin\alpha - \sin\gamma) & \sin\alpha - \sin\gamma \\ 4(\sin^3\beta - \sin^3\gamma) - 3(\sin\beta - \sin\gamma) & \sin\beta - \sin\gamma \end{vmatrix} = 0,$$

$$\Rightarrow -4a\begin{vmatrix} \sin^3\alpha - \sin^3\gamma & \sin\alpha - \sin\gamma \\ \sin^3\beta - \sin^3\gamma & \sin\beta - \sin\gamma \end{vmatrix} = 0,$$

$$\Rightarrow -4a(\sin\alpha - \sin\gamma)(\sin\beta - \sin\gamma)(\sin\alpha - \sin\beta)(\sin\alpha + \sin\beta + \sin\gamma) = 0,$$

若 $a = 0$，显然三直线经过点 $(0,0)$. 否则由于三直线不同，则 $\sin\alpha \neq \sin\beta \neq \sin\gamma$，所以 $\sin\alpha + \sin\beta + \sin\gamma = 0$.

例 7 已知 $x\sin A + y\sin B + z\sin C = 0$，$x\cos A + y\cos B + z\cos C = 0$. 证明：
$$\frac{\sin(B-C)}{x} = \frac{\sin(C-A)}{y} = \frac{\sin(A-B)}{z}.$$

证法 1 显然有 $(x\sin A + y\sin B)\cos C = (x\cos A + y\cos B)\sin C$，即 $x\sin(C-A) = y\sin(B-C)$，也即 $\dfrac{\sin(B-C)}{x} = \dfrac{\sin(C-A)}{y}$. 同理可证其他.

证法 2 由 $\begin{cases} x\sin A + y\sin B = -z\sin C \\ x\cos A + y\cos B = -z\cos C \end{cases}$ 得 $D = \begin{vmatrix} \sin A & \sin B \\ \cos A & \cos B \end{vmatrix} = \sin(A-B)$，则

$D_x = \begin{vmatrix} -z\sin C & \sin B \\ -z\cos C & \cos B \end{vmatrix} = z\sin(B-C)$，$D_y = \begin{vmatrix} \sin A & -z\sin C \\ \cos A & -z\cos C \end{vmatrix} = z\sin(C-A)$，于是

$x = \dfrac{z\sin(B-C)}{\sin(A-B)}$，$y = \dfrac{z\sin(C-A)}{\sin(A-B)}$，所以 $\dfrac{\sin(B-C)}{x} = \dfrac{\sin(C-A)}{y} = \dfrac{\sin(A-B)}{z}$.

例 8 设 $\dfrac{\sin(\theta-\alpha)}{\sin(\theta-\beta)} = \dfrac{a}{b}$，$\dfrac{\cos(\theta-\alpha)}{\cos(\theta-\beta)} = \dfrac{c}{d}$. 求证：$\cos(\alpha-\beta) = \dfrac{ac+bd}{ad+bc}$.

证法 1 将已知转化为 $\begin{cases} \sin\theta(b\cos\alpha - a\cos\beta) + \cos\theta(a\sin\beta - b\sin\alpha) = 0 \\ \sin\theta(d\sin\alpha - c\sin\beta) + \cos\theta(d\cos\alpha - c\cos\beta) = 0 \end{cases}$，将之看

作是关于 $(\sin\theta, \cos\theta)$ 的齐次线性方程组，则 $\begin{vmatrix} b\cos\alpha - a\cos\beta & a\sin\beta - b\sin\alpha \\ d\sin\alpha - c\sin\beta & d\cos\alpha - c\cos\beta \end{vmatrix} = 0$，化简

得 $bd + ac - bc(\cos\alpha\cos\beta + \sin\alpha\sin\beta) - ad(\cos\alpha\cos\beta + \sin\alpha\sin\beta) = 0$，即 $\cos(\alpha - \beta)$

$$= \frac{ac + bd}{ad + bc}.$$

注：将 $\begin{cases} \sin\theta(b\cos\alpha - a\cos\beta) + \cos\theta(a\sin\beta - b\sin\alpha) = 0 \\ \sin\theta(d\sin\alpha - c\sin\beta) + \cos\theta(d\cos\alpha - c\cos\beta) = 0 \end{cases}$ 转化成 $\dfrac{\sin\theta}{\cos\theta} = -\dfrac{a\sin\beta - b\sin\alpha}{b\cos\alpha - a\cos\beta}$

$= -\dfrac{d\cos\alpha - c\cos\beta}{d\sin\alpha - c\sin\beta}$ 看似一样，但需要排除 $\cos\theta$ 为 0 的情形.

证法 2

$$\frac{ac + bd}{ad + bc} = \frac{\sin(\theta - \alpha)\cos(\theta - \alpha) + \sin(\theta - \beta)\cos(\theta - \beta)}{\sin(\theta - \alpha)\cos(\theta - \beta) + \sin(\theta - \beta)\cos(\theta - \alpha)}$$

$$= \frac{\sin 2(\theta - \alpha) + \sin 2(\theta - \beta)}{\sin(2\theta - \alpha - \beta) + \sin(\beta - \alpha) + \sin(2\theta - \alpha - \beta) + \sin(\alpha - \beta)}$$

$$= \frac{2\sin(2\theta - \alpha - \beta)\cos(\beta - \alpha)}{2\sin(2\theta - \alpha - \beta)} = \cos(\beta - \alpha) = \cos(\alpha - \beta).$$

一般的思路，都是希望通过三角运算，将已知中的 θ 化简消除. 而此处偏偏逆其道而行之，从结论出发，利用比例关系化简.

例 9 设 $\tan\theta = \dfrac{x\sin\alpha}{y - x\cos\alpha}$，$\tan\varphi = \dfrac{y\sin\alpha}{x - y\cos\alpha}$. 求证：$\tan(\theta + \varphi) = -\tan\alpha$.

证法 1

$$\tan(\theta + \varphi) = \frac{\tan\theta + \tan\varphi}{1 - \tan\theta\tan\varphi} = \frac{\dfrac{x\sin\alpha}{y - x\cos\alpha} + \dfrac{y\sin\alpha}{x - y\cos\alpha}}{1 - \dfrac{x\sin\alpha}{y - x\cos\alpha}\dfrac{y\sin\alpha}{x - y\cos\alpha}}$$

$$= \frac{x\sin\alpha(x - y\cos\alpha) + y\sin\alpha(y - x\cos\alpha)}{(x - y\cos\alpha)(y - x\cos\alpha) - xy\sin^2\alpha} = -\tan\alpha.$$

证法 2 将 $\tan\theta = \dfrac{x\sin\alpha}{y - x\cos\alpha}$，$\tan\varphi = \dfrac{y\sin\alpha}{x - y\cos\alpha}$ 看作是关于 (x, y) 的齐次线性方程

组，则 $\begin{cases} (\sin\alpha + \cos\alpha\tan\theta)x - y\tan\theta = 0 \\ x\tan\varphi - (\sin\alpha + \cos\alpha\tan\varphi)y = 0 \end{cases}$，由题设知，$x, y$ 不能同时为零，说明该方程组有非零

解，则 $\begin{vmatrix} \sin\alpha + \cos\alpha\tan\theta & -\tan\theta \\ \tan\varphi & -(\sin\alpha + \cos\alpha\tan\varphi) \end{vmatrix} = 0$，展开得 $\sin^2\alpha + \sin\alpha\cos\alpha(\tan\theta + \tan\varphi)$

$+ \cos^2\alpha\tan\theta\tan\varphi - \tan\theta\tan\varphi = 0$，即

$$\sin\alpha\cos\alpha(\tan\theta + \tan\varphi) + \sin^2\alpha(1 - \tan\theta\tan\varphi) = 0,$$

也即 $\tan(\theta + \varphi) = -\tan\alpha$.

评析 证法 1 思路简单，直接代入，看似一大堆，但容易消去. 证法 2 则是观察条件中有 x 和 y，结论中没有，所以需要消去，这也是一种思路. 只不过对比而言，证法 2 并没有优势.

例 10 已知 $a\sin x + b\cos x = 0$，$A\sin 2x + B\cos 2x = C$，其中 a，b 不同时为零. 求证：
$2abA + (b^2 - a^2)B + (a^2 + b^2)C = 0$. (1978 年高考副题)

证法 1 $a\sin x + b\cos x = 0$ 改写为 $\dfrac{a}{\sqrt{a^2 + b^2}}\sin x + \dfrac{b}{\sqrt{a^2 + b^2}}\cos x = 0$，设 $\dfrac{a}{\sqrt{a^2 + b^2}} = \cos y$，$-\dfrac{b}{\sqrt{a^2 + b^2}} = \sin y$，于是 $\sin x\cos y - \cos x\sin y = \sin(x - y) = 0$，$x = y + k\pi\,(k\in\mathbf{Z})$，则

$$\sin 2x = \sin(2y + 2k\pi) = \sin 2y = 2\sin y\cos y = -\frac{2ab}{a^2 + b^2},$$

$$\cos 2x = \cos(2y + 2k\pi) = \cos 2y = \cos^2 y - \sin^2 y = \frac{a^2 - b^2}{a^2 + b^2},$$

于是 $-A\dfrac{2ab}{a^2 + b^2} + B\dfrac{a^2 - b^2}{a^2 + b^2} = C$，所以 $2abA + (b^2 - a^2)B + (a^2 + b^2)C = 0$.

证法 2 分别用 $2\cos x$，$2\sin x$ 去乘 $a\sin x + b\cos x = 0$，可得齐次线性方程组
$$\begin{cases} a\sin 2x + b\cos 2x + b = 0 \\ b\sin 2x - a\cos 2x + a = 0 \\ A\sin 2x + B\cos 2x - C = 0 \end{cases}$$
，可看作是关于 $(\sin 2x, \cos 2x, 1)$ 的三元一次方程组，于是

$$\begin{vmatrix} a & b & b \\ b & -a & a \\ A & B & -C \end{vmatrix} = 0,$$
即 $2abA + (b^2 - a^2)B + (a^2 + b^2)C = 0$.

例 11 $\triangle ABC$ 中，求证：$\sin\dfrac{A}{2}\sin\dfrac{B}{2}\sin\dfrac{C}{2}\leqslant\dfrac{1}{8}$.

证法 1

$$\sin\frac{A}{2}\sin\frac{B}{2}\sin\frac{C}{2} = \frac{1}{2}\left(\cos\frac{A - B}{2} - \cos\frac{A + B}{2}\right)\cos\frac{A + B}{2}$$

$$= -\frac{1}{2}\left(\cos^2\frac{A + B}{2} - \cos\frac{A + B}{2}\cos\frac{A - B}{2} + \frac{1}{4}\cos^2\frac{A - B}{2}\right)$$

$$\quad + \frac{1}{8}\cos^2\frac{A - B}{2}$$

$$= -\frac{1}{2}\left(\cos\frac{A + B}{2} - \frac{1}{2}\cos\frac{A - B}{2}\right)^2 + \frac{1}{8}\cos^2\frac{A - B}{2}$$

$$\leqslant \frac{1}{8}\cos^2\frac{A - B}{2} \leqslant \frac{1}{8}.$$

证法 2

$$\sin\frac{A}{2}\sin\frac{B}{2}\sin\frac{C}{2} = \frac{1}{2}\sin\frac{A}{2}\left(\cos\frac{B - C}{2} - \cos\frac{B + C}{2}\right) = \frac{1}{2}\sin\frac{A}{2}\cos\frac{B - C}{2} - \frac{1}{2}\sin^2\frac{A}{2}.$$

设 $\sin\dfrac{A}{2}\sin\dfrac{B}{2}\sin\dfrac{C}{2} = t$，于是 $\sin^2\dfrac{A}{2} - \sin\dfrac{A}{2}\cos\dfrac{B - C}{2} + 2t = 0$，将其看作是关于 $\sin\dfrac{A}{2}$ 的方

程,而 $\sin\dfrac{A}{2}$ 是实数,由判别式 $\cos^2\dfrac{B-C}{2}-8t\geqslant 0$,解得 $8t\leqslant\cos^2\dfrac{B-C}{2}\leqslant 1$. 原式即证.

证法 3 设 $2p=a+b+c$,则

$$\sin\frac{A}{2}=\sqrt{\frac{1-\cos A}{2}}=\sqrt{\frac{2bc-b^2-c^2+a^2}{4bc}}=\sqrt{\frac{(a-b+c)(a+b-c)}{4bc}}$$

$$=\sqrt{\frac{(2p-2b)(2p-2c)}{4bc}}=\sqrt{\frac{(p-b)(p-c)}{bc}}$$

$$\leqslant\frac{1}{\sqrt{bc}}\frac{(p-b)+(p-c)}{2}=\frac{a}{2\sqrt{bc}}.$$

类似可得其他两式,于是 $\sin\dfrac{A}{2}\sin\dfrac{B}{2}\sin\dfrac{C}{2}\leqslant\dfrac{a}{2\sqrt{bc}}\dfrac{b}{2\sqrt{ca}}\dfrac{c}{2\sqrt{ab}}=\dfrac{1}{8}$.

证法 4 改证加强式子: $8\sin\dfrac{A}{2}\sin\dfrac{B}{2}\sin\dfrac{C}{2}\leqslant\cos\dfrac{A-B}{2}\cos\dfrac{B-C}{2}\cos\dfrac{C-A}{2}$.

两边同乘以 $\cos\dfrac{A}{2}\cos\dfrac{B}{2}\cos\dfrac{C}{2}$,即证

$$\sin A\sin B\sin C\leqslant\left(\cos\frac{A-B}{2}\cos\frac{C}{2}\right)\left(\cos\frac{B-C}{2}\cos\frac{A}{2}\right)\left(\cos\frac{C-A}{2}\cos\frac{B}{2}\right).$$

而

$$\cos\frac{A-B}{2}\cos\frac{C}{2}=\frac{1}{2}\left(\cos\frac{A-B+C}{2}+\cos\frac{A-B-C}{2}\right)$$

$$=\frac{1}{2}\left(\cos\frac{\pi-2B}{2}+\cos\frac{2A-\pi}{2}\right)=\frac{1}{2}(\sin B+\sin A)\geqslant\sqrt{\sin A\sin B},$$

所以

$$\left(\cos\frac{A-B}{2}\cos\frac{C}{2}\right)\left(\cos\frac{B-C}{2}\cos\frac{A}{2}\right)\left(\cos\frac{C-A}{2}\cos\frac{B}{2}\right)$$

$$\geqslant\sqrt{\sin A\sin B}\cdot\sqrt{\sin B\sin C}\cdot\sqrt{\sin C\sin A}=\sin A\sin B\sin C.$$

证法 5 对于 $0<x<\pi$,$(\sin x)''=-\sin x<0$. 由均值不等式和琴生不等式可得

$$8\sin\frac{A}{2}\sin\frac{B}{2}\sin\frac{C}{2}\leqslant 8\left(\frac{\sin\dfrac{A}{2}+\sin\dfrac{B}{2}+\sin\dfrac{C}{2}}{3}\right)^3$$

$$\leqslant 8\left[\sin\left(\frac{\dfrac{A}{2}+\dfrac{B}{2}+\dfrac{C}{2}}{3}\right)\right]^3=8\left(\sin\frac{\pi}{6}\right)^3=1.$$

评析 此题是一道经典的不等式问题,证法很多.证法 1 用到配方法,证法 2 用到判别式,两者有相通之处.证法 3 将三角函数转化为三角形三边的关系,如果对半角公式熟悉,这是一种不错的解法.证法 4 则是做了一点加强工作.最简单,清晰明了的还是证法 5,不仅过程简单,思路清晰,还充分体现了三角函数的内在性质.

例12 设 A 和 B 为非零实数. 求证: $f(x) = A\sin x + B\sin(\sqrt{2}x)$ 不是周期函数.

证法1 设 T 为 $f(x)$ 的周期, 则 $f(x-T) = f(x) = f(x+T)$, 于是 $f(x-T) - f(x+T) = 0$, 即 $A\sin(x+T) - A\sin(x-T) + B\sin(\sqrt{2}x + \sqrt{2}T) - B\sin(\sqrt{2}x - \sqrt{2}T) = 0$, 也即 $2A\cos x\sin T + 2B\cos(\sqrt{2}x)\sin(\sqrt{2}T) = 0$. 当 $x = \dfrac{\pi}{2}$ 时, $2B\cos\left(\dfrac{\pi}{\sqrt{2}}\right)\sin(\sqrt{2}T) = 0$, 可得 $\sin(\sqrt{2}T) = 0$. 当 $x = 0$ 时, $2A\sin T + 2B\sin(\sqrt{2}T) = 0$, 进而 $2A\sin T = 0$, $T = k\pi (k \in \mathbf{Z})$. 而这与 $\sin(\sqrt{2}T) = 0$ 矛盾.

证法2 设 T 为 $f(x)$ 的周期, 那么根据复合函数求导, $f'(x) = f'(x+T)$, $f'(x) = A\cos x + \sqrt{2}B\cos(\sqrt{2}x)$ 和 $f''(x) = -A\sin x - 2B\sin(\sqrt{2}x)$ 的周期也为 T. 因此 $f(x) + f''(x) = -B\sin(\sqrt{2}x)$, $2f(x) + f''(x) = A\sin x$, 于是 $f(x) + f''(x)$ 和 $2f(x) + f''(x)$ 的周期都为 T, $-B\sin(\sqrt{2}x)$ 和 $A\sin x$ 的周期都为 T, 矛盾.

例13 $\triangle ABC$ 中, 求证: $\cos(A+2B)\cos(B+2C)\cos(C+2A) + 2\cos A\cos B\cos C = \cos A\cos(B+2C)\cos C + \cos(A+2B)\cos B\cos C + \cos A\cos B\cos(C+2A)$.

证法1 (安徽李剑锋提供, 郑州杨春波也提供了类似证法) 待证等式等价于

$$-\cos(B-C)\cos(C-A)\cos(A-B) + 2\cos A\cos B\cos C$$
$$= -\cos A\cos(C-A)\cos C - \cos(B-C)\cos B\cos C - \cos A\cos B\cos(A-B),$$

即要证

$$\cos(A-B)\cos(B-C)\cos(C-A) - \cos C\cos A\cos(C-A)$$
$$= \cos A\cos B\cos(A-B) + \cos B\cos C\cos(B-C) + 2\cos A\cos B\cos C.$$

利用积化和差及三倍角公式有

$$左边 = \cos(C-A)[\cos(A-B)\cos(B-C) - \cos C\cos A]$$

$$= \cos(C-A)\left\{\frac{1}{2}[\cos(A-C) + \cos(A+C-2B)]\right.$$

$$\left. - \frac{1}{2}[\cos(C+A) + \cos(C-A)]\right\}$$

$$= \cos(C-A)\left(-\frac{1}{2}\cos 3B + \frac{1}{2}\cos B\right)$$

$$= -\frac{1}{2}\cos(C-A)(\cos 3B - \cos B)$$

$$= -\frac{1}{2}\cos(C-A)(-2\sin B\sin 2B)$$

$$= \cos(C-A)\sin B\sin 2B.$$

反复利用和差化积公式有

右边 $= \cos A\cos B[\cos(A-B)+\cos C]+\cos B\cos C[\cos(B-C)+\cos A]$

$\quad = \cos A\cos B[\cos(A-B)-\cos(A+B)]$

$\qquad + \cos B\cos C[\cos(B-C)-\cos(B+C)]$

$\quad = 2\cos A\cos B\sin A\sin B + 2\cos B\cos C\sin B\sin C$

$\quad = \dfrac{1}{2}\sin 2A\sin 2B + \dfrac{1}{2}\sin 2B\sin 2C = \dfrac{1}{2}\sin 2B(\sin 2A + \sin 2C)$

$\quad = \sin 2B\sin(A+C)\cos(C-A) = \sin 2B\sin B\cos(C-A).$

证法 2 (浙江陈岗提供) 本题证明中用到如下结论：

如果 $A+B+C=\pi$，则 $\cos^2 A + \cos^2 B + \cos^2 C = 1 - 2\cos A\cos B\cos C$，$\cos(B+2C) = -\cos(A-C)$，$\cos(B+2C) = -\cos(A-C)$，$\cos(C+2A) = -\cos(B-A)$.

如果 $A+B+C=0$，则 $\cos^2 A + \cos^2 B + \cos^2 C = 1 + 2\cos A\cos B\cos C$.

$\cos A\cos(B+2C)\cos C = -\cos A\cos C\cos(A-C)$

$\qquad\qquad = -\dfrac{1}{2}[\cos(A+C)+\cos(A-C)]\cos(A-C)$

$\qquad\qquad = -\dfrac{1}{2}[\cos(A+C)\cos(A-C)+\cos^2(A-C)]$

$\qquad\qquad = -\dfrac{1}{2}\left[\dfrac{1}{2}(\cos 2A + \cos 2C)+\dfrac{1+\cos(2A-2C)}{2}\right]$

$\qquad\qquad = -\dfrac{1}{4}[1+\cos 2A + \cos 2C + \cos(2A-2C)].$

由此可知：原式右端 $= -\dfrac{1}{4}\left[3 + 2\sum\cos 2A + \sum\cos(2A-2C)\right].$

原式左端 $= -\cos(C-B)\cos(A-C)\cos(B-A)+2\cos A\cos B\cos C$

$\quad = \dfrac{1}{2}\{1-[\cos^2(C-B)+\cos^2(A-C)+\cos^2(B-A)]\}$

$\qquad + 1 - (\cos^2 A + \cos^2 B + \cos^2 C)$

$\quad = \dfrac{3}{2} - \dfrac{1}{2}\{[\cos^2(C-B)+\cos^2(A-C)+\cos^2(B-A)]\}$

$\qquad - (\cos^2 A + \cos^2 B + \cos^2 C)$

$\quad = \dfrac{3}{2} - \dfrac{1}{2}\left[\dfrac{1+\cos(2C-2B)}{2}+\dfrac{1+\cos(2A-2C)}{2}+\dfrac{1+\cos(2B-2A)}{2}\right]$

$\qquad - \left(\dfrac{1+\cos 2A}{2}+\dfrac{1+\cos 2B}{2}+\dfrac{1+\cos 2C}{2}\right)$

$\quad = -\dfrac{1}{4}\big[3 + \cos(2C-2B) + \cos(2A-2C) + \cos(2B-2A)$

$\qquad + 2\cos 2A + 2\cos 2B + 2\cos 2C\big]$

$\quad = -\dfrac{1}{4}\left[3 + 2\sum\cos 2A + \sum\cos(2A-2C)\right].$

证法 3 （常州宋书华提供） 令 $z_1 = \cos A + i\sin A$，$z_2 = \cos B + i\sin B$，$z_3 = \cos C + i\sin C$，则

$$\frac{1}{z_1} = \cos A - i\sin A, \qquad \frac{1}{z_2} = \cos B - i\sin B, \qquad \frac{1}{z_3} = \cos C - i\sin C,$$

$$z_1 z_2 z_3 = \cos(A + B + C) + i\sin(A + B + C) = -1,$$

$$\frac{z_3}{z_2} + \frac{z_2}{z_3} = (\cos C + i\sin C)(\cos B - i\sin B) + (\cos B + i\sin B)(\cos C - i\sin C)$$

$$= 2(\cos C\cos B + \sin B\sin C) = 2\cos(B - C) = -2\cos(A + 2C).$$

原问题等价于证明下面的恒等式：

$$\left(\frac{z_3}{z_2} + \frac{z_2}{z_3}\right)\left(\frac{z_1}{z_3} + \frac{z_3}{z_1}\right)\left(\frac{z_2}{z_1} + \frac{z_1}{z_2}\right) - 2\left(z_1 + \frac{1}{z_1}\right)\left(z_2 + \frac{1}{z_2}\right)\left(z_3 + \frac{1}{z_3}\right)$$

$$= \left(z_1 + \frac{1}{z_1}\right)\left(z_2 + \frac{1}{z_2}\right)\left(\frac{z_2}{z_1} + \frac{z_1}{z_2}\right) + \left(z_2 + \frac{1}{z_2}\right)\left(z_3 + \frac{1}{z_3}\right)\left(\frac{z_3}{z_2} + \frac{z_2}{z_3}\right)$$

$$+ \left(z_3 + \frac{1}{z_3}\right)\left(z_1 + \frac{1}{z_1}\right)\left(\frac{z_1}{z_3} + \frac{z_3}{z_1}\right).$$

等式左边为

$$\left(\frac{z_3}{z_2} + \frac{z_2}{z_3}\right)\left(\frac{z_1}{z_3} + \frac{z_3}{z_1}\right)\left(\frac{z_2}{z_1} + \frac{z_1}{z_2}\right) - 2\left(z_1 + \frac{1}{z_1}\right)\left(z_2 + \frac{1}{z_2}\right)\left(z_3 + \frac{1}{z_3}\right)$$

$$= \frac{(z_1^2 + z_2^2)(z_2^2 + z_3^2)(z_3^2 + z_1^2)}{(z_1 z_2 z_3)^2} - \frac{2(1 + z_1^2)(1 + z_2^2)(1 + z_3^2)}{z_1 z_2 z_3}$$

$$= (z_1^2 + z_2^2)(z_2^2 + z_3^2)(z_3^2 + z_1^2) + 2(1 + z_1^2)(1 + z_2^2)(1 + z_3^2)$$

$$= z_1^2(z_2^4 + z_3^4) + z_2^2(z_3^4 + z_1^4) + z_3^2(z_1^4 + z_2^4) + 2(z_1^2 z_2^2 + z_2^2 z_3^2 + z_3^2 z_1^2)$$

$$+ 2(z_1^2 + z_2^2 + z_3^2) + 6,$$

而等式右边为

$$\left(z_1 + \frac{1}{z_1}\right)\left(z_2 + \frac{1}{z_2}\right)\left(\frac{z_2}{z_1} + \frac{z_1}{z_2}\right) + \left(z_2 + \frac{1}{z_2}\right)\left(z_3 + \frac{1}{z_3}\right)\left(\frac{z_3}{z_2} + \frac{z_2}{z_3}\right)$$

$$+ \left(z_3 + \frac{1}{z_3}\right)\left(z_1 + \frac{1}{z_1}\right)\left(\frac{z_1}{z_3} + \frac{z_3}{z_1}\right)$$

$$= \frac{(1 + z_1^2)(1 + z_2^2)(z_1^2 + z_2^2)}{z_1^2 z_2^2} + \frac{(1 + z_2^2)(1 + z_3^2)(z_2^2 + z_3^2)}{z_2^2 z_3^2}$$

$$+ \frac{(1 + z_3^2)(1 + z_1^2)(z_3^2 + z_1^2)}{z_3^2 z_1^2}$$

$$= (1 + z_1^2)(1 + z_2^2)(z_1^2 + z_2^2)z_3^2 + (1 + z_2^2)(1 + z_3^2)(z_2^2 + z_3^2)z_1^2$$

$$+ (1 + z_3^2)(1 + z_1^2)(z_3^2 + z_1^2)z_2^2$$

$$= z_1^2(z_2^4 + z_3^4) + z_2^2(z_3^4 + z_1^4) + z_3^2(z_1^4 + z_2^4) + 2(z_1^2 z_2^2 + z_2^2 z_3^2 + z_3^2 z_1^2)$$

$$+ 2(z_1^2 + z_2^2 + z_3^2) + 6.$$

证法 4 $b\cos B + c\cos C = R(\sin 2B + \sin 2C) = 2R\sin A\cos(B - C) = a\cos(B - C)$
$= -a\cos(\pi + B - C) = -a\cos(A + 2B)$，即 $a\cos(A + 2B) + b\cos B + c\cos C = 0$. 同理可得
$a\cos A + b\cos(B + 2C) + c\cos C = 0$，$a\cos A + b\cos B + c\cos(C + 2A) = 0$. 将之看成关于
(a, b, c) 的线性方程组，于是有

$$\begin{vmatrix} \cos(A + 2B) & \cos B & \cos C \\ \cos A & \cos(B + 2C) & \cos C \\ \cos A & \cos B & \cos(C + 2A) \end{vmatrix} = 0.$$

评析 此题看似平常，只需按照常规方式展开即可，在网友讨论之下也得到多种证法.
但我们也看到，前三种证法运算量大，极其烦琐，中间容易算错. 而证法 4 相对简单，只是不
易想到.

例 14 证明：当 $x \leqslant -1$ 时，$2\arctan x + \arcsin \dfrac{2x}{1 + x^2} = -\pi$.

证法 1 当 $x \leqslant -1$ 时，记 $f(x) = 2\arctan x + \arcsin \dfrac{2x}{1 + x^2}$，则

$$f'(x) = \frac{2}{1 + x^2} + \frac{1}{\sqrt{1 - \left(\dfrac{2x}{1 + x^2}\right)^2}} \cdot \frac{2(1 + x^2) - 4x^2}{(1 + x^2)^2} = 0,$$

于是

$$f(x) = 2\arctan x + \arcsin \frac{2x}{1 + x^2} \equiv C.$$

令 $x = -\sqrt{3}$，代入上式得 $C = -\pi$，所以 $2\arctan x + \arcsin \dfrac{2x}{1 + x^2} = -\pi$.

证法 2 显然 $2|x|$，$|x^2 - 1|$，$1 + x^2$ 构成勾股数，当 $x \leqslant -1$ 时，$\arcsin \dfrac{2x}{1 + x^2} =$
$-\arctan \dfrac{-2x}{x^2 - 1}$，$2\arctan x + \arcsin \dfrac{2x}{1 + x^2} = 2\arctan x - \arctan \dfrac{-2x}{|x^2 - 1|}$. 根据复数的几何意
义，$\dfrac{(1 + xi)^2}{x^2 - 1 - 2xi} = -1$，而 $-\dfrac{3\pi}{2} \leqslant 2\arctan x + \arcsin \dfrac{2x}{1 + x^2} \leqslant 0$，所以 $2\arctan x + \arcsin \dfrac{2x}{1 + x^2}$
$= -\pi$.

思考：$x \leqslant -1$ 这个条件起到什么作用，能否改变？$x \leqslant -1$ 决定了 $2x < 0$，$x^2 \geqslant 1$. 若改成
$x \geqslant 1$，则 $2\arctan x + \arcsin \dfrac{2x}{1 + x^2} = 2\arctan x + \arctan \dfrac{2x}{x^2 - 1}$. 根据复数的几何意义，
$(1 + xi)^2 \cdot (x^2 - 1 + 2xi) = [(2xi)^2 - (x^2 - 1)^2] = -(x^2 + 1)^2$，而 $0 \leqslant 2\arctan x + \arcsin \dfrac{2x}{1 + x^2}$
$\leqslant \dfrac{3\pi}{2}$，所以 $2\arctan x + \arcsin \dfrac{2x}{1 + x^2} = \pi$.

1.4 不 等 式

例1 设 $n \geqslant 3$. 求证：$\sqrt{9n+8} < \sqrt{n} + \sqrt{n+1} + \sqrt{n+2} < 3\sqrt{n+1}$.

证法1 要证 $\sqrt{9n+8} < \sqrt{n} + \sqrt{n+1} + \sqrt{n+2}$，即证

$$9n+8 < n + n+1 + n+2 + 2\sqrt{n}\sqrt{n+1} + 2\sqrt{n}\sqrt{n+2} + 2\sqrt{n+1}\sqrt{n+2},$$

也即证

$$3n + 2.5 < \sqrt{n}\sqrt{n+1} + \sqrt{n}\sqrt{n+2} + \sqrt{n+1}\sqrt{n+2},$$

而

$$\sqrt{n}\sqrt{n+1} + \sqrt{n}\sqrt{n+2} + \sqrt{n+1}\sqrt{n+2}$$
$$> \sqrt{(n+0.4)^2} + \sqrt{(n+0.9)^2} + \sqrt{(n+1.2)^2} = 3n + 2.5.$$

要证 $\sqrt{n} + \sqrt{n+1} + \sqrt{n+2} < 3\sqrt{n+1}$，即证

$$n + n+1 + n+2 + 2\sqrt{n}\sqrt{n+1} + 2\sqrt{n}\sqrt{n+2} + 2\sqrt{n+1}\sqrt{n+2} < 9n+9,$$

也即证

$$\sqrt{n}\sqrt{n+1} + \sqrt{n}\sqrt{n+2} + \sqrt{n+1}\sqrt{n+2} < 3n + 3,$$

而

$$\sqrt{n}\sqrt{n+1} + \sqrt{n}\sqrt{n+2} + \sqrt{n+1}\sqrt{n+2}$$
$$< \sqrt{(n+0.5)^2} + \sqrt{(n+1)^2} + \sqrt{(n+1.5)^2} = 3n + 3.$$

证法2 由于 $\sqrt{x}$ 是上凸函数，根据琴生不等式得 $\dfrac{\sqrt{n} + \sqrt{n+1} + \sqrt{n+2}}{3} <$

$\sqrt{\dfrac{n+n+1+n+2}{3}} = \sqrt{n+1}$，于是 $\sqrt{n} + \sqrt{n+1} + \sqrt{n+2} < 3\sqrt{n+1}$.

而 $\dfrac{\sqrt{n} + \sqrt{n+1} + \sqrt{n+2}}{3} > \sqrt[3]{\sqrt{n}\sqrt{n+1}\sqrt{n+2}}$，于是要证 $\sqrt{9n+8} < \sqrt{n} + \sqrt{n+1}$

$+ \sqrt{n+2}$，改证 $n(n+1)(n+2) > \left(n+\dfrac{8}{9}\right)^3$. 考虑函数 $f(x) = (x-1)x(x+1) -$

$\left(x - \dfrac{1}{9}\right)^3 = \dfrac{1}{3}\left(x^2 - \dfrac{28}{9}x + \dfrac{1}{243}\right)$，该二次函数对称轴为 $x = \dfrac{14}{9}$，在对称轴右侧为增函数，其中

$f(4) > 0$，所以 $n(n+1)(n+2) > \left(n + \dfrac{8}{9}\right)^3$ 成立.

再证第一个小于号，即 $3\sqrt{9n+8} < \sqrt{9n} + \sqrt{9n+9} + \sqrt{9n+18}$，将左侧一个 $\sqrt{9n+8}$

放大为 $\sqrt{9n+9}$,可证 $2\sqrt{9n+8}<\sqrt{9n}+\sqrt{9n+18}=3(\sqrt{n}+\sqrt{n+2})$,平方化简得 $9n+7$ $<9\sqrt{n(n+2)}$,再平方得 $49<36n$,成立.

评析 证法1是最基本的思路,看到根号就希望平方化简.平方之后,利用最简单的均值不等式,就可轻松解答.切莫看到三个根号就失去了平方的勇气.相对而言,证法2又是凸函数,又是琴生不等式、函数单调性的,用到的知识点很多,但解法并不占优势.

例2 当 $x>-1$ 时,求 $\dfrac{x^2+1}{x+1}$ 的极小值.

解法1 $y=\dfrac{x^2+1}{x+1}=\dfrac{(x+1)^2-2(x+1)+2}{x+1}=(x+1)+\dfrac{2}{x+1}-2\geqslant 2\sqrt{2}-2$,当且仅当 $x+1=\dfrac{2}{x+1}$,即 $x=\sqrt{2}-1$ 时,等号成立.故所求极小值为 $2\sqrt{2}-2$.

解法2 设 $\dfrac{x^2+1}{x+1}=k$,即 $x^2-kx+1-k=0$,令判别式 $\Delta\geqslant 0$,得 $k^2-4(1-k)\geqslant 0$,即 $(k+2)^2\geqslant 8$,因为 $k>0$,所以 $k\geqslant 2\sqrt{2}-2$.

解法3 设 $\dfrac{x^2+1}{x+1}=k$,即 $x^2+1=kx+k$,相当于求抛物线 $y=x^2+1$ 和直线 $y=kx+k$ 相交时,k 的最小值.如图1.16所示,$y=kx+k$ 是一条过$(0,k)$、斜率为 k 的直线,当此直线与抛物线 $y=x^2+1$ 相切时 k 值最小,设切点为(x,x^2+1),由于 $\dfrac{\mathrm{d}(x^2+1)}{\mathrm{d}x}=2x$,所以切线的斜率为 $2x$,因此有 $2x=k$.所以 $k^2+4k-4=0$,解得正根为 $k=2\sqrt{2}-2$.

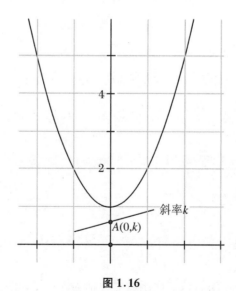

图 1.16

解法4 $\left(\dfrac{x^2+1}{x+1}\right)'=\dfrac{x^2+2x-1}{(x+1)^2}$,当 $x^2+2x-1=0$ 时,解得大于 -1 的根为 $\sqrt{2}-1$,则

$$\frac{x^2+1}{x+1}=\frac{(\sqrt{2}-1)^2+1}{\sqrt{2}}=\frac{4-2\sqrt{2}}{\sqrt{2}}=2\sqrt{2}-2.$$

例3 已知正数 a 和 b，满足 $a+b=1$，求 $\left(a+\dfrac{1}{a}\right)^2+\left(b+\dfrac{1}{b}\right)^2$ 的最小值.

解法1 因为 $\left(a+\dfrac{1}{a}\right)^2+\left(b+\dfrac{1}{b}\right)^2=a^2+b^2+\dfrac{a^2+b^2}{a^2b^2}+4=(a^2+b^2)\left(1+\dfrac{1}{a^2b^2}\right)+$

4，又 $a,b>0$ 且 $a+b=1$，所以 $a^2+b^2\geqslant\dfrac{1}{2},0<ab\leqslant\dfrac{1}{4}$，于是

$$\left(a+\frac{1}{a}\right)^2+\left(b+\frac{1}{b}\right)^2\geqslant\frac{1}{2}(1+4^2)+4=\frac{25}{2},$$

当且仅当 $a=b=\dfrac{1}{2}$ 时，等号成立(取等条件下同).

解法2 因 $\left(a+\dfrac{1}{a}\right)^2+\left(\dfrac{5}{2}\right)^2+\left(b+\dfrac{1}{b}\right)^2+\left(\dfrac{5}{2}\right)^2\geqslant5\left(a+\dfrac{1}{a}\right)+5\left(b+\dfrac{1}{b}\right)=5+\dfrac{5}{ab}$

$\geqslant25$，故 $\left(a+\dfrac{1}{a}\right)^2+\left(b+\dfrac{1}{b}\right)^2\geqslant\dfrac{25}{2}$.

解法3 由 $1=a+b\geqslant2\sqrt{ab}$，得 $\dfrac{1}{ab}\geqslant4$，故

$$\left(a+\frac{1}{a}\right)^2+\left(b+\frac{1}{b}\right)^2\geqslant\frac{1}{2}\left(a+\frac{1}{a}+b+\frac{1}{b}\right)^2=\frac{1}{2}\left(1+\frac{1}{ab}\right)^2\geqslant\frac{1}{2}(1+4)^2=\frac{25}{2}.$$

解法4 因为 $a+b=1$，所以点 $M(a,b)$ 在直线 $l:a+b=1$ 上，又点 $P\left(-\dfrac{1}{a},-\dfrac{1}{b}\right)$ 到点 $M(a,b)$ 的距离不小于 P 到直线 l 的距离，故

$$\sqrt{\left(a+\frac{1}{a}\right)^2+\left(b+\frac{1}{b}\right)^2}\geqslant\frac{\left|-\dfrac{1}{a}-\dfrac{1}{b}-1\right|}{\sqrt{1^2+1^2}}=\frac{\dfrac{1}{ab}+1}{\sqrt{2}}\geqslant\frac{5}{\sqrt{2}},$$

即 $\left(a+\dfrac{1}{a}\right)^2+\left(b+\dfrac{1}{b}\right)^2\geqslant\dfrac{25}{2}$.

解法5 设 $f(x)=\left(x+\dfrac{1}{x}\right)^2$，则 $f'(x)=2\left(x+\dfrac{1}{x}\right)\left(1-\dfrac{1}{x^2}\right)=2\left(x-\dfrac{1}{x^3}\right),f''(x)=$

$2\left(1+\dfrac{3}{x^4}\right)>0$，所以 $f(x)$ 是下凸函数，$f(a)+f(b)\geqslant2f\left(\dfrac{a+b}{2}\right)=2f\left(\dfrac{1}{2}\right)=\dfrac{25}{2}$.

例4 若 $f(x)=ax+b$ 且 $-2\leqslant f(0)\leqslant2,-4\leqslant f(1)\leqslant4$，求 $f(-1)$ 的范围.

解 $f(0)=b,f(1)=a+b$，则 $a=f(1)-f(0);f(-1)=-a+b=2f(0)-f(1)$，于是

$-8\leqslant f(-1)\leqslant8$.

因为一次函数比较简单，这样的问题若还利用行列式则显得杀鸡用牛刀.一些资料给出

这样的解法:已知 $\begin{cases}b-f(0)=0\\a+b-f(1)=0\\-a+b-f(-1)=0\end{cases}$，将其看作是关于 $(a,b,-1)$ 的线性方程组，于是

$$\begin{vmatrix} 0 & 1 & f(0) \\ 1 & 1 & f(1) \\ -1 & 1 & f(-1) \end{vmatrix} = 0,化简得 f(-1) = -a + b = 2f(0) - f(1).$$

例5 已知 a,b 为非负实数,且 $a^2 + b^2 = 4$.求证:$\dfrac{ab}{a+b+2} \leqslant \sqrt{2} - 1$.

证法1 $a^2 + b^2 = 4 \Rightarrow 2ab = (a+b)^2 - 4$,则

$$\frac{ab}{a+b+2} = \frac{2ab}{2(a+b+2)} = \frac{(a+b)^2 - 4}{2(a+b+2)} = \frac{a+b-2}{2}$$

$$\leqslant \frac{\sqrt{2(a^2+b^2)} - 2}{2} = \sqrt{2} - 1.$$

证法2 $a^2 + b^2 = 4 \geqslant 2ab$,于是 $2 \geqslant ab$,则 $\dfrac{a+b+2}{ab} \geqslant \dfrac{2\sqrt{ab}+2}{ab} = 2\left(\dfrac{1}{\sqrt{ab}} + \dfrac{1}{ab}\right) \geqslant$

$2\left(\dfrac{1}{\sqrt{2}} + \dfrac{1}{2}\right) = \sqrt{2} + 1$,所以 $\dfrac{ab}{a+b+2} \leqslant \dfrac{1}{\sqrt{2}+1} = \sqrt{2} - 1$.

证法3 设 $a = 2\cos x, b = 2\sin x, 0 \leqslant x \leqslant \dfrac{\pi}{2}$,所以

$$2 \cdot \frac{a+b+2}{ab} = f(x) = \frac{1}{\cos x} + \frac{1}{\sin x} + \frac{2}{\sin 2x},$$

$$f'(x) = \frac{\sin x}{\cos^2 x} - \frac{\cos x}{\sin^2 x} - \frac{4\cos 2x}{\sin^2 2x} = \frac{\sin^3 x - \cos^3 x}{\sin^2 x \cos^2 x} + \frac{\sin^2 x - \cos^2 x}{\sin^2 x \cos^2 x},$$

当 $0 \leqslant x \leqslant \dfrac{\pi}{4}$ 时,$f'(x) \leqslant 0$;当 $\dfrac{\pi}{4} \leqslant x \leqslant \dfrac{\pi}{2}$ 时,$f'(x) \geqslant 0$.所以当 $x = \dfrac{\pi}{4}$ 时,$f(x) = \dfrac{1}{\cos x} + \dfrac{1}{\sin x}$

$+ \dfrac{2}{\sin 2x}$ 取得最小值 $2\sqrt{2} + 2$,故 $\dfrac{ab}{a+b+2} \leqslant \dfrac{2}{2\sqrt{2}+2} = \sqrt{2} - 1$.

例6 求数列 $\sqrt{50}, 2\sqrt{49}, 3\sqrt{48}, \cdots, 49\sqrt{2}, 50$ 各项的最大值.

证法1 $n\sqrt{51-n} = \sqrt{n^2(51-n)}$,则 $[n^2(51-n)]' = -3n^2 + 102n = 0$,得 $n = 34$,容易判断函数先增后减,最大值为 $34\sqrt{17}$.(需要注意的是:导数的概念是建立在连续函数基础上的,此处的 n 并不单指自然数.)

证法2 $n\sqrt{51-n} = \sqrt{n^2(51-n)}$,$n^2(51-n) = 4 \cdot \dfrac{n}{2} \cdot \dfrac{n}{2} \cdot (51-n) \leqslant 4 \cdot \left(\dfrac{51}{3}\right)^3$,

当且仅当 $\dfrac{n}{2} = 51 - n$,即 $n = 34$ 时,取得最大值 $34\sqrt{17}$.

评析 毫无疑问,高等数学在解决极值问题方面优势是巨大的.因为从数学的发展来看,当初微积分的产生和发展原因之一就是为了求解极值问题.初等数学方法需要拼凑,才能使用均值不等式.

例7 求证：$\dfrac{x+y+z}{3} \geqslant \sqrt[3]{xyz}$（$x,y,z$ 都为正数）.

分析 如果是求证 $x+y \geqslant 2\sqrt{xy}$，则可立刻化为 $(\sqrt{x}-\sqrt{y})^2 \geqslant 0$. 加了一个变量之后，证明难度增加了不少.

证法 1 设 $f(x)=x^3-3abx+a^3+b^3$（$x \geqslant 0$），则 $f'(x)=3x^2-3ab$，令 $f'(x)=0$，则 $x=\sqrt{ab}$. 当 $0 \leqslant x < \sqrt{ab}$ 时，$f'(x)<0$；当 $x>\sqrt{ab}$ 时，$f'(x)>0$. 所以 $f(x)$ 在 $x=\sqrt{ab}$ 处取得最小值 $f(\sqrt{ab})=(\sqrt{ab})^3-3ab\sqrt{ab}+a^3+b^3=(\sqrt{a^3}-\sqrt{b^3})^2 \geqslant 0$，故 $f(c)=c^3-3abc+a^3+b^3 \geqslant 0$，换元可得 $\dfrac{x+y+z}{3} \geqslant \sqrt[3]{xyz}$.

证法 2 因为 $\dfrac{a+b+c+d}{4}=\dfrac{\dfrac{a+b}{2}+\dfrac{c+d}{2}}{2} \geqslant \dfrac{\sqrt{ab}+\sqrt{cd}}{2} \geqslant \sqrt[4]{abcd}$，令 $a=x,b=y$，$c=z,d=\sqrt[3]{xyz}$，代入 $\dfrac{a+b+c+d}{4} \geqslant \sqrt[4]{abcd}$ 可得 $\dfrac{x+y+z}{3} \geqslant \sqrt[3]{xyz}$.

证法 3 $x^3+y^3+z^3-3xyz=\dfrac{1}{2}(x+y+z)[(x-y)^2+(y-z)^2+(z-x)^2]$.

验证此式是容易的，问题是如何发现这个恒等式呢？为何 $x^3+y^3+z^3-3xyz$ 含有 $x+y+z$ 这一因子？如果从行列式的角度来看，一切都是显然的.

$$x^3+y^3+z^3-3xyz=\begin{vmatrix} x & y & z \\ z & x & y \\ y & z & x \end{vmatrix}=\begin{vmatrix} x+y+z & x+y+z & x+y+z \\ z & x & y \\ y & z & x \end{vmatrix}$$
$$=(x+y+z)(x^2-zy+y^2-xz+z^2-xy)$$
$$=\dfrac{1}{2}(x+y+z)[(x-y)^2+(y-z)^2+(z-x)^2].$$

证法 4 结论等价于 $(x+y+z)^3-27xyz \geqslant 0$，不失一般性可设 $0<x \leqslant y \leqslant z$，$y=x+a$，$z=x+a+b$，则 $a \geqslant 0,b \geqslant 0$，故
$$(x+y+z)^3-27xyz=(3x+2a+b)^3-27x(x+a)(x+a+b)$$
$$=9abx+6ab^2+9xa^2+9xb^2+12ba^2+b^3+8a^3 \geqslant 0.$$

评析 证法 1 用了高等数学知识，但反不如证法 2 和证法 3 简练. 证法 3 中的恒等式好似无缘无故而来，而借助高等数学知识却能理清其来路.

总体来说，初等数学是高等数学的基础，高等数学是在初等数学基础上的一大飞跃. 高等数学中有很多有用的解题工具，用起来非常方便. 但我们也不能认为，凡是高等数学解法就一定要优于初等数学解法，用了高等数学知识就高人一等. 以上的题目已经在一定程度上说明了这一点. 我们下面再给出一例.

例8 求证：$x^{10} - x^6 + x^2 - x + 1 > 0$.

某资料认为此例直接证明十分困难，需构造函数才能巧妙解决. 于是给出下面的证法，用到了微积分知识.

证法1 设 $x = a^4$，构造函数 $f(x) = a^2 x^2 - a^2 x + a^2 - a + 1$.

当 $a^2 = 0$ 时，$f(x) = 1$.

当 $a^2 > 0$ 时，$f'(x) = a^2(2x - 1)$. 当 $0 < x < \frac{1}{2}$ 时，$f'(x) < 0$；当 $x > \frac{1}{2}$ 时，$f'(x) > 0$. 所以 $f(x)$ 在 $x = \frac{1}{2}$ 处取得最小值 $f\left(\frac{1}{2}\right) = \frac{3}{4}a^2 - a + 1 > 0$，故 $f(x) > 0$.

以上的换元，可列为怪招之内了，x 与 a 之间的变换极易让人产生误解，证法不自然，其实直接证明并不困难.

证法2

$$x^{10} - x^6 + x^2 - x + 1 = \frac{1}{2}x^{10} + \frac{1}{2}(x^{10} - 2x^6 + x^2) + \frac{1}{2}(x^2 - 2x + 1) + \frac{1}{2}$$

$$= \frac{1}{2}x^{10} + \frac{1}{2}x^2(x^4 - 1)^2 + \frac{1}{2}(x - 1)^2 + \frac{1}{2} > \frac{1}{2} > 0.$$

证法3

$$x^{10} - x^6 + x^2 - x + 1 = x^2(x^8 - x^4) + x^2 - x + 1$$

$$= x^2\left(x^4 - \frac{1}{2}\right)^2 + \frac{3}{4}\left(x - \frac{2}{3}\right)^2 + \frac{2}{3} > \frac{2}{3} > 0.$$

证法4 当 $|x| \geq 1$ 时，$x^{10} - x^6 + x^2 - x + 1 = (x^{10} - x^6) + (x^2 - x) + 1 \geq 0 + 0 + 1 > 0$；当 $|x| < 1$ 时，$x^{10} - x^6 + x^2 - x + 1 = x^{10} + (x^2 - x^6) + (1 - x) > x^{10} + 0 + 0 \geq 0$.

例9 若 a, b, c 为正实数，且 $a + b + c = 1$，求证：$\frac{1}{a} + \frac{1}{b} + \frac{1}{c} \geq 9$.

证法1 $\frac{a+b+c}{a} + \frac{a+b+c}{b} + \frac{a+b+c}{c} = 3 + \frac{b}{a} + \frac{a}{b} + \frac{c}{b} + \frac{b}{c} + \frac{a}{c} + \frac{c}{a} \geq 9$.

证法2 由柯西不等式知 $\frac{1}{a} + \frac{1}{b} + \frac{1}{c} = (a + b + c)\left(\frac{1}{a} + \frac{1}{b} + \frac{1}{c}\right) \geq 9$.

证法3 在 $y = \frac{1}{x}$ $(x > 0)$ 上取 $\left(a, \frac{1}{a}\right)$，$\left(b, \frac{1}{b}\right)$，$\left(c, \frac{1}{c}\right)$ 三点，这三点构成的三角形的

重心坐标为 $\left(\frac{a+b+c}{3}, \frac{\frac{1}{a} + \frac{1}{b} + \frac{1}{c}}{3}\right)$，由函数图像可知，$\left(\frac{a+b+c}{3}, \frac{\frac{1}{a} + \frac{1}{b} + \frac{1}{c}}{3}\right)$ 在函数曲

线上侧，所以 $\frac{\frac{1}{a} + \frac{1}{b} + \frac{1}{c}}{3} \geq \frac{1}{\frac{a+b+c}{3}}$，即 $\frac{1}{a} + \frac{1}{b} + \frac{1}{c} \geq 9$.

例10 已知 $|f(x)| = \sqrt{1+x^2}$, $a, b \in \mathbf{R}$, $a \neq b$. 求证: $|f(a) - f(b)| < |a - b|$.

证法1

$$\left| \sqrt{1+a^2} - \sqrt{1+b^2} \right| = \left| \frac{(\sqrt{1+a^2} - \sqrt{1+b^2})(\sqrt{1+a^2} + \sqrt{1+b^2})}{\sqrt{1+a^2} + \sqrt{1+b^2}} \right|$$

$$= \left| \frac{a^2 - b^2}{\sqrt{1+a^2} + \sqrt{1+b^2}} \right| < \left| \frac{a^2 - b^2}{a + b} \right| = |a - b|.$$

证法2 如图 1.17 所示，$f(a)$ 和 $f(b)$ 分别表示点 $M(1, a)$ 和点 $N(1, b)$ 到原点的距离，在 $\triangle OMN$ 中，$|OM - ON| < |MN|$，即 $|f(a) - f(b)| < |a - b|$.

证法3 要证 $|f(a) - f(b)| < |a - b|$，等价于证明

$$\left| \frac{f(a) - f(b)}{a - b} \right| < 1, \text{而} \left| (\sqrt{1+x^2})' \right| = \left| \frac{x}{\sqrt{1+x^2}} \right| < 1.$$

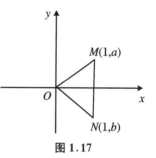

图 1.17

例11 设对任意实数 a 和 b，函数 f 具有性质：$|f(a) - f(b)| \leqslant (a - b)^2$. 证明：$f$ 是个常函数.

证法1 因为

$$|f(0) - f(x)| = \left| f(0) - f\left(\frac{x}{n}\right) + f\left(\frac{x}{n}\right) - f\left(\frac{2x}{n}\right) + \cdots + f\left[\frac{(n-1)x}{n}\right] - f\left(\frac{nx}{n}\right) \right|$$

$$\leqslant \left| f(0) - f\left(\frac{x}{n}\right) \right| + \left| f\left(\frac{x}{n}\right) - f\left(\frac{2x}{n}\right) \right| + \cdots + \left| f\left[\frac{(n-1)x}{n}\right] - f\left(\frac{nx}{n}\right) \right|$$

$$\leqslant \left(\frac{x}{n}\right)^2 \cdot n = \frac{x^2}{n},$$

所以固定 x，令 n 不断增加，则 $|f(0) - f(x)| = 0$，即 $f(x) = f(0)$.

证法2 $\lim\limits_{a \to b} \left| \frac{f(a) - f(b)}{a - b} \right| \leqslant \lim\limits_{a \to b} |a - b| = 0$，这说明 f 的导数处处为 0，则 f 为常函数.

例12 设 $0 < x < \frac{\pi}{2}$. 求证：$\cos^2 x + x\sin x < 2$.

证法1

$$\cos^2 x + x\sin x = \cos^2 x + \frac{x}{\sqrt{2}}(\sqrt{2}\sin x) \leqslant \cos^2 x + \frac{\frac{x^2}{2} + 2\sin^2 x}{2}.$$

$$= 1 + \frac{x^2}{4} < 1 + \frac{\pi^2}{16} < 2.$$

利用微积分可以改进题目结论.

证法 2 $(\cos^2 x + x\sin x)' = -2\sin x\cos x + x\cos x + \sin x = (x - \sin x)\cos x + \sin x$

$\cdot(1 - \cos x) > 0$，所以 $\cos^2 x + x\sin x$ 单调递增，当 $x = \dfrac{\pi}{2}$ 时，$\cos^2 x + x\sin x$ 取得最大值 $\dfrac{\pi}{2}$.

例 13 若 $\dfrac{\pi}{4} \leqslant \alpha \leqslant \dfrac{\pi}{2}$，求证：$\dfrac{1 + \sin\alpha - \cos\alpha}{\sin\alpha} \geqslant \sqrt{2}$.

证法 1 求证结论等价于 $(\sqrt{2} - 1)\sin\alpha + \cos\alpha \leqslant 1$，记左侧为 $y = \sqrt{(\sqrt{2} - 1)^2 + 1}\sin(\alpha + \varphi)$，

其中 $\tan\varphi = \dfrac{1}{\sqrt{2} - 1} = \sqrt{2} + 1$，可取 $\dfrac{\pi}{4} < \varphi < \dfrac{\pi}{2}$，则 $\dfrac{\pi}{2} < \alpha + \varphi < \pi$，故当 $\alpha = \dfrac{\pi}{4}$ 时，y 取得最大值

$(\sqrt{2} - 1) \times \dfrac{\sqrt{2}}{2} + \dfrac{\sqrt{2}}{2} = 1$.

证法 2 如图 1.18 所示，构造单位正方形 $ABCD$，在 BC 上任取点 E，设 $\angle AEB = \alpha$，$AE = \dfrac{1}{\sin\alpha}$，$BE = \cot\alpha$，$EC = 1 - \cot\alpha$，$AE + EC \geqslant AC = \sqrt{2}$，$\dfrac{1}{\sin\alpha} + 1 - \cot\alpha \geqslant \sqrt{2}$，即

$\dfrac{1 + \sin\alpha - \cos\alpha}{\sin\alpha} \geqslant \sqrt{2}$.

证法 3 $\left(\dfrac{1 + \sin\alpha - \cos\alpha}{\sin\alpha}\right)' = \dfrac{1 - \cos\alpha}{\sin^2\alpha} = \dfrac{1}{1 + \cos\alpha} > 0$，所以 $\dfrac{1 + \sin\alpha - \cos\alpha}{\sin\alpha}$ 为增函

数，当 $\alpha = \dfrac{\pi}{4}$ 时，取得最小值 $\sqrt{2}$.

几何构造比较巧妙，而导数法容易想到.

例 14 已知 $0 < \theta < \dfrac{\pi}{2}$，则有 $\sin\theta < \theta < \tan\theta$，那么 $\tan\theta + \sin\theta$ 与 2θ 谁大谁小呢？

证法 1 如图 1.19 所示，在单位圆中，设 $\angle AOB = \theta$，过点 A 的切线交 OB 于点 T，过点 B 的切线交 AT 于点 H，则 $HB = HA$；而在 $\triangle TBH$ 中，$TH > HB = HA$，因此 $S_{\triangle HAB} < S_{\triangle HBT}$，于是 $S_{\overparen{OAB}} - S_{\triangle OAB} < S_{\triangle OAT} - S_{\overparen{OAB}}$，即 $\dfrac{1}{2}\theta - \dfrac{1}{2}\sin\theta < \dfrac{1}{2}\tan\theta - \dfrac{1}{2}\theta$，所以 $\tan\theta + \sin\theta > 2\theta$.

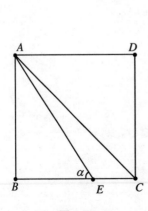

图 1.18

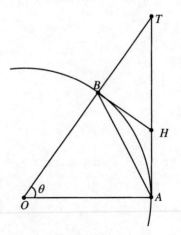

图 1.19

证法 2 设 $f(\theta)=\tan\theta+\sin\theta-2\theta$,则

$$f'(\theta)=\sec^2\theta+\cos\theta-2>\sec^2\theta+\cos^2\theta-2$$
$$=(\sec\theta-\cos\theta)^2\geqslant 0,$$

当且仅当 $\theta=0$ 时等号成立,所以 $f(\theta)>f(0)=0$.

面积证法巧妙,不如求导判断函数增减应用广泛.

例15 $n\geqslant m\geqslant 3$.求证:$mn^m\geqslant(n+1)^m$.

这是罗增儒先生所著《数学解题学引论》中的一道题,原证法用数学归纳法,如果用点微积分的知识,步骤将大大缩短.

证法 1 对 m 用数学归纳法.

当 $m=3$ 时,$3n^3=n^3+2n^3\geqslant n^3+6n^2>n^3+3n^2+3n+1=(n+1)^3$,命题成立;

设 $m=k<n$ 命题成立,即 $kn^k>(n+1)^k$,则

$$(k+1)n^{k+1}=(k+1)\cdot n\cdot n^k=(kn+n)n^k\geqslant(kn+k)n^k$$
$$=(n+1)k\cdot n^k>(n+1)(n+1)^k=(n+1)^{k+1},$$

这表明 $m=k+1$ 时命题也成立.

证法 2 $(n+1)^m<n^m\left(1+\dfrac{1}{n}\right)^m<n^m\left[\left(1+\dfrac{1}{n}\right)^n\right]^{\frac{m}{n}}<n^m\mathrm{e}^{\frac{m}{n}}<n^m\mathrm{e}<mn^m$.

注:求证结论中的等号不可能取到,最好改成 $mn^m>(n+1)^m$.

例16 解不等式 $x\sqrt{1+x^2}+1>x^2$.

解法 1 原不等式即 $x\sqrt{1+x^2}>x^2-1$.显然,当 $0\leqslant x\leqslant 1$ 时,该式成立;当 $x\leqslant-1$ 时,该式不成立;当 $x>1$ 时,该式等价于 $x^2(1+x^2)>(x^2-1)^2$,得 $3x^2>1$,恒成立;当 $-1<x<0$ 时,该式等价于 $x^2(1+x^2)<(x^2-1)^2$,得 $-\dfrac{\sqrt{3}}{3}<x<\dfrac{\sqrt{3}}{3}$,则 $-\dfrac{\sqrt{3}}{3}<x<0$.综上,原不等式的解为 $\left(-\dfrac{\sqrt{3}}{3},+\infty\right)$.

解法 2 观察此不等式的结构特征,有 $\sqrt{1+x^2}$,目标是消去根号,可以考虑用三角换元消去根号.

设 $x=\tan\theta\left(-\dfrac{\pi}{2}<\theta<\dfrac{\pi}{2}\right)$,则原不等式化为 $2\sin^2\theta-\sin\theta-1<0\Rightarrow-\dfrac{1}{2}<\sin\theta<1$,

故 $-\dfrac{\pi}{6}<\theta<\dfrac{\pi}{2}\Rightarrow\tan\theta>-\dfrac{\sqrt{3}}{3}$,即原不等式的解为 $\left(-\dfrac{\sqrt{3}}{3},+\infty\right)$.

解法 3 设 $f(x)=x\sqrt{1+x^2}+1-x^2$,则不等式为 $f(x)>0$,因 $f'(x)=\dfrac{(x-\sqrt{1+x^2})^2}{\sqrt{1+x^2}}>0$,所以 $f(x)$ 是增函数.又令 $f(x)=0$,得 $x=-\dfrac{\sqrt{3}}{3}$,即 $f\left(-\dfrac{\sqrt{3}}{3}\right)=0$,所以

$f(x)>0$ 的解为 $x>-\dfrac{\sqrt{3}}{3}$.

例17 如图 1.20 所示,在 $\triangle ABC$ 中,设 $AC>BC$,$\angle C=90°$,P 为三角形内任意一点,$PE\perp AB$,$PF\perp AC$,$PG\perp BC$.求证:$PE+PF+PG<AC$.

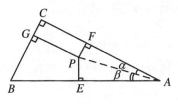

图 1.20

证法 1 $BC\cdot(PE+PF+PG)<BA\cdot PE+AC\cdot PF+BC\cdot PG=2S_{\triangle ABC}$,所以 $PE+PF+PG<\dfrac{2S_{\triangle ABC}}{BC}=AC$.

证法 2 连接 PA,设 $\angle FAP=\alpha$,$\angle EAP=\beta$,$\alpha+\beta=\angle BAC<\dfrac{\pi}{4}$,由于 $CF=PG$,因此只需证 $PE+PF<AF$.因为

$$PE+PF-AF=PA(\sin\alpha+\sin\beta-\cos\alpha)=PA[\sin\alpha+\sin(A-\alpha)-\cos\alpha]$$
$$\leqslant PA\left[\sin\alpha+\sin\left(\dfrac{\pi}{4}-\alpha\right)-\cos\alpha\right]=PA(\sqrt{2}-1)\sin\left(\alpha-\dfrac{\pi}{4}\right)<0,$$

所以 $PE+PF+PG<AC$.

例18 已知 a,b,c 为正实数.求证:$a^a b^b c^c\geqslant(abc)^{\frac{a+b+c}{3}}$.

证法 1 不妨设 $a\geqslant b\geqslant c$,则 $\ln a\geqslant\ln b\geqslant\ln c$.由排序不等式得

$$a\ln a+b\ln b+c\ln c=a\ln a+b\ln b+c\ln c,$$
$$a\ln a+b\ln b+c\ln c\geqslant a\ln b+b\ln c+c\ln a,$$
$$a\ln a+b\ln b+c\ln c\geqslant a\ln c+b\ln a+c\ln b,$$

三式相加得 $3\ln a^a b^b c^c\geqslant\ln(abc)^{a+b+c}$,所以 $a^a b^b c^c\geqslant(abc)^{\frac{a+b+c}{3}}$.

证法 2 不妨设 $a\geqslant b\geqslant c$,则 $\dfrac{a^a b^b c^c}{(abc)^{\frac{a+b+c}{3}}}\geqslant\left(\dfrac{a}{b}\right)^{\frac{a-b}{3}}\left(\dfrac{b}{c}\right)^{\frac{b-c}{3}}\left(\dfrac{a}{c}\right)^{\frac{a-c}{3}}\geqslant 1$.

证法 3 先证 a,b,c 为正整数的情形.对 a 个 $\dfrac{1}{a}$,b 个 $\dfrac{1}{b}$,c 个 $\dfrac{1}{c}$ 使用均值不等式,则

$$\left[\left(\dfrac{1}{a}\right)^a\left(\dfrac{1}{b}\right)^b\left(\dfrac{1}{c}\right)^c\right]^{\frac{1}{a+b+c}}\leqslant\dfrac{a\cdot\dfrac{1}{a}+b\cdot\dfrac{1}{b}+c\cdot\dfrac{1}{c}}{a+b+c}=\dfrac{3}{a+b+c},$$

即 $\dfrac{a+b+c}{3}\leqslant(a^a b^b c^c)^{\frac{1}{a+b+c}}$,所以 $\sqrt[3]{abc}\leqslant\dfrac{a+b+c}{3}\leqslant(a^a b^b c^c)^{\frac{1}{a+b+c}}$,$a^a b^b c^c\geqslant(abc)^{\frac{a+b+c}{3}}$.

若 a,b,c 为正有理数,则存在正整数 K,使得 Ka,Kb,Kc 均为正整数,利用已证的结论,有 $(Ka)^{Ka}(Kb)^{Kb}(Kc)^{Kc} \geqslant (Ka \cdot Kb \cdot Kc)^{\frac{Ka+Kb+Kc}{3}}$,即 $K^{K(a+b+c)}(abc)^K \geqslant K^{K(a+b+c)}(abc)^{K \cdot \frac{a+b+c}{3}}$,所以 $a^a b^b c^c \geqslant (abc)^{\frac{a+b+c}{3}}$.

若 a,b,c 为正实数,则存在正有理数序列 $\{a_n\}$,$\{b_n\}$,$\{c_n\}$,使得 $a_n \to a$,$b_n \to b$,$c_n \to c$,对于每一个 a_n,b_n,c_n,都有 $a_n^{a_n} b_n^{b_n} c_n^{c_n} \geqslant (a_n b_n c_n)^{\frac{a_n+b_n+c_n}{3}}$ 成立,当 $n \to \infty$ 时,则 $a^a b^b c^c \geqslant (abc)^{\frac{a+b+c}{3}}$.

本题可推广:若 $a_1,a_2,\cdots,a_n$ 为 n 个正实数,则 $a_1^{a_1} a_2^{a_2} \cdots a_n^{a_n} \geqslant (a_1 a_2 \cdots a_n)^{\frac{a_1+a_2+\cdots+a_n}{n}}$.

证法 4 设 $f(x) = x \ln x$,则 $f'(x) = 1 + \ln x$,$f''(x) = \dfrac{1}{x} > 0$,因而 $f(x) = x \ln x$ 在 $(0,+\infty)$ 上严格下凸. 由琴生不等式可得 $f\left(\dfrac{a+b+c}{3}\right) \leqslant \dfrac{1}{3}\left[f(a)+f(b)+f(c)\right]$,即 $\dfrac{a+b+c}{3}\ln\dfrac{a+b+c}{3} \leqslant \dfrac{1}{3}(a\ln a + b\ln b + c\ln c)$,也即 $\left(\dfrac{a+b+c}{3}\right)^{a+b+c} \leqslant a^a b^b c^c$,而 $\sqrt[3]{abc} \leqslant \dfrac{a+b+c}{3}$,所以 $a^a b^b c^c \geqslant (abc)^{\frac{a+b+c}{3}}$.

例 19 已知 $a,b,c \geqslant 0$,$a^2+b^2+c^2 = 3$. 求证:$(a^3+a+1)(b^3+b+1)(c^3+c+1) \leqslant 27$.

证法 1 由 $(a-1)^4 \geqslant 0$ 得 $a^3+a+1 \leqslant \dfrac{(a^2+1)(a^2+5)}{4}$,故

$$(a^3+a+1)(b^3+b+1)(c^3+c+1)$$

$$\leqslant \frac{1}{64}\left[(a^2+1)(b^2+1)(c^2+1)\right]\left[(a^2+5)(b^2+5)(c^2+5)\right]$$

$$\leqslant \frac{1}{64}\frac{(a^2+b^2+c^2+3)^3}{27}\frac{(a^2+b^2+c^2+15)^3}{27} = 27.$$

如果有人刨根问底,询问 $a^3+a+1 \leqslant \dfrac{(a^2+1)(a^2+5)}{4}$ 是如何想到的,则较为麻烦,这需要丰富的经验和多次尝试,譬如可这样尝试:

$$\prod_{\text{cyc}}(a^3+a+1) = \prod_{\text{cyc}}\left[\frac{1}{2}\cdot 2a(a^2+1)+1\right] \leqslant \prod_{\text{cyc}}\frac{4a^2+(a^2+1)^2+4}{4}$$

$$= \prod_{\text{cyc}}\frac{(a^2+1)(a^2+5)}{4} \leqslant \frac{(a^2+b^2+c^2+3)^3}{4^3 \cdot 3^3}\frac{(a^2+b^2+c^2+15)^3}{3^3}$$

$$= 27.$$

证法 2 设 $u = a^2$,$v = b^2$,$w = c^2$,$u+v+w = 3$,$f(x) = \ln(1+x^{\frac{1}{2}}+x^{\frac{3}{2}})$,$0 < x \leqslant 3$,易证 $f''(x) < 0$,根据琴生不等式 $\sum \ln(1+u^{\frac{1}{2}}+u^{\frac{3}{2}}) \leqslant 3f\left(\dfrac{\sum u}{3}\right) = 3\ln 3$,于是

$$\prod(a^3 + a + 1) \leqslant 27.$$

例20 已知 $x,y,z>0$. 求证: $xyz^3 \leqslant 27\left(\dfrac{x+y+z}{5}\right)^5$.

证法 1 设 $z=3k$, 则改证 $27xyk^3 \leqslant 27\left(\dfrac{x+y+3k}{5}\right)^5$, 即证 $xyk^3 \leqslant \left(\dfrac{x+y+3k}{5}\right)^5$, 根据均值不等式可得 $\sqrt[5]{x \cdot y \cdot k \cdot k \cdot k} \leqslant \dfrac{x+y+k+k+k}{5}$, 命题得证.

证法 2 设 $f(x,y,z) = 27\left(\dfrac{x+y+z}{5}\right)^5 - xyz^3$, 而

$$\frac{\partial f}{\partial x}(x,y,z) = 27\left(\frac{x+y+z}{5}\right)^4 - yz^3,$$

$$\frac{\partial f}{\partial y}(x,y,z) = 27\left(\frac{x+y+z}{5}\right)^4 - xz^3,$$

$$\frac{\partial f}{\partial z}(x,y,z) = 27\left(\frac{x+y+z}{5}\right)^4 - 3xyz^2,$$

令上述三式为 0, 解得 $yz^3 = xz^3 = 3xyz^2$, 即 $x=y, z=3x$. 此时取得最小值 $f(x,x,3x)=0$, 命题得证.

例21 求证: $\dfrac{a^2+b^2+c^2}{3} \geqslant \left(\dfrac{a+b+c}{3}\right)^2$.

证法 1 原题等价于 $3(a^2+b^2+c^2) \geqslant (a+b+c)^2$, 即证 $2(a^2+b^2+c^2) \geqslant 2ab+2bc+2ca$, 也即证 $(a-b)^2+(b-c)^2+(c-a)^2 \geqslant 0$, 显然成立.

证法 2 设 $f(x) = (x-a)^2+(x-b)^2+(x-c)^2 = 3x^2 - 2(a+b+c)x + (a^2+b^2+c^2)$, 由于 $f(x) \geqslant 0$, 所以 $[2(a+b+c)]^2 - 4\times3(a^2+b^2+c^2) \leqslant 0$, 命题得证.

证法 3 $(x^2)'' = 2 > 0$, x^2 是下凸函数, 根据琴生不等式, 命题得证.

例22 求证: $2\sqrt{n} \geqslant \displaystyle\sum_{k=1}^{n}\dfrac{1}{\sqrt{k}} \geqslant \sqrt{n}$.

证法 1 由 $\dfrac{1}{\sqrt{k}} = \dfrac{2}{2\sqrt{k}} > \dfrac{2}{\sqrt{k}+\sqrt{k+1}} = 2(\sqrt{k+1}-\sqrt{k})$, $\dfrac{1}{\sqrt{k}} = \dfrac{2}{2\sqrt{k}} < \dfrac{2}{\sqrt{k}+\sqrt{k-1}}$ $= 2(\sqrt{k}-\sqrt{k-1})$, 则

$$\sum_{k=1}^{n}\frac{1}{\sqrt{k}} > 2[(\sqrt{2}-1)+\cdots+(\sqrt{n+1}-\sqrt{n})] = 2(\sqrt{n+1}-1) \geqslant \sqrt{n},$$

只需另外单独检验 $n=1$ 即可.

$$\sum_{k=1}^{n}\frac{1}{\sqrt{k}} < 1 + 2[(\sqrt{2}-1)+\cdots+(\sqrt{n}-\sqrt{n-1})] = 2\sqrt{n}-1 < 2\sqrt{n}.$$

证法 2 假设 $\sum_{k=1}^{n}\frac{1}{\sqrt{k}}\geqslant\sqrt{n}$，只需证 $\sum_{k=1}^{n}\frac{1}{\sqrt{k}}+\frac{1}{\sqrt{n+1}}\geqslant\sqrt{n+1}$，即 $\sum_{k=1}^{n}\frac{\sqrt{n+1}}{\sqrt{k}}+1$

$\geqslant n+1$，而 $\sum_{k=1}^{n}\frac{\sqrt{n+1}}{\sqrt{k}}\geqslant\sqrt{n+1}\sqrt{n}\geqslant\sqrt{n}\sqrt{n}=n.$

$$\frac{1}{\sqrt{1}}+\frac{1}{\sqrt{2}}+\cdots+\frac{1}{\sqrt{n}}\geqslant\frac{1}{\sqrt{1}}+(n-1)\frac{1}{\sqrt{n}}=\left(1-\frac{1}{\sqrt{n}}\right)+\sqrt{n}.$$

$$1+\frac{1}{\sqrt{2}}+\cdots+\frac{1}{\sqrt{n+1}}<2\sqrt{n}+\frac{1}{\sqrt{n+1}}=\frac{2\sqrt{n}(n+1)}{n+1}+\frac{\sqrt{n+1}}{n+1}$$

$$=\frac{(2\sqrt{n^2+n}+1)\sqrt{n+1}}{n+1}<\frac{\left(2\sqrt{\left(n+\frac{1}{2}\right)^2+1}\right)\sqrt{n+1}}{n+1}$$

$$=\frac{(2n+1+1)\sqrt{n+1}}{n+1}=2\sqrt{n+1}.$$

证法 3 由于 $\frac{1}{\sqrt{x}}$ 是减函数，则 $\frac{1}{\sqrt{k}}\leqslant\int_{k-1}^{k}\frac{\mathrm{d}x}{\sqrt{x}}$，于是 $\sum_{k=1}^{n}\frac{1}{\sqrt{k}}\leqslant\int_{0}^{n}\frac{\mathrm{d}x}{\sqrt{x}}=2\sqrt{n}.$

$$\sum_{k=1}^{n}\frac{1}{\sqrt{k}}\geqslant\sum_{k=1}^{n}\frac{1}{\sqrt{k}+\sqrt{k-1}}=\sum_{k=1}^{n}\frac{\sqrt{k}-\sqrt{k-1}}{(\sqrt{k}+\sqrt{k-1})(\sqrt{k}-\sqrt{k-1})}$$

$$=\sum_{k=1}^{n}(\sqrt{k}-\sqrt{k-1})=\sqrt{n}.$$

由上面的结论容易推出 $10<\frac{1}{\sqrt{1}}+\frac{1}{\sqrt{2}}+\cdots+\frac{1}{\sqrt{100}}<20.$

例 23 已知 a_i,b_i 为非负实数. 求证：

$$(a_1a_2\cdots a_n)^{\frac{1}{n}}+(b_1b_2\cdots b_n)^{\frac{1}{n}}\leqslant[(a_1+b_1)(a_2+b_2)\cdots(a_n+b_n)]^{\frac{1}{n}}.$$

证法 1 由

$$\left(\frac{a_1}{a_1+b_1}\frac{a_2}{a_2+b_2}\cdots\frac{a_n}{a_n+b_n}\right)^{\frac{1}{n}}+\left(\frac{b_1}{a_1+b_1}\frac{b_2}{a_2+b_2}\cdots\frac{b_n}{a_n+b_n}\right)^{\frac{1}{n}}$$

$$\leqslant\frac{\frac{a_1}{a_1+b_1}+\frac{a_2}{a_2+b_2}+\cdots+\frac{a_n}{a_n+b_n}}{n}+\frac{\frac{b_1}{a_1+b_1}+\frac{b_2}{a_2+b_2}+\cdots+\frac{b_n}{a_n+b_n}}{n}=1,$$

变形得证.

证法 2 若某 $a_i=0$，命题显然成立. 假设所有 $a_i\neq 0$，设 $x_i=\frac{b_i}{a_i}$，即改证 $1+$

$(x_1x_2\cdots x_n)^{\frac{1}{n}}\leqslant[(1+x_1)(1+x_2)\cdots(1+x_n)]^{\frac{1}{n}}$. 设 $x_i=\mathrm{e}^{t_i}$，并对不等式两边取对数，因为

$\ln x$ 为增函数，即改证 $\ln\left(1+\mathrm{e}^{\frac{t_1+t_2+\cdots+t_n}{n}}\right)\leqslant\frac{1}{n}[\ln(1+\mathrm{e}^{t_1})+\ln(1+\mathrm{e}^{t_2})+\cdots+\ln(1+\mathrm{e}^{t_n})]$，

设 $f(t)=\ln(1+\mathrm{e}^t),f''(t)=\frac{\mathrm{e}^t}{(1+\mathrm{e}^t)^2}\geqslant 0$，所以 $f(t)=\ln(1+\mathrm{e}^t)$ 是下凸函数，由琴生不等

式可知上述命题得证.

例24 求证:当整数 $n>1$ 时, $\left[\dfrac{1+(n+1)^{n+1}}{n+2}\right]^{n-1}>\left(\dfrac{1+n^n}{n+1}\right)^n$.

证法1 改证 $\left[\dfrac{1+(n+1)^{n+1}}{n+2}\right]^{n-1}>n^{n(n-1)}>\left(\dfrac{1+n^n}{n+1}\right)^n$. 而

$$1+(n+1)^{n+1}=1+[n^{n+1}+(n+1)n^n+\cdots+1]>n^{n+1}+(n+1)n^n$$
$$>n^{n+1}+2n^n=n^n(n+2),$$
$$(n+1)n^{n-1}=n^n+n^{n-1}>n^n+1,$$

命题得证.

证法2 改证 $(n-1)\ln\dfrac{1+(n+1)^{n+1}}{n+2}>n\ln\dfrac{1+n^n}{n+1}$, 即 $\dfrac{1}{n}\ln\dfrac{1+(n+1)^{n+1}}{n+2}>\dfrac{1}{n-1}\cdot$

$\ln\dfrac{1+n^n}{n+1}$. 设 $f(x)=\dfrac{1}{x-1}\ln\dfrac{1+x^x}{x+1}=\dfrac{\ln(1+x^x)-\ln(x+1)}{x-1}$, 则

$$(x^x)'=(e^{x\ln x})'=e^{x\ln x}(\ln x+1)=x^x(\ln x+1),$$

可用计算机验证 $f'(x)=\dfrac{\left[\dfrac{x^x\ln(x+1)}{1+x^x}-\dfrac{1}{x+1}\right](x-1)-[\ln(1+x^x)-\ln(x+1)]}{(x-1)^2}>0$, 手工

证明则比较麻烦, 欢迎读者来信给出更好的证法.

例25 设 n 为不小于 9 的整数, 比较 $\sqrt{n}^{\sqrt{n+1}}$ 和 $\sqrt{n+1}^{\sqrt{n}}$ 的大小.

解法1 要证 $\sqrt{n}^{\sqrt{n+1}}>\sqrt{n+1}^{\sqrt{n}}$, 只需证 $\sqrt{n+1}\ln\sqrt{n}>\sqrt{n}\ln\sqrt{n+1}$, 即证 $\dfrac{\ln\sqrt{n}}{\sqrt{n}}>$

$\dfrac{\ln\sqrt{n+1}}{\sqrt{n+1}}$, 也即证当 $x\geqslant 3$ 时, $f(x)=\dfrac{\ln x}{x}$ 单调递减. 而 $f'(x)=\dfrac{1-\ln x}{x^2}<0$, 因为 $3>e$.

解法2 要证 $\sqrt{n}^{\sqrt{n+1}}>\sqrt{n+1}^{\sqrt{n}}$, 只需证 $n^{\sqrt{n+1}}>(n+1)^{\sqrt{n}}$, 即证 $n^{\sqrt{n+1}-\sqrt{n}}>$

$\left(\dfrac{n+1}{n}\right)^{\sqrt{n}}$, 也即证 $n>\left(1+\dfrac{1}{n}\right)^{n+\sqrt{n(n+1)}}$. 当 $n\geqslant 9$ 时, $\left(1+\dfrac{1}{n}\right)^{n+\sqrt{n(n+1)}}<\left(1+\dfrac{1}{n}\right)^{n+\sqrt{\frac{10}{9}n^2}}$

$<\left(1+\dfrac{1}{n}\right)^{2.06n}<e^{2.06}<8\leqslant n$. 此处用到 $\left(1+\dfrac{1}{n}\right)^n<e$.

例26 求证: $3x^2\leqslant\sqrt[3]{4}(1+x^3)(x\geqslant 0)$.

证法1 即证 $27x^6\leqslant 4(1+3x^3+3x^6+x^9)$, 也即证 $4x^9-15x^6+12x^3+4\geqslant 0$, 而 $4x^9$

$-15x^6+12x^3+4=(x^3-2)^2(4x^3+1)\geqslant 0$, 命题得证.

证法2 只要证 $f(x)=3x^2-\sqrt[3]{4}x^3\leqslant\sqrt[3]{4}$, 而 $f(0)=0<\sqrt[3]{4},f(+\infty)=-\infty<\sqrt[3]{4},f'(x)$

$=6x-3\sqrt[3]{4}x^2$ 在 $(0,+\infty)$ 上有唯一零点 $x=\dfrac{2}{\sqrt[3]{4}}$, 而 $f\left(\dfrac{2}{\sqrt[3]{4}}\right)=\sqrt[3]{4}$, 命题得证.

评析 证法 1 看似要比证法 2 简单,至少没有出现 $\dfrac{2}{\sqrt[3]{4}}$ 这样"丑陋"的数字.但是将 $4x^9 - 15x^6 + 12x^3 + 4$ 分解为 $(x^3 - 2)^2(4x^3 + 1)$,需要花费一番功夫,但这也有迹可循,可根据证法 2,求出零点 $x = \dfrac{2}{\sqrt[3]{4}}$,联系求证结论等号成立的情形,猜测 $4x^9 - 15x^6 + 12x^3 + 4$ 含有 $x - \dfrac{2}{\sqrt[3]{4}} = x - \sqrt[3]{2}$ 这一因式,进而猜测可能含有 $x^3 - 2$ 这样的因式,利用短除法,可将 $4x^9 - 15x^6 + 12x^3 + 4$ 分解为 $(x^3 - 2)^2(4x^3 + 1)$.

此题给我们启发,当初等数学解法遇到困难时,先用高等数学解法解决.解决之后,可能从中捕捉到一些"蛛丝马迹",这些信息有助于启发得到初等数学解法.

例 27 已知 $|a| < 1$,$|b| < 1$.求证:$\left|\dfrac{a + b}{1 + ab}\right| < 1$.

证法 1 要证 $\left|\dfrac{a + b}{1 + ab}\right| < 1$,只需证 $(a + b)^2 < (1 + ab)^2$,即证 $a^2 + b^2 < 1 + a^2 b^2$,也即证 $0 < (1 - a^2)(1 - b^2)$,显然成立.

证法 2 如图 1.21 所示,设 $P(-1, -a)$,$Q(ab, b)$,$C(a, 1)$,$D(-a, -1)$,则有 $k_{PQ} = \dfrac{a + b}{1 + ab}$.点 P 在直线 $x = -1$ 上,且在 $A(-1, 1)$ 和 $B(-1, -1)$ 之间,而无论点 P 在 AB 上的何处,直线 PQ 皆在 PC 与 PD 之间,但 $k_{PC} = \dfrac{1 + a}{a + 1} = 1$,$k_{PD} = \dfrac{-1 + a}{-a + 1} = -1$,所以 $-1 < k_{PQ} = \dfrac{a + b}{1 + ab} < 1$.

证法 3 如图 1.22 所示,设 $A(1, -a)$,$B(1, b)$,$C(b, 1)$,则

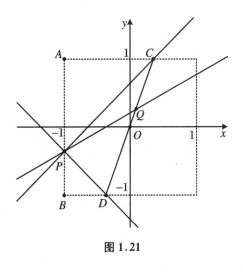

图 1.21

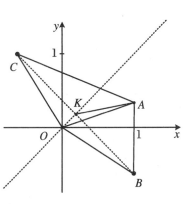

图 1.22

$$a + b = \begin{vmatrix} 1 & -a \\ 1 & b \end{vmatrix} = \begin{vmatrix} 1 & 0 & 0 \\ 1 & 1 & -a \\ 1 & 1 & b \end{vmatrix} = S_{\triangle AOB},$$

$$1 + ab = \begin{vmatrix} 1 & -a \\ b & 1 \end{vmatrix} = \begin{vmatrix} 1 & 0 & 0 \\ 1 & 1 & -a \\ 1 & b & 1 \end{vmatrix} = S_{\triangle AOC},$$

原命题等价于求证 $S_{\triangle AOB} < S_{\triangle AOC}$. 设 BC 交 $y = x$ 于点 K, 则折线 OKA 平分四边形 $OBAC$ 的面积, 所以 $S_{\triangle AOB} < S_{AKOB} < S_{\triangle AOC}$.

对于此题, 在罗增儒教授的《数学解题学引论》中列举了十余种证法. 而单墫教授在《解题研究》中又给出了一些证法, 并对某些证法的来源进行了质疑, 觉得是奇思妙想, 太难想到了.

其实对于教学而言, 有了证法 1 足矣, 简单自然, 就是一些基本运算. 而对于证法 2 和证法 3, 想到需要花费较多的精力, 而且书写、作图也需要时间. 但也不能完全否定证法 2 和证法 3, 它们展示了不一样的思路, 连接了看似不相关的知识点, 也确实有研究的必要, 只是不大适合在课堂教学中讲授.

例28 求证: $\dfrac{3^{2013} + 1}{3^{2014} + 1} > \dfrac{3^{2014} + 1}{3^{2015} + 1}$.

证法 1 即证 $(3^{2013} + 1)(3^{2015} + 1) > (3^{2014} + 1)^2$, 化简为 $3^{2013} + 3^{2015} > 2 \cdot 3^{2014}$, 显然成立.

证法 2 $\dfrac{3^x + 1}{3^{x+1} + 1} = \dfrac{1}{3} \cdot \dfrac{3^{x+1} + 3}{3^{x+1} + 1} = \dfrac{1}{3}\left(1 + \dfrac{2}{3^{x+1} + 1}\right)$, 是减函数, 原命题显然成立.

证法 3 $\dfrac{3^{2013} + 1}{3^{2014} + 1} > \dfrac{3^{2014} + 1}{3^{2015} + 1}$ 等价于 $\begin{vmatrix} 3^{2013} + 1 & 3^{2014} + 1 \\ 3^{2014} + 1 & 3^{2015} + 1 \end{vmatrix} > 0$, 而 $\begin{vmatrix} 3^{2013} + 1 & 3^{2014} + 1 \\ 3^{2014} + 1 & 3^{2015} + 1 \end{vmatrix} =$

$\begin{vmatrix} 3^{2013} & 1 \\ 3^{2014} & 1 \end{vmatrix} \begin{vmatrix} 1 & 3 \\ 1 & 1 \end{vmatrix} = 2(3^{2014} - 3^{2013}) > 0$.

评析 证法 1 直接计算, 简单自然, 也无须先替换: 设 $3^{2013} = x$. 证法 2 利用单调性也不是很困难. 证法 3 利用行列式来证, 较复杂, 只是作为一种角度供参考. 也许这种思路在其他问题上能发挥作用.

例29 已知正数 a, b, c, 且 $a + b + c = 1$. 求证: $a^2 + b^2 + c^2 \geqslant \dfrac{1}{3}$.

证法 1 由均值不等式得 $\sqrt{\dfrac{a^2 + b^2 + c^2}{3}} \geqslant \dfrac{a + b + c}{3}$, 所以 $a^2 + b^2 + c^2 \geqslant \dfrac{1}{3}$.

证法 2 设 $f(x) = x^2$, 则 $f'(x) = 2x$, $f\left(\dfrac{1}{3}\right) = \dfrac{1}{9}$, $f'\left(\dfrac{1}{3}\right) = \dfrac{2}{3}$, 所以 $f(x)$ 在 $x = \dfrac{1}{3}$ 处

的切线方程是 $y = \dfrac{2}{3}x - \dfrac{1}{9}$. 下面证明：$x^2 \geqslant \dfrac{2}{3}x - \dfrac{1}{9}$，只需证 $x^2 - \dfrac{2}{3}x + \dfrac{1}{9} = \left(x - \dfrac{1}{3}\right)^2 \geqslant 0$.

类似有其他两个式子. 所以 $a^2 + b^2 + c^2 \geqslant \dfrac{2}{3}(a + b + c) - \dfrac{1}{9} \cdot 3 = \dfrac{1}{3}$.

　　由于此题比较简单，用均值不等式可一步解决，所以相对而言，切线法就显得十分烦琐，但也并不能因此否定切线法的价值.

例30 已知正数 a, b, c，且 $a + b + c = 1$. 求证：$\dfrac{a}{a^2 + 1} + \dfrac{b}{b^2 + 1} + \dfrac{c}{c^2 + 1} \leqslant \dfrac{9}{10}$.

证法1 设 $f(x) = \dfrac{x}{x^2 + 1}$，则 $f'(x) = \dfrac{1 - x^2}{(x^2 + 1)^2}$，$f\left(\dfrac{1}{3}\right) = \dfrac{3}{10}$，$f'\left(\dfrac{1}{3}\right) = \dfrac{18}{25}$，所以 $f(x)$ 在 $x = \dfrac{1}{3}$ 处的切线方程是 $y = \dfrac{18}{25}\left(x - \dfrac{1}{3}\right) + \dfrac{3}{10}$. 下面证明：$\dfrac{x}{x^2 + 1} \leqslant \dfrac{18}{25}\left(x - \dfrac{1}{3}\right) + \dfrac{3}{10}$，只需证 $36x^3 + 3x^2 - 14x + 3 \geqslant 0$，即 $(4x + 3)(3x - 1)^2 \geqslant 0$. 类似有其他两个式子. 所以

$$\dfrac{a}{a^2 + 1} + \dfrac{b}{b^2 + 1} + \dfrac{c}{c^2 + 1} \leqslant \dfrac{18}{25}\left(a + b + c - \dfrac{1}{3} \cdot 3\right) + \dfrac{3}{10} \cdot 3 = \dfrac{9}{10}.$$

证法2 设 $f(x) = \dfrac{x}{x^2 + 1}(0 < x < 1)$，则 $f''(x) = \dfrac{2x(x^2 - 3)}{(x^2 + 1)^3} < 0$，故 $f(x)$ 为 $(0,1)$ 上的凹函数，由琴生不等式得

$$\dfrac{a}{a^2 + 1} + \dfrac{b}{b^2 + 1} + \dfrac{c}{c^2 + 1} = f(a) + f(b) + f(c) \leqslant 3f\left(\dfrac{a + b + c}{3}\right) = \dfrac{9}{10}.$$

例31 若 $x^2 + y^2 + z^2 = 2$，求证：$x + y + z \leqslant xyz + 2$. (1987年IMO预选题)

证法1 假设 x, y, z 中有一个小于或等于 0，不妨设 $x \leqslant 0$，则 $y + z \leqslant \sqrt{2(y^2 + z^2)} \leqslant \sqrt{2 \cdot 2} = 2$，$yz \leqslant \dfrac{y^2 + z^2}{2} \leqslant 1$，于是 $2 + xyz - x - y - z = (2 - y - z) - x(1 - yz) \geqslant 0$.

　　否则，可设 $0 < x \leqslant y \leqslant z$，若 $z \leqslant 1$，则 $2 + xyz - x - y - z = (1 - z)(1 - xy) + (1 - x)(1 - y) \geqslant 0$.

　　若 $z > 1$，则 $z + (x + y) \leqslant \sqrt{2[z^2 + (x + y)^2]} = 2\sqrt{1 + xy} \leqslant 2 + xy \leqslant 2 + xyz$.

证法2

$$4 - (x + y + z - xyz)^2$$
$$= 4 - (x + y + z)^2 - x^2y^2z^2 + 2xyz(x + y + z)$$
$$= \dfrac{1}{4}\big[2(x^2 + y^2 + z^2)^3 - (x + y + z)^2(x^2 + y^2 + z^2)^2 - 4x^2y^2z^2$$
$$\quad + 4xyz(x + y + z)(x^2 + y^2 + z^2)\big]$$
$$= \dfrac{1}{4}\big[(x^2 + y^2 + z^2)^3 - (2xy + 2yz + 2zx)(x^2 + y^2 + z^2)^2$$
$$\quad + 4xyz(x + y + z)(x^2 + y^2 + z^2) - 4x^2y^2z^2\big]$$

$$= \frac{1}{4}\left[(x^2 + y^2 + z^2 - 2yz)(x^2 + y^2 + z^2 - 2zx)(x^2 + y^2 + z^2 - 2xy) + 4x^2y^2z^2\right]$$

$$\geqslant \frac{1}{4}\left[(y^2 + z^2 - 2yz)(x^2 + z^2 - 2zx)(x^2 + y^2 - 2xy) + 4x^2y^2z^2\right] \geqslant 0.$$

证法 3 即证 $(x + y + z - xyz)^2 \leqslant 4$. 由柯西不等式有

$$(x + y + z - xyz)^2 = \left[1 \cdot (x + y) + (1 - xy) \cdot z\right]^2 \leqslant \left[1^2 + (1 - xy)^2\right]\left[(x + y)^2 + z^2\right]$$

$$= 2(1 + xy)(2 - 2xy + x^2y^2),$$

而

$$4 - 2(1 + xy)(2 - 2xy + x^2y^2) = x^2y^2(2 - 2xy) \geqslant x^2y^2(x^2 + y^2 - 2xy) \geqslant 0.$$

证法 4 设 $f(x,y,z) = x + y + z - xyz + \lambda(x^2 + y^2 + z^2)$, 令 $f'_x(x,y,z) = 1 - yz + 2\lambda x = 0$, $f'_y(x,y,z) = 1 - xz + 2\lambda y = 0$, $f'_z(x,y,z) = 1 - xy + 2\lambda z = 0$, 消去参数 λ 可得

$$\begin{cases} (y - x)\left[(y + x)z - 1\right] = 0 \\ (z - x)\left[(z + x)y - 1\right] = 0 \\ (y - z)\left[(y + z)x - 1\right] = 0 \\ x^2 + y^2 + z^2 = 2 \end{cases}, \text{解方程得:}$$

(1) 若 $x = y = z = \pm\sqrt{\frac{2}{3}}$, 则 $(x + y + z - xyz)_{max} = 3 \cdot \sqrt{\frac{2}{3}} - \frac{2}{3} \cdot \sqrt{\frac{2}{3}} = \frac{7}{3} \cdot \sqrt{\frac{2}{3}} < 2$.

(2) 若 $x = y$, 则 $(z + x)y - 1 = 0$, $x^2 + y^2 + z^2 = 2$, 解得 $x = y = \pm\frac{1}{\sqrt{3}}$, $z = \pm\frac{2}{\sqrt{3}}$,

$(x + y + z - xyz)_{max} = \frac{4}{\sqrt{3}} - \frac{1}{3} \cdot \frac{2}{\sqrt{3}} = \frac{10\sqrt{3}}{9} < 2$; 或解得 $x = y = \pm 1$, $z = 0$,

$(x + y + z - xyz)_{max} = 2$. 显然 $x = y = 1, z = 0$, 也满足 $(y - z)\left[(y + z)x - 1\right] = 0$.

(3) 若 $\begin{cases} (y + x)z - 1 = 0 \\ (z + x)y - 1 = 0 \\ (y + z)x - 1 = 0 \end{cases}$, 则解得 $xy = yz = zx = \frac{1}{2}$, $x = y = z = \pm\frac{\sqrt{2}}{2}$, 这与 $x^2 + y^2 + z^2$

$= 2$ 矛盾.

综上, 当 $x = y = 1, z = 0$ 时, $(x + y + z - xyz)_{max} = 2$, 于是 $x + y + z \leqslant xyz + 2$.

例 32 若 a, b, c 是正数, 求证: $\dfrac{a}{(b+c)^2} + \dfrac{b}{(c+a)^2} + \dfrac{c}{(a+b)^2} \geqslant \dfrac{9}{4(a+b+c)}$.

证法 1 由柯西不等式有

$$(a + b + c)\left[\frac{a}{(b+c)^2} + \frac{b}{(c+a)^2} + \frac{c}{(a+b)^2}\right] \geqslant \left(\frac{a}{b+c} + \frac{b}{c+a} + \frac{c}{a+b}\right)^2,$$

而 $\dfrac{a}{b+c} + \dfrac{b}{c+a} + \dfrac{c}{a+b} = \dfrac{a^2}{a(b+c)} + \dfrac{b^2}{b(c+a)} + \dfrac{c^2}{c(a+b)} \geqslant \dfrac{(a+b+c)^2}{2(ab+bc+ca)} \geqslant \dfrac{3}{2}$.

证法 2 不妨设 $a + b + c = 1$, 即证 $\dfrac{a}{(1-a)^2} + \dfrac{b}{(1-b)^2} + \dfrac{c}{(1-c)^2} \geqslant \dfrac{9}{4}$. 设 $f(x) =$

$\dfrac{x}{(x-1)^2}(0<x<1)$，则 $f'(x)=\dfrac{1+x}{(1-x)^3}$，$f''(x)=\dfrac{2(x+2)}{(1-x)^4}>0$，故 $f(x)=\dfrac{x}{(x-1)^2}$ 在 $(0,1)$

上是下凸函数，由琴生不等式得

$$\frac{a}{(b+c)^2}+\frac{b}{(c+a)^2}+\frac{c}{(a+b)^2}=f(a)+f(b)+f(c)\geqslant 3f\left(\frac{a+b+c}{3}\right)=\frac{9}{4}.$$

例33 求证：$\sqrt{a^2+(1-b)^2}+\sqrt{b^2+(1-c)^2}+\sqrt{c^2+(1-a)^2}\geqslant\dfrac{3\sqrt{2}}{2}$.

证法 1

$$\sqrt{a^2+(1-b)^2}+\sqrt{b^2+(1-c)^2}+\sqrt{c^2+(1-a)^2}$$

$$\geqslant\frac{|a|+|1-b|}{\sqrt{2}}+\frac{|b|+|1-c|}{\sqrt{2}}+\frac{|c|+|1-a|}{\sqrt{2}}$$

$$=\frac{|a|+|1-a|}{\sqrt{2}}+\frac{|b|+|1-b|}{\sqrt{2}}+\frac{|c|+|1-c|}{\sqrt{2}}$$

$$\geqslant\frac{1}{\sqrt{2}}+\frac{1}{\sqrt{2}}+\frac{1}{\sqrt{2}}\geqslant\frac{3\sqrt{2}}{2}.$$

证法 2 设 $a+b+c=x$，由 $|u|+|v|+|p|\geqslant|u+v+p|$，得

$$\sqrt{a^2+(1-b)^2}+\sqrt{b^2+(1-c)^2}+\sqrt{c^2+(1-a)^2}$$

$$\geqslant\sqrt{(a+b+c)^2+(3-a-b-c)^2}=\sqrt{x^2+(3-x)^2}$$

$$\geqslant\sqrt{2}\cdot\frac{x+(3-x)}{2}=\frac{3\sqrt{2}}{2}.$$

在高等数学中，$|u|+|v|+|p|\geqslant|u+v+p|$ 这样的式子会进一步拓展，譬如有闵可夫斯基不等式：

在数学中，闵可夫斯基(Minkowski)不等式表明 L^p 空间是一个赋范向量空间.

设 S 是一个度量空间，$1\leqslant p\leqslant\infty$，$f,g\in L^p(S)$，那么 $f+g\in L^p(S)$，我们有

$$\|f+g\|_p\leqslant\|f\|_p+\|g\|_p,$$

当且仅当 $\exists k\leqslant 0$，$f=kg$ 或者 $g=kf$ 时等号成立.

闵可夫斯基不等式是 $L^p(S)$ 中的三角不等式. 它可以用赫尔德不等式来证明. 和赫尔德不等式一样，闵可夫斯基不等式取可数测度可以写成序列或向量的特殊形式：

$$\left(\sum_{k=1}^{n}|x_k+y_k|^p\right)^{1/p}\leqslant\left(\sum_{k=1}^{n}|x_k|^p\right)^{1/p}+\left(\sum_{k=1}^{n}|y_k|^p\right)^{1/p}.$$

对所有实数 $x_1,\cdots,x_n,y_1,\cdots,y_n$，这里 n 是 S 的维数；改成复数同样成立，没有任何难处.

值得指出的是，如果 $x_1,\cdots,x_n,y_1,\cdots,y_n>0$，$p<1$，则 "$\leqslant$" 可以变为 "$\geqslant$".

例34 已知 $x,y,z>0$，且 $x+y+z=1$. 求证：$\left(1+\dfrac{1}{x}\right)\left(1+\dfrac{1}{y}\right)\left(1+\dfrac{1}{z}\right)\geqslant 64$.

证法1

$$\left(1+\frac{1}{x}\right)\left(1+\frac{1}{y}\right)\left(1+\frac{1}{z}\right)=\left(2+\frac{y+z}{x}\right)\left(2+\frac{z+x}{y}\right)\left(2+\frac{x+y}{z}\right)$$

$$=8+4\left(\frac{y+z}{x}+\frac{z+x}{y}+\frac{x+y}{z}\right)$$

$$+2\left(\frac{y+z}{x}\frac{z+x}{y}+\frac{z+x}{y}\frac{x+y}{z}+\frac{y+z}{x}\frac{x+y}{z}\right)+\frac{y+z}{x}\frac{z+x}{y}\frac{x+y}{z}$$

$$\geqslant 8+4\cdot 6+2\left(\frac{2\sqrt{yz}}{x}\frac{2\sqrt{zx}}{y}+\frac{2\sqrt{zx}}{y}\frac{2\sqrt{xy}}{z}+\frac{2\sqrt{yz}}{x}\frac{2\sqrt{xy}}{z}\right)$$

$$+\frac{2\sqrt{yz}}{x}\frac{2\sqrt{zx}}{y}\frac{2\sqrt{xy}}{z}$$

$$=8+4\cdot 6+2\left(\frac{4z}{\sqrt{xy}}+\frac{4x}{\sqrt{yz}}+\frac{4y}{\sqrt{xz}}\right)+8$$

$$\geqslant 8+4\cdot 6+8\cdot 3+8$$

$$=64.$$

不断使用均值不等式，所有等号成立的条件是 $x=y=z=\dfrac{1}{3}$.

证法2

$$\left(1+\frac{1}{x}\right)\left(1+\frac{1}{y}\right)\left(1+\frac{1}{z}\right)=\left(1+1+\frac{y}{x}+\frac{z}{x}\right)\left(1+1+\frac{z}{y}+\frac{x}{y}\right)\left(1+1+\frac{x}{z}+\frac{y}{z}\right)$$

$$\geqslant 4\sqrt[4]{\frac{yz}{x^2}}\cdot 4\sqrt[4]{\frac{zx}{y^2}}\cdot 4\sqrt[4]{\frac{xy}{z^2}}=64.$$

证法3

$$\left(1+\frac{1}{x}\right)\left(1+\frac{1}{y}\right)\left(1+\frac{1}{z}\right)=\left(1+\frac{1}{3x}+\frac{1}{3x}+\frac{1}{3x}\right)\left(1+\frac{1}{3y}+\frac{1}{3y}+\frac{1}{3y}\right)\left(1+\frac{1}{3z}+\frac{1}{3z}+\frac{1}{3z}\right)$$

$$\geqslant 64\sqrt[4]{\frac{1}{(3x)^3}\cdot\frac{1}{(3y)^3}\cdot\frac{1}{(3z)^3}}=64\sqrt[4]{\frac{1}{3^9}\frac{1}{(xyz)^3}}\geqslant 64.$$

证法4 改证 $\ln\left(1+\dfrac{1}{x}\right)+\ln\left(1+\dfrac{1}{y}\right)+\ln\left(1+\dfrac{1}{z}\right)\geqslant \ln 64$.

对于 $t>0$，设 $f(t)=\ln\left(1+\dfrac{1}{t}\right)=\ln(1+t)-\ln t$，则 $f'(t)=\dfrac{1}{1+t}-\dfrac{1}{t}$，$f''(t)=$

$-\dfrac{1}{(1+t)^2}+\dfrac{1}{t^2}>0$. 由琴生不等式可得 $\dfrac{f(x)+f(y)+f(z)}{3}\geqslant f\left(\dfrac{x+y+z}{3}\right)=\ln 4$，即

$\ln\left(1+\dfrac{1}{x}\right)+\ln\left(1+\dfrac{1}{y}\right)+\ln\left(1+\dfrac{1}{z}\right)\geqslant \ln 64$.

例35 已知 $f(x) = x^2 + px + q$. 求证: $|f(1)|$, $|f(2)|$, $|f(3)|$ 中至少有一个不小于 $\frac{1}{2}$.

证法1 用反证法. 假如 $|f(1)|$, $|f(2)|$, $|f(3)|$ 都小于 $\frac{1}{2}$, 则 $-\frac{1}{2} < f(1) = 1 + p + q < \frac{1}{2}$, 即 $-\frac{3}{2} < p + q < -\frac{1}{2}$; $-\frac{1}{2} < f(2) = 4 + 2p + q < \frac{1}{2}$, 即 $\frac{7}{2} < -2p - q < \frac{9}{2}$. 与 $-\frac{3}{2} < p + q < -\frac{1}{2}$ 相加得 $2 < -p < 4$, 即 $-4 < p < -2$.

另一方面, $-\frac{1}{2} < f(3) = 9 + 3p + q < \frac{1}{2}$, 即 $-\frac{19}{2} < 3p + q < -\frac{17}{2}$, 与 $\frac{7}{2} < -2p - q < \frac{9}{2}$ 相加得 $-6 < p < -4$. 矛盾, 假设不成立.

证法2 $f(1) - 2f(2) + f(3) = (1 + p + q) - 2(4 + 2p + q) + (9 + 3p + q) = 2$, 假如 $|f(1)|$, $|f(2)|$, $|f(3)|$ 都小于 $\frac{1}{2}$, 则 $2 = |f(1) - 2f(2) + f(3)| \leqslant |f(1)| + 2|f(2)| + |f(3)| < 2$, 矛盾.

显然证法2要比证法1简练. 关键是 $f(1) - 2f(2) + f(3) = 2$ 如何想到? 或者说将 p 和 q 消去之后, $f(1)$, $f(2)$, $f(3)$ 关系如何? 要消去 p 和 q 的原因是最后要与之比较的 $\frac{1}{2}$ 不含这两个变量.

设 $A(p + q) + B(2p + q) + C(3p + q) = 0$, 则 $A + 2B + 3C = 0$, $A + B + C = 0$, 解得 $A : B : C = 1 : (-2) : 1$, 计算得 $f(1) - 2f(2) + f(3) = 2$.

另解: 已知 $\begin{cases} 1 - f(1) + p + q = 0 \\ 4 - f(2) + 2p + q = 0 \\ 9 - f(3) + 3p + q = 0 \end{cases}$, 将其看作是关于 $(1, p, q)$ 的齐次线性方程组, 由于存在非零解, 于是 $\begin{vmatrix} 1 - f(1) & 1 & 1 \\ 4 - f(2) & 2 & 1 \\ 9 - f(3) & 3 & 1 \end{vmatrix} = 0$, 化简得 $f(1) - 2f(2) + f(3) = 2$.

1.5　杂　题

例1 已知等差数列 $\{a_n\}$ 的前 n 项的和 S_n 为 60, 前 $2n$ 项的和 S_{2n} 为 120, 求前 $3n$ 项的和 S_{3n}.

解法1 $S_{2n} = S_n + (S_n + nd)$, $S_{3n} = S_n + (S_n + nd) + (S_n + 2nd)$, 那么 $S_{2n} - S_n =$

$S_n + nd$，$S_{3n} - S_{2n} = S_n + 2nd$，于是 $2(S_{2n} - S_n) = S_n + (S_{3n} - S_{2n})$，即 $2 \times (120 - 60) = 60 + (S_{3n} - 120)$，解得 $S_{3n} = 180$.

分析 $S_n = na_1 + \dfrac{n(n-1)}{2}d$，因为涉及三个未知数，依靠两个方程无法解出．转换思路：将 $S_n = na_1 + \dfrac{n(n-1)}{2}d$ 看作是关于 n 的二次函数 $f(n) = an^2 + bn$，然后用 $f(n)$ 和 $f(2n)$ 去表示 $f(3n)$.

解法 2 设等差数列前 n 项的和为 $f(n) = an^2 + bn$，则 $an^2 + bn = 60$，$4an^2 + 2bn = 120$，$9an^2 + 3bn = S_{3n}$，观察得 $9an^2 + 3bn = 3 \times (4an^2 + 2bn - an^2 - bn)$，所以 $S_{3n} = 3(S_{2n} - S_n) = 3 \times (120 - 60) = 180$.

若数据复杂，可能就难以观察得到，需要计算．

$$\begin{cases} an^2 + bn - 60 = 0 \\ 4an^2 + 2bn - 120 = 0 \\ 9an^2 + 3bn - S_{3n} = 0 \end{cases}$$，将其看作是关于 $(a, b, -1)$ 的线性方程组，则

$$\begin{vmatrix} n^2 & n & 60 \\ 4n^2 & 2n & 120 \\ 9n^2 & 3n & S_{3n} \end{vmatrix} = 0$$，化简得 $S_{3n} = 3(S_{2n} - S_n) = 3 \times (120 - 60) = 180$.

例2 单摆振动周期由公式 $T = 2\pi\sqrt{\dfrac{l}{g}}$ 确定，其中 l 为摆长，g 为重力加速度．如果要使周期 T 增大 0.05 秒，对摆长 $l = 20$ 需要做多少修改？

解法 1 $2\pi\sqrt{\dfrac{l}{g}} + 0.05 = 2\pi\sqrt{\dfrac{l+x}{g}}$，解得

$$x = \left[\sqrt{l} + \frac{0.05\sqrt{g}}{2\pi} \right]^2 - l \approx \left(\sqrt{0.2} + \frac{0.05\sqrt{9.81}}{6.28} \right)^2 - 0.2 \approx 0.022\,9.$$

解法 2 $\mathrm{d}T = \dfrac{2\pi}{\sqrt{g}}\dfrac{1}{2\sqrt{l}}\mathrm{d}l$，$\mathrm{d}l = \dfrac{\mathrm{d}T\sqrt{gl}}{\pi} = \dfrac{0.05 \times \sqrt{9.81 \times 0.2}}{3.14} \approx 0.022\,2$. 即摆长要增加约 2.2 厘米．

例3 设 N 是具有 $1\,998$ 位，每一位都是 1 的十进位正整数，即 $N = \underbrace{111\cdots111}_{1\,998\text{个}1}$，求 $\sqrt{N}$ 小数点后第 $1\,000$ 位．

解法 1 设 $N = \dfrac{10^{1\,998} - 1}{9}$，则 $\sqrt{N} = \sqrt{\dfrac{10^{1\,998} - 1}{9}} = \dfrac{10^{999}}{3}\sqrt{1 - 10^{-1\,998}} = \dfrac{10^{999}}{3} \cdot$

$\left(1 - \dfrac{10^{-1\,998}}{2} + \varepsilon \right)$（此处用了泰勒展开），$\varepsilon < \dfrac{10^{-3\,996}}{8}$，则 $10^{999}\sqrt{N} = \dfrac{10^{1\,998} - 1}{3} + \dfrac{1}{6} + \dfrac{10^{1\,998}\varepsilon}{3}$ 的小数点后第一位是 1.

解法 2 设 $N = \dfrac{10^{1\,998} - 1}{9}$，$10^{1\,000}\sqrt{N} = 10^{1\,000}\sqrt{\dfrac{10^{1\,998} - 1}{9}} = \dfrac{\sqrt{10^{3\,998} - 10^{2\,000}}}{3}$，由 $(10^{1\,999} - 7)^2$ $< 10^{3\,998} - 10^{2\,000} < (10^{1\,999} - 4)^2$ 可得 $\dfrac{10^{1\,999} - 7}{3} < 10^{1\,000}\sqrt{N} < \dfrac{10^{1\,999} - 4}{3}$，即 $333\cdots331 <$ $10^{1\,000}\sqrt{N} < 333\cdots332$，所以 $\sqrt{N}$ 小数点后第 $1\,000$ 位是 1.

评析 高等数学解题，由于工具强大，解题十分简便，而初等数学解法则需要更多的技巧.

例 4 计算 $\displaystyle\sum_{k=1}^{\infty} \dfrac{k^2}{2^k}$.

解法 1 考虑级数 $\displaystyle\sum_{k=1}^{\infty} \dfrac{x^k}{2^k} = \dfrac{1}{\dfrac{2}{x} - 1}$，对之求导有 $\displaystyle\sum_{k=1}^{\infty} k\,\dfrac{x^{k-1}}{2^k} = \dfrac{\dfrac{1}{2}}{\left(1 - \dfrac{x}{2}\right)^2}$；再对之求导

有 $\displaystyle\sum_{k=1}^{\infty} k(k-1)\,\dfrac{x^{k-2}}{2^k} = \dfrac{\dfrac{1}{2}}{\left(1 - \dfrac{x}{2}\right)^3}$. 将两式相加，令 $x = 1$ 可得 $\displaystyle\sum_{k=1}^{\infty} \dfrac{k^2}{2^k} = 6$.

解法 2 我们熟知 $\displaystyle\sum_{k=1}^{\infty} \dfrac{1}{2^k} = 1$，其证明等式两边乘以公比，可反复利用此性质.

设 $S = \displaystyle\sum_{k=1}^{\infty} \dfrac{k}{2^k}$，则

$$\dfrac{S}{2} = \sum_{k=1}^{\infty} \dfrac{k}{2\cdot 2^k} = \sum_{k=1}^{\infty} \dfrac{k}{2^{k+1}} = \sum_{k=2}^{\infty} \dfrac{k-1}{2^k} = \sum_{k=2}^{\infty} \dfrac{k-1}{2^k} + \dfrac{1-1}{2^1} = \sum_{k=1}^{\infty} \dfrac{k-1}{2^k},$$

又 $\dfrac{S}{2} = S - \dfrac{S}{2} = \displaystyle\sum_{k=1}^{\infty} \dfrac{k}{2^k} - \sum_{k=1}^{\infty} \dfrac{k-1}{2^k} = \sum_{k=1}^{\infty} \dfrac{1}{2^k} = 1$，所以 $S = 2$.

设 $M = \displaystyle\sum_{k=1}^{\infty} \dfrac{k^2}{2^k}$，则

$$\dfrac{M}{2} = \sum_{k=1}^{\infty} \dfrac{k^2}{2\cdot 2^k} = \sum_{k=1}^{\infty} \dfrac{k^2}{2^{k+1}} = \sum_{k=2}^{\infty} \dfrac{(k-1)^2}{2^k} = \sum_{k=2}^{\infty} \dfrac{(k-1)^2}{2^k} + \dfrac{(1-1)^2}{2^1} = \sum_{k=1}^{\infty} \dfrac{(k-1)^2}{2^k},$$

又 $\dfrac{M}{2} = M - \dfrac{M}{2} = \displaystyle\sum_{k=1}^{\infty} \dfrac{k^2}{2^k} - \sum_{k=1}^{\infty} \dfrac{(k-1)^2}{2^k} = 2\sum_{k=1}^{\infty} \dfrac{k}{2^k} - \sum_{k=1}^{\infty} \dfrac{1}{2^k} = 2\cdot 2 - 1 = 3$，所以 $M = 6$.

此题来自一位网友的提问，他想知道这个巧妙的高等数学解法到底是如何想到的. 对此，笔者也无能为力. 若不是妙手偶得之，必定是千锤百炼而成. 而笔者给出的初等数学解法则容易看懂一些，用到的是求解无穷递缩等比数列时的入门方法.

例 5 定义数列 a_n，其中 $a_0 = 1$，$a_1 = 2$，$a_n = \dfrac{a_{n-1}^2 + 1}{a_{n-2}}$. 求证：$a_n$ 都是整数.

证法 1 $a_2 = \dfrac{4+1}{1} = 5$. $a_{n-1}^2 + 1 = a_{n-2}a_n$，$a_n^2 + 1 = a_{n-1}a_{n+1}$，于是 $a_n^2 - a_{n-1}^2 = a_{n-1}$

$\cdot a_{n+1} - a_{n-2} a_n, a_n(a_n + a_{n-2}) = a_{n-1}(a_{n+1} + a_{n-1}), \dfrac{a_n + a_{n-2}}{a_{n-1}} = \dfrac{a_{n+1} + a_{n-1}}{a_n} = \dfrac{a_2 + a_0}{a_1}$

$= \dfrac{5+1}{2} = 3$,所以 $a_n = 3a_{n-1} - a_{n-2}$,命题显然成立.

证法 2

$$a_n^2 + 1 = \left(\dfrac{a_{n-1}^2 + 1}{a_{n-2}}\right)^2 + 1 = \dfrac{a_{n-1}^4 + 2a_{n-1}^2 + 1 + a_{n-2}^2}{a_{n-2}^2} = \dfrac{a_{n-1}^4 + 2a_{n-1}^2 + a_{n-1}a_{n-3}}{a_{n-2}^2},$$

于是 a_{n-1} 整除 $a_{n-2}^2(a_n^2 + 1)$;若 a_{n-1} 整除 a_{n-2}^2,则 2 整除 1,不符合题意;于是 a_{n-1} 整除 a_n^2

$+ 1, a_n = \dfrac{a_{n-1}^2 + 1}{a_{n-2}}$ 是整数.

证法 3 可以求出该数列的前面几项,$a_0 = 1, a_1 = 2, a_2 = 5, a_3 = 13, a_4 = 34, a_5 = 89$,

如果你对斐波那契数列比较熟悉,则容易看出 $a_n = F_{2n}$.其中定义 $F_0 = 1, F_1 = 1, F_n = F_{n-1}$

$+ F_{n-2}$,显然 F_n 都是整数.下面只需证 $F_{2n} = \dfrac{F_{2n-2}^2 + 1}{F_{2n-4}}$.

已知 $F_n = \dfrac{1}{\sqrt{5}}(\phi^{n+1} - \tau^{n+1})$,其中 $\phi = \dfrac{1+\sqrt{5}}{2}, \tau = \dfrac{1-\sqrt{5}}{2}, \phi\tau = -1, \phi - \tau = \sqrt{5}$,则

$$F_{2n}F_{2n-4} - F_{2n-2}^2 = \dfrac{1}{5}\left[(\phi^{2n+1} - \tau^{2n+1})(\phi^{2n-3} - \tau^{2n-3}) - (\phi^{2n-1} - \tau^{2n-1})^2\right]$$

$$= \dfrac{1}{5}(\phi^2 - \tau^2)^2 = 1.$$

另证:$F_{2n}F_{2n-4} - F_{2n-2}^2 = 1$.

考虑线性方程组 $\begin{cases} F_{2n-4}x + F_{2n-3}y = F_{2n-2} \\ F_{2n-2}x + F_{2n-1}y = F_{2n} \end{cases}$,显然 $x = y = 1$ 是其唯一解.根据克拉默法

则,$1 = y = \dfrac{\begin{vmatrix} F_{2n-4} & F_{2n-2} \\ F_{2n-2} & F_{2n} \end{vmatrix}}{\begin{vmatrix} F_{2n-4} & F_{2n-3} \\ F_{2n-2} & F_{2n-1} \end{vmatrix}}$,下面只需证 $F_{2n-1}F_{2n-4} - F_{2n-2}F_{2n-3} = 1$.

$$F_{2n-1}F_{2n-4} - F_{2n-2}F_{2n-3} = (F_{2n-2} + F_{2n-3})(F_{2n-2} - F_{2n-3}) - F_{2n-2}F_{2n-3}$$

$$= F_{2n-2}^2 - F_{2n-1}F_{2n-3} = 1.$$

(根据结论 $F_{n+1}F_{n-1} - F_n^2 = (-1)^{n+1}$.)

例6 求所有的整数 a,使得 $x^3 - x + a = 0$ 有三个整数解.

解法 1 设 x_1, x_2, x_3 为方程的三个整数解,则根据韦达定理 $x_1 + x_2 + x_3 = 0, x_1x_2 +$

$x_2x_3 + x_3x_1 = -1, x_1^2 + x_2^2 + x_3^2 = (x_1 + x_2 + x_3)^2 - 2(x_1x_2 + x_2x_3 + x_3x_1) = 2$,这说明三个

解中必有一个为 0,解得 $a = 0$,三个解分别为 $-1, 1$ 和 0.

解法 2(李有贵提供) 由三次方程 $x^3 + px + q = 0$ 有三个根的条件为 $4p^3 + 27q^2 \leqslant$

0,知 $-4+27a^2 \leqslant 0$,得 $a^2 \leqslant \dfrac{4}{27}$.又三个根为整数,所以 a 为整数,则 $a=0$,此时,方程 x^3-x $=0$ 有三个根 $-1,0,1$ 符合题意.

解法 3 $(x^3-x)'=3x^2-1$,可知当 $x \geqslant 1$ 时,x^3-x 单调递增.当 $x \leqslant -1$ 时,x^3-x 单调递增.这说明 x^3-x+a 最多只有一个正整数解和一个负整数解.第三个解必须为 0,显然 $a=0$.三个解分别为 $-1,1$ 和 0.

例 7 若 $\{x_n\}(n=0,1,2,3,\cdots)$ 是满足 $x_n^2-x_{n-1}x_{n+1}=1(n=1,2,3,\cdots)$ 的非零实数列,求证:存在实数 a,使得对所有 $n \geqslant 1$,有 $x_{n+1}=ax_n-x_{n-1}$.(1993 年美国普特南数学竞赛题)

证法 1 因为

$$\frac{x_{n+2}+x_n}{x_{n+1}} - \frac{x_{n+1}+x_{n-1}}{x_n} = \frac{(x_n^2-x_{n-1}x_{n+1})-(x_{n+1}^2-x_nx_{n+2})}{x_nx_{n+1}} = \frac{1-1}{x_nx_{n+1}} = 0,$$

所以存在 $a = \dfrac{x_{n+1}+x_{n-1}}{x_n}$,且与 n 无关.

证法 2 根据

$$\begin{vmatrix} x_{n+2}+x_n & x_{n+1}+x_{n-1} \\ x_{n+1} & x_n \end{vmatrix} = \begin{vmatrix} x_{n+2} & x_{n+1} \\ x_{n+1} & x_n \end{vmatrix} + \begin{vmatrix} x_n & x_{n-1} \\ x_{n+1} & x_n \end{vmatrix} = -1+1 = 0,$$

于是 $\dfrac{x_{n+2}+x_n}{x_{n+1}} = \dfrac{x_{n+1}+x_{n-1}}{x_n}$,所以存在 $a = \dfrac{x_{n+1}+x_{n-1}}{x_n}$,且与 n 无关.

例 8 定义 a_n 和 b_n 两个数列,满足 $(2+\sqrt{3})^n = a_n + b_n\sqrt{3}$.求 $\lim\limits_{n \to \infty} \dfrac{a_n}{b_n}$.

解法 1 $(2+\sqrt{3})^n$ 和 $(2-\sqrt{3})^n$ 展开后形式基本相同,只是当 $\sqrt{3}$ 为奇数次方的时候,相差一个符号.也就是可设 $(2-\sqrt{3})^n = a_n - b_n\sqrt{3}$.显然 $\lim\limits_{n \to \infty}(2-\sqrt{3})^n = 0$,所以 $\lim\limits_{n \to \infty}\dfrac{a_n}{b_n} = \lim\limits_{n \to \infty}\dfrac{(2-\sqrt{3})^n + b_n\sqrt{3}}{b_n} = \sqrt{3}$.

解法 2 因为

$$a_{n+1} + b_{n+1}\sqrt{3} = (2+\sqrt{3})^{n+1} = (a_n + b_n\sqrt{3})(2+\sqrt{3})$$
$$= (2a_n + 3b_n) + (a_n + 2b_n)\sqrt{3},$$

又 $\sqrt{3}$ 是无理数,所以 $a_{n+1} = 2a_n + 3b_n$,$b_{n+1} = a_n + 2b_n$.于是 $\begin{bmatrix} a_{n+1} \\ b_{n+1} \end{bmatrix} = \begin{bmatrix} 2 & 3 \\ 1 & 2 \end{bmatrix}\begin{bmatrix} a_n \\ b_n \end{bmatrix}$,由 $(2-\lambda)^2-3=0$,解得 $\lambda_1 = 2+\sqrt{3}$,$\lambda_2 = 2-\sqrt{3}$.设 $a_n = A\lambda_1^n + B\lambda_2^n$,$b_n = C\lambda_1^n + D\lambda_2^n$,结合 a_0 $=1,b_0=0,a_1=2,b_1=1$,列方程得 $A+B=1$,$C+D=0$,$A\lambda_1+B\lambda_2=2$,$C\lambda_1+D\lambda_2=1$,解

得 $A = B = \dfrac{1}{2}, C = -D = \dfrac{\sqrt{3}}{6}$.

显然 $\lim\limits_{n\to\infty}\left(\dfrac{\lambda_2}{\lambda_1}\right)^n = 0$，所以 $\lim\limits_{n\to\infty}\dfrac{a_n}{b_n} = \lim\limits_{n\to\infty}\dfrac{A + B\left(\dfrac{\lambda_2}{\lambda_1}\right)^n}{C + D\left(\dfrac{\lambda_2}{\lambda_1}\right)^n} = \dfrac{A}{C} = \sqrt{3}$.

解法 3 因为

$$a_{n+1} + b_{n+1}\sqrt{3} = (2 + \sqrt{3})^{n+1} = (a_n + b_n\sqrt{3})(2 + \sqrt{3})$$
$$= (2a_n + 3b_n) + (a_n + 2b_n)\sqrt{3},$$

又 $\sqrt{3}$ 是无理数，所以 $a_{n+1} = 2a_n + 3b_n, b_{n+1} = a_n + 2b_n$.

当 $n \geq 1$ 时，设 $x_n = \dfrac{a_n}{b_n} > 0$，于是 $x_{n+1} = \dfrac{a_{n+1}}{b_{n+1}} = \dfrac{2x_n + 3}{x_n + 2} = 2 - \dfrac{1}{x_n + 2}$，则 $x_{n+1} - x_n = \dfrac{x_n - x_{n-1}}{(x_n + 2)(x_{n-1} + 2)}$. 结合 $a_1 = 2, b_1 = 1, a_2 = 7, b_2 = 4$ 得 $x_1 = 2, x_2 = \dfrac{7}{4}$，可得 $x_1 > x_2, x_n > x_{n+1}$. 解方程 $x = 2 - \dfrac{1}{x + 2}$ 得 $x = \sqrt{3}$（负值舍去），根据单调递减数列有下限必有极限得 $\lim\limits_{n\to\infty}\dfrac{a_n}{b_n} = \lim\limits_{n\to\infty}x_n = \sqrt{3}$.

2 初等数学问题 高等数学解答

本章的许多问题,其实也是可以使用初等数学、高等数学多种角度来思考的.限于篇幅,我们并没有像第1章那样一题多解.也是为了留给读者更多思考的空间.

2.1 代　数

例1 设方程组 $\begin{cases} ay + bx = c \\ cx + az = b \\ bz + cy = a \end{cases}$ 有唯一一组解.求证:$abc \neq 0$,并求出这组解.

证明 不妨设 $a = 0$,则 $bx = c$,$cx = b$,于是 $x = \pm 1$,因此不只有唯一解.所以 $a \neq 0$,进一步可得 $abc \neq 0$.将方程组写成规范形式 $\begin{cases} bx + ay - c = 0 \\ cx + az - b = 0 \\ cy + bz - a = 0 \end{cases}$,根据克拉默法则,可得

$$x = \frac{\begin{vmatrix} c & a & 0 \\ b & 0 & a \\ a & c & b \end{vmatrix}}{\begin{vmatrix} b & a & 0 \\ c & 0 & a \\ 0 & c & b \end{vmatrix}} = \frac{-b^2 a - c^2 a + a^3}{-2abc} = \frac{b^2 + c^2 - a^2}{2bc},$$

同理解得 $y = \dfrac{a^2 + c^2 - b^2}{2ac}$,$z = \dfrac{a^2 + b^2 - c^2}{2ab}$.

结果出来后,是不是觉得很眼熟? x,y,z 的解像是余弦定理,而最初的方程组像射影定理.只是此处 a,b,c 更宽松,无须是三角形的三边.

例2 一张无限大的棋盘形如第一象限,能否在每个格子中写一个正整数,使得每一

行每一列都恰好含每个正整数一次?

解 设 $A_0 = (1)$，$A_1 = \begin{pmatrix} 2 & 1 \\ 1 & 2 \end{pmatrix}$，$A_2 = \begin{pmatrix} 4 & 3 & 2 & 1 \\ 3 & 4 & 1 & 2 \\ 2 & 1 & 4 & 3 \\ 1 & 2 & 3 & 4 \end{pmatrix}$，$A_{n+1} = \begin{pmatrix} B_n & A_n \\ A_n & B_n \end{pmatrix}$，其中 B_n 是 A_n

中的每个元素加上 2^n 得到.

下面用数学归纳法证明 A_n 中每行每列都含有 1 到 2^n.

当 $n = 1$ 时，命题成立；假设 $n = k$ 时，A_k 中每行每列都含有 1 到 2^k. 于是 B_k 中每行每列都含有 $2^k + 1$ 到 2^{2k}. 当 $n = k + 1$ 时，$A_{k+1} = \begin{pmatrix} B_k & A_k \\ A_k & B_k \end{pmatrix}$ 的每行每列都含有 1 到 2^{2k}.

例3 如图 2.1 所示，表甲是一个英文字母电子显示盘，每一次操作可以使得某一行的 4 个字母同时改变，或者使得某一列 4 个字母同时改变，改变规则是，按照英文字母表的顺序，每个英文字母变成它的下一个字母，即 A 变成 B，B 变成 C……最后的 Z 变成 A.

问：能否通过若干次操作，使表甲变成表乙? 如果能，请写出变化过程，如不能，请说明理由.(1991 年祖冲之杯初中数学邀请赛试题)

S	O	B	R
T	Z	F	P
H	O	C	N
A	D	V	X

表甲

K	B	D	S
H	E	X	G
R	T	B	S
C	F	Y	A

表乙

图 2.1

解 为方便表述，将表中的英文字母用它在字母表中的序号代替，如 A 用 1 代替，B 用 2 代替……Z 用 26 代替，这时表甲和表乙就变成两个 4×4 的数表.

我们只需证明表甲的左上角的 4 个字母永远变不成表乙左上角的 4 个字母即可.

考察 2×2 数表 $\begin{pmatrix} a & b \\ c & d \end{pmatrix}$，记 $k = a + d - b - c$，每次操作 $\begin{pmatrix} a & b \\ c & d \end{pmatrix}$ 变成 $\begin{pmatrix} a+1 & b+1 \\ c & d \end{pmatrix}$ 或 $\begin{pmatrix} a & b \\ c+1 & d+1 \end{pmatrix}$ 或 $\begin{pmatrix} a & b+1 \\ c & d+1 \end{pmatrix}$ 或 $\begin{pmatrix} a+1 & b \\ c+1 & d \end{pmatrix}$，可见每次操作 k 都保持不变.

表甲左上角 $\begin{pmatrix} S & O \\ T & Z \end{pmatrix}$ 是 $\begin{pmatrix} 19 & 15 \\ 20 & 26 \end{pmatrix}$，其中 $k = 45 - 35 = 10$，而表乙左上角 $\begin{pmatrix} K & B \\ H & E \end{pmatrix}$ 是 $\begin{pmatrix} 11 & 2 \\ 8 & 5 \end{pmatrix}$，其中 $k = 16 - 10 = 6$. 所以表甲不能变成表乙.

2.2 几 何

例1 如图 2.2 所示,若 A 是 $y = \dfrac{k}{x}$ 上一点,$AB \perp x$ 轴于点 B,$AC \perp y$ 轴于点 C. 求证:矩形 $OBAC$ 的面积是常数 k.

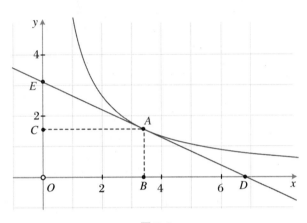

图 2.2

如果懂点导数,还会发现:若 A 是 $y = \dfrac{k}{x}$ 上一点,过 A 的切线交 x 轴于点 D,交 y 轴于点 E,那么 $\triangle ODE$ 的面积是常数 $2k$.

证明 设 $A\left(m, \dfrac{k}{m}\right)$,$y' = \left(\dfrac{k}{x}\right)' = -\dfrac{k}{x^2}$,过 A 的切线方程为 $y = \dfrac{k}{m} - \dfrac{k}{m^2}(x - m) = \dfrac{k}{m^2}(2m - x)$,与坐标轴交于 $D(2m, 0)$,$E\left(0, \dfrac{2k}{m}\right)$,所以 $S_{\triangle ODE} = 2k$.

例2 设 P, Q 为抛物线 $y = ax^2 + bx + c (a > 0)$ 上两点. 试证:抛物线上的 $\overset{\frown}{PQ}$ 恒在线段 PQ 下方.

证明 设 $P(p, ap^2 + bp + c)$,$Q(q, aq^2 + bq + c)$,$p < q$,则

$$\frac{ap^2 + bp + c - (aq^2 + bq + c)}{p - q} = ap + aq + b,$$

直线 PQ 的方程为 $y = (ap + aq + b)(x - p) + ap^2 + bp + c = (ap + aq + b)x - apq + c$. 考虑 $p < x < q$,$(ap + aq + b)x - apq + c - (ax^2 + bx + c) = a(q - x)(x - p) > 0$,命题得证.

经过坐标平移,可将抛物线 $y = ax^2 + bx + c$ 转化成 $y = ax^2$,而在此过程中,抛物线上的 $\overset{\frown}{PQ}$ 和线段 PQ 的相对关系始终没有变化.或者说 b 和 c 两个参数与题目结论没有关系.若针对 $y = ax^2$ 讨论,书写过程中可节省一些笔墨,当然本质上是一致的.

从凸函数的性质来看,由于 $a>0$,所以 $y''=2a>0$,$y=ax^2+bx+c$ 是下凸函数,$\overparen{PQ}$ 恒在线段 PQ 下方.

例3 如图 2.3 所示,一条长为 4 的线段内接于抛物线 $y=x^2$,当线段运动时,求线段中点的轨迹.并求该轨迹与原抛物线之间的面积.

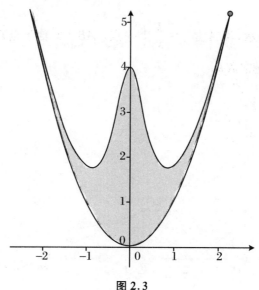

图 2.3

解 设线段两端点分别为 (t_1,t_1^2),(t_2,t_2^2),则线段中点 $(X,Y)=\left(\dfrac{t_1+t_2}{2},\dfrac{t_1^2+t_2^2}{2}\right)$,

$t_1 t_2=2X^2-Y$;于是 $(t_2-t_1)^2+(t_2^2-t_1^2)^2=4^2$,即 $(t_1^2+t_2^2-2t_1 t_2)(t_1^2+t_2^2+2t_1 t_2+1)=$

16,也即 $(4Y-4X^2)(1+4X^2)=16$,所以 $Y=X^2+\dfrac{4}{1+4X^2}$,即 $y=x^2+\dfrac{4}{1+4x^2}$.

$$S=\int_{-\infty}^{+\infty}\left(x^2+\frac{4}{1+4x^2}-x^2\right)\mathrm{d}x=\int_{-\infty}^{+\infty}\frac{4}{1+4x^2}\mathrm{d}x=2\int_{-\infty}^{+\infty}\frac{1}{1+(2x)^2}\mathrm{d}(2x)=2\pi.$$

例4 求 $x^3+y^3=3axy$ 所围成图形的面积.

解 如图 2.4 所示,笛卡儿叶形线的方程为 $x^3+y^3=3axy$,所围成的图形的面积计算如下:

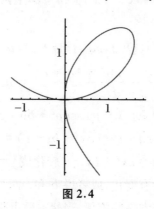

图 2.4

$$r(\theta) = \frac{3a\sin\theta\cos\theta}{\sin^3\theta + \cos^3\theta},$$

$$\text{面积} = \int_0^{\pi/2}\int_0^{\frac{3a\sin\theta\cos\theta}{\sin^3\theta+\cos^3\theta}} r\,\mathrm{d}r\,\mathrm{d}\theta$$

$$= \int_0^{\pi/2}\frac{1}{2}\left(\frac{3a\sin\theta\cos\theta}{\sin^3\theta+\cos^3\theta}\right)^2\mathrm{d}\theta$$

$$= \frac{9a^2}{2}\int_0^{\pi/2}\frac{\tan^2\theta}{(\tan^3\theta+1)^2}\frac{1}{\cos^2\theta}\mathrm{d}\theta$$

$$= \frac{9a^2}{2}\frac{1}{3}\int_0^{\pi/2}\frac{1}{(\tan^3\theta+1)^2}\mathrm{d}\tan^3\theta$$

$$= -\frac{3a^2}{2}\frac{1}{\tan^3\theta+1}\Big|_0^{\pi/2}$$

$$= -\frac{3a^2}{2}(0-1) = \frac{3a^2}{2}.$$

例5 求 $x^3 + y^3 + (x+y)^3 + 30xy = 2\,000$ 所围成图形的面积.

当你有了上一题的经验,遇到此题,会不会也想着用微积分呢? 其实不然! 我们常常会想当然,但事情又往往会出乎意料.

解

$$x^3 + y^3 + (x+y)^3 + 30xy - 2\,000$$

$$= 2(x+y)^3 - 3x^2y - 3xy^2 + 30xy - 2\,000$$

$$= 2[(x+y)^3 - 1\,000] - 3xy(x+y-10)$$

$$= (x+y-10)[2(x+y)^2 + 20(x+y) + 200 - 3xy]$$

$$= (x+y-10)[(x^2+xy+y^2) + (x^2+20x+100) + (y^2+20y+100)]$$

$$= (x+y-10)\left[\frac{x^2+y^2+(x+y)^2}{2} + (x+10)^2 + (y+10)^2\right].$$

这说明 $x^3 + y^3 + (x+y)^3 + 30xy = 2\,000$ 是直线 $x+y-10=0$,所围成面积自然为 0(图 2.5).原以为考察的是微积分,结果却是因式分解和不等式的知识.

例6 求 $\sin(x+y) > 0$, $x^2 + y^2 \leqslant 100$ 所围成的面积.

解 此题考察的竟然是对称性.用软件作图 2.6 之后,很容易看出答案为 50π.

例7 多角度看圆面积.

线动成面.圆面的生成有多种方法,可用一条半径旋转一周生成(图 2.7),那我们计算圆面积时可考虑将圆面分成很多小扇形.如图 2.8 所示,先将圆分成若干等份,然后将圆弧展开,接着将上边部分平移一个三角形的位置,最后将上边部分插入到下边部分.我们可以调整分解圆的份数,容易看出,分得越细,最后得到的图形越接近于矩形,其面积 $S = \frac{C}{2} \cdot r =$

$$\frac{2\pi r}{2} \cdot r = \pi r^2.$$

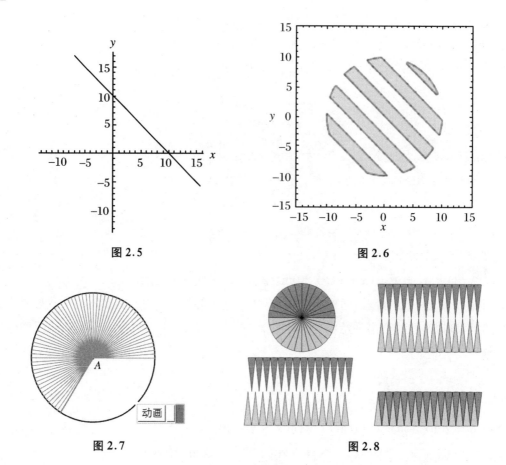

图 2.5

图 2.6

图 2.7

图 2.8

也可以认为圆面是由一个半径可变的圆运动生成的(图 2.9),半径从 0 变大到 r,那么圆面积可看作是这一族动圆周的集合.如图 2.10 所示,将这一族圆周展开成一个底为 $2\pi r$,高为 r 的三角形,因此 $S = \frac{1}{2} \cdot (2\pi r) \cdot r = \pi r^2$.

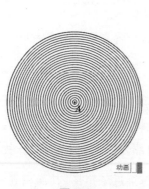

图 2.9

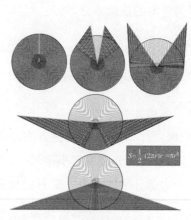

图 2.10

例 8 圆面积的导数是周长.

关于圆面积和周长的关系,维基上可以找到洋葱证明(Onion proof),意思是将圆像洋葱一样分为薄圆环,递增地求出面积.如图 2.11 所示,半径为 t 的无穷薄圆环,面积是周长乘以其无穷小宽度,即 $2\pi t \, dt$,积分得 $S = \int_0^r 2\pi t \, dt = \pi r^2$.

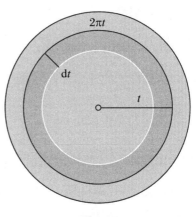

图 2.11

于是有人提出问题,为什么圆的面积和周长之间有这么奇妙的性质:$(\pi r^2)' = 2\pi r$,而正方形面积的导数:$(a^2)' = 2a$,而不是周长 $4a$?

我的看法是:第一,圆具有的性质,正方形未必会有,否则圆和正方形还有什么区别? 第二,某几何对象是否具有某性质,不能随便下判断,必须从该对象的定义出发,推导而来.譬如可以根据定义计算 $\lim\limits_{\Delta d \to 0} \dfrac{\pi(r+\Delta d)^2 - \pi r^2}{\Delta d} = \lim\limits_{\Delta d \to 0}(2\pi r + \pi \Delta d) = 2\pi r$,而直接利用求导公式则更快.

经过一段时间的思考,笔者认为可以从一个新的角度看待这一问题.在圆中,考虑的是半径 r,而在正方形中,考虑的是边长 a.这样的类比显然是不合适的.如果设正方形中心到四边的距离为 r(图 2.12),则面积为 $4r^2$,周长为 $8r$,而 $(4r^2)' = 8r$.这样来看,正方形和圆就有相同的性质了.正如球也存在 $\left(\dfrac{4}{3}\pi r^3\right)' = 4\pi r^2$,立方体也有类似性质:设立方体中心到六个面的距离为 r,则体积为 $8r^3$,表面积为 $24r^2$,而 $(8r^3)' = 24r^2$.

在正方形和圆之间,我们还可以搭一个桥梁,就是正多边形.如图 2.13 所示,设正 n 边形中心到边的距离为 r,则面积为 $\dfrac{1}{2} \cdot r \cdot 2r\tan\dfrac{180°}{n} \cdot n = nr^2\tan\dfrac{180°}{n}$,周长为 $2r\tan\dfrac{180°}{n}$ $\cdot n = 2nr\tan\dfrac{180°}{n}$,而 $(r^2)' = 2r$.

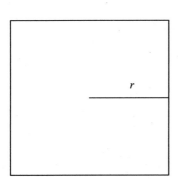

图 2.12

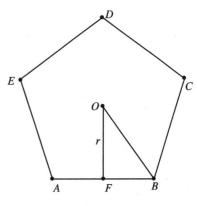

图 2.13

反思 这个问题,在网上求助的人很多.得不到希望的结论,是因为类比没有抓住圆和正方形的共通点.

例9 类比椭圆面积.

一个圆和它的外切正方形,面积之比和周长比都是 $\frac{\pi}{4}$,即 $\frac{\pi r^2}{4r^2} = \frac{\pi}{4}$,$\frac{2\pi r}{8r} = \frac{\pi}{4}$.

而椭圆和外切长方形的面积比也是 $\frac{\pi ab}{4ab} = \frac{\pi}{4}$,那么是不是类比猜想椭圆和外切长方形的周长比也是 $\frac{\pi}{4}$,于是椭圆周长为 $\frac{\pi}{4} \cdot 4(a+b) = \pi(a+b)$?

这种类比有道理,但合情推理所得结论未必都是对的.

只需假设一种特殊情况,就可以否定这一猜想.当短半轴 $b \to 0$ 时,椭圆的周长应该近似于 $4a$,而不是 πa.

椭圆可看成是由圆压缩而成的,椭圆面积只需将圆面积乘一个压缩系数,$\pi a^2 \cdot \frac{b}{a} = \pi ab$.

从微积分的角度来看,就是将圆分割成很多的长方形小条,如果是竖直方向压缩,则所有的长方形小条保持底不变,高乘以压缩系数.用微积分来求椭圆面积,也不过就是用数学公式将上述过程表述一遍罢了.

设椭圆方程为 $\frac{x^2}{a^2} + \frac{y^2}{b^2} = 1$,$x = a\sin t$,则上半个椭圆方程为 $y = \frac{b}{a}\sqrt{a^2 - x^2}$($-a \leqslant x \leqslant a$),所以

$$S = 2\int_{-a}^{a} \frac{b}{a}\sqrt{a^2 - x^2}\,\mathrm{d}x = 4ab\int_{0}^{\frac{\pi}{2}} \cos^2 t\,\mathrm{d}t$$

$$= 4ab \cdot \left(\frac{t}{2} + \frac{1}{4}\sin 2t\right)\Big|_{0}^{\frac{\pi}{2}} = 4ab \cdot \frac{\pi}{4} = \pi ab.$$

在圆压缩成椭圆的过程中,弧线长并不是均匀变化的,这导致求椭圆周长很困难.

按照弧线长计算公式 $\mathrm{d}s = \sqrt{\left(\frac{\mathrm{d}x}{\mathrm{d}\theta}\right)^2 + \left(\frac{\mathrm{d}y}{\mathrm{d}\theta}\right)^2}\,\mathrm{d}\theta$ 可得 $C = \int_{0}^{2\pi} \sqrt{a^2\sin^2\theta + b^2\cos^2\theta}\,\mathrm{d}\theta$,但进一步如何推导呢? 这涉及椭圆积分,难度颇大,最后的答案是

$$C = 4a\int_{0}^{\frac{\pi}{2}} \sqrt{1 - \left(\frac{c}{a}\right)^2 \sin^2\theta}\,\mathrm{d}\theta.$$

具体计算时,一般采用级数形式展开:

$$C = 2\pi a\left[1 - \left(\frac{1}{2}\right)^2\left(\frac{c}{a}\right)^2 - \left(\frac{1 \cdot 3}{2 \cdot 4}\right)^2 \frac{c^2}{3a^4} - \left(\frac{1 \cdot 3 \cdot 5}{2 \cdot 4 \cdot 6}\right)^2 \frac{c^6}{5a^6} - \cdots\right],$$

可得任意需要的精度.为方便计算,也有很多数学家给出过近似计算公式,譬如印度数学天才拉马努金给出的 $C \approx \pi\left[3(a+b) - \sqrt{(3a+b)(a+3b)}\right]$.

数学界普遍认为,椭圆周长没有精确的初等表达式.

例 10 向马丁·加德纳学特殊值法:球钻孔问题.

《啊哈! 灵机一动》是数学科普大师马丁·加德纳的代表作.下面将介绍其中的一个故事《关于地毯的困惑》.

书中先是给出了一个求圆环面积的问题.如图 2.14 所示,两同心圆,只知道与小圆相切的切线长度为 100 米,求圆环面积.

此题若看成勾股定理的应用,则只是道平常的题目罢了.如果采用特殊值法,就会让人耳目一新,假设小圆半径为 0,则圆环变成圆,切线变成大圆的直径,算得面积为 $50^2\pi$.

接下来的题目则难度增大:一个球体,穿过球心钻一个 6 厘米长的圆柱体孔洞(即要求圆柱的中心轴是球的一条直径),问剩下部分体积是多少?

没有别的已知数据,看起来体积无法确定.书中就假设圆柱底面半径为 0,此时圆柱变成一条线段,圆柱的高 6 变成球的直径,于是球的体积 $\frac{4}{3}\pi \cdot 3^3 = 36\pi$.

下面给出球钻孔问题的一般解法:如图 2.15 所示,设 OF 为 x,R 为球的半径,$OC = 3$,根据对称性,剩余体积为 $2\int_0^3 \left[\pi(R^2 - x^2) - \pi(R^2 - 3^2)\right]\mathrm{d}x = 2\pi\int_0^3 (9 - x^2)\mathrm{d}x = 36\pi$.

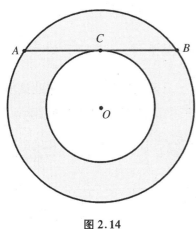

图 2.14

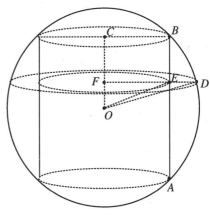

图 2.15

注:此题对研究祖暅原理有参考价值.

以上两题的假设法,都是基于题目有解,且是解唯一的前提.遇到选择题,这样处理是极快捷的.但对于证明题或解答题而言,却是不完整的.

例 11 下面是 A、B 两位同学关于配有图 2.16 的一道题目的争论:

A:"这道题不好算,给的条件也太少了!"

B:"为什么你要这么说?"

A:"你看,题目只告诉我们 AB 的长度等于 24,却要求出阴影部分的面积! 事实上我连这两个半圆的直径各是多少都不知道呢."

B:"不过 AB 可是小半圆的切线,而且它和大半圆的直径也是平行的呀!"

A:"那也不顶用,我看一定是出题人把什么条件给遗漏啦!"

请问:真是 A 说的这么回事吗? 如果不是,你能求出阴影部分的面积来吗?(2006 年广东省东莞市中考题)

分析 只要将小半圆向左平移至大、小半圆圆心重合的特殊位置,已知条件就能充分利用,阴影部分的面积就能用整体思想解决.

解 A 说得不对,根据现有条件能求出阴影部分的面积.

如图 2.17 所示,连接 OC,OB,则 $OC \perp AB$,$CB = 12$. 所以

$$S = S_{大半圆} - S_{小半圆} = \frac{\pi}{2}OB^2 - \frac{\pi}{2}OC^2 = \frac{\pi}{2}BC^2 = 72\pi.$$

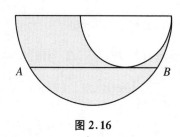

图 2.16

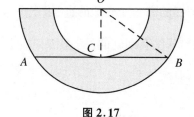

图 2.17

而仿照前一题的思路,可设小圆半径为 0,大圆直径就是 24.

例 12 求平面上与曲线 $xy = 1$(两支)以及 $xy = -1$(两支)都相交的凸集的最小可能面积(若集合中的任两点连线都属于该集合,则称它为凸集).(2007 年美国普特南数学竞赛题)

解 在第一、二、三、四象限分别取点 $\left(a, \frac{1}{a}\right)$,$\left(-b, \frac{1}{b}\right)$,$\left(-c, -\frac{1}{c}\right)$,$\left(d, -\frac{1}{d}\right)$,其中 $a, b, c, d > 0$,故

$$S_{ABCD} = S_{\triangle ABC} + S_{\triangle ACD} = \frac{1}{2} \begin{Vmatrix} a & \frac{1}{a} & 1 \\ -b & \frac{1}{b} & 1 \\ -c & -\frac{1}{c} & 1 \end{Vmatrix} + \begin{Vmatrix} a & \frac{1}{a} & 1 \\ -c & -\frac{1}{c} & 1 \\ d & -\frac{1}{d} & 1 \end{Vmatrix}$$

$$= \frac{1}{2} \begin{Vmatrix} a & \frac{1}{a} & 1 \\ -b & \frac{1}{b} & 1 \\ -c & -\frac{1}{c} & 1 \end{Vmatrix} + \begin{Vmatrix} a & \frac{1}{a} & 1 \\ -c & -\frac{1}{c} & 1 \\ d & -\frac{1}{d} & 1 \end{Vmatrix}$$

$$= \frac{1}{2}\left(\frac{a}{b} - \frac{c}{a} + \frac{b}{c} + \frac{c}{b} + \frac{a}{c} + \frac{b}{a}\right) + \frac{1}{2}\left(-\frac{a}{c} + \frac{d}{a} + \frac{c}{d} + \frac{d}{c} + \frac{a}{d} + \frac{c}{a}\right)$$

$$= \frac{1}{2}\left(\frac{a}{b} + \frac{b}{a}\right) + \frac{1}{2}\left(\frac{b}{c} + \frac{c}{b}\right) + \frac{1}{2}\left(\frac{d}{a} + \frac{a}{d}\right) + \frac{1}{2}\left(\frac{c}{d} + \frac{d}{c}\right)$$

$$\geqslant 4.$$

例 13　如图 2.18 所示,过 $\triangle ABC$ 的垂心 H 作两条相互垂直的直线,分别与 $\triangle ABC$ 各边及其延长线交于点 A_1,B_1,C_1,A_2,B_2,C_2,设 $0 \leqslant t \leqslant 1$,定义 $M_1 = tA_1 + (1-t)A_2$,$M_2 = tB_1 + (1-t)B_2$,$M_3 = tC_1 + (1-t)C_2$. 求证:M_1,M_2,M_3 三点共线.

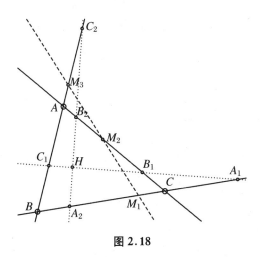

图 2.18

证明　以垂心 H 为坐标原点建坐标系,设 $A_1(a,0)$,$A_2(0,b)$,$B_1(c,0)$,$B_2(0,d)$,$C_1(e,0)$,$C_2(0,f)$,于是 $M_1(ta,(1-t)b)$,$M_2(tc,(1-t)d)$,$M_3(te,(1-t)f)$,要求证的结论是 $\begin{vmatrix} ta & (1-t)b & 1 \\ tc & (1-t)d & 1 \\ te & (1-t)f & 1 \end{vmatrix} = t(1-t)\begin{vmatrix} a & b & 1 \\ c & d & 1 \\ e & f & 1 \end{vmatrix} = 0$. 当 $t(1-t) = 0$ 时,命题显然成立. 下面证 $t(1-t) \neq 0$ 时,$\begin{vmatrix} a & b & 1 \\ c & d & 1 \\ e & f & 1 \end{vmatrix} = 0$.

设 $A(x_1,y_1)$,$B(x_2,y_2)$,$C(x_3,y_3)$,由 $AH \perp A_1A_2$ 得 $ax_1 - by_1 = 0$;同理 $cx_2 - dy_2 = 0$,$ex_3 - fy_3 = 0$. 直线 A_1A_2 的方程为 $bx + ay = ab$,于是 $bx_2 + ay_2 = ab$,结合 $cx_2 - dy_2 = 0$,解得 $x_2 = \frac{abd}{ac + bd}$,$y_2 = \frac{abc}{ac + bd}$.

由于 $B(x_2,y_2)$ 满足直线 C_1C_2 的方程 $fx + ey = ef$,于是 $fx_2 + ey_2 = ef$,结合 $cx_2 - dy_2 = 0$,解得 $x_2 = \frac{def}{ce + df}$,$y_2 = \frac{cef}{ce + df}$.

所以 $x_2 = \dfrac{abd}{ac+bd} = \dfrac{def}{ce+df}$，则 $ace(b-f) = bdf(e-a)$.

$$abcdef \begin{vmatrix} a & b & 1 \\ c & d & 1 \\ e & f & 1 \end{vmatrix} = abcdef \begin{vmatrix} a & b & 1 \\ c & d & 1 \\ e-a & f-b & 0 \end{vmatrix} = \begin{vmatrix} abdf & bace & 1 \\ cbdf & dace & 1 \\ (e-a)bdf & (f-b)ace & 0 \end{vmatrix}$$

$$= \begin{vmatrix} abdf & abdf+bace & 1 \\ cbdf & cbdf+dace & 1 \\ (e-a)bdf & 0 & 0 \end{vmatrix}$$

$$= (e-a)bdf[ab(df+ce) - cd(ae+bf)] = 0.$$

如果 $abcdef \neq 0$，则命题成立. 如果 $abcdef = 0$，譬如 $b=0$，则 $M_2M_3 \parallel BC$，点 M_1 在无穷远处(图 2.19)，命题也成立.

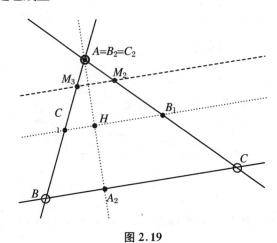

图 2.19

例 14 设 AD，BE，CF 分别为 $\triangle ABC$ 三边的高，自 D 分别作 AB，BE，CF，CA 的垂线，垂足分别为 K，L，M，N. 求证：K，L，M，N 四点共线.

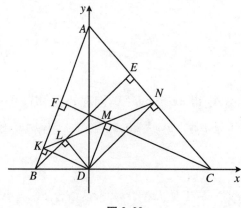

图 2.20

证明 如图 2.20 所示，设 $D(0,0)$，$A(0,a)$，$B(b,0)$，$C(c,0)$，则 AC，DN，CF，DM 的方程分别为 $\dfrac{x}{c} + \dfrac{y}{a} = 1$，$y = \dfrac{c}{a}x$，$y = \dfrac{b}{a}(x-c)$，$y = -\dfrac{a}{b}x$，解得 $N\left(\dfrac{a^2c}{a^2+c^2}, \dfrac{ac^2}{a^2+c^2}\right)$，$M\left(\dfrac{b^2c}{a^2+b^2}, -\dfrac{abc}{a^2+b^2}\right)$，$K\left(\dfrac{a^2b}{a^2+b^2}, \dfrac{ab^2}{a^2+b^2}\right)$，$L\left(\dfrac{bc^2}{a^2+c^2}, -\dfrac{abc}{a^2+c^2}\right)$. 于是

$$D_{NKM} = \frac{1}{2(a^2+b^2)^2(a^2+c^2)} \begin{vmatrix} a^2c & ac^2 & a^2+c^2 \\ a^2b & ab^2 & a^2+b^2 \\ b^2c & -abc & a^2+b^2 \end{vmatrix} = 0,$$

$$D_{NKL} = \frac{1}{2(a^2+b^2)(a^2+c^2)^2} \begin{vmatrix} a^2c & ac^2 & a^2+c^2 \\ a^2b & ab^2 & a^2+b^2 \\ bc^2 & -abc & a^2+c^2 \end{vmatrix} = 0,$$

从而 K,M,N 和 K,L,N 均三点共线,所以 K,L,M,N 四点共线.

例 15 已知两平行四边形 $ABCD,AMNP$,其中 M,P 分别在直线 AB,AD 上.证明:直线 MD,BP,NC 相交于一点.

证明 如图 2.21 所示,设 $A(0,0),B(a,0),C(a+c,d),D(c,d),M(b,0),N(b+e,f),P(e,f)$,注意到 $ed=cf$,求得直线 BP,MD,NC 的方程分别为 $-fx+(e-a)y+af=0,-dx+(c-b)y+bd=0,(f-d)x+(a+c-b-e)y+(bd-af)=0$.

因为 $\begin{vmatrix} -f & e-a & af \\ -d & c-b & bd \\ f-d & a+c-b-e & bd-af \end{vmatrix} = \begin{vmatrix} -f & e-a & af \\ -d & c-b & bd \\ 0 & 0 & 0 \end{vmatrix} = 0$,所以直线 BP,MD,NC 相交于一点.

例 16 如图 2.22 所示,设 $\odot O_i$ 是过平行四边形 $ABCD$ 顶点 D 的圆,分别与 DA,DB,DC(或延长线)交于点 A_i,B_i,C_i,设 $DA_i=a_i,DB_i=b_i,DC_i=c_i\,(i=1,2,3)$.求证:
$a_1b_2c_3+a_2b_3c_1+a_3b_1c_2=a_1b_3c_2+a_2b_1c_3+a_3b_2c_1$.

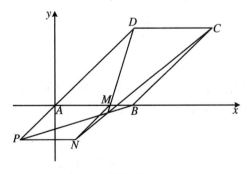

图 2.21

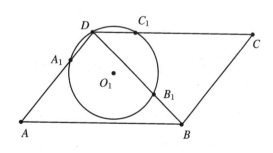

图 2.22

证明 设 $DA=a,DB=b,DC=c$,DK_i 是 $\odot O_i$ 的直径,由 $\overrightarrow{DK_i}\cdot\overrightarrow{DB}=\overrightarrow{DK_i}\cdot\overrightarrow{DA}+\overrightarrow{DK_i}\cdot\overrightarrow{DC}$ 得 $bb_i=aa_i+cc_i$,写成关于 (a,b,c) 的线性方程组 $\begin{cases} aa_1-bb_1+cc_1=0 \\ aa_2-bb_2+cc_2=0, \\ aa_3-bb_3+cc_3=0 \end{cases}$ 因为有

非零解,所以 $\begin{vmatrix} a_1 & -b_1 & c_1 \\ a_2 & -b_2 & c_2 \\ a_3 & -b_3 & c_3 \end{vmatrix} = 0$,展开即得.

例 17 设已知四个数 m_i($i = 1, 2, 3, 4$),并有 $m_1 m_2 m_3 m_4 = 1$ 成立. 证明:$A_i \left(am_i, \dfrac{a}{m_i} \right)$($a \neq 0, i = 1, 2, 3, 4$)四点共圆.

证明 验证四点共圆的条件:

$$
\begin{vmatrix}
(am_1)^2 + \left(\dfrac{a}{m_1}\right)^2 & am_1 & \dfrac{a}{m_1} & 1 \\
(am_2)^2 + \left(\dfrac{a}{m_2}\right)^2 & am_2 & \dfrac{a}{m_2} & 1 \\
(am_3)^2 + \left(\dfrac{a}{m_3}\right)^2 & am_3 & \dfrac{a}{m_3} & 1 \\
(am_4)^2 + \left(\dfrac{a}{m_4}\right)^2 & am_4 & \dfrac{a}{m_4} & 1
\end{vmatrix}
=
\begin{vmatrix}
(am_1)^2 & am_1 & \dfrac{a}{m_1} & 1 \\
(am_2)^2 & am_2 & \dfrac{a}{m_2} & 1 \\
(am_3)^2 & am_3 & \dfrac{a}{m_3} & 1 \\
(am_4)^2 & am_4 & \dfrac{a}{m_4} & 1
\end{vmatrix}
+
\begin{vmatrix}
\left(\dfrac{a}{m_1}\right)^2 & am_1 & \dfrac{a}{m_1} & 1 \\
\left(\dfrac{a}{m_2}\right)^2 & am_2 & \dfrac{a}{m_2} & 1 \\
\left(\dfrac{a}{m_3}\right)^2 & am_3 & \dfrac{a}{m_3} & 1 \\
\left(\dfrac{a}{m_4}\right)^2 & am_4 & \dfrac{a}{m_4} & 1
\end{vmatrix}
$$

$$
= -\frac{a^4}{m_1 m_2 m_3 m_4}
\begin{vmatrix}
m_1^3 & m_1^2 & m_1 & 1 \\
m_2^3 & m_2^2 & m_2 & 1 \\
m_3^3 & m_3^2 & m_3 & 1 \\
m_4^3 & m_4^2 & m_4 & 1
\end{vmatrix}
$$

$$
+ \frac{a^4}{(m_1 m_2 m_3 m_4)^2}
\begin{vmatrix}
m_1^3 & m_1^2 & m_1 & 1 \\
m_2^3 & m_2^2 & m_2 & 1 \\
m_3^3 & m_3^2 & m_3 & 1 \\
m_4^3 & m_4^2 & m_4 & 1
\end{vmatrix}
$$

$$= 0.$$

例 18 $\triangle ABC$ 和 $\triangle A'B'C'$ 是在同一平面内的两个三角形,且 $AA' /\!/ BB' /\!/ CC'$. 求证:$3(S_{\triangle ABC} + S_{\triangle A'B'C'}) = S_{\triangle AB'C'} + S_{\triangle A'BC'} + S_{\triangle A'B'C} + S_{\triangle A'BC} + S_{\triangle AB'C} + S_{\triangle ABC'}$. 这里的面积指有向面积,即三个顶点逆时针呈现时,面积为正,否则为负.

证明 设平行于 AA' 的直线为 x 轴,则 A 和 A',B 和 B',C 和 C' 纵坐标相等,所以

$$2(S_{\triangle AB'C'} + S_{\triangle A'BC'} + S_{\triangle A'B'C} + S_{\triangle ABC'} + S_{\triangle A'BC} + S_{\triangle AB'C})$$

$$
=
\begin{vmatrix}
x_A & y_A & 1 \\
x_{B'} & y_B & 1 \\
x_{C'} & y_C & 1
\end{vmatrix}
+
\begin{vmatrix}
x_{A'} & y_A & 1 \\
x_B & y_B & 1 \\
x_{C'} & y_C & 1
\end{vmatrix}
+
\begin{vmatrix}
x_{A'} & y_A & 1 \\
x_{B'} & y_B & 1 \\
x_C & y_C & 1
\end{vmatrix}
$$

$$+ \begin{vmatrix} x_A & y_A & 1 \\ x_B & y_B & 1 \\ x_{C'} & y_C & 1 \end{vmatrix} + \begin{vmatrix} x_{A'} & y_A & 1 \\ x_B & y_B & 1 \\ x_C & y_C & 1 \end{vmatrix} + \begin{vmatrix} x_A & y_A & 1 \\ x_{B'} & y_B & 1 \\ x_C & y_C & 1 \end{vmatrix}$$

$$= \begin{vmatrix} 3x_A + 3x_{A'} & y_A & 1 \\ 3x_B + 3x_{B'} & y_B & 1 \\ 3x_C + 3x_{C'} & y_C & 1 \end{vmatrix} = 3 \begin{vmatrix} x_A & y_A & 1 \\ x_B & y_B & 1 \\ x_C & y_C & 1 \end{vmatrix} + 3 \begin{vmatrix} x_{A'} & y_A & 1 \\ x_{B'} & y_B & 1 \\ x_{C'} & y_C & 1 \end{vmatrix}$$

$$= 6(S_{\triangle ABC} + S_{\triangle A'B'C'}).$$

此题由于六个点的位置都不确定,点位置不同,面积的正负也不一样,如果使用初等几何方法,需要分很多种情况讨论,非常烦琐.

例 19 从二次曲线 C 外一点 L 作二次曲线的两条切线,其切点的连线为直线 l,再从曲线外两点 M,N 分别作曲线的切线,其切点的连线分别为直线 m 和 n. 如果 L,M,N 三点共线,求证:l,m,n 三线共点.

证明 设二次曲线方程为 $ax^2 + bxy + cy^2 + dx + ey + f = 0$, $L(x_1,y_1)$, $M(x_2,y_2)$, $N(x_3,y_3)$, 由于 L,M,N 三点共线,所以 $\begin{vmatrix} x_1 & y_1 & 1 \\ x_2 & y_2 & 1 \\ x_3 & y_3 & 1 \end{vmatrix} = 0$.

自点 L 引曲线的两条切线,切点连线 l 的方程为 $ax_1 x + b\dfrac{x_1 y + xy_1}{2} + cy_1 y + d\dfrac{x_1 + x}{2} + e\dfrac{y + y_1}{2} + f = 0$, 即

$$(2ax_1 + by_1 + d)x + (2cy_1 + bx_1 + e)y + (dx_1 + ey_1 + 2f) = 0,$$

同理 m,n 的方程为

$$(2ax_2 + by_2 + d)x + (2cy_2 + bx_2 + e)y + (dx_2 + ey_2 + 2f) = 0,$$

$$(2ax_3 + by_3 + d)x + (2cy_3 + bx_3 + e)y + (dx_3 + ey_3 + 2f) = 0,$$

于是要求证 $\begin{vmatrix} 2ax_1 + by_1 + d & 2cy_1 + bx_1 + e & dx_1 + ey_1 + 2f \\ 2ax_2 + by_2 + d & 2cy_2 + bx_2 + e & dx_2 + ey_2 + 2f \\ 2ax_3 + by_3 + d & 2cy_3 + bx_3 + e & dx_3 + ey_3 + 2f \end{vmatrix} = 0$. 此行列式看似很复杂,拆分成 $3 \times 3 \times 3$ 个行列式之后,结合 L,M,N 三点共线的条件,可得每一个行列式都为 0.

例 20 设 E_1, E_2, E_3 为同一平面内的三个两两相交的椭圆,焦点分别为 F_2, F_3; F_3, F_1; F_1, F_2. 这三对焦点不共线. 求证:每一对椭圆的公共弦交于一点.

证明 设焦点 $F_i(x_i, y_i)$, 且 $r_i^2 = (x - x_i)^2 + (y - y_i)^2 (i = 1,2,3)$, E_1 的方程为 $r_2 + r_3 = a$, E_2 的方程为 $r_1 + r_3 = b$, E_3 的方程为 $r_1 + r_2 = c$, 则 $r_3^2 = a^2 - 2ar_2 + r_2^2 = b^2 - 2br_1 + r_1^2$.

考虑表达式 $L_3 = (a - b)r_3^2 - ar_1^2 + br_2^2 + ab(b - a)$,其中 x^2 的系数为 $(a - b) - a + b = 0$,x^2 的系数为 0,所以 $L_3 = 0$ 是一条直线.

另一方面,E_1 和 E_2 的交点满足 $r_3^2 = a^2 - 2ar_2 + r_2^2 = b^2 - 2br_1 + r_1^2$,即 $br_3^2 = a^2 b - 2abr_2 + br_2^2$,$ar_3^2 = ab^2 - 2abr_1 + ar_1^2$,将交点坐标代入 $L_3 = 2ab(r_2 - r_1) + 2ab(b - a) = 0$,即 $L_3 = 2ab(r_2 + r_3 - a + b - r_1 - r_3) = 0$,于是直线 $L_3 = 0$ 是 E_1 和 E_2 的公共弦.类似可得 $L_1 = (b - c)r_1^2 + cr_3^2 - br_2^2 + bc(c - b) = 0$,$L_2 = (c - a)r_2^2 + ar_1^2 - cr_3^2 + ca(a - c) = 0$ 为两条公共弦.

因为 $c(a + b - c)L_3 + a(b + c - a)L_1 + b(c + a - b)L_2 = 0$,所以上述公共弦互相平行或相交于一点.而 L_1 和 L_2 中一次项系数所成的行列式为

$$-2 \begin{vmatrix} cx_3 - bx_2 + (b - c)x_1 & cy_3 - by_2 + (b - c)y_1 \\ -cx_3 + ax_1 + (c - a)x_2 & cx_3 - ay_1 + (c - a)y_2 \end{vmatrix}$$

$$= -2(a + b - c)c \begin{vmatrix} x_3 - x_1 & y_3 - y_1 \\ x_1 - x_2 & y_1 - y_2 \end{vmatrix},$$

由于 $a + b = r_2 + r_3 + r_1 + r_3 > r_2 + r_1 = c$,而 $\dfrac{y_1 - y_2}{x_1 - x_2} \neq \dfrac{y_3 - y_1}{x_3 - x_1}$,所以上述行列式不等于 0,三条公共弦相交于一点.

例 21 如果一个三角形的三条相等的塞瓦线以同样的方式分三角形的三边成等比,那么这个三角形是否一定是等边三角形?(三角形的一个顶点与它的对边所在直线上一点的连线即为塞瓦线.)

解 设 $\dfrac{\overrightarrow{BA'}}{\overrightarrow{A'C}} = \dfrac{v}{u}$,其中 $u + v = 1$,则 $\overrightarrow{OA'} = u\overrightarrow{OB} + v\overrightarrow{OC}$,则塞瓦线

$$c_a^2 = \overrightarrow{AA'}^2 = (\overrightarrow{OA'} - \overrightarrow{OA})^2 = (u\overrightarrow{OB} + v\overrightarrow{OC} - \overrightarrow{OA})^2$$

$$= [u(\overrightarrow{OB} - \overrightarrow{OA}) + v(\overrightarrow{OC} - \overrightarrow{OA})]^2$$

$$= u^2(\overrightarrow{OB} - \overrightarrow{OA})^2 + v^2(\overrightarrow{OC} - \overrightarrow{OA})^2 + 2uv(\overrightarrow{OB} - \overrightarrow{OA})(\overrightarrow{OC} - \overrightarrow{OA})$$

$$= u^2c^2 + v^2b^2 + uv(b^2 + c^2 - a^2) \text{(此即斯图尔特定理)},$$

类似可得

$$c_b^2 = u^2a^2 + v^2c^2 + uv(c^2 + a^2 - b^2),$$

$$c_c^2 = u^2b^2 + v^2a^2 + uv(a^2 + b^2 - c^2),$$

当 $a = b = c$ 时,显然有 $c_a = c_b = c_c$;下面证 $c_a = c_b = c_c$ 时,可推出 $a = b = c$.改写上述方程:

$$\begin{cases} -uva^2 + vb^2 + uc^2 = c_a^2 \\ ua^2 - uvb^2 + vc^2 = c_b^2 \\ va^2 + ub^2 - uvc^2 = c_c^2 \end{cases}$$

,将其看作是关于 (a^2, b^2, c^2) 的线性方程组,则需证明

$$\begin{vmatrix} -uv & v & u \\ u & -uv & v \\ v & u & -uv \end{vmatrix} \neq 0,展开得$$

$$u^3 + v^3 + 3u^2v^2 - u^3v^3 = u^2 - uv + v^2 + 3u^2v^2 - u^3v^3$$
$$= 1 - 3uv + 3u^2v^2 - u^3v^3 = (1-uv)^3$$
$$= [1 - u(1-u)]^3 \neq 0.$$

例22 已知平面上三条不同直线的方程分别为 $l_1: ax + 2by + 3c = 0, l_2: bx + 2cy + 3a = 0, l_3: cx + 2ay + 3b = 0$. 证明:这三条直线相交于一点的充分必要条件为 $a + b + c = 0$.

证明

$$\begin{vmatrix} a & 2b & 3c \\ b & 2c & 3a \\ c & 2a & 3b \end{vmatrix} = 6\begin{vmatrix} a & b & c \\ b & c & a \\ c & a & b \end{vmatrix} = 6\begin{vmatrix} a+b+c & a+b+c & a+b+c \\ b & c & a \\ c & a & b \end{vmatrix}$$

$$= 6(a+b+c)\begin{vmatrix} 1 & 1 & 1 \\ b & c & a \\ c & a & b \end{vmatrix}$$

$$= 6(a+b+c)(a^2 + b^2 + c^2 - ab - bc - ca)$$

$$= 3(a+b+c)[(a-b)^2 + (b-c)^2 + (c-a)^2],$$

因为 $(a-b)^2 + (b-c)^2 + (c-a)^2 \neq 0$,所以三条直线相交于一点 $\Leftrightarrow a+b+c=0$.

例23 三条互不平行的直线 $l_1: a_1x + b_1y + c_1 = 0, l_2: a_2x + b_2y + c_2 = 0, l_3: a_3x + $

$b_3y + c_3 = 0$ 共点的充要条件是 $\begin{vmatrix} a_1 & b_1 & c_1 \\ a_2 & b_2 & c_2 \\ a_3 & b_3 & c_3 \end{vmatrix} = 0.$

证明 必要性:三直线不平行,则 $\dfrac{a_1}{a_2} \neq \dfrac{b_1}{b_2}, \dfrac{a_1}{a_3} \neq \dfrac{b_1}{b_3}, \dfrac{a_2}{a_3} \neq \dfrac{b_2}{b_3}$, l_1 和 l_2 的交点在 l_3 上,则

$$a_3 \cdot \dfrac{\begin{vmatrix} -c_1 & b_1 \\ -c_2 & b_2 \end{vmatrix}}{\begin{vmatrix} a_1 & b_1 \\ a_2 & b_2 \end{vmatrix}} + b_3 \cdot \dfrac{\begin{vmatrix} a_1 & -c_1 \\ a_2 & -c_2 \end{vmatrix}}{\begin{vmatrix} a_1 & b_1 \\ a_2 & b_2 \end{vmatrix}} + c_3 = 0,$$

即 $\begin{vmatrix} a_1 & b_1 & c_1 \\ a_2 & b_2 & c_2 \\ a_3 & b_3 & c_3 \end{vmatrix} = 0.$

充分性:$\dfrac{a_1}{a_2} \neq \dfrac{b_1}{b_2}, \dfrac{a_1}{a_3} \neq \dfrac{b_1}{b_3}, \dfrac{a_2}{a_3} \neq \dfrac{b_2}{b_3}$, $\begin{vmatrix} a_1 & b_1 & c_1 \\ a_2 & b_2 & c_2 \\ a_3 & b_3 & c_3 \end{vmatrix} = 0$ 按第三行展开得

$$a_3 \cdot \frac{\begin{vmatrix} -c_1 & b_1 \\ -c_2 & b_2 \end{vmatrix}}{\begin{vmatrix} a_1 & b_1 \\ a_2 & b_2 \end{vmatrix}} + b_3 \cdot \frac{\begin{vmatrix} a_1 & -c_1 \\ a_2 & -c_2 \end{vmatrix}}{\begin{vmatrix} a_1 & b_1 \\ a_2 & b_2 \end{vmatrix}} + c_3 = 0,$$

说明 l_1 和 l_2 的交点在 l_3 上, 三直线共点.

需要说明, 必要条件并不是唯一的, 譬如两条直线共线, 第三条直线随意摆放.

例24 设 A, B, C 为曲线 $xy = a^2$ 上的三点, 曲线的其中一条渐近线与 BC, CA, AB 分别交于点 D, E, F, 过 D, E, F 分别作直线与 BC, CA, AB 垂直, 证明: 这三条垂线交于一点.

证明 如图 2.23 所示, 设 $A\left(t_1, \dfrac{a^2}{t_1}\right), B\left(t_2, \dfrac{a^2}{t_2}\right), C\left(t_3, \dfrac{a^2}{t_3}\right)$, 取渐近线 $y = 0, BC$ 直线

方程为 $\dfrac{y - \dfrac{a^2}{t_2}}{x - t_2} = \dfrac{\dfrac{a^2}{t_3} - \dfrac{a^2}{t_2}}{t_3 - t_2}$, 则点 D 坐标为 $x = 0, y = -t_2\left(\dfrac{\dfrac{a^2}{t_3} - \dfrac{a^2}{t_2}}{t_3 - t_2}\right) + \dfrac{a^2}{t_2} = \dfrac{a^2}{t_2} + \dfrac{a^2}{t_3}$. 同理

$E\left(0, \dfrac{a^2}{t_3} + \dfrac{a^2}{t_1}\right), F\left(0, \dfrac{a^2}{t_1} + \dfrac{a^2}{t_2}\right), BC$ 直线斜率为 $-\dfrac{a^2}{t_2 t_3}, CA$ 直线斜率为 $-\dfrac{a^2}{t_3 t_1}, AB$ 直线斜

率为 $-\dfrac{a^2}{t_1 t_2}$, 过点 D 与 BC 垂直的垂线方程为 $y - \left(\dfrac{a^2}{t_2} + \dfrac{a^2}{t_3}\right) = \dfrac{t_2 t_3}{a^2} x$, 即 $\dfrac{t_2 t_3}{a^2} x - y + \dfrac{a^2}{t_2} + \dfrac{a^2}{t_3}$

$= 0$. 同理另两条垂线方程分别为 $\dfrac{t_3 t_1}{a^2} x - y + \dfrac{a^2}{t_3} + \dfrac{a^2}{t_1} = 0, \dfrac{t_1 t_2}{a^2} x - y + \dfrac{a^2}{t_1} + \dfrac{a^2}{t_2} = 0$, 三条垂线

方程系数行列式为

$$\begin{vmatrix} \dfrac{t_2 t_3}{a^2} & -1 & \dfrac{a^2}{t_2} + \dfrac{a^2}{t_3} \\ \dfrac{t_3 t_1}{a^2} & -1 & \dfrac{a^2}{t_3} + \dfrac{a^2}{t_1} \\ \dfrac{t_1 t_2}{a^2} & -1 & \dfrac{a^2}{t_1} + \dfrac{a^2}{t_2} \end{vmatrix} = -t_1 t_2 t_3 \begin{vmatrix} \dfrac{1}{t_1} & -1 & \dfrac{1}{t_2} + \dfrac{1}{t_3} \\ \dfrac{1}{t_2} & -1 & \dfrac{1}{t_3} + \dfrac{1}{t_1} \\ \dfrac{1}{t_3} & -1 & \dfrac{1}{t_1} + \dfrac{1}{t_2} \end{vmatrix} = -t_1 t_2 t_3 \begin{vmatrix} \dfrac{1}{t_1} & 1 & \dfrac{1}{t_1} + \dfrac{1}{t_2} + \dfrac{1}{t_3} \\ \dfrac{1}{t_2} & 1 & \dfrac{1}{t_1} + \dfrac{1}{t_2} + \dfrac{1}{t_3} \\ \dfrac{1}{t_3} & 1 & \dfrac{1}{t_1} + \dfrac{1}{t_2} + \dfrac{1}{t_3} \end{vmatrix} = 0,$$

所以三条垂线交于一点.

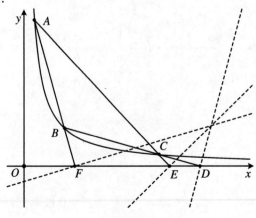

图 2.23

例25 求证:椭圆 $\dfrac{x^2}{a^2}+\dfrac{y^2}{b^2}=1$ 的内接三角形的面积最大值为 $\dfrac{3\sqrt{3}}{4}ab$.

证明 椭圆可看作是圆在某一个方向上均匀压缩而成的.设椭圆上三点坐标分别为 $A(a\cos\alpha,b\sin\alpha),B(a\cos\beta,b\sin\beta),C(a\cos\gamma,b\sin\gamma)$,在椭圆的大辅助圆 $\dfrac{x^2}{a^2}+\dfrac{y^2}{a^2}=1$ 上取对应的三点 $A'(a\cos\alpha,a\sin\alpha),B'(a\cos\beta,a\sin\beta),C'(a\cos\gamma,a\sin\gamma)$,有

$$S_{\triangle ABC}=\frac{1}{2}\begin{vmatrix} a\cos\alpha & b\sin\alpha & 1 \\ a\cos\beta & b\sin\beta & 1 \\ a\cos\gamma & b\sin\gamma & 1 \end{vmatrix}=\frac{1}{2}\frac{b}{a}\begin{vmatrix} a\cos\alpha & a\sin\alpha & 1 \\ a\cos\beta & a\sin\beta & 1 \\ a\cos\gamma & a\sin\gamma & 1 \end{vmatrix}=\frac{b}{a}S_{\triangle A'B'C'},$$

$\triangle A'B'C'$ 是圆内接正三角形时,$S_{\triangle A'B'C'}$ 取得最大值 $\dfrac{3\sqrt{3}}{4}a^2$,此时 $S_{\triangle ABC}$ 也取得最大值 $\dfrac{3\sqrt{3}}{4}ab$.

一般地,椭圆 $\dfrac{x^2}{a^2}+\dfrac{y^2}{b^2}=1$ 内接 n 边形的面积最大值为 $\dfrac{nab}{2}\sin\dfrac{2\pi}{n}$.

例26 平面上三个两两相交的圆,每两个圆有一条根轴,则这三条根轴互相平行或交于一点.

证明 设三个圆的方程分别为 $x^2+y^2+D_ix+E_iy+F_i=0(i=1,2,3)$.两两相减得三条交线正是所述的三条根轴,它们的直线方程分别为

$$(D_1-D_2)x+(E_1-E_2)y+(F_1-F_2)=0,$$
$$(D_2-D_3)x+(E_2-E_3)y+(F_2-F_3)=0,$$
$$(D_3-D_1)x+(E_3-E_1)y+(F_3-F_1)=0,$$

$$\begin{vmatrix} D_1-D_2 & E_1-E_2 & F_1-F_2 \\ D_2-D_3 & E_2-E_3 & F_2-F_3 \\ D_3-D_1 & E_3-E_1 & F_3-F_1 \end{vmatrix}=\begin{vmatrix} D_1-D_3 & E_1-E_3 & F_1-F_3 \\ D_2-D_3 & E_2-E_3 & F_2-F_3 \\ D_3-D_1 & E_3-E_1 & F_3-F_1 \end{vmatrix}=0,$$

所以三条根轴互相平行或交于一点.

例27 证明:三条直线 $(b-c)x+(c-a)y+(a-b)=0,(c-a)x+(a-b)y+(b-c)=0,(a-b)x+(b-c)y+(c-a)=0$ 交于一点.

证明 $\begin{vmatrix} b-c & c-a & a-b \\ c-a & a-b & b-c \\ a-b & b-c & c-a \end{vmatrix}=\begin{vmatrix} b-a & c-b & a-c \\ c-a & a-b & b-c \\ a-b & b-c & c-a \end{vmatrix}=0$,而这三条线不平行,所以相交于一点.

当然,这种证法相当于用前面两式相加,得到 $-[(a-b)x+(b-c)y+(c-a)]=0$,仅

差一个符号,所以前两式的交点也在第三条直线上.如果仔细观察,发现(1,1)满足三个方程,则结论更加清楚.

德国数学家 F·克莱因认为:教师应具备较高的数学观点,因为观点越高,事物越显得简单.在中学数学教材中的知识,由于充分考虑到学生的可接受性原则,往往以教育形态呈现,因此,一些知识内容不可能严谨透彻,一些重要的数学基本定理,根据其在中学数学中的地位与作用,大都以公理的形式直接给出,并予以直观的描述.而运用高等数学知识能将中学数学中不能或很难彻底解决的基本理论加以严格的证明,如例28.

例28 证明祖暅原理.祖暅原理的内容是:夹在两个平行平面间的两个几何体,被平行于这两个平行平面的任何平面所截,如果截得两个截面的面积总相等,那么这两个几何体的体积相等.祖暅沿用了刘徽的思想,利用刘徽"牟合方盖"的理论去进行体积计算,得出"幂势既同,则积不容异"的结论."势"即是高,"幂"是面积.这一原理在中学当作公理不加证明,而学习微积分后可以推导得到.

证明 设两几何体体积为 V_1,V_2,在高为 x 处的截面面积为 $S_1(x)$,$S_2(x)$,且 $S_1(x) = S_2(x)$,夹在两平行面之间,说明两几何体的高相等,设为 h,则 $V_1 = \int_0^h S_1(x)\mathrm{d}x = \int_0^h S_2(x)\mathrm{d}x = V_2$.

在讲解祖暅原理时,最好同时介绍在平面上的一个性质.由于是平面上的性质,理解起来要容易一些.

如图 2.24 所示,$\triangle ABC$ 和 $\triangle DEF$,其中 B,C,E,F 四点共线,$BC = EF$,$AD /\!/ BC$,任作第三条直线平行 BC,交两三角形于 G,H,I,J 四点,则 $GH = IJ$.

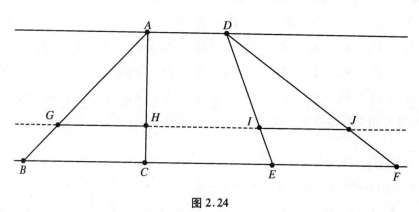

图 2.24

例29 已知四边形 $ABCD$ 的四边长分别为 a,b,c,d,问何时面积取得最大值?

解 如图 2.25 所示,设 $\angle ABC = x$,$\angle ADC = y$,则 $a^2 + b^2 - 2ab\cos x = c^2 + d^2 - 2cd\cos y$,两边求导得 $2ab\sin x = 2cd\sin y \cdot y'$,即 $y' = \dfrac{ab\sin x}{cd\sin y}$.

设 $F(x) = S_{ABCD} = \dfrac{ab}{2}\sin x + \dfrac{cd}{2}\sin y$，则

$$F'(x) = \frac{ab}{2}\cos x + \frac{cd}{2}\cos y \cdot y' = \frac{ab}{2\sin y}(\sin y\cos x + \cos y\sin x)$$

$$= \frac{ab}{2\sin y}\sin(x + y).$$

令 $F'(x) = 0$ 得 $\sin(x + y) = 0$，$x + y = \pi$；当 $x + y < \pi$ 时，$F'(x) > 0$；当 $x + y > \pi$ 时，$F'(x) < 0$。所以当 $x + y = \pi$，即四边形 $ABCD$ 是圆内接四边形时，面积最大．

例 30 计算积分 $\displaystyle\int_a^b \sqrt{(x - a)(b - x)}\,\mathrm{d}x\,(a < b)$．

解 如图 2.26 所示，$A(a, 0)$，$B(b, 0)$，把 $P(x, 0)\,(a \leqslant x \leqslant b)$ 看作线段 AB 上一个动点，$PQ \perp AB$，则 $PA = x - a$，$BP = b - x$，$PQ = \sqrt{(x - a)(b - x)}$．当点 P 从 A 移动到 B 时，点 Q 的轨迹就是以 AB 为直径的半圆曲线，由定积分的几何意义，所求积分值就是半圆的面积，即 $\displaystyle\int_a^b \sqrt{(x - a)(b - x)}\,\mathrm{d}x = \frac{\pi}{2}\left(\frac{b - a}{2}\right)^2 = \frac{\pi}{8}(b - a)^2$．

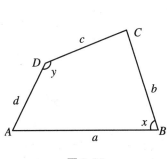

图 2.25

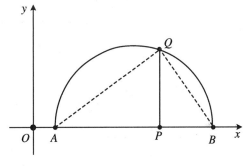

图 2.26

例 31 如图 2.27 所示，过圆内一点作四条直线，相邻直线的夹角为 $45°$，将圆分成 8 块大小不等的面积．求证：$S_1 + S_3 + S_5 + S_7 = S_2 + S_4 + S_6 + S_8$．

证明 设圆半径为 1，则圆面积为 π，有

$$S_1 + S_3 + S_5 + S_7$$

$$= \frac{1}{2}\left[\int_0^{\pi/4} r^2(\theta)\mathrm{d}\theta + \int_{\pi/2}^{3\pi/4} r^2(\theta)\mathrm{d}\theta + \int_\pi^{5\pi/4} r^2(\theta)\mathrm{d}\theta + \int_{3\pi/2}^{7\pi/4} r^2(\theta)\mathrm{d}\theta\right]$$

$$= \frac{1}{2}\int_0^{\pi/4}\left[r^2(\theta) + r^2(\theta + \pi/2) + r^2(\theta + \pi) + r^2(\theta + 3\pi/2)\right]\mathrm{d}\theta$$

$$= \frac{1}{2}\int_0^{\pi/4} 4\mathrm{d}\theta\,(\text{此处参看下面的注解})$$

$$= \frac{\pi}{2},$$

所以 $S_2 + S_4 + S_6 + S_8 = \dfrac{\pi}{2}$,命题得证.

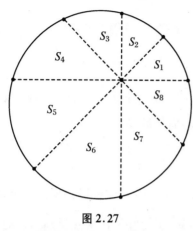

图 2.27

注解 这一步积分运算的几何意义是:如图 2.28 所示,在半径为 R 的圆内有点 P,过点 P 作互相垂直的两条弦 AB,CD,分别以 PB,PC,PA,PD 为边长作正方形,则这 4 个正方形面积和为定值.

在各种资料上,常常会看到各种巧妙的几何证明.在惊叹这些巧解的同时,我们也要思考:这些证明是怎么想到的呢?巧妙证明若不是妙手偶得,那必定是千锤百炼而成,而后者是巧解的主要来源.下面以此为例,介绍如何利用代数法来引发出几何巧解.

结论等价于 $PA^2 + PB^2 + PC^2 + PD^2$ 为定值.假设点 P 在圆心,显然这一定值为 $4R^2$.目标值一定,给予我们启发,应该要把圆心 O 作出来,这样才能利用题目唯一的数据——半径 R.

如图 2.29 所示,作 $OM \perp AB$,$ON \perp CD$,则

$$
\begin{aligned}
PA^2 + PB^2 + PC^2 + PD^2 &= (MA - MP)^2 + (MA + MP)^2 + (NC - NP)^2 + (NC + NP)^2 \\
&= 2(MA^2 + MP^2 + NC^2 + NP^2) \\
&= 2\left[(MB^2 + OM^2) + (ND^2 + ON^2)\right] = 4R^2.
\end{aligned}
$$

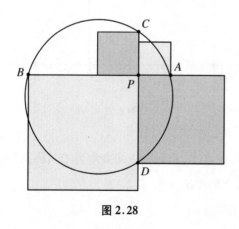

图 2.28

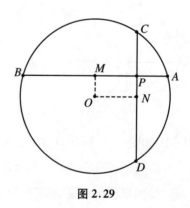

图 2.29

解答到此,算是告一段落.但如果细心观察,也许能另辟蹊径,曲径方能通幽嘛!这条小路的入口就是要注意到所得结果 $4R^2$ 可看成是 $(2R)^2$,也就是说原来的 4 个正方形面积之和应该等于以该圆直径为边长的正方形面积.

两条相交弦,容易让人联想到相交弦定理,但从前面的解答来看,好像并未用到它.而那个垂直关系却是非用不可的.因为倘若不垂直,显然结论不成立.利用这一垂直条件,能够将这 4 个正方形两两合并(图 2.30);那么合并后的两个正方形能否再如愿合并成我们希望的大正方形呢?这并不困难,移动弦 AD,使得 A,C 两点重合(图 2.31),由于同圆内等弦所对

圆周角相等,容易推出 $\angle ABD + \angle BDC = 90°$.再次运用勾股定理,大功告成!

没有前面的代数解法探路,是很困难的.

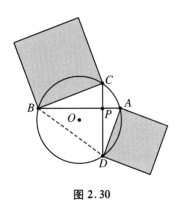

图 2.30

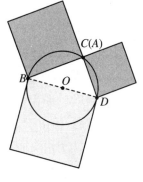

图 2.31

需要说明的是,例 31 是可以通过面积割补来证明的.但作图烦琐,此处略去.笔者一直认为,在强调几何巧证的时候,不能忽视代数证法.与例 31 极其相似的有下面这个例子.

如图 2.32 所示,过正方形内一点作四条直线,相邻直线夹角为 $45°$,将正方形分成 8 块大小不等的面积,则阴影部分的面积为定值.图 2.33 是几何巧证,构思困难,作图复杂.

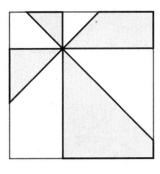

图 2.32

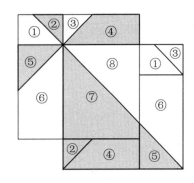

图 2.33

更一般的证法是,建立如图 2.34 所示的直角坐标系,设 $AB = AD = 1$,$E(x,y)$,则

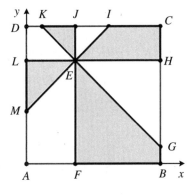

图 2.34

$$S_{阴影} = S_{\triangle EJK} + S_{\triangle ELM} + S_{四边形\,EFBG} + S_{四边形\,EHCI}$$

$$= \frac{1}{2}\left[(1-y)^2 + x^2 + (x+y-1+y)(1-x) + (y-x+1-x)(1-y)\right]$$

$$= \frac{1}{2}.$$

例32 如图 2.35 所示,在边长为 20 的正方形 $EFGH$ 中,有一个扇形和一个半圆形,求扇形和半圆形交叉部分 S 的面积(答案四舍五入取整).

这是一道小学几何题.但由于 S 是不规则图形,直接计算需要用到微积分.

解法 1(微积分) 以 E 为原点,以 EF,EH 为坐标轴建立直角坐标系,则两圆的方程分别是 $x^2 + (y-20)^2 = 20^2$,$(x-10)^2 + y^2 = 10^2$,两圆的交点是 $(16,8)$,所求面积 $S = \int_0^{16}\left(\sqrt{10^2 - (x-10)^2} - 20 - \sqrt{20^2 - x^2}\right)\mathrm{d}x \approx 96.$

解法 2(小学) 如图 2.36 所示,将 S 分割成三部分.在计算中,取 $\pi = 3.14$,$\sqrt{2} \approx 1.414$,则 $AB = 15\sqrt{2} - 20 \approx 1.21$,$AC = 10 - 5\sqrt{2} \approx 2.93$,近似矩形 $h = 1.21 \cdot 2.93 \approx 3.55$,且 $e = (314 - 200)/2 = 57$,$f = (157 - 100)/2 = 28.5$,故

$$S = e + f + g = e + \frac{3}{2}f - h \approx 96.2 \approx 96.$$

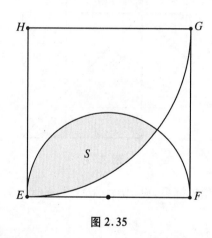

图 2.35

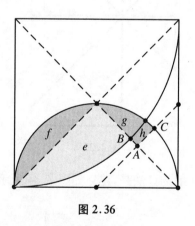

图 2.36

例33 如图 2.37 所示,设四边形 $ABCD$ 的一组对边 AB 和 DC 的延长线交于点 F,另一组对边 AD 和 BC 的延长线交于点 E,则 AC 中点、BD 中点、EF 中点三点共线(此线称为高斯线).

证明 要证 $\begin{vmatrix} \dfrac{x_B + x_D}{2} & \dfrac{x_A + x_C}{2} & \dfrac{x_E + x_F}{2} \\[2mm] \dfrac{y_B + y_D}{2} & \dfrac{y_A + y_C}{2} & \dfrac{y_E + y_F}{2} \\[2mm] 1 & 1 & 1 \end{vmatrix} = 0$,即证 $\begin{vmatrix} x_B + x_D & x_A + x_C & x_E + x_F \\ y_B + y_D & y_A + y_C & y_E + y_F \\ 1 & 1 & 1 \end{vmatrix} = 0,$

也即证

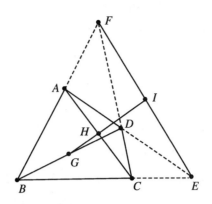

图 2.37

$$
\begin{vmatrix} x_B + x_D & x_A + x_C & x_E + x_F \\ y_B + y_D & y_A + y_C & y_E + y_F \\ 1 & 1 & 1 \end{vmatrix}
$$

$$
= \begin{vmatrix} x_B & x_A & x_E \\ y_B & y_A & y_E \\ 1 & 1 & 1 \end{vmatrix} + \begin{vmatrix} x_B & x_A & x_F \\ y_B & y_A & y_F \\ 1 & 1 & 1 \end{vmatrix} + \begin{vmatrix} x_B & x_C & x_E \\ y_B & y_C & y_E \\ 1 & 1 & 1 \end{vmatrix} + \begin{vmatrix} x_B & x_C & x_F \\ y_B & y_C & y_F \\ 1 & 1 & 1 \end{vmatrix}
$$

$$
+ \begin{vmatrix} x_D & x_A & x_E \\ y_D & y_A & y_E \\ 1 & 1 & 1 \end{vmatrix} + \begin{vmatrix} x_D & x_A & x_F \\ y_D & y_A & y_F \\ 1 & 1 & 1 \end{vmatrix} + \begin{vmatrix} x_D & x_C & x_E \\ y_D & y_C & y_E \\ 1 & 1 & 1 \end{vmatrix} + \begin{vmatrix} x_D & x_C & x_F \\ y_D & y_C & y_F \\ 1 & 1 & 1 \end{vmatrix}
$$

$$
= \begin{vmatrix} x_B & x_A & x_E \\ y_B & y_A & y_E \\ 1 & 1 & 1 \end{vmatrix} + \begin{vmatrix} x_B & x_C & x_F \\ y_B & y_C & y_F \\ 1 & 1 & 1 \end{vmatrix} + \begin{vmatrix} x_D & x_A & x_F \\ y_D & y_A & y_F \\ 1 & 1 & 1 \end{vmatrix} + \begin{vmatrix} x_D & x_C & x_E \\ y_D & y_C & y_E \\ 1 & 1 & 1 \end{vmatrix}
$$

$$
= \frac{1}{2}(- S_{\triangle BAE} + S_{\triangle BCF} - S_{\triangle DAF} + S_{\triangle DCE}) = 0.
$$

2.3 三　　角

例 1 角度接近 90° 时,正切值变化探究.

众所周知,角度接近 90° 时,正切值增长很快,成陡直状上升.这从正切函数图像可以直观看出.如果我们想知道的更精确一些,那就需要代数计算.正如华罗庚先生所言:数缺形时少直观,形少数时难入微.

我们先用计算机得到一些数据,统一保留6位小数.

$$\tan 89° \approx 57.289\ 962,$$

$$\tan 89.9° \approx 572.957\ 213,$$

$$\tan 89.99° \approx 5\ 729.577\ 893,$$

$$\tan 89.999° \approx 57\ 295.779\ 507,$$

$$\tan 89.999\ 9° \approx 572\ 957.795\ 130,$$

$$\tan 89.999\ 99° \approx 5\ 729\ 577.951\ 308,$$

$$\tan 89.999\ 999° \approx 57\ 295\ 779.513\ 082,$$

$$\tan 89.999\ 999\ 9° \approx 572\ 957\ 795.154\ 307.$$

如果将这些数据进行加工,很容易"造出"一个漂亮的规律来.

$$\tan 89.999° \approx 57\ 295.779\ 5,$$

$$\tan 89.999\ 9° \approx 572\ 957.795,$$

$$\tan 89.999\ 99° \approx 5\ 729\ 577.95,$$

$$\tan 89.999\ 999° \approx 57\ 295\ 779.5,$$

$$\tan 89.999\ 999\ 9° \approx 572\ 957\ 795.$$

这个规律很明显了,还可以继续下去的,你可以接着玩!

数学解释:根据泰勒展开式 $\tan x = x + \dfrac{x^3}{3} + \dfrac{2x^5}{15} + \cdots$. 当 x 非常小时, $\tan x \approx x$,而 $\tan\left(\dfrac{\pi}{2} - x\right) = \dfrac{1}{\tan x} \approx \dfrac{1}{x}$. 到此就水落石出了,角度尾数加个 9,意味着 $\dfrac{\pi}{2} - x$ 变为原来的十分之一,而正切值则变为原来的 10 倍.

高等数学与初等数学之间有千丝万缕的联系.现在的初等数学教材,特别是高考题中蕴含着高等数学的观点与方法;掌握了高等数学,可以在一个更高的角度下俯瞰初等数学.

例2 求证:△ABC 是等腰三角形的充要条件是 $\begin{vmatrix} \cos A & \cos B & \cos C \\ \sin A & \sin B & \sin C \\ 1 & 1 & 1 \end{vmatrix} = 0.$

证明 如果△ABC 是等腰三角形,则显然 $\begin{vmatrix} \cos A & \cos B & \cos C \\ \sin A & \sin B & \sin C \\ 1 & 1 & 1 \end{vmatrix} = 0.$

如果 $\begin{vmatrix} \cos A & \cos B & \cos C \\ \sin A & \sin B & \sin C \\ 1 & 1 & 1 \end{vmatrix} = 0$,则考虑 $(\cos A, \sin A), (\cos B, \sin B), (\cos C, \sin C)$,这三点共线.而另一方面,这三点又共圆,在平面几何中直线和圆最多有两个交点,那必然有两点重合,则 $\begin{cases} \cos A = \cos B \\ \sin A = \sin B \end{cases}$ 或 $\begin{cases} \cos B = \cos C \\ \sin B = \sin C \end{cases}$ 或 $\begin{cases} \cos C = \cos A \\ \sin C = \sin A \end{cases}$,而 $0 < A, B, C < \pi$,所以有 A

$= B$ 或 $B = C$ 或 $C = A$.

例3 求证：$\triangle ABC$ 是等腰三角形的充要条件是 $\begin{vmatrix} \cos^2 A & \cos^2 B & \cos^2 C \\ \sin A & \sin B & \sin C \\ 1 & 1 & 1 \end{vmatrix} = 0.$

证明 如果 $\triangle ABC$ 是等腰三角形，则显然 $\begin{vmatrix} \cos^2 A & \cos^2 B & \cos^2 C \\ \sin A & \sin B & \sin C \\ 1 & 1 & 1 \end{vmatrix} = 0.$

如果 $\begin{vmatrix} \cos^2 A & \cos^2 B & \cos^2 C \\ \sin A & \sin B & \sin C \\ 1 & 1 & 1 \end{vmatrix} = 0$，则考虑 $(\cos^2 A, \sin A)$，$(\cos^2 B, \sin B)$，$(\cos^2 C, \sin C)$，

这三点共线. 而另一方面，这三点又都在抛物线 $x = 1 - y^2$ 上，在平面几何中直线和抛物线最

多有两个交点，那必然有两点重合，则 $\begin{cases} \cos^2 A = \cos^2 B \\ \sin A = \sin B \end{cases}$ 或 $\begin{cases} \cos^2 B = \cos^2 C \\ \sin B = \sin C \end{cases}$ 或 $\begin{cases} \cos^2 C = \cos^2 A \\ \sin C = \sin A \end{cases}$，

而 $0 < A, B, C < \pi$，所以有 $A = B$ 或 $B = C$ 或 $C = A$.

例4 设 a, b, c 为 $\triangle ABC$ 的三边. 求证：$\begin{vmatrix} a & a^2 & \cos^2 \dfrac{A}{2} \\ b & b^2 & \cos^2 \dfrac{B}{2} \\ c & c^2 & \cos^2 \dfrac{C}{2} \end{vmatrix} = 0.$

证明

$$\begin{vmatrix} a & a^2 & \cos^2 \dfrac{A}{2} \\ b & b^2 & \cos^2 \dfrac{B}{2} \\ c & c^2 & \cos^2 \dfrac{C}{2} \end{vmatrix} = \begin{vmatrix} a & a^2 & \dfrac{s(s-a)}{bc} \\ b & b^2 & \dfrac{s(s-b)}{ca} \\ c & c^2 & \dfrac{s(s-c)}{ab} \end{vmatrix} = \frac{1}{abc} \begin{vmatrix} a & a^2 & as(s-a) \\ b & b^2 & bs(s-b) \\ c & c^2 & cs(s-c) \end{vmatrix}$$

$$= s \begin{vmatrix} 1 & a & s-a \\ 1 & b & s-b \\ 1 & c & s-c \end{vmatrix} = s \begin{vmatrix} 1 & a & s \\ 1 & b & s \\ 1 & c & s \end{vmatrix} = 0,$$

其中 $\cos^2 \dfrac{A}{2} = \dfrac{1 + \cos A}{2} = \dfrac{1 + \dfrac{b^2 + c^2 - a^2}{2bc}}{2} = \dfrac{2bc + b^2 + c^2 - a^2}{4bc} = \dfrac{(b+c)^2 - a^2}{4bc}$，设 $s =$

$\dfrac{a + b + c}{2}$，则 $\cos \dfrac{A}{2} = \sqrt{\dfrac{s(s-a)}{bc}}$.

例5 在 $\triangle ABC$ 中，求证：$\dfrac{b-c}{a}\cos^2 \dfrac{A}{2} + \dfrac{c-a}{b}\cos^2 \dfrac{B}{2} + \dfrac{a-b}{c}\cos^2 \dfrac{C}{2} = 0.$

证法 1 因为

$$\frac{b-c}{a}\cos^2\frac{A}{2} = \frac{b-c}{a}\cdot\frac{\cos A+1}{2} = \frac{b-c}{2a}\cdot\frac{b^2+c^2-a^2+2bc}{2bc}$$

$$= \frac{(b-c)\left[(b+c)^2-a^2\right]}{4abc},$$

所以原式改证为

$$\frac{(b-c)\left[(b+c)^2-a^2\right]}{4abc} + \frac{(c-a)\left[(c+a)^2-b^2\right]}{4abc} + \frac{(a-b)\left[(a+b)^2-c^2\right]}{4abc} = 0,$$

即证 $(b-c)(b+c-a)+(c-a)(c+a-b)+(a-b)(a+b-c)=0$,展开后,$b^2-c^2-ab+ac+c^2-a^2-bc+ab+a^2-b^2-ac+bc = 0$ 成立.

证法 2 因为

$$\frac{b-c}{a}\cos^2\frac{A}{2} = \frac{\sin B-\sin C}{\sin A}\cos^2\frac{A}{2} = \frac{\sin\frac{B-C}{2}}{\cos\frac{A}{2}}\cos^2\frac{A}{2} = \cos\frac{A}{2}\begin{vmatrix} \sin\frac{B}{2} & \sin\frac{C}{2} \\ \cos\frac{B}{2} & \cos\frac{C}{2} \end{vmatrix},$$

所以原式改证为

$$\cos\frac{A}{2}\begin{vmatrix} \sin\frac{B}{2} & \sin\frac{C}{2} \\ \cos\frac{B}{2} & \cos\frac{C}{2} \end{vmatrix} + \cos\frac{B}{2}\begin{vmatrix} \sin\frac{C}{2} & \sin\frac{A}{2} \\ \cos\frac{C}{2} & \cos\frac{A}{2} \end{vmatrix} + \cos\frac{C}{2}\begin{vmatrix} \sin\frac{A}{2} & \sin\frac{B}{2} \\ \cos\frac{A}{2} & \cos\frac{B}{2} \end{vmatrix} = 0,$$

即证 $\begin{vmatrix} \cos\frac{A}{2} & \cos\frac{B}{2} & \cos\frac{C}{2} \\ \sin\frac{A}{2} & \sin\frac{B}{2} & \sin\frac{C}{2} \\ \cos\frac{A}{2} & \cos\frac{B}{2} & \cos\frac{C}{2} \end{vmatrix} = 0$,由于第一行和第三行相同,显然成立.

例 6 求证:$\triangle ABC$ 中,$\sum\cos^3\frac{A}{2}\sin\frac{B}{2}\sin\frac{C}{2} = \cos\frac{A}{2}\cos\frac{B}{2}\cos\frac{C}{2}\sum\sin^2\frac{A}{2}.$

证明 $\cos\frac{A}{2} = \cos\left(\frac{\pi}{2}-\frac{B}{2}-\frac{C}{2}\right) = \sin\frac{B}{2}\cos\frac{C}{2}+\cos\frac{B}{2}\sin\frac{C}{2}$,同理 $\cos\frac{B}{2} = \sin\frac{C}{2}\cos\frac{A}{2}$ $+\cos\frac{C}{2}\sin\frac{A}{2}$,$\cos\frac{C}{2} = \sin\frac{A}{2}\cos\frac{B}{2}+\cos\frac{A}{2}\sin\frac{B}{2}$,因此

$$\begin{vmatrix} \cos\frac{A}{2} & \sin\frac{B}{2}\cos\frac{C}{2} & \cos\frac{B}{2}\sin\frac{C}{2} \\ \cos\frac{B}{2} & \sin\frac{C}{2}\cos\frac{A}{2} & \cos\frac{C}{2}\sin\frac{A}{2} \\ \cos\frac{C}{2} & \sin\frac{A}{2}\cos\frac{B}{2} & \cos\frac{A}{2}\sin\frac{B}{2} \end{vmatrix} = 0(因为后两列相加等于第一列),$$

展开得证.

2.4 不 等 式

例1 证明：$\dfrac{a_1 + a_2 + \cdots + a_n}{n} \geqslant \sqrt[n]{a_1 a_2 \cdots a_n}$.

证法1 利用 $e^x \geqslant ex$. 设 $G = \sqrt[n]{a_1 a_2 \cdots a_n}$，则 $e^{\frac{a_1 + a_2 + \cdots + a_n}{G}} = e^{\frac{a_1}{G}} \cdot e^{\frac{a_2}{G}} \cdot \cdots \cdot e^{\frac{a_n}{G}} \geqslant \dfrac{ea_1}{G}$

$\cdot \dfrac{ea_2}{G} \cdot \cdots \cdot \dfrac{ea_n}{G} = e^n$，即 $\dfrac{a_1 + a_2 + \cdots + a_n}{n} \geqslant \sqrt[n]{a_1 a_2 \cdots a_n}$.

证法2 利用 $e^x \geqslant x + 1$. 若设 $A = \dfrac{a_1 + a_2 + \cdots + a_n}{n}$，$G = \sqrt[n]{a_1 a_2 \cdots a_n}$，于是 $e^{\frac{a_1}{A} - 1} \geqslant 1 + \left(\dfrac{a_1}{A} - 1\right), \cdots, e^{\frac{a_n}{A} - 1} \geqslant 1 + \left(\dfrac{a_n}{A} - 1\right)$，$n$ 式相乘得 $e^{\frac{a_1 + \cdots + a_n}{A} - n} \geqslant \dfrac{G^n}{A^n}$，即 $A^n \geqslant G^n$，所以 $\dfrac{a_1 + a_2 + \cdots + a_n}{n} \geqslant \sqrt[n]{a_1 a_2 \cdots a_n}$.

说明 此证法很容易挪作他用，譬如：$e^x = 1 + x + \dfrac{x^2}{2!} + \cdots \geqslant 1 + x$，取 $x = \dfrac{\pi}{e} - 1 > 0$，则 $e^{\frac{\pi}{e} - 1} > 1 + \left(\dfrac{\pi}{e} - 1\right)$，即 $\dfrac{e^{\frac{\pi}{e}}}{e} > \dfrac{\pi}{e}$，也即 $e^\pi > \pi^e$.

例2 设 n 是大于 1 的自然数，且 $a_1, a_2, \cdots, a_n$ 为正数，则 $\sqrt{\dfrac{a_1^2 + a_2^2 + \cdots + a_n^2}{n}} \geqslant$

$\dfrac{a_1 + a_2 + \cdots + a_n}{n}$（算术平方平均不等式）.

证明 原不等式等价于证明 $D = n \displaystyle\sum_{i=1}^{n} a_i^2 - \left(\sum_{i=1}^{n} a_i\right)\left(\sum_{j=1}^{n} a_j\right) \geqslant 0$，由于

$$D = \begin{vmatrix} \sum\limits_{i=1}^{n} a_i^2 & \sum\limits_{j=1}^{n} a_j \\ \sum\limits_{i=1}^{n} a_i & n \end{vmatrix} = \sum_{i=1}^{n} \begin{vmatrix} a_i^2 & \sum\limits_{j=1}^{n} a_j \\ a_i & n \end{vmatrix} = \sum_{i=1}^{n} \sum_{j=1}^{n} \begin{vmatrix} a_i^2 & a_j \\ a_i & 1 \end{vmatrix} = \sum_{i=1}^{n} \sum_{j=1}^{n} a_i \begin{vmatrix} a_i & a_j \\ 1 & 1 \end{vmatrix},$$

交换下标 i, j 可知

$$D = \sum_{j=1}^{n} \sum_{i=1}^{n} a_j \begin{vmatrix} a_j & a_i \\ 1 & 1 \end{vmatrix} = \sum_{i=1}^{n} \sum_{j=1}^{n} (-a_j) \begin{vmatrix} a_i & a_j \\ 1 & 1 \end{vmatrix},$$

两式相加得 $2D = \displaystyle\sum_{i=1}^{n} \sum_{j=1}^{n} (a_i - a_j) \begin{vmatrix} a_i & a_j \\ 1 & 1 \end{vmatrix} = \sum_{i=1}^{n} \sum_{j=1}^{n} (a_i - a_j)^2 \geqslant 0$，所以 $D \geqslant 0$，原不等式得证.

例3 已知 $\log_{15}2 = a$，$\log_{21}5 = b$，$\log_{35}3 = c$，$\log_2 7 = d$．求证：$bc + ad(b+c) > \dfrac{3}{4}$．

证明 将 $\log_{15}2 = a$ 改写为 $\ln 2 - a\ln 3 - a\ln 5 = 0$，其他三式类似处理，于是可得方程组

$$\begin{cases} \ln 2 - a\ln 3 - a\ln 5 = 0 \\ \ln 5 - b\ln 3 - b\ln 7 = 0 \\ \ln 3 - c\ln 5 - c\ln 7 = 0 \\ \ln 7 - d\ln 2 = 0 \end{cases}$$，将之看作是关于 $(\ln 2, \ln 3, \ln 5, \ln 7)$ 的线性方程组

$$\begin{cases} \ln 2 - a\ln 3 - a\ln 5 = 0 \\ -b\ln 3 + \ln 5 - b\ln 7 = 0 \\ \ln 3 - c\ln 5 - c\ln 7 = 0 \\ -d\ln 2 + \ln 7 = 0 \end{cases}$$，于是 $\begin{vmatrix} 1 & -a & -a & 0 \\ 0 & -b & 1 & -b \\ 0 & 1 & -c & -c \\ -d & 0 & 0 & 1 \end{vmatrix} = 0$，展开得 $bc + ad(b+c) = 1 -$

$2abcd$，因为

$$2abcd = 2\log_{15}2 \cdot \log_{21}5 \cdot \log_{35}3 \cdot \log_2 7$$

$$= 2\frac{\ln 2}{\ln 3 + \ln 5} \cdot \frac{\ln 5}{\ln 3 + \ln 7} \cdot \frac{\ln 3}{\ln 7 + \ln 5} \cdot \frac{\ln 7}{\ln 2}$$

$$< 2\frac{\ln 2}{2\sqrt{\ln 3 \ln 5}} \cdot \frac{\ln 5}{2\sqrt{\ln 3 \ln 7}} \cdot \frac{\ln 3}{2\sqrt{\ln 5 \ln 7}} \cdot \frac{\ln 7}{\ln 2} = \frac{1}{4},$$

所以 $bc + ad(b+c) > \dfrac{3}{4}$．

2.5 杂 题

例1 现有木工、电工、油漆工三人，他们愿意互相帮助装修各自的房子．他们约定：每人工作 10 天，每人日工资在 $60 \sim 80$ 元之间，每人总收入和总支出相等．表 2.1 是他们协商制定的工作分配方案，问三人各自的日工资是多少？

表 2.1

天 数	工 种		
	木工	电工	油漆工
在木工家工作的天数	2	1	6
在电工家工作的天数	4	5	1
在油漆工家工作的天数	4	4	3

解 设木工、电工、油漆工三人的日工资分别是 x_1, x_2, x_3，依照题意列式：

$$2x_1 + x_2 + 6x_3 = (2+4+4)x_1,$$
$$4x_1 + 5x_2 + x_3 = (1+5+4)x_2,$$
$$4x_1 + 4x_2 + 3x_3 = (6+1+3)x_3,$$

即 $\begin{cases} -8x_1 + x_2 + 6x_3 = 0 \\ 4x_1 - 5x_2 + x_3 = 0 \\ 4x_1 + 4x_2 - 7x_3 = 0 \end{cases}$，解得 $\begin{cases} x_1 = \dfrac{31}{36}x_3 \\ x_2 = \dfrac{32}{36}x_3 \end{cases}$，考虑到三人日工资在 $60 \sim 80$ 元之间，所以

$$\begin{cases} x_1 = 62 \\ x_2 = 64. \\ x_3 = 72 \end{cases}$$

如果注意到本题数据的特点——每一列数的和都为 10，用矩阵形式表示，设 $A =$ $\begin{bmatrix} 2 & 1 & 6 \\ 4 & 5 & 1 \\ 4 & 4 & 3 \end{bmatrix}$，$X = \begin{bmatrix} x_1 \\ x_2 \\ x_3 \end{bmatrix}$，则最初的三个等式可写成 $AX = 10X$. 显然 10 是 A 的特征值，X 是

特征向量，有特征值必有特征向量，因而此题必然有解，若不加以限制（三人日工资在 $60 \sim 80$ 元之间），会有无数解，特别地，有零解. 也就是三人之间根本无须考虑付费的问题.

例2 对于数列 $\{a_n\}$，满足 $a_{n+2} = Aa_{n+1} - Ba_n$，$a_1, a_2, A, B$ 是已知常数，$B \neq 0$. 求证：$\dfrac{a_{n+1}^2 - Aa_n a_{n+1} + Ba_n^2}{B^n}$ 的值是常数.

证明 因为

$$a_{n+1}^2 - Aa_n a_{n+1} + Ba_n^2 = a_{n+1}^2 - a_n(Aa_{n+1} - Ba_n) = a_{n+1}^2 - a_n a_{n+2}$$

$$= \begin{vmatrix} a_{n+1} & a_n \\ a_{n+2} & a_{n+1} \end{vmatrix} = \begin{vmatrix} a_{n+1} & a_n \\ Aa_{n+1} - Ba_n & Aa_n - Ba_{n-1} \end{vmatrix}$$

$$= \begin{vmatrix} a_{n+1} & a_n \\ -Ba_n & -Ba_{n-1} \end{vmatrix} = -B \begin{vmatrix} a_{n+1} & a_n \\ a_n & a_{n-1} \end{vmatrix}$$

$$= B \begin{vmatrix} a_n & a_{n-1} \\ a_{n+1} & a_n \end{vmatrix} = B^{n-1} \begin{vmatrix} a_2 & a_1 \\ a_3 & a_2 \end{vmatrix},$$

显然 $\begin{vmatrix} a_2 & a_1 \\ a_3 & a_2 \end{vmatrix}$ 为常数，设为 C，所以 $\dfrac{a_{n+1}^2 - Aa_n a_{n+1} + Ba_n^2}{B^n} = \dfrac{C}{B}$.

例3 三次函数 $f(x) = ax^3 + bx^2 + cx + d$（$a \neq 0$）的图像上有不同的三点 A, B, C，其横坐标分别为 x_1, x_2, x_3，则 A, B, C 三点共线的充要条件是 $x_1 + x_2 + x_3 = -\dfrac{b}{a}$.

证明 A,B,C 三点共线的充要条件是 $\begin{vmatrix} x_1 & f(x_1) & 1 \\ x_2 & f(x_2) & 1 \\ x_3 & f(x_3) & 1 \end{vmatrix} = 0$，即

$$0 = \begin{vmatrix} x_1 & ax_1^3 + bx_1^2 + cx_1 + d & 1 \\ x_2 & ax_2^3 + bx_2^2 + cx_2 + d & 1 \\ x_3 & ax_3^3 + bx_3^2 + cx_3 + d & 1 \end{vmatrix} = \begin{vmatrix} x_1 & ax_1^3 & 1 \\ x_2 & ax_2^3 & 1 \\ x_3 & ax_3^3 & 1 \end{vmatrix} + \begin{vmatrix} x_1 & bx_1^2 & 1 \\ x_2 & bx_2^2 & 1 \\ x_3 & bx_3^2 & 1 \end{vmatrix}$$

$$= a\begin{vmatrix} x_1 - x_2 & x_1^3 - x_2^3 & 0 \\ x_2 - x_3 & x_2^3 - x_3^3 & 0 \\ x_3 & x_3^3 & 1 \end{vmatrix} + b\begin{vmatrix} x_1 - x_2 & x_1^2 - x_2^2 & 0 \\ x_2 - x_3 & x_2^2 - x_3^2 & 0 \\ x_3 & x_3^2 & 1 \end{vmatrix}$$

$$= a(x_1 - x_2)(x_2 - x_3)(x_3 - x_1)(x_1 + x_2 + x_3) + b(x_1 - x_2)(x_2 - x_3)(x_3 - x_1)$$

$$= (x_1 - x_2)(x_2 - x_3)(x_3 - x_1)[a(x_1 + x_2 + x_3) + b],$$

而 $(x_1 - x_2)(x_2 - x_3)(x_3 - x_1) \neq 0$，所以 $x_1 + x_2 + x_3 = -\dfrac{b}{a}$．

例4 为什么 0/0 型的极限可能为任意值？

从小学学习除法那天起，老师就反复强调 0 不能做除数．为什么呢？解释说：这是规定．

一个高中生在 QQ 群里问：为什么 0/0 型的极限，可能为任意值？

我说：等你进了大学就知道了．

他说：现在就想知道．

我很无语．想起以前自己也是这样的，没有基础，却想登高．也想起张师的教导：一个高年级才出现的问题，如何让低年级的学生弄明白，这需要数学功底，也考验科普水平．

于是我构造了下面的例子．

如图 2.38 所示，作单位圆，设点 A 为横轴单位点，B 为圆上任意一点，C 为横轴上一点，连接 AB，作 $CD /\!/ AB$ 交 OB 于点 D．当 $\angle AOB \to 0$ 时，$AB \to 0$，$CD \to 0$，但 $\dfrac{CD}{AB} = \dfrac{OC}{OA} =$

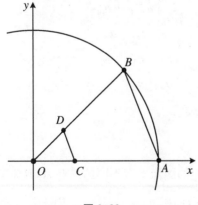

图 2.38

OC 的大小却随着点 C 的位置而改变，可为任意值，包括 0 和 $\pm\infty$．

杂记：某大学数学分析考试出了这样一道题，结果得分者寥寥！

如果 $\lim\limits_{n \to \infty} x_n = a$，就有 $\lim\limits_{n \to \infty} x_{n+1} = a$，那必有

$$\lim_{n \to \infty} \frac{x_{n+1}}{x_n} = \frac{\lim\limits_{n \to \infty} x_{n+1}}{\lim\limits_{n \to \infty} x_n} = 1.$$

大部分学生都认为此结论是对的．

而事实上他们都忘记了在小学学习除法时，老

师反复强调的除数不能为 0. 如果考生想到 $\lim\limits_{n\to\infty}x_n = a = 0$ 的情况,就很容易想到反例.

反例 1 设 $\{x_n\} = \left\{\left(\dfrac{1}{2}\right)^n\right\}$,那么 $\lim\limits_{n\to\infty}x_n = 0,\lim\limits_{n\to\infty}\dfrac{x_{n+1}}{x_n} = \dfrac{1}{2}$.

反例 2 设 $\{x_n\} = \left\{\dfrac{1}{n}(-1)^n\right\}$,那么 $\lim\limits_{n\to\infty}x_n = 0,\lim\limits_{n\to\infty}\dfrac{x_{n+1}}{x_n} = \lim\limits_{n\to\infty}\dfrac{-n}{n+1} = -1$.

例 5 求证:$\sqrt{2} = \dfrac{1 + \dfrac{1}{3} - \dfrac{1}{5} - \dfrac{1}{7} + \dfrac{1}{9} + \dfrac{1}{11}\cdots}{1 - \dfrac{1}{3} + \dfrac{1}{5} - \dfrac{1}{7} + \dfrac{1}{9} - \dfrac{1}{11}\cdots}$.

证明 $\ln(1+x) = x - \dfrac{x^2}{2} + \dfrac{x^3}{3} - \dfrac{x^4}{4} + \cdots$,于是 $\ln\left(\dfrac{1+x}{1-x}\right) = 2\left(x + \dfrac{x^3}{3} + \dfrac{x^5}{5} + \cdots\right)$,设 $\alpha = \mathrm{e}^{\frac{\mathrm{i}\pi}{4}},\beta = \mathrm{e}^{-\frac{\mathrm{i}\pi}{4}}$,则 $\alpha^4 = \beta^4 = -1,\alpha\beta = 1$,于是

$$\ln\left(\dfrac{1+\alpha x}{1-\alpha x}\right) = 2\left(\alpha x - \dfrac{\beta x^3}{3} - \dfrac{\alpha x^5}{5} + \dfrac{\beta x^7}{7} + \dfrac{\alpha x^9}{9}\cdots\right),$$

$$\ln\left(\dfrac{1-\beta x}{1+\beta x}\right) = 2\left(\beta x - \dfrac{\alpha x^3}{3} - \dfrac{\beta x^5}{5} + \dfrac{\alpha x^7}{7} + \dfrac{\beta x^9}{9}\cdots\right),$$

相加得

$$\ln\left(\dfrac{1+\alpha x}{1-\alpha x}\dfrac{1-\beta x}{1+\beta x}\right) = 2(\alpha - \beta)\left(x + \dfrac{x^3}{3} - \dfrac{x^5}{5} + \dfrac{x^7}{7} + \dfrac{x^9}{9}\cdots\right).$$

当 $x = 1$ 时,$1 + \dfrac{1}{3} - \dfrac{1}{5} + \dfrac{1}{7} + \dfrac{1}{9}\cdots = \dfrac{1}{2\sqrt{2}\mathrm{i}}\ln(-1) = \dfrac{1}{2\sqrt{2}\mathrm{i}}(\pi\mathrm{i}) = \dfrac{\pi}{2\sqrt{2}}$. 同理求得 $1 - \dfrac{1}{3} + \dfrac{1}{5}$

$- \dfrac{1}{7} + \dfrac{1}{9} - \dfrac{1}{11}\cdots = \dfrac{\pi}{4}$,所以 $\sqrt{2} = \dfrac{1 + \dfrac{1}{3} - \dfrac{1}{5} - \dfrac{1}{7} + \dfrac{1}{9} + \dfrac{1}{11}\cdots}{1 - \dfrac{1}{3} + \dfrac{1}{5} - \dfrac{1}{7} + \dfrac{1}{9} - \dfrac{1}{11}\cdots}$.

例 6 求证:$n^n(n+1)^{n+1} > \left(n + \dfrac{1}{2}\right)^{2n+1},\left(n + \dfrac{1}{n}\right)^{2n} > (n-1)^{n-1}(n+1)^{n+1}$.

证明 设有 n 个 $\dfrac{1}{n}$,$n+1$ 个 $\dfrac{1}{n+1}$,由均值不等式可得 $\dfrac{2}{2n+1} > \left[\dfrac{1}{n^n} \cdot \dfrac{1}{(n+1)^{n+1}}\right]^{\frac{1}{2n+1}}$,

于是 $n^n(n+1)^{n+1} > \left(n + \dfrac{1}{2}\right)^{2n+1}$.

设有 $n-1$ 个 $n-1$,$n+1$ 个 $n+1$,由均值不等式可得 $\dfrac{(n-1)^2 + (n+1)^2}{2n} >$

$[(n-1)^{n-1} \cdot (n+1)^{n+1}]^{\frac{1}{2n}}$,于是 $\left(n + \dfrac{1}{n}\right)^{2n} > (n-1)^{n-1}(n+1)^{n+1}$.

例 7 已知 $P = \begin{vmatrix} l & m & n \\ p & q & r \\ 1 & 1 & 1 \end{vmatrix}$,$(l-m)^2 + (p-q)^2 = 9$,$(m-n)^2 + (q-r)^2 = 16$,

$(n-l)^2 + (r-p)^2 = 25,Q = P^2$,求 $|Q|$.

解 设 $A(l,p),B(m,q),C(n,r)$,由已知可得 $AB = 3,BC = 4,CA = 5$,而 $|Q| =$

$$|P|^2 = (2S_{\triangle ABC})^2 = (3 \cdot 4)^2 = 144.$$

例8 把杨辉三角写成方阵的形式(图2.39).求证:对任意正整数 n ,方阵的前 n 行 n 列组成的矩阵,其行列式总为1,即证行列式 $|1|$, $\begin{vmatrix} 1 & 1 \\ 1 & 2 \end{vmatrix}$, $\begin{vmatrix} 1 & 1 & 1 \\ 1 & 2 & 3 \\ 1 & 3 & 6 \end{vmatrix}$,…都等于1.

$$
\begin{array}{ccccc}
1 & 1 & 1 & 1 & 1 & \cdots \\
1 & 2 & 3 & 4 & 5 & \cdots \\
1 & 3 & 6 & 10 & 15 & \cdots \\
1 & 4 & 10 & 20 & 35 & \cdots \\
1 & 5 & 15 & 35 & 70 & \cdots \\
\vdots & \vdots & \vdots & \vdots & \vdots &
\end{array}
$$

图 2.39

证明 用数学归纳法.当 $n=1$ 时,显然成立.考虑 n 阶方阵,每一行都减去它的上面一行,则方阵变成

$$
\begin{array}{ccccc}
1 & 1 & 1 & 1 & 1 & \cdots \\
0 & 1 & 2 & 3 & 4 & \cdots \\
0 & 1 & 3 & 6 & 10 & \cdots \\
0 & 1 & 4 & 10 & 20 & \cdots \\
0 & 1 & 5 & 15 & 35 & \cdots \\
\vdots & \vdots & \vdots & \vdots & \vdots &
\end{array}
$$

,再把每一列减去它的前一列,则有

$$
\begin{array}{ccccc}
1 & 0 & 0 & 0 & 0 & \cdots \\
0 & 1 & 1 & 1 & 1 & \cdots \\
0 & 1 & 2 & 3 & 4 & \cdots \\
0 & 1 & 3 & 6 & 10 & \cdots \\
0 & 1 & 4 & 10 & 20 & \cdots \\
\vdots & \vdots & \vdots & \vdots & \vdots &
\end{array}
$$

,于是 n 阶行列式与 $n-1$ 阶行列式相等.

例9 在三阶行列式 $\begin{vmatrix} 3 & 5 & 7 \\ 8 & 1 & 6 \\ 4 & 9 & 2 \end{vmatrix}$ 中,写着从1至9九个连续数,每行(列)的三个数目之和都等于15.现在请你把每个数字都加上一个相同的自然数,此时,这九个数仍为连续数,且每行(列)的数目之和也都相等,所要求的是,使这三阶行列式的值恰等于这个和的平方,请你想一想,该加上怎样的一个自然数?

解 设每一项加上 k ,则可得 $\begin{vmatrix} 3+k & 5+k & 7+k \\ 8+k & 1+k & 6+k \\ 4+k & 9+k & 2+k \end{vmatrix} = (15+3k)^2$,即

$$\begin{vmatrix} 3+k & 2 & 4 \\ 8+k & -7 & -2 \\ 4+k & 5 & -2 \end{vmatrix} = \begin{vmatrix} 11+3k & 12 & 0 \\ 4 & -12 & 0 \\ 4+k & 5 & -2 \end{vmatrix} = 24(15+3k) = (15+3k)^2,$$

解得 $k=3$，即 $\begin{vmatrix} 6 & 8 & 10 \\ 11 & 4 & 9 \\ 7 & 12 & 5 \end{vmatrix} = 24^2$.

例10 求证：$4(x^2+x+1)^3 - 27x^2(x+1)^2 = (x-1)^2(2x+1)^2(x+2)^2$.

证法1（李有贵提供） 设 $x^2+x=t$，则 $4(x^2+x+1)^3 - 27x^2(x+1)^2 = 4(t+1)^3 - 27t^2$，观察得 $t=2$ 是 $4(t+1)^3 - 27t^2 = 0$ 的根，故因式分解可得

$$4(t+1)^3 - 27t^2 = (t-2)^2(4t+1) = (x^2+x-2)^2(4x^2+4x+1)$$
$$= (x-1)^2(x+2)^2(2x+1)^2.$$

证法2 设 $f(x) = 4(x^2+x+1)^3 - 27x^2(x+1)^2$，则

$$f'(x) = 12(x^2+x+1)^2(2x+1) - 27[2x(x+1)^2 + 2x^2(x+1)],$$

容易验证 $f(1) = f\left(-\dfrac{1}{2}\right) = f(-2) = f'(1) = f'\left(-\dfrac{1}{2}\right) = f'(-2) = 0$，至此我们发现所求等式左边是六次多项式，有三个重根，且六次项系数为 4，于是

$$f(x) = (x-1)^2(2x+1)^2(x+2)^2.$$

例11 若 $ax(b-c) + by(c-a) + cz(a-b) = 0$，$x^2(b-c) + y^2(c-a) + z^2(a-b) = 0$，则 $x=y=z$ 或 $\dfrac{x}{ab-bc+ca} = \dfrac{y}{ab+bc-ca} = \dfrac{z}{-ab+bc+ca}$.

证明 将 $x(b-c)$，$y(c-a)$，$z(a-b)$ 看作整体，解得 $\dfrac{x(b-c)}{bz-cy} = \dfrac{y(c-a)}{cx-az} = \dfrac{z(a-b)}{ay-bx} = \dfrac{1}{k}$，则 $\begin{vmatrix} (b-c)k & c & -b \\ -c & (c-a)k & a \\ b & -a & (a-b)k \end{vmatrix} = 0$，解得 $k = 0, 1, -1$.

若 $k=0$，则 $\dfrac{x}{a} = \dfrac{y}{b} = \dfrac{z}{c}$，将其代入题目条件，发现并不总能成立，除非 $x=y=z$.

若 $k=1$，则 $x=y=z$.

若 $k=-1$，则 $b(z+x) = c(x+y) = a(y+z)$，即 $\dfrac{z+x}{ca} = \dfrac{x+y}{ab} = \dfrac{y+z}{bc}$，所以

$$\dfrac{x}{ab-bc+ca} = \dfrac{y}{ab+bc-ca} = \dfrac{z}{-ab+bc+ca}.$$

例12 计算 $\begin{vmatrix} 1 & \sin A & \cos A \\ 1 & \sin B & \cos B \\ 1 & \sin C & \cos C \end{vmatrix}$，将其表达成乘积形式，并因此推得：若 $\alpha+\beta+\gamma = 0$，

则 $\sin \alpha + \sin \beta + \sin \gamma = -4\sin \frac{\alpha}{2}\sin \frac{\beta}{2}\sin \frac{\gamma}{2}$.

解

$$\begin{vmatrix} 1 & \sin A & \cos A \\ 1 & \sin B & \cos B \\ 1 & \sin C & \cos C \end{vmatrix}$$

$$= (\sin B\cos C - \cos B\sin C) + (\sin C\cos A - \cos C\sin A) + (\sin A\cos B - \cos A\sin B)$$

$$= \sin(B - C) + \sin(C - A) + \sin(A - B)$$

$$= 2\sin\left(\frac{B-A}{2}\right)\cos\left(\frac{B+A-2C}{2}\right) + 2\sin\left(\frac{A-B}{2}\right)\cos\left(\frac{A-B}{2}\right)$$

$$= 2\sin\left(\frac{B-A}{2}\right)\left[\cos\left(\frac{B+A-2C}{2}\right) - \cos\left(\frac{A-B}{2}\right)\right]$$

$$= -4\sin\left(\frac{A-B}{2}\right)\sin\left(\frac{B-C}{2}\right)\sin\left(\frac{C-A}{2}\right).$$

若设 $A - B = \alpha, B - C = \beta, C - A = \gamma$, 则 $\alpha + \beta + \gamma = 0$, 于是 $\sin \alpha + \sin \beta + \sin \gamma = -4\sin \frac{\alpha}{2}\sin \frac{\beta}{2}\sin \frac{\gamma}{2}$.

若 $2\alpha + 2\beta + 2\gamma = 0$, 于是 $\sin 2\alpha + \sin 2\beta + \sin 2\gamma = -4\sin \alpha\sin \beta\sin \gamma$. 若设 $2\alpha = 2A, 2\beta = 2B, 2\gamma = 2C - 2\pi$, 则 $A + B + (C - \pi) = 0$, 于是 $\sin 2A + \sin 2B + \sin(2C - 2\pi) = -4\sin A\sin B\sin(C - \pi) = 4\sin A\sin B\sin C$.

显然 $A + B + C = \pi$ 比 $\triangle ABC$ 三内角为 A, B, C 涵盖要广, 但我们更多的时候是在三角形内讨论问题. 下面证明: 在 $\triangle ABC$ 中, $\sin 2A + \sin 2B + \sin 2C = 4\sin A\sin B\sin C$.

证明: 如图 2.40 所示, 作 $\triangle ABC$ 和外接圆 $\odot O$, 则由 $S_{\triangle BOC} + S_{\triangle COA} + S_{\triangle AOB} = S_{\triangle ABC}$ 得 $\frac{1}{2}R^2\sin 2A + \frac{1}{2}R^2\sin 2B + \frac{1}{2}R^2\sin 2C = \frac{1}{2}ab\sin C = \frac{1}{2}(2R\sin A)(2R\sin B)\sin C$, 化简得证.

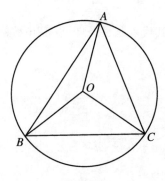

图 2.40

3　不等式与函数

3.1　不 等 式 篇

3.1.1　均值不等式的引入和证明

几何平均,很有可能来源于下述事实:作边长为 x 的正方形,使它的面积等于长为 a、宽为 b 的长方形的面积(图 3.1),那么 $x = \sqrt{ab} = G(a, b)$,其中 G 是几何平均(geometric mean)的首字母.

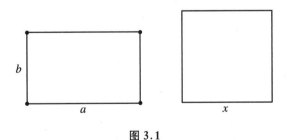

图 3.1

那么其他几种均值如何而来? 也可利用上述图形.

若要求长方形和正方形的周长相等,那么 $2(a + b) = 4x$, $x = \dfrac{a + b}{2} = A(a, b)$,其中 A 是算术平均(arithmetic mean)的首字母.

若要求长方形和正方形的对角线相等,那么 $\sqrt{a^2 + b^2} = \sqrt{2}x$, $x = \sqrt{\dfrac{a^2 + b^2}{2}} = R(a, b)$,其中 R 是平方根平均(root-mean-square)的首字母.

若要求长方形和正方形的面积与周长比相等,那么 $\dfrac{ab}{2(a+b)} = \dfrac{x^2}{4x}$,$x = \dfrac{2ab}{a+b} = \dfrac{2}{\dfrac{1}{a} + \dfrac{1}{b}} =$

$H(a,b)$,其中 H 是调和平均(harmonic mean)的首字母.

很多人探索均值不等式的几何构造,其模型各种各样,有的相当复杂.而且几何构造常常难以推广到多维,而利用幂平均(power mean)函数将之统一起来,是比较好的.

设幂平均函数为 $f(x) = \left(\dfrac{a^x + b^x}{2}\right)^{\frac{1}{x}}$,显然 $f(2) = \sqrt{\dfrac{a^2 + b^2}{2}}$,$f(1) = \dfrac{a+b}{2}$,$f(-1) = \dfrac{2}{\dfrac{1}{a} + \dfrac{1}{b}}$. x 取何值时,$\left(\dfrac{a^x + b^x}{2}\right)^{\frac{1}{x}} = \sqrt{ab}$?

下面证 $\lim\limits_{x \to 0}\left(\dfrac{a^x + b^x}{2}\right)^{\frac{1}{x}} = \sqrt{ab}$.

$\left(\dfrac{a^x + b^x}{2}\right)^{\frac{1}{x}}$ 取对数得 $\dfrac{1}{x}\ln\dfrac{a^x + b^x}{2}$,当 $x \to 0$ 时,$\dfrac{\ln\dfrac{a^x + b^x}{2}}{x}$ 属于 $\dfrac{0}{0}$ 型,使用洛必达法则得 $\dfrac{a^x\ln a + b^x\ln b}{a^x + b^x}$. 当 $x \to 0$ 时,$\dfrac{a^x\ln a + b^x\ln b}{a^x + b^x} \to \dfrac{\ln a + \ln b}{2} = \ln\sqrt{ab}$,所以 $\lim\limits_{x \to 0}\left(\dfrac{a^x + b^x}{2}\right)^{\frac{1}{x}} = \sqrt{ab}$.

为了使 $f(x)$ 在 $\mathbf{R}$ 上连续,可令 $f(0) = \lim\limits_{x \to 0}f(x) = \sqrt{ab}$. 如果能证明 $f(x) = \left(\dfrac{a^x + b^x}{2}\right)^{\frac{1}{x}}$ 是增函数,那么自然就有 $\dfrac{2}{\dfrac{1}{a} + \dfrac{1}{b}} \leqslant \sqrt{ab} \leqslant \dfrac{a+b}{2} \leqslant \sqrt{\dfrac{a^2 + b^2}{2}}$. 一般资料上的证明是采用琴生不等式,比较简单.但笔者认为,对不等式不熟悉的人可能想到的是通过求导来证明,经过尝试发现较为烦琐.

要证 $y = \left(\dfrac{a^x + b^x}{2}\right)^{\frac{1}{x}}$ 是增函数,只需证 $\ln\left(\dfrac{a^x + b^x}{2}\right)^{\frac{1}{x}}$ 是增函数,对该式求导得

$\dfrac{a^x\ln a^x + b^x\ln b^x - (a^x + b^x)\ln\left(\dfrac{a^x + b^x}{2}\right)}{x^2(a^x + b^x)}$,若设 $a^x = A$,$b^x = B$,则只需证 $A^A B^B \geqslant$

$\left(\dfrac{A+B}{2}\right)^{A+B}$,即 $\left(\dfrac{A}{B}\right)^{\frac{A}{B}} \geqslant \left(\dfrac{\dfrac{A}{B}+1}{2}\right)^{\frac{A}{B}+1}$,设 $\dfrac{A}{B} = t$,则只需证 $t^t \geqslant \left(\dfrac{1+t}{2}\right)^{1+t}$.

要证 $t^t \geqslant \left(\dfrac{1+t}{2}\right)^{1+t}$,设 $f(x) = x\ln x - (1+x)\ln\left(\dfrac{1+x}{2}\right)$,则

$$f'(x) = x \cdot \dfrac{1}{x} + \ln x - (1+x) \cdot \dfrac{1}{1+x} - \ln\left(\dfrac{1+x}{2}\right) = \ln\left(\dfrac{2x}{1+x}\right),$$

$$f''(x) = \dfrac{1}{x} - \dfrac{1}{1+x} = \dfrac{1}{x(1+x)},$$

由于 $f''(x)>0$,故 $f'(x)$ 递增,又 $f'(1)=0$,通过增减分析可知 $f(x)\geqslant f(1)=0$.

3.1.2 从课本上的简单不等式谈起——从初等数学到高等数学

高中课本上有类似的题目:求证 $\sqrt{2}+\sqrt{5}<\sqrt{3}+\sqrt{4}$.

这是极其基本的题目,两边平方即可.稍微推广就变成,若 $0<a_1<a_2<a_3<a_4$,且 $a_1+a_4=a_2+a_3$,则 $\sqrt{a_1}+\sqrt{a_4}<\sqrt{a_2}+\sqrt{a_3}$.

利用 $y=\sqrt{x}$ 的上凸性质可直观展示此问题.设 $(a_1,\sqrt{a_1})$ 和 $(a_4,\sqrt{a_4})$ 的中点为 Q,$(a_2,\sqrt{a_2})$ 和 $(a_3,\sqrt{a_3})$ 的中点为 P,如图 3.2 所示,而由 $a_1+a_4=a_2+a_3$ 可得 P 在 Q 的正上方,从而 $\sqrt{a_1}+\sqrt{a_4}<\sqrt{a_2}+\sqrt{a_3}$.

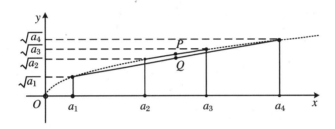

图 3.2

需要说明的是,$a_1+a_4=a_2+a_3$ 是充分条件,但并不是必要的.譬如 $0<1<3<5<8$,也有 $\sqrt{1}+\sqrt{8}<\sqrt{3}+\sqrt{5}$.也就是说 P 在 Q 上方即可,并不一定需要是正上方.

显然还可以推广:设 $y=\sqrt[n]{x}(n>1)$,$0<a_1<a_2<a_3<a_4$,且 $a_1+a_4=a_2+a_3$,则 $\sqrt[n]{a_1}+\sqrt[n]{a_4}<\sqrt[n]{a_2}+\sqrt[n]{a_3}$.

我们也可以这样看:若 $0<a_1<a_2<a_3<a_4$,且 $a_4-a_3=a_2-a_1$,则 $\sqrt{a_4}-\sqrt{a_3}<\sqrt{a_2}-\sqrt{a_1}$ 等价于 $\dfrac{\sqrt{a_4}-\sqrt{a_3}}{a_4-a_3}<\dfrac{\sqrt{a_2}-\sqrt{a_1}}{a_2-a_1}$,本质是 $(\sqrt{x})'=\dfrac{1}{2\sqrt{x}}$ 逐步递减,表现在图像上就是 $y=\sqrt{x}$ 的切线逐渐趋向水平.

某初中的教辅上有这样的题目:已知 $c>1$,求证两数 $\sqrt{c+1}-\sqrt{c}$ 和 $\sqrt{c}-\sqrt{c-1}$ 的一个总大于另一个.

解法是值得高中数学教学借鉴的,就是分子有理化,$\sqrt{c+1}-\sqrt{c}=\dfrac{1}{\sqrt{c+1}+\sqrt{c}}$,$\sqrt{c}-\sqrt{c-1}=\dfrac{1}{\sqrt{c}+\sqrt{c-1}}$,显然 $\sqrt{c+1}-\sqrt{c}<\sqrt{c}-\sqrt{c-1}$.

另解 $\sqrt{a_1}+\sqrt{a_4}<\sqrt{a_2}+\sqrt{a_3}\Leftrightarrow\sqrt{a_4}-\sqrt{a_3}<\sqrt{a_2}-\sqrt{a_1}\Leftrightarrow\dfrac{a_4-a_3}{\sqrt{a_4}+\sqrt{a_3}}<$

$\dfrac{a_2 - a_1}{\sqrt{a_2} + \sqrt{a_1}}$. 因 $a_4 - a_3 = a_2 - a_1$, 只需证 $\sqrt{a_4} + \sqrt{a_3} > \sqrt{a_2} + \sqrt{a_1}$, 显然成立.

高等数学中也有类似问题: 已知 k 和 s 是正整数, a_i 和 b_j 是正实数, 对于任意 $n \geqslant 2$, 都存在 $\sqrt[n]{a_1} + \sqrt[n]{a_2} + \cdots + \sqrt[n]{a_k} = \sqrt[n]{b_1} + \sqrt[n]{b_2} + \cdots + \sqrt[n]{b_s}$, 求证: $k = s$; $a_1 a_2 \cdots a_k = b_1 b_2 \cdots b_s$.

证明 对 $\sqrt[n]{a_1} + \sqrt[n]{a_2} + \cdots + \sqrt[n]{a_k} = \sqrt[n]{b_1} + \sqrt[n]{b_2} + \cdots + \sqrt[n]{b_s}$ 两边取极限, 由 $\lim\limits_{n \to \infty} \sqrt[n]{a} = 1$, 可得 $k = s$; 对 $n(\sqrt[n]{a_1} - 1) + n(\sqrt[n]{a_2} - 1) + \cdots + n(\sqrt[n]{a_k} - 1) = n(\sqrt[n]{b_1} - 1) + n(\sqrt[n]{b_2} - 1) + \cdots + n(\sqrt[n]{b_s} - 1)$ 两边取极限, 由 $\lim\limits_{n \to \infty} n(\sqrt[n]{a} - 1) = \ln a$, 得 $\ln a_1 + \ln a_2 + \cdots + \ln a_k = \ln b_1 + \ln b_2 + \cdots + \ln b_s$, 即 $a_1 a_2 \cdots a_k = b_1 b_2 \cdots b_s$.

补证 由 $1^n \leqslant n$ 得 $1 \leqslant \sqrt[n]{n}$; 由 $n = \sqrt{n} \times \sqrt{n} \times \underbrace{1 \times 1 \times \cdots \times 1}_{n-2 \text{个}} < \left[\dfrac{2\sqrt{n} + (n-2)}{n} \right]^n < \left(1 + \dfrac{2\sqrt{n}}{n} \right)^n$ 得 $\sqrt[n]{n} < 1 + \dfrac{2\sqrt{n}}{n}$. 所以 $1 \leqslant \sqrt[n]{n} < 1 + \dfrac{2\sqrt{n}}{n}$, 由夹逼准则得 $\lim\limits_{n \to +\infty} \sqrt[n]{n} = 1$, 且

$$\lim_{n \to +\infty} n(\sqrt[n]{a} - 1) = \lim_{t \to 0} \dfrac{a^t - 1}{t} = \lim_{t \to 0} (a^t)' = \ln a.$$

3.1.3 小学题? 中学题? 大学题?

曾听一位数学系教授给大一新生讲课. 他说: 你们之前学的根本算不上是数学, 顶多就是算术而已. 中学老师和你们讲的很多东西都是错的, 你们要全忘掉, 重新开始.

这样的言论当然是很新奇的. 要是全忘掉, 大一学生不就变成小学一年级的水平了吗? 那这位教授干脆直接给小学生上课不就得了? 省得学生花时间学, 学了还要忘!

其实, 任何一门学问都是循序渐进, 由浅入深的. 大学数学的问题常常就需要用到中学数学的知识, 甚至小学知识. 下面我们来看几个例子.

大学题 求 $\lim\limits_{n \to \infty} \left(\dfrac{1}{2} \cdot \dfrac{3}{4} \cdot \dfrac{5}{6} \cdot \cdots \cdot \dfrac{2n-1}{2n} \right)$.

某位同学这样做: $\dfrac{1}{2} \cdot \dfrac{3}{4} \cdot \dfrac{5}{6} \cdot \cdots \cdot \dfrac{2n-1}{2n} < \left(\dfrac{2n-1}{2n} \right)^n = \left[\left(1 - \dfrac{1}{2n} \right)^{-2n} \right]^{-\frac{1}{2}}$, $\lim\limits_{n \to \infty} \left[\left(1 - \dfrac{1}{2n} \right)^{-2n} \right]^{-\frac{1}{2}} = \dfrac{1}{\sqrt{e}}$. 接下来做不下去了.

这是由于放缩过大造成的. 其实只要联想到中学里有这样一道题, 就简单了.

中学题 证明 $\dfrac{1}{2} \cdot \dfrac{3}{4} \cdot \dfrac{5}{6} \cdot \cdots \cdot \dfrac{2n-1}{2n} < \dfrac{1}{\sqrt{2n+1}}$.

证明 $\dfrac{1 \cdot 3}{2^2} \cdot \dfrac{3 \cdot 5}{4^2} \cdot \cdots \cdot \dfrac{(2n-1)(2n+1)}{(2n)^2} < 1$, 即

$$1^2 \cdot 3^2 \cdot 5^2 \cdot \cdots \cdot (2n-1)^2 \cdot (2n+1) < 2^2 \cdot 4^2 \cdot 6^2 \cdot \cdots \cdot (2n)^2,$$

也即 $\dfrac{1}{2} \cdot \dfrac{3}{4} \cdot \dfrac{5}{6} \cdot \cdots \cdot \dfrac{2n-1}{2n} < \dfrac{1}{\sqrt{2n+1}}$.

而由 $0 < \dfrac{1}{2} \cdot \dfrac{3}{4} \cdot \dfrac{5}{6} \cdot \cdots \cdot \dfrac{2n-1}{2n} < \dfrac{1}{\sqrt{2n+1}}$ 可得 $\lim\limits_{n\to\infty}\left(\dfrac{1}{2} \cdot \dfrac{3}{4} \cdot \dfrac{5}{6} \cdot \cdots \cdot \dfrac{2n-1}{2n}\right) = 0$.

大学题 n 为大于 1 的整数, 令 $P_n = \left(1-\dfrac{1}{2^2}\right)\left(1-\dfrac{1}{3^2}\right)\cdots\left(1-\dfrac{1}{n^2}\right)$, 求 $\lim\limits_{n\to\infty} P_n$.

解 $P_n = \dfrac{1\cdot 3}{2^2} \cdot \dfrac{2\cdot 4}{3^2} \cdot \cdots \cdot \dfrac{(n-1)(n+1)}{n^2} = \dfrac{n+1}{2n}$, $\lim\limits_{n\to\infty} P_n = \dfrac{1}{2}$.

这道题其实和下面的小学题考的是同一个知识点.

小学题 计算 $\left(1-\dfrac{1}{2^2}\right)\left(1-\dfrac{1}{3^2}\right)\cdots\left(1-\dfrac{1}{100^2}\right)$.

解 $\left(1-\dfrac{1}{2^2}\right)\left(1-\dfrac{1}{3^2}\right)\cdots\left(1-\dfrac{1}{100^2}\right) = \dfrac{1\cdot 3}{2^2} \cdot \dfrac{2\cdot 4}{3^2} \cdot \cdots \cdot \dfrac{(100-1)(100+1)}{100^2} = \dfrac{101}{200}$.

3.1.4 解读神证明

阅读数学解题书籍时, 有时会看到一些解法, 如同天外飞仙, 突如其来, 让人摸不着头脑, 网友戏称为"神证明". 对于神证明, 初看, 可能看不明白, 但仔细琢磨, 其中奥妙无穷. 破解一道神证明, 收获远超过解一般的题. 下面我们就来欣赏几例.

例1 对于正数 x, 求证: $9x^3 - 17x^2 + 9 > 0$.

证法1

$$9x^3 - 17x^2 + 9 - \dfrac{31}{2\,187} = 9x^3 - 17x^2 + \dfrac{19\,652}{2\,187} = \dfrac{(-34+27x)^2(17+27x)}{2\,187} \geqslant 0.$$

证法2 $(9x^3 - 17x^2 + 9)' = 27x^2 - 34x = 0$, 解得 $x = 0$ 或 $x = \dfrac{34}{27}$. 分析函数增减性可知, 当 $x = \dfrac{34}{27}$ 时, $9x^3 - 17x^2 + 9$ 取得最小值 $\dfrac{31}{2\,187}$.

证法 1 中的 $\dfrac{31}{2\,187}$ 来得非常突然, 证法 2 则揭开了这个秘密. 求得最小值 $\dfrac{31}{2\,187}$ 之后, 再分解 $9x^3 - 17x^2 + 9 - \dfrac{31}{2\,187}$, 其中含有因子 $x - \dfrac{34}{27}$. 由于计算量较大, 最好是使用计算机. 由此可见证法 1 表面上没有使用导数, 实际上暗地里使用了, 证法 1 的求解过程其实包括了证法 2, 只不过去掉了导数的痕迹, 伪装成初等解法罢了.

这样做, 让学习者一方面是无比崇拜, 另一方面则是望而生畏. 这让人想起关于数学家高斯的一段评语: "高斯并不喜欢教书, 而且通常给人的感觉是冷冷的, 故和其他数学家相处得不好, 或许是因为他无时无刻不在思考研究, 因而疏于人际关系吧! 终其一生, 高斯总是静静将答案写下, 不留一点计算痕迹, 而且对答案有绝对的把握, 就像雪地中狐狸总是用尾巴扫拭掉足迹一般."

例2 对于实数 t ,求证: $t^4 - t + \dfrac{1}{2} > 0$.

证法1 $t^4 - t + \dfrac{1}{2} = \left(t^2 - \dfrac{1}{2} \right)^2 + \left(t - \dfrac{1}{2} \right)^2 > 0$.

证法2 $t^4 - t + \dfrac{1}{2} > t^4 - t + \dfrac{3\sqrt[3]{2}}{8} = \left(t^2 - \dfrac{\sqrt[3]{4}}{4} \right)^2 + \dfrac{\sqrt[3]{4}}{2} \left(t - \dfrac{\sqrt[3]{2}}{2} \right)^2 \geqslant 0$.

证法1使用了配方法,有一定的技巧性,但看懂不难.证法2则会让一些人感到很突然,怎么想到从 $\dfrac{1}{2}$ 放缩到 $\dfrac{3\sqrt[3]{2}}{8}$? 实际上,此解答省略了思考过程,即 $\left(t^4 - t + \dfrac{1}{2} \right)' = 4t^3 - 1 = 0$,解得 $t = \dfrac{\sqrt[3]{2}}{2}$.这意味着当 $t = \dfrac{\sqrt[3]{2}}{2}$ 时, $t^4 - t + \dfrac{1}{2}$ 取得最小值 $\left(\dfrac{\sqrt[3]{2}}{2} \right)^4 - \dfrac{\sqrt[3]{2}}{2} + \dfrac{1}{2} = -\dfrac{3\sqrt[3]{2}}{8} + \dfrac{1}{2}$,这就是 $\dfrac{3\sqrt[3]{2}}{8}$ 的出处.然后利用 $t = \dfrac{\sqrt[3]{2}}{2}$ 时, $t^4 - t + \dfrac{3\sqrt[3]{2}}{8} = 0$,其中 $t^4 - t + \dfrac{3\sqrt[3]{2}}{8}$ 中含有因子 $t - \dfrac{\sqrt[3]{2}}{2}$,根据此特点进行配方.

从形式上看,证法2要复杂一些,但也有其优点,除了证明了 $t^4 - t + \dfrac{1}{2} > 0$,还算出了 $t^4 - t + \dfrac{1}{2}$ 的最小值.其配方看似系数古怪,其实有迹可循,相对而言,证法1的配方更需要灵机一动.

例3 设 $a, b \in [0, 1]$,求 $S = \dfrac{a}{1+b} + \dfrac{b}{1+a} + (1-a)(1-b)$ 的最大值和最小值.
(2006年上海市高中数学竞赛题)

解 因为

$$S = \dfrac{a}{1+b} + \dfrac{b}{1+a} + (1-a)(1-b) = \dfrac{1 + a + b + a^2 b^2}{(1+a)(1+b)}$$
$$= 1 - \dfrac{ab(1-ab)}{(1+a)(1+b)} \leqslant 1,$$

当 $ab = 0$ 或 $ab = 1$ 时等号成立,所以 S 的最大值为1.

令 $T = \dfrac{ab(1-ab)}{(1+a)(1+b)}$, $x = \sqrt{ab}$,则

$$T = \dfrac{ab(1-ab)}{1 + a + b + ab} \leqslant \dfrac{ab(1-ab)}{1 + 2\sqrt{ab} + ab} = \dfrac{x^2(1-x^2)}{(1+x)^2} = \dfrac{x^2(1-x)}{1+x}.$$

下面证明 $\dfrac{x^2(1-x)}{1+x} \leqslant \dfrac{5\sqrt{5}-11}{2}$,即证 $\left(x - \dfrac{\sqrt{5}-1}{2} \right)^2 (x + \sqrt{5} - 2) \geqslant 0$,所以 $T \leqslant \dfrac{5\sqrt{5}-11}{2}$,

从而 $S \geqslant \dfrac{13 - 5\sqrt{5}}{2}$,当 $a = b = \dfrac{\sqrt{5}-1}{2}$ 时等号成立,所以 S 的最小值为 $\dfrac{13 - 5\sqrt{5}}{2}$.

解答中的 $\dfrac{5\sqrt{5}-11}{2}$ 来得非常突然. 实际上是对 $\dfrac{x^2(1-x)}{1+x}$ 求导, 求得 $x=\dfrac{\sqrt{5}-1}{2}$ 时,

$\dfrac{x^2(1-x)}{1+x}$ 取得最大值 $\dfrac{5\sqrt{5}-11}{2}$. 切线法证明不等式也存在类似问题.

例 4 已知正数 a,b,c, 且 $a+b+c=1$, 证明: $\sqrt{4a+1}+\sqrt{4b+1}+\sqrt{4c+1}\leqslant\sqrt{21}$.

证法 1 即证

$$4a+1+4b+1+4c+1+2\sqrt{4a+1}\sqrt{4b+1}$$
$$+2\sqrt{4b+1}\sqrt{4c+1}+2\sqrt{4c+1}\sqrt{4a+1}\leqslant21,$$

也即证 $\sqrt{4a+1}\sqrt{4b+1}+\sqrt{4b+1}\sqrt{4c+1}+\sqrt{4c+1}\sqrt{4a+1}\leqslant7$, 而

$$\sqrt{4a+1}\sqrt{4b+1}+\sqrt{4b+1}\sqrt{4c+1}+\sqrt{4c+1}\sqrt{4a+1}$$
$$\leqslant\dfrac{4a+1+4b+1}{2}+\dfrac{4b+1+4c+1}{2}+\dfrac{4c+1+4a+1}{2}=7.$$

证法 2 由柯西不等式可得

$$1\cdot\sqrt{4a+1}+1\cdot\sqrt{4b+1}+1\cdot\sqrt{4c+1}$$
$$\leqslant\sqrt{1+1+1}\sqrt{4a+1+4b+1+4c+1}=\sqrt{21}.$$

证法 3 先证明 $\sqrt{4a+1}\leqslant2\sqrt{\dfrac{3}{7}}\left(a-\dfrac{1}{3}\right)+\sqrt{\dfrac{7}{3}}$, 只需证

$$\left[2\sqrt{\dfrac{3}{7}}\left(a-\dfrac{1}{3}\right)+\sqrt{\dfrac{7}{3}}\right]^2-\left(\sqrt{4a+1}\right)^2=\dfrac{12}{7}\left(a-\dfrac{1}{3}\right)^2\geqslant0.$$

类似有其他两个式子. 所以

$$\sqrt{4a+1}+\sqrt{4b+1}+\sqrt{4c+1}$$
$$\leqslant2\sqrt{\dfrac{3}{7}}\left(a-\dfrac{1}{3}\right)+\sqrt{\dfrac{7}{3}}+2\sqrt{\dfrac{3}{7}}\left(b-\dfrac{1}{3}\right)+\sqrt{\dfrac{7}{3}}+2\sqrt{\dfrac{3}{7}}\left(c-\dfrac{1}{3}\right)+\sqrt{\dfrac{7}{3}}$$
$$=3\cdot\sqrt{\dfrac{7}{3}}=\sqrt{21}.$$

前两种证法都比较好理解, 而证法 3 中的"先证明 $\sqrt{4a+1}\leqslant2\sqrt{\dfrac{3}{7}}\left(a-\dfrac{1}{3}\right)+\sqrt{\dfrac{7}{3}}$"让

人摸不着头脑, 其实这就是"切线法". 设 $f(x)=\sqrt{4x+1}$, 则 $f'(x)=\dfrac{2}{\sqrt{4x+1}}$, $f\left(\dfrac{1}{3}\right)=$

$\sqrt{\dfrac{7}{3}}$, $f'\left(\dfrac{1}{3}\right)=2\sqrt{\dfrac{3}{7}}$, $f(x)$ 在 $x=\dfrac{1}{3}$ 处的切线方程是 $y=2\sqrt{\dfrac{3}{7}}\left(x-\dfrac{1}{3}\right)+\sqrt{\dfrac{7}{3}}$. 在中学,

切线法常常结合图像表示, 更加直观.

证法 4 记 $f(x)=\sqrt{4x+1}$, 则 $f'(x)=\dfrac{2}{\sqrt{4x+1}}$, $f''(x)=\dfrac{-4}{(4x+1)\sqrt{4x+1}}<0$, 故

$f(x)$ 为 $(0,1)$ 上的凹函数,由琴生不等式得

$$\sqrt{4a+1}+\sqrt{4b+1}+\sqrt{4c+1}=f(a)+f(b)+f(c)\leqslant 3f\left(\frac{a+b+c}{3}\right)=\sqrt{21}.$$

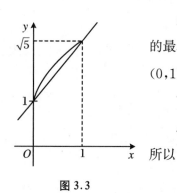

图 3.3

另外,根据图像,我们也可求出 $\sqrt{4a+1}+\sqrt{4b+1}+\sqrt{4c+1}$ 的最小值.由函数图像(图 3.3)可知,对于 $0\leqslant x\leqslant 1$,$\sqrt{4x+1}$ 通过 $(0,1)$,$(1,\sqrt{5})$ 两点,$y=\sqrt{4x+1}$ 在 $y=(\sqrt{5}-1)x+1$ 之上.

下面严格证明:对于 $0\leqslant x\leqslant 1$,$\sqrt{4x+1}\geqslant(\sqrt{5}-1)x+1$,即

$$4x+1-[(\sqrt{5}-1)x+1]^2=2(3-\sqrt{5})x(1-x)\geqslant 0.$$

所以

$$\sqrt{4a+1}+\sqrt{4b+1}+\sqrt{4c+1}$$
$$>(\sqrt{5}-1)(a+b+c)+3=\sqrt{5}+2.$$

例 5 对于正实数 a,b,c,求证:$\dfrac{a^2}{(b-c)^2}+\dfrac{b^2}{(c-a)^2}+\dfrac{c^2}{(a-b)^2}\geqslant 2$.

证法 1 原式等价于

$$a^2(a-b)^2(c-a)^2+b^2(a-b)^2(b-c)^2+c^2(b-c)^2(c-a)^2$$
$$-2(a-b)^2(b-c)^2(c-a)^2$$
$$\geqslant 0,$$

即 $(a^3+b^3+c^3-a^2b-ab^2-b^2c-bc^2-c^2a-ca^2+3abc)^2\geqslant 0$.

证法 2 不妨设 $a\leqslant b,c$,设 $b=a+m$,$c=a+n$,原式等价于

$$a^2(a-b)^2(c-a)^2+b^2(a-b)^2(b-c)^2+c^2(b-c)^2(c-a)^2$$
$$-2(a-b)^2(b-c)^2(c-a)^2$$
$$\geqslant 0,$$

即 $a^2m^2n^2+(a+m)^2m^2(m-n)^2+(a+n)^2(m-n)^2n^2-2m^2(m-n)^2n^2\geqslant 0$,也即

$$(m^4-2m^3n-2mn^3+3m^2n^2+n^4)a^2+2(m^5-2m^4n-2mn^4+m^3n^2+m^2n^3$$
$$-2mn^4+n^5)a+(m^6-2m^5n-2mn^5-m^4n-mn^4+4m^3n^3+n^6)$$
$$\geqslant 0,$$

即

$$(m^2-mn+n^2)^2a^2+2(m+n)(m-n)^2(m^2-mn+n^2)a+[(m+n)(m-n)^2]^2$$
$$=[(m^2-mn+n^2)a+(m+n)(m-n)^2]^2\geqslant 0.$$

证法 1 可称为神配方,把人看得目瞪口呆.证法 2 是典型的增量代换法,过程要长很多,也涉及 6 次多项式的配方,但由于式子比较对称,配方相对容易.

要得到证法 1,最直接的方法是使用计算机,将 $a^2(a-b)^2(c-a)^2+b^2(a-b)^2\cdot(b-c)^2+c^2(b-c)^2(c-a)^2-2(a-b)^2(b-c)^2(c-a)^2$ 作因式分解.人工方法也可

以,在证法 2 中,将 $m = b - a$,$n = c - a$ 代入 $[(m^2 - mn + n^2)a + (m + n)(m - n)^2]^2$,即可得到 $(a^3 + b^3 + c^3 - a^2b - ab^2 - b^2c - bc^2 - c^2a - ca^2 + 3abc)^2$. 所谓过河拆桥,引入 m 和 n,利用完毕之后,再代回,得到证法 1,并且擦除中间过程.

例6 对于正实数 a,b,c,求证:$\dfrac{a}{b+c} + \dfrac{b}{c+a} + \dfrac{c}{a+b} \geqslant \dfrac{3}{2}$.

证法 1

$$\frac{a}{b+c} + \frac{b}{c+a} + \frac{c}{a+b} - \frac{3}{2}$$
$$= \frac{(a-b)^2}{2(b+c)(c+a)} + \frac{(b-c)^2}{2(c+a)(a+b)} + \frac{(c-a)^2}{2(a+b)(b+c)} \geqslant 0.$$

证法 2

$$\frac{a}{b+c} + \frac{b}{c+a} + \frac{c}{a+b} - \frac{3}{2}$$
$$= \frac{(a+b)(a-b)^2 + (b+c)(b-c)^2 + (c+a)(c-a)^2}{2(a+b)(b+c)(c+a)} \geqslant 0.$$

此问题相当经典,证法有几十种之多.这两种证法有点与众不同,值得分析.容易发现这两种证法本质上一致,只是写法略有差别.之所以分成两种,而不合并成一种,是因为代表了两种思路.

证法 1 补充

$$\frac{a}{b+c} + \frac{b}{c+a} + \frac{c}{a+b} - \frac{3}{2}$$
$$= \frac{a}{b+c} - \frac{1}{2} + \frac{b}{c+a} - \frac{1}{2} + \frac{c}{a+b} - \frac{1}{2}$$
$$= \frac{a-b+a-c}{2(b+c)} + \frac{b-a+b-c}{2(c+a)} + \frac{c-a+c-b}{2(a+b)}$$
$$= \frac{a-b}{2}\left(\frac{1}{b+c} - \frac{1}{c+a}\right) + \frac{b-c}{2}\left(\frac{1}{c+a} - \frac{1}{a+b}\right) + \frac{c-a}{2}\left(\frac{1}{a+b} - \frac{1}{b+c}\right)$$
$$= \frac{(a-b)^2}{2(b+c)(c+a)} + \frac{(b-c)^2}{2(c+a)(a+b)} + \frac{(c-a)^2}{2(a+b)(b+c)} \geqslant 0.$$

证法 2 补充

$$\frac{a}{b+c} + \frac{b}{c+a} + \frac{c}{a+b} - \frac{3}{2}$$
$$= \frac{2a(a+b)(c+a) + 2b(a+b)(b+c) + 2c(b+c)(c+a) - 3(a+b)(b+c)(c+a)}{2(a+b)(b+c)(c+a)}$$
$$= \frac{\sum(a^3 + b^3 - a^2b - ab^2)}{2(a+b)(b+c)(c+a)}$$
$$= \frac{(a+b)(a-b)^2 + (b+c)(b-c)^2 + (c+a)(c-a)^2}{2(a+b)(b+c)(c+a)}$$

$$= \frac{(a-b)^2}{2(b+c)(c+a)} + \frac{(b-c)^2}{2(c+a)(a+b)} + \frac{(c-a)^2}{2(a+b)(b+c)} \geqslant 0.$$

将这两种证法擦除中间过程,就得到让人目瞪口呆的神证明.

综上所述,神证明可能来自于高等数学的指导,也可能借助于计算机,也不排除某些人有故弄玄虚的嫌疑.当然,我们也必须看到,这世间也有不少数学奇才,譬如一些 IMO 选手表现出了超人的天赋.

例7 $\triangle ABC$ 中,求证:$a^2 b(a-b) + b^2 c(b-c) + c^2 a(c-a) \geqslant 0$.(1983 年 IMO 试题)

证法 1 设 $a \geqslant b, c$,则

$$原式 = a(b-c)^2(b+c-a) + b(a-b)(a-c)(a+b-c) \geqslant 0.$$

证法 2 原式等价于

$$\frac{1}{2}[(a-b)^2(a+b-c)(b+c-a) + (b-c)^2(b+c-a)(a+c-b)$$
$$+ (c-a)^2(a+c-b)(a+b-c)]$$
$$\geqslant 0.$$

证法 1 就是一个 IMO 选手当场给出的答案,证法 2 则是后来者进一步的发现.由于证法 1 是考试过程中当场完成,十分难得.该选手也因此获得了特别奖.IMO 特别奖主要是表彰在某个试题上做出了非常漂亮(指思路简洁巧妙,有独创性)或在数学上有意义的解答的学生,获得特别奖的人数比 IMO 金牌得主更少.

更典型的案例要数印度数学家拉马努金,他发现了大量的恒等式,但他并没给出证明.1913 年,拉马努金发了一长串复杂式子给三个剑桥的学术界人士——贝克(H. F. Baker)、霍布森(E. W. Hobson)、哈代(G. H. Hardy),只有三一学院的院士哈代注意到了拉马努金定理中所展示的天才.哈代作为数学大师,他给予了拉马努金很高的评价,说:"很多定理完全打败了我.""我从没见过任何像这样的东西."

这给我们启示,对于那些一时半会看不懂的解法,我们不要轻易否定,要多花时间,反复琢磨,争取能够想明白其中的道理.在此过程中,我们可能需要丰富我们的知识,查找更多的资料,其中《不等式的秘密》(越南范建熊(Pham Kim Hung)著)就是一本很好的揭秘著作.而对于用计算机辅助或者是妙手偶得的解法,可能确实难以理解,那我们可以抱着欣赏的态度去思考它们.

站在教师或是写作者的角度,我们尽可能要揭示原理,让读者知其然,还要知其所以然.鸳鸯绣了从教看,还要把金针度与人.要像波利亚那样,强调解题的过程,让学习者了解到数学家是怎样发现这个定理的,是什么促使数学家想到这个证法的,而不能"像是帽子里跑出一只兔子"凭空而来,毕竟数学学习和研究,不是变魔术.

3.1.5 也说 Nesbitt 不等式

Nesbitt 不等式:设 a, b, $c \in \mathbf{R}_+$,求证:$\dfrac{a}{b+c} + \dfrac{b}{c+a} + \dfrac{c}{a+b} \geqslant \dfrac{3}{2}$.

此不等式证法很多,各种推广也不少.下面从两个角度略谈.

角度 1:无穷等比递缩数列

证法 ① 不妨设 $a+b+c=1$,于是改证 $\dfrac{a}{1-a} + \dfrac{b}{1-b} + \dfrac{c}{1-c} \geqslant \dfrac{3}{2}$.

设 $f(x) = \dfrac{x}{1-x}$, $x \in (0,1)$,则 $f''(x) = \dfrac{2}{(1-x)^3} > 0$,所以 $f(x)$ 在 $(0,1)$ 上为上凸函数,于是 $f(a) + f(b) + f(c) \geqslant 3f\left(\dfrac{a+b+c}{3}\right) = \dfrac{3}{2}$.

将 $\dfrac{a}{b+c}$ 改写成 $\dfrac{a}{1-a}$ 之后很容易联想到无穷等比数列,这里 $a \in (0,1)$,数列收敛.

证法 ② 不妨设 $a+b+c=1$,于是改证 $\dfrac{a}{1-a} + \dfrac{b}{1-b} + \dfrac{c}{1-c} \geqslant \dfrac{3}{2}$.而

$$\dfrac{a}{1-a} + \dfrac{b}{1-b} + \dfrac{c}{1-c} = \sum_{n=1}^{\infty} a^n + \sum_{n=1}^{\infty} b^n + \sum_{n=1}^{\infty} c^n = 3\sum_{n=1}^{\infty} \dfrac{a^n + b^n + c^n}{3}$$

$$\geqslant 3\sum_{n=1}^{\infty} \left(\dfrac{a+b+c}{3}\right)^n = 3\sum_{n=1}^{\infty} \left(\dfrac{1}{3}\right)^n = 3 \cdot \dfrac{\dfrac{1}{3}}{1-\dfrac{1}{3}} = \dfrac{3}{2}.$$

一般所用的均值不等式,是用于有限个数,此处用于无限个数,算是广义的均值不等式.

角度 2:线性方程组与克拉默法则

设 $a_i > 0$,证明:$\dfrac{a_1}{a_2+a_3+\cdots+a_n} + \dfrac{a_2}{a_1+a_3+\cdots+a_n} + \cdots + \dfrac{a_n}{a_1+a_2+\cdots+a_{n-1}} \geqslant \dfrac{n}{n-1}$.

证明 将 a_i 看作是未知量,设 $\begin{cases} a_2 + a_3 + \cdots + a_n = x_1 \\ a_1 + a_3 + \cdots + a_n = x_2 \\ \cdots \\ a_1 + a_2 + \cdots + a_{n-1} = x_n \end{cases}$,系数行列式

$$D = (-1)^{n-1}(n-1), \quad D_1 = (-1)^{n-1}\left[\sum_{i=1}^{n} x_i - (n-1)x_1\right], \quad \cdots,$$

$$D_n = (-1)^{n-1}\left[\sum_{i=1}^{n} x_i - (n-1)x_n\right],$$

而

$$a_1 = \frac{D_1}{D} = \frac{\sum_{i=1}^{n} x_i - (n-1)x_1}{n-1}, \quad \cdots, \quad a_n = \frac{D_n}{D} = \frac{\sum_{i=1}^{n} x_i - (n-1)x_n}{n-1},$$

$$\frac{a_1}{a_2 + a_3 + \cdots + a_n} + \frac{a_2}{a_1 + a_3 + \cdots + a_n} + \cdots + \frac{a_n}{a_1 + a_2 + \cdots + a_{n-1}}$$

$$= \frac{\sum_{i=1}^{n} x_i - (n-1)x_1}{x_1(n-1)} + \frac{\sum_{i=1}^{n} x_i - (n-1)x_2}{x_2(n-1)} + \cdots + \frac{\sum_{i=1}^{n} x_i - (n-1)x_n}{x_n(n-1)}$$

$$= \frac{1}{n-1}\left[\frac{x_2 + x_3 + \cdots + x_n}{x_1} + \cdots + \frac{x_1 + x_2 + \cdots + x_{n-1}}{x_n} - n(n-2)\right]$$

$$\geqslant \frac{1}{n-1}\left[n(n-1) - n(n-2)\right] = \frac{n}{n-1}.$$

倒数第二个不等号用到均值不等式.

当 $n = 2$ 时,$\frac{a_1}{a_2} + \frac{a_2}{a_1} \geqslant 2$,写成熟悉的形式就是 $\frac{a}{b} + \frac{b}{a} \geqslant 2$.

当 $n = 3$ 时,$\frac{a_1}{a_2 + a_3} + \frac{a_2}{a_1 + a_3} + \frac{a_3}{a_1 + a_2} \geqslant \frac{3}{2}$,写成熟悉的形式就是 $\frac{a}{b+c} + \frac{b}{c+a} + \frac{c}{a+b} \geqslant \frac{3}{2}$.

设 $a_i > 0$,$s = a_1 + a_2 + \cdots + a_n$,证明:$\frac{a_1}{s-a_1} + \frac{a_2}{s-a_2} + \cdots + \frac{a_n}{s-a_n} \geqslant \frac{n}{n-1}$.

证法 1 使用排序不等式,显然 $a_1, a_2, \cdots, a_n$ 与 $\frac{1}{s-a_1}, \frac{1}{s-a_2}, \cdots, \frac{1}{s-a_n}$ 同序,所以

$$\frac{a_1}{s-a_1} + \frac{a_2}{s-a_2} + \cdots + \frac{a_n}{s-a_n}$$

$$\geqslant \frac{a_1}{s-a_k} + \frac{a_2}{s-a_{k+1}} + \cdots + \frac{a_n}{s-a_{k-1}} \quad (k = 2, 3, \cdots, n),$$

把 $n-1$ 个式子相加可得原结论.

证法 2 因为 $\left[(s-a_1) + (s-a_2) + \cdots + (s-a_n)\right]\left(\frac{1}{s-a_1} + \frac{1}{s-a_2} + \cdots + \frac{1}{s-a_n}\right) \geqslant n^2$,所以 $(n-1)s\left(\frac{1}{s-a_1} + \frac{1}{s-a_2} + \cdots + \frac{1}{s-a_n}\right) \geqslant n^2$,即 $\frac{s}{s-a_1} + \frac{s}{s-a_2} + \cdots + \frac{s}{s-a_n} \geqslant \frac{n^2}{n-1}$,也即 $\left(\frac{s}{s-a_1} - 1\right) + \left(\frac{s}{s-a_2} - 1\right) + \cdots + \left(\frac{s}{s-a_n} - 1\right) \geqslant \frac{n^2}{n-1} - n$,于是 $\frac{a_1}{s-a_1} + \frac{a_2}{s-a_2} + \cdots + \frac{a_n}{s-a_n} \geqslant \frac{n}{n-1}$.

3.1.6　均值不等式的隔离

求证:$\sqrt[44]{\tan 1° \tan 2° \cdots \tan 44°} < \frac{\tan 1° + \tan 2° + \cdots + \tan 44°}{44}$.

这是典型的初等数学问题,是均值不等式的简单应用,毫无难度. 由于 $\sqrt[44]{\tan 1°\tan 2°\cdots\tan 44°}$ 和 $\dfrac{\tan 1° + \tan 2° + \cdots + \tan 44°}{44}$ 不相等,因此可在两者之间插入一个数,也就是所谓的隔离.

求证:$\sqrt[44]{\tan 1°\tan 2°\cdots\tan 44°} < \sqrt{2} - 1 < \dfrac{\tan 1° + \tan 2° + \cdots + \tan 44°}{44}$.

证明 设 $f(x) = \tan x, g(x) = \ln\tan x$,其中 $0 < x < \dfrac{\pi}{4}, f'(x) = \dfrac{1}{\cos^2 x}, f''(x) = \dfrac{2\tan x}{\cos^2 x} > 0, g'(x) = \dfrac{1}{\sin x\cos x}, g''(x) = \dfrac{\sin^2 x - \cos^2 x}{\sin^2 x\cos^2 x} < 0$,所以 $f(x) = \tan x$ 为下凸函数,$g(x) = \ln\tan x$ 为上凸函数.利用 $x_k = \dfrac{k\pi}{180}$ 将角度转化为弧度.

$$\frac{f(x_1) + \cdots + f(x_{44})}{44} > f\left(\frac{x_1 + \cdots + x_{44}}{44}\right) = f\left(\frac{\pi}{8}\right) = \frac{\sin\dfrac{\pi}{4}}{1 + \cos\dfrac{\pi}{4}} = \sqrt{2} - 1,$$

$$\frac{g(x_1) + \cdots + g(x_{44})}{44} < g\left(\frac{x_1 + \cdots + x_{44}}{44}\right) = g\left(\frac{\pi}{8}\right) = \ln(\sqrt{2} - 1),$$

即 $\sqrt[44]{\tan 1°\tan 2°\cdots\tan 44°} < \sqrt{2} - 1$.

随着 $\sqrt{2} - 1$ 的插入,一个简单的初等数学问题就进入到高等数学的行列.

需要声明的是,现在某些微积分的知识,如求导和凸函数的性质,已进入了中学教学研究范围,这说明初等数学和高等数学没有绝对的界限.但也要注意到,中学里的介绍大多浅尝辄止.提到凸函数性质,常常使用图像法,而像 $g(x) = \ln\tan x$ 这样的图像,可能不是那么好画的.

至此,我们知道了 $\sqrt{2} - 1$ 是如何而来的.显然 $\sqrt{2} - 1$ 并不是唯一可以插入其中的数.用计算机算得 $\dfrac{\tan 1° + \tan 2° + \cdots + \tan 44°}{44} \approx 0.44, \sqrt[44]{\tan 1°\tan 2°\cdots\tan 44°} \approx 0.32$,那么可插入 0.4 作为隔离,只不过解答起来难度很大罢了.所谓无巧不成题,作为题目而言,$\sqrt{2} - 1$ 比较合适一点.

类比还可得到新的命题,如将正切换成正弦等其他三角函数.

3.1.7 答正切函数不等式猜想

网友来信:如果 $0 < \beta \leqslant \alpha \leqslant \dfrac{\pi}{4}$,求证:$\tan\dfrac{\alpha + \beta}{2} \leqslant \dfrac{\tan\alpha + \tan\beta}{2}$.

我回复到:搜索凸函数.

他追问:能否不用凸函数性质,证明或证否 $\sqrt{\tan\alpha\tan\beta} \leqslant \tan\dfrac{\alpha + \beta}{2} \leqslant \dfrac{\tan\alpha + \tan\beta}{2}$,其

中 $0<\beta\leqslant\alpha\leqslant\dfrac{\pi}{4}$.

经过计算,此结论正确.

证明 因为

$$\tan\alpha - \tan\frac{\alpha+\beta}{2} = \tan\frac{\alpha-\beta}{2}\left(1 + \tan\alpha\tan\frac{\alpha+\beta}{2}\right),$$

$$\tan\beta - \tan\frac{\alpha+\beta}{2} = -\tan\frac{\alpha-\beta}{2}\left(1 + \tan\beta\tan\frac{\alpha+\beta}{2}\right),$$

两式相加,得

$$\tan\alpha + \tan\beta - 2\tan\frac{\alpha+\beta}{2} = \tan\frac{\alpha-\beta}{2}\tan\frac{\alpha+\beta}{2}(\tan\alpha - \tan\beta) \geqslant 0,$$

所以 $\dfrac{\tan\alpha + \tan\beta}{2}\geqslant\tan\dfrac{\alpha+\beta}{2}$. 又

$$\tan^2\frac{\alpha+\beta}{2} - \tan\alpha\tan\beta = \frac{2\sin^2\dfrac{\alpha+\beta}{2}}{2\cos^2\dfrac{\alpha+\beta}{2}} - \frac{\sin\alpha\sin\beta}{\cos\alpha\cos\beta}$$

$$= \frac{1 - \cos(\alpha+\beta)}{1 + \cos(\alpha+\beta)} - \frac{\sin\alpha\sin\beta}{\cos\alpha\cos\beta},$$

而

$$\cos\alpha\cos\beta[1 - \cos(\alpha+\beta)] - \sin\alpha\sin\beta[1 + \cos(\alpha+\beta)]$$
$$= \cos(\alpha+\beta)[1 - \cos(\alpha-\beta)] \geqslant 0,$$

所以 $\tan\dfrac{\alpha+\beta}{2}\geqslant\sqrt{\tan\alpha\tan\beta}$.

此题并不难,只是三角函数计算,需要花费点时间而已.但这位中学老师却希望有人来帮他解决.

简证 $r = \dfrac{\tan\alpha + \tan\beta}{2}, s = \tan\dfrac{\alpha+\beta}{2}, t = \sqrt{\tan\alpha\tan\beta}$,显然有 $r\geqslant t$.

从两个角度计算 $\tan(\alpha+\beta)$,得 $\dfrac{2s}{1-s^2} = \dfrac{2r}{1-t^2}$,从而 $\dfrac{2s}{1-s^2}\geqslant\dfrac{2t}{1-t^2}$,$\dfrac{2s}{1-s^2}\leqslant\dfrac{2r}{1-r^2}$,所以

$\dfrac{2t}{1-t^2}\leqslant\dfrac{2s}{1-s^2}\leqslant\dfrac{2r}{1-r^2}$,而 $y = \dfrac{2x}{1-x^2}$ 在 $(0,1)$ 上单调递增,所以 $t\leqslant s\leqslant r$.

当 $\alpha = \beta = \dfrac{\pi}{4}$ 时,结论显然成立.排除这种特殊情况,计算 $\tan(\alpha+\beta)$ 才有意义.

评析 证明不等式链 $t\leqslant s\leqslant r$,通常来说证明 $r\geqslant t$ 是解决不了问题的,此处却发挥了重要作用.数学的奇妙,真的让人难以想象.

另证 记 $a = \tan\dfrac{\alpha+\beta}{2}, b = \tan\dfrac{\alpha-\beta}{2}$,则 $0\leqslant b < a\leqslant 1$,且

$$\tan \alpha = \tan\left(\frac{\alpha + \beta}{2} + \frac{\alpha - \beta}{2}\right) = \frac{a + b}{1 - ab},$$

$$\tan \beta = \tan\left(\frac{\alpha + \beta}{2} - \frac{\alpha - \beta}{2}\right) = \frac{a - b}{1 + ab}.$$

$$\sqrt{\tan \alpha \tan \beta} \leqslant \tan \frac{\alpha + \beta}{2} \Leftrightarrow \sqrt{\frac{a^2 - b^2}{1 - a^2 b^2}} \leqslant a \Leftrightarrow \frac{a^2 - b^2}{1 - a^2 b^2} \leqslant a^2 \Leftrightarrow a^4 \leqslant 1,$$

成立；

$$\tan \frac{\alpha + \beta}{2} \leqslant \frac{\tan \alpha + \tan \beta}{2} \Leftrightarrow 2a \leqslant \frac{a + b}{1 - ab} + \frac{a - b}{1 + ab} \Leftrightarrow b^2(a^2 + 1) \geqslant 0,$$

成立.

类似的不等式链：$\sqrt{xy} < \dfrac{x - y}{\ln x - \ln y} < \dfrac{x + y}{2}$.

证明 如图 3.4 所示，过 $f(t) = \dfrac{1}{t}$ 上点 $\left(\dfrac{x + y}{2}, \dfrac{2}{x + y}\right)$ 作切线，根据曲边梯形面积大于

直角梯形面积，可得 $(x - y) \cdot \dfrac{1}{\dfrac{x + y}{2}} < \displaystyle\int_y^x \dfrac{1}{t} \mathrm{d}t = \ln x - \ln y$，即 $\dfrac{x - y}{\ln x - \ln y} < \dfrac{x + y}{2}$.

如图 3.5 所示，根据直角梯形面积大于曲边梯形面积，可得 $\displaystyle\int_{\sqrt{y}}^{\sqrt{x}} \dfrac{1}{t} \mathrm{d}t = \ln \sqrt{x} - \ln \sqrt{y} <$

$(\sqrt{x} - \sqrt{y})\left(\dfrac{\dfrac{1}{\sqrt{x}} + \dfrac{1}{\sqrt{y}}}{2}\right)$，即 $\sqrt{xy} < \dfrac{x - y}{\ln x - \ln y}$.

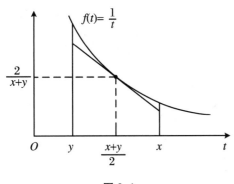

图 3.4

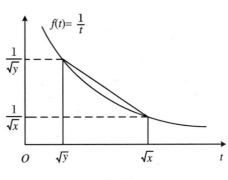

图 3.5

这一等式还曾作为 2002 年全国硕士研究生入学考试试题. 设 $0 < x < y$，证明：

$\dfrac{\ln x - \ln y}{x - y} < \dfrac{1}{\sqrt{xy}}$.

思考：式子左边很容易让人联想起拉格朗日中值定理，设 $x < \xi < y$，则 $\dfrac{\ln x - \ln y}{x - y} = \dfrac{1}{\xi}$，

此时要证明 $\dfrac{1}{\xi} < \dfrac{1}{\sqrt{xy}}$ 则出现了困难. 是不是通过拉格朗日中值定理就走不通呢？也不是.

证法 1 将所求证式子 $\dfrac{\ln x - \ln y}{x - y} < \dfrac{1}{\sqrt{xy}}$ 转化为 $2 \cdot \dfrac{\ln \sqrt{x} - \ln \sqrt{y}}{\sqrt{x} - \sqrt{y}} < \dfrac{\sqrt{x} + \sqrt{y}}{\sqrt{xy}}$,利用拉格朗日中值定理,设 $\sqrt{x} < \xi < \sqrt{y}$,则 $\dfrac{\ln \sqrt{x} - \ln \sqrt{y}}{\sqrt{x} - \sqrt{y}} = \dfrac{1}{2\xi}$,此时要证明 $2 \cdot \dfrac{1}{2\xi} < \dfrac{\sqrt{x} + \sqrt{y}}{\sqrt{xy}}$,命题显然成立.

证法 2 不妨设 $y > x > 0$,所求证式子转化为 $\ln y - \ln x < \dfrac{y - x}{\sqrt{xy}}$,即 $\ln \dfrac{y}{x} < \sqrt{\dfrac{y}{x}} - \sqrt{\dfrac{x}{y}}$,令 $y = xt^2 (t > 1)$,则可转化为 $2\ln t < t - \dfrac{1}{t}$.设 $f(t) = 2\ln t - t + \dfrac{1}{t}$,则 $f(1) = 0$,$f'(t) = \dfrac{2}{t} - 1 - \dfrac{1}{t^2} = -\left(\dfrac{1}{t} - 1\right)^2 < 0$,因此 $f(t)$ 在 $t > 1$ 时单调递减,$f(t) < f(1) = 0$,命题成立.

3.1.8 一个对数不等式的五种证法[①]

网络上流传这样一道题.求证:$\log_{\frac{1}{4}} \dfrac{8}{7} > \log_{\frac{1}{5}} \dfrac{5}{4}$.

如用计算机求解,非常简单:$\log_{\frac{1}{4}} \dfrac{8}{7} \approx -0.096 > -0.13 \approx \log_{\frac{1}{5}} \dfrac{5}{4}$.而若真正动笔做,却有点棘手.经过尝试,初等数学方法和高等数学方法一起上阵,我们找到五种证法.

证法 1 由于

$$\log_{\frac{1}{4}} \dfrac{8}{7} > \log_{\frac{1}{5}} \dfrac{5}{4} \Leftrightarrow \dfrac{\ln \dfrac{8}{7}}{-\ln 4} > \dfrac{\ln \dfrac{5}{4}}{-\ln 5} \Leftrightarrow \dfrac{\ln \dfrac{7}{8}}{\ln 4} > \dfrac{\ln \dfrac{4}{5}}{\ln 5} \Leftrightarrow \dfrac{\ln 3.5}{\ln 4} - 1 > \dfrac{\ln 4}{\ln 5} - 1,$$

所以只需证 $\ln 3.5 \cdot \ln 5 > \ln^2 4$.而

$$\ln 3.5 \cdot \ln 5 = \left(\ln 4 + \ln \dfrac{7}{8}\right)\left(\ln 4 + \ln \dfrac{5}{4}\right) = \ln^2 4 + \ln 4 \cdot \ln \dfrac{35}{32} + \ln \dfrac{7}{8} \cdot \ln \dfrac{5}{4},$$

$$\ln 4 \cdot \ln \dfrac{35}{32} + \ln \dfrac{7}{8} \cdot \ln \dfrac{5}{4} = \ln \sqrt{2} \cdot \ln \left(1 + \dfrac{3}{32}\right)^4 + \ln \dfrac{7}{8} \cdot \ln \dfrac{5}{4}$$

$$> \ln \sqrt{2} \cdot \ln \left(1 + 4 \cdot \dfrac{3}{32}\right) + \ln \dfrac{7}{8} \cdot \ln \dfrac{5}{4}$$

$$> \ln \dfrac{5}{4} \cdot \ln \dfrac{8}{7} + \ln \dfrac{7}{8} \cdot \ln \dfrac{5}{4} = 0.$$

证法 2 显然 $5^4 = 625 < 1\,024 = 4^5$,即 $5 < 4^{5/4}$,所以 $\log_4 5 < \dfrac{5}{4}$,于是

---

① 本小节与严文兰合作完成.

$$\log_5 \frac{5}{4} = \frac{\log_4 \frac{5}{4}}{\log_4 5} > \frac{\log_4 \frac{5}{4}}{\frac{5}{4}} = \log_4 \sqrt{\left(\frac{5}{4}\right)^{8/5}} = \log_4 \sqrt{\left(1 + \frac{1}{4}\right)^{8/5}}$$

$$> \log_4 \sqrt{1 + \frac{8}{5} \cdot \frac{1}{4}} = \log_4 \sqrt{\frac{7}{5}} = \log_4 \sqrt{\frac{64}{49} + \frac{23}{245}} > \log_4 \frac{8}{7},$$

即 $\log_{\frac{1}{4}} \frac{8}{7} > \log_{\frac{1}{5}} \frac{5}{4}$.

证法 3 因为

$$\log_{\frac{1}{4}} \frac{8}{7} = -\log_4 \frac{8}{7} = \log_4 \frac{7}{8} = \log_4 \left(1 - \frac{1}{8}\right),$$

$$\log_{\frac{1}{5}} \frac{5}{4} = -\log_5 \frac{5}{4} = \log_5 \frac{4}{5} = \log_5 \left(1 - \frac{1}{5}\right),$$

所以只需证 $\log_4 \left(1 - \frac{1}{8}\right) > \log_5 \left(1 - \frac{1}{5}\right)$. 当 $|x| < 1$ 时, $\ln(1-x) = -x - \frac{x^2}{2} - \frac{x^3}{3} - \cdots$. 又因为 $\log_a (1-x) = \frac{\ln(1-x)}{\ln a}$, 所以只需证 $\ln 4 \cdot \left(\frac{1}{5} + \frac{1}{50} + \cdots\right) > \ln 5 \cdot \left(\frac{1}{8} + \frac{1}{128} + \cdots\right)$, 即证 $8\ln 4 \cdot \left[5 \cdot \left(\frac{1}{5} + \frac{1}{50} + \cdots\right)\right] > 5\ln 5 \cdot \left[8 \cdot \left(\frac{1}{8} + \frac{1}{128} + \cdots\right)\right]$, 显然 $5 \cdot \left(\frac{1}{5} + \frac{1}{50} + \cdots\right) > 8 \cdot \left(\frac{1}{8} + \frac{1}{128} + \cdots\right)$, 只需证 $8\ln 4 > 5\ln 5$, 即证 $4^8 > 5^5$, 显然有 $4^8 = 2^{10} \times 2^6 = 1\,024 \times 64 > 3\,125 = 5^5$.

证法 4 要证 $\log_{\frac{1}{4}} \frac{8}{7} > \log_{\frac{1}{5}} \frac{5}{4}$, 即证 $\frac{\ln \frac{8}{7}}{\ln \frac{1}{4}} > \frac{\ln \frac{5}{4}}{\ln \frac{1}{5}}$, 也即证 $\ln \frac{1}{5} \ln \frac{8}{7} > \ln \frac{1}{4} \ln \frac{5}{4}$, 只需证 $-\ln 5 \ln \frac{8}{7} > -\ln 4 \ln \frac{5}{4}$, 即证 $\ln 4 \ln \frac{5}{4} > \ln 5 \ln \frac{8}{7}$. 当 $x > 0$ 时, $\frac{x}{1+x} < \ln(1+x) < x$. 所以

$$\ln 4 \ln \frac{5}{4} = \ln 4 \ln\left(1 + \frac{1}{4}\right) > \ln 4 \, \frac{\frac{1}{4}}{1 + \frac{1}{4}} = \frac{1}{5}\ln 4,$$

$$\ln 5 \ln \frac{8}{7} = \ln 5 \ln\left(1 + \frac{1}{7}\right) < \frac{1}{7}\ln 5.$$

即需证 $\frac{1}{5}\ln 4 > \frac{1}{7}\ln 5$, 即证 $4^7 > 5^5$, 显然有 $4^7 = 2^{10} \times 2^4 = 1\,024 \times 16 > 3\,125 = 5^5$.

上述四种证法, 都用到很强的放缩技巧. 从所用知识点来说, 证法 1 和证法 2 只用到 $(1+x)^n > 1 + nx$, 相对简单. 而证法 3 和证法 4 则用到对数的泰勒展开式. 考虑到真数 $\frac{8}{7}$ 和 $\frac{5}{4}$ 的特点, 笔者猜测证法 3 和证法 4 可能是最接近出题人的原意的.

对于没有学过泰勒展开式的高中生而言,只要有一点微积分的基础,可以这样来推导 $\ln(1-x) = -x - \dfrac{x^2}{2} - \dfrac{x^3}{3} - \cdots$. 当 $|x| < 1$ 时,$\dfrac{1}{1-x} = 1 + x + x^2 + x^3 + \cdots$,积分得 $-\ln(1-x)$ $= x + \dfrac{x^2}{2} + \dfrac{x^3}{3} + \cdots$,所以 $\ln(1-x) = -x - \dfrac{x^2}{2} - \dfrac{x^3}{3} - \cdots$. 代换 $-x$ 为 x,可得 $\ln(1+x) = x - \dfrac{x^2}{2} + \dfrac{x^3}{3} - \dfrac{x^4}{4}\cdots$,显然有 $\ln(1+x) < x$.

在高中教材上有这样一道练习题可看作与此题相关.

对任意 $x > -1, x \neq 0$,则 $\ln(1+x) < x$.

证明 设 $f(x) = \ln x - x + 1 (x > 0)$,则 $f'(x) = \dfrac{1}{x} - 1 = \dfrac{1-x}{x}$,所以 $f(x)$ 在 $(0,1)$ 上递增,在 $(1, +\infty)$ 上递减,于是当 $x > 0, x \neq 1$ 时,$f(x) < f(1) = 0$,即 $\ln x < x - 1(x > 0, x \neq 1)$,也即 $\ln(1+x) < x (x > -1, x \neq 0)$. 而当 $x > 0$ 时,$\ln(1+x) = -\ln\dfrac{1}{1+x} > -\left(\dfrac{1}{1+x} - 1\right)$ $= \dfrac{x}{1+x}$.

以上四种证明都没有用到 $\log_{\frac{1}{4}}\dfrac{8}{7} \approx -0.096$,$\log_{\frac{1}{5}}\dfrac{5}{4} \approx -0.13$,也就是说上述证明都是不依赖于计算机的. 如果我们已经用计算机得到对数的近似值,是否可以得到更简单的证明呢? 答案是肯定的,完全可以将 -0.1 作为中间桥梁,下面证 $\log_{\frac{1}{4}}\dfrac{8}{7} > -0.1 > \log_{\frac{1}{5}}\dfrac{5}{4}$.

证法 5 要证 $\log_{\frac{1}{4}}\dfrac{8}{7} > -0.1$,只需证 $\log_4 \dfrac{8}{7} < 0.1$,即 $\dfrac{8}{7} < 4^{0.1}$,也即证 $\dfrac{8}{7} < 2^{\frac{1}{5}}$,即证 $8^5 < 2 \cdot 7^5$,而 $8^5 = 32\,768 < 33\,614 = 2 \cdot 7^5$ 显然成立.

要证 $-0.1 > \log_{\frac{1}{5}}\dfrac{5}{4}$,只需证 $\log_5 \dfrac{5}{4} > 0.1$,即证 $5^{0.1} < \dfrac{5}{4}$,也即证 $4^{10} < 5^9$,而 $4^{10} = 1\,024^2 = 1\,048\,576 < 1\,953\,125 = 5^9$ 显然成立.

类似地求证 $\log_2 3 > \log_3 5$,如果先用计算机计算得 $\log_2 3 \approx 1.58$,$\log_3 5 \approx 1.46$,引进 1.5 作为中间量,题目则变得简单. $(2^{\log_2 3})^2 = 3^2 > 2^3 = (2^{3/2})^2$,$(3^{\log_3 5})^2 = 5^2 < 3^3 = (3^{3/2})^2$,所以 $\log_2 3 > \dfrac{3}{2} > \log_3 5$. 这说明计算机能起到很好的探路作用,有助于寻求证法思路.

3.1.9 变式教学与数学背景

变式教学是数学教学中的常用招数. 老师在讲完一个题目之后,常常会给出一些变式,既巩固原题,又开阔视野. 有时不直接给出变式,而是启发学生,你能从这个问题想到什么,能否提出新问题.

这样的启发自然是好的. 但有时也容易出问题,哪怕是看似简单的变化.

譬如学完勾股定理之后,有些老师会补充:凡满足 $x^2 + y^2 = z^2$ 的整数解称为勾股数,你知道如何求解勾股数吗? 在讲解完勾股数的求法之后,如果学生再问,如何求解 $x^3 + y^3 = z^3$,$x^4 + y^4 = z^4$,$\cdots$,$x^n + y^n = z^n$,这可就不是一下子能讲得清的了.

又如讲完计算 $1 + 2 + 3 + \cdots + n$ 之后,学生问起如何计算 $1 + \dfrac{1}{2} + \dfrac{1}{3} + \cdots + \dfrac{1}{n}$,那也是件麻烦事.

设 $H_n = 1 + \dfrac{1}{2} + \dfrac{1}{3} + \dfrac{1}{4} + \cdots + \dfrac{1}{n}$,而 $\displaystyle\sum_{n=1}^{\infty} \dfrac{1}{n} = 1 + \dfrac{1}{2} + \dfrac{1}{3} + \dfrac{1}{4} + \dfrac{1}{5} + \cdots$ 则是数学中经典的调和级数.如果老师不了解其背景,会把自己绕进去.

证法 1 因为

$$H_1 = 1 + 0 \cdot \dfrac{1}{2}, \quad H_2 = 1 + 1 \cdot \dfrac{1}{2},$$

$$H_4 = 1 + \dfrac{1}{2} + \dfrac{1}{3} + \dfrac{1}{4} > 1 + \dfrac{1}{2} + \left(\dfrac{1}{4} + \dfrac{1}{4}\right) = 1 + 2 \cdot \dfrac{1}{2},$$

$$H_8 = 1 + \dfrac{1}{2} + \dfrac{1}{3} + \dfrac{1}{4} + \dfrac{1}{5} + \dfrac{1}{6} + \dfrac{1}{7} + \dfrac{1}{8}$$

$$> 1 + 2 \cdot \dfrac{1}{2} + \left(\dfrac{1}{8} + \dfrac{1}{8} + \dfrac{1}{8} + \dfrac{1}{8}\right) = 1 + 3 \cdot \dfrac{1}{2},$$

类推可得 $H_{2^k} > 1 + k \cdot \dfrac{1}{2}$,由 $1 + k \cdot \dfrac{1}{2}$ 无界可得 H_{2^k} 无界,所以 H_n 也无界.

相当多的微积分教材都是采用这种证明,称之为经典并不为过.但经典的是不是最好的,是不是就没有商榷、改进的余地呢? 并非如此.

证法 2 由于前九项都大于 $\dfrac{1}{10}$,则 $H_9 > \dfrac{9}{10}$,同理 $H_{99} > \dfrac{9}{10} + \dfrac{90}{100} = 2 \cdot \dfrac{9}{10}$,类推可得 $H_{10^k - 1} > k \cdot \dfrac{9}{10}$,由 $k \cdot \dfrac{9}{10}$ 无界可得 $H_{10^k - 1}$ 无界,所以 H_n 也无界.

证法 3 设调和级数收敛,和为 S,由 $\dfrac{1}{n-1} + \dfrac{1}{n+1} = \dfrac{2n}{n^2-1} > \dfrac{2n}{n^2} = \dfrac{2}{n}$ 得 $S = 1 + \left(\dfrac{1}{2} + \dfrac{1}{3} + \dfrac{1}{4}\right) + \left(\dfrac{1}{5} + \dfrac{1}{6} + \dfrac{1}{7}\right) + \cdots > 1 + \dfrac{3}{3} + \dfrac{3}{6} + \cdots = 1 + S$,矛盾.

证法 4 当 $k > 1$ 时,$\dfrac{1}{k+1} + \dfrac{1}{k+2} + \cdots + \dfrac{1}{k^2} \geqslant (k^2 - k) \cdot \dfrac{1}{k^2} = 1 - \dfrac{1}{k}$,即 $\dfrac{1}{k} + \dfrac{1}{k+1} + \dfrac{1}{k+2} + \cdots + \dfrac{1}{k^2} \geqslant 1$.

$$1 + \dfrac{1}{2} + \dfrac{1}{3} + \dfrac{1}{4} + \dfrac{1}{5} + \dfrac{1}{6} + \cdots$$

$$= 1 + \left(\dfrac{1}{2} + \dfrac{1}{3} + \dfrac{1}{4}\right) + \left(\dfrac{1}{5} + \cdots + \dfrac{1}{25}\right) + \left(\dfrac{1}{26} + \cdots + \dfrac{1}{676}\right) + \cdots$$

$$\geqslant 1 + 1 + 1 + 1 + \cdots.$$

证法 5 设调和级数收敛,和为 S,则

$$S = 1 + \frac{1}{2} + \frac{1}{3} + \frac{1}{4} + \frac{1}{5} + \frac{1}{6} + \cdots = \left(1 + \frac{1}{2}\right) + \left(\frac{1}{3} + \frac{1}{4}\right) + \left(\frac{1}{5} + \frac{1}{6}\right) + \cdots$$

$$> \left(\frac{1}{2} + \frac{1}{2}\right) + \left(\frac{1}{4} + \frac{1}{4}\right) + \left(\frac{1}{6} + \frac{1}{6}\right) + \cdots = S,$$

矛盾.

证法 6 设调和级数收敛,和为 S,则 $\frac{1}{2} + \frac{1}{4} + \frac{1}{6} + \cdots = \frac{1}{2}S$,说明 $\frac{1}{1} + \frac{1}{3} + \frac{1}{5} + \cdots = \frac{1}{2}S$,而 $\frac{1}{2n-1} > \frac{1}{2n}$,矛盾.

证法 7 设调和级数收敛,和为 S,则

$$S = 1 + \frac{1}{2} + \frac{1}{3} + \frac{1}{4} + \frac{1}{5} + \frac{1}{6} + \cdots$$

$$= \left(1 + \frac{1}{2}\right) + \left(\frac{1}{3} + \frac{1}{4}\right) + \left(\frac{1}{5} + \frac{1}{6}\right) + \cdots$$

$$= \left(\frac{1}{2} + \frac{1}{2}\right) + \left(\frac{1}{2} + \frac{1}{12}\right) + \left(\frac{1}{3} + \frac{1}{30}\right) + \cdots$$

$$> S,$$

矛盾.

证法 8 如图 3.16 所示. $\int_1^{n+1} \frac{dx}{x} = \ln(n+1) < 1 + \frac{1}{2} + \frac{1}{3} + \frac{1}{4} + \cdots + \frac{1}{n}$.

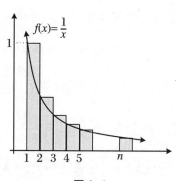

图 3.6

证法 9

$$1 + \frac{1}{2} + \frac{1}{3} + \frac{1}{4} + \cdots + \frac{1}{n} + \cdots$$

$$= \int_0^1 (1 + x + x^2 + \cdots + x^{n-1} + \cdots)dx$$

$$= \int_0^1 \left(\sum_{k=0}^{\infty} x^k\right)dx = \int_0^1 \left(\frac{1}{1-x}\right)dx = \infty.$$

证法 10

$$\ln(1-x) = -x - \frac{x^2}{2} - \frac{x^3}{3} - \frac{x^4}{4} - \frac{x^5}{5} - \cdots,$$

$$\ln 0 = -\left(1 + \frac{1}{2} + \frac{1}{3} + \frac{1}{4} + \cdots\right) = \int_0^1 \left(\sum_{k=0}^{\infty} x^k\right) \mathrm{d}x = \int_0^1 \left(\frac{1}{1-x}\right)\mathrm{d}x = \infty.$$

证法 11 若 $x > 0$，则 $\mathrm{e}^x > 1 + x$. 那么

$$\mathrm{e}^{H_n} = \mathrm{e}^{1 + \frac{1}{2} + \frac{1}{3} + \frac{1}{4} + \cdots + \frac{1}{n}} = \mathrm{e}^1 \cdot \mathrm{e}^{\frac{1}{2}} \cdots \mathrm{e}^{\frac{1}{n}}$$

$$> (1+1) \cdot \left(1 + \frac{1}{2}\right) \cdots \left(1 + \frac{1}{n}\right) > \frac{2}{1} \cdot \frac{3}{2} \cdots \frac{n+1}{n} = n+1.$$

由 e^{H_n} 无界可得 H_n 无界. $1 + x \leqslant \left(1 + \frac{x}{n}\right)^n \xrightarrow{n \to \infty} \mathrm{e}^x$.

证法 12 设 $S_n = H_{2n} - H_n = \frac{1}{n+1} + \frac{1}{n+2} + \cdots + \frac{1}{2n}$，而 $S_{n+1} - S_n = \frac{1}{2n+1} - \frac{1}{2n+2} > 0$，所以 S_n 递增. 又 $\frac{1}{2} = S_1 < S_n = \frac{1}{n+1} + \frac{1}{n+2} + \cdots + \frac{1}{2n} < \frac{n}{n+1} < 1$，$H_{2n} - H_n \geqslant \frac{1}{2}$，根据柯西收敛原理，$H_n$ 发散.

再举一例说明.

某 QQ 群，某人求助：数列满足 $a_0 = \frac{1}{4}$，对于自然数 n，$a_{n+1} = a_n^2 + a_n$，求 a_n.

问题一出，热心网友纷纷支招，提供各种解题思路. 求助者问：思路很多，谁最终解出来了吗？结果没一人给出解答.

后来，这位网友联系我. 其实群里的讨论，我早看到了. 只是网上的讨论千千万万，哪顾得过来. 毕竟我们都有自己的本职工作，都有自己的研究兴趣.

当他联系我之后，我说：这题是你自己改编的吧，原题是什么？

他不承认，说：哪有什么原题，这个题目明明是一个独立完整的题目，数列的每一项都是被唯一确定的.

我说：那我搞不定. 大胆说一句，没人搞得定.

他说：你做不出来，怎么能确定其他人也做不出来.

我说：$a_{n+1} = a_n^2 + a_n$，不断平方会使得数列变化快，若单纯是平方，如改成 $a_{n+1} = a_n^2$，还好求. 问题是后面的一次项这个小尾巴会导致问题变得复杂.

他说：你讲的好玄乎，能讲得清楚一点吗？

我问：你知道虫口模型吗？

他说：不知道.

我说：虫口模型也是二次函数迭代，异常复杂. 你不知道其厉害，所以无所畏惧. 我们用最基本的思路来思考，当一时找不到通项公式的时候，常常会算出数列的前几项，希望从中找出规律，有助于解题. 数列的前几项是

$$\frac{1}{4}, \frac{5}{16}, \frac{105}{256}, \frac{37\,905}{65\,536}, \frac{3\,920\,931\,105}{4\,294\,967\,296}, \frac{32\,213\,971\,596\,000\,663\,105}{18\,446\,744\,073\,709\,551\,616},$$

$$\frac{1\,631\,982\,855\,617\,110\,567\,947\,219\,227\,907\,932\,568\,705}{340\,282\,366\,920\,938\,463\,463\,374\,607\,431\,768\,211\,456}, \cdots.$$

此处计算用到计算机. 如果真的存在这样一个通项公式, 使得 $f(4) = \dfrac{3\,920\,931\,105}{4\,294\,967\,296}$,

$f(5) = \dfrac{32\,213\,971\,596\,000\,663\,105}{18\,446\,744\,073\,709\,551\,616}, \cdots$, 这个通项表达式是多么复杂, 继续下去, 复杂性更是惊人! 理论上说, 给定 n 项, 使用拉格朗日插值公式是可以求出这个通项公式的多项式表达式的. 但随着 n 的增大, 求解难度远超过初等数学研究的范围. 哪怕借助计算机, 也十分困难.

这时, 他才老实交代, 其实是在做: 数列满足 $a_0 = \dfrac{1}{4}$, 对于自然数 n, $a_{n+1} = a_n^2 + a_n$, 则 $\displaystyle\sum_{n=0}^{2\,011} \frac{1}{a_n + 1}$ 的整数部分是 _____.

他希望求出 a_n, 代入 $\displaystyle\sum_{n=0}^{2\,011} \frac{1}{a_n + 1}$ 求解. 他将求 a_n 当作是计算 $\displaystyle\sum_{n=0}^{2\,011} \frac{1}{a_n + 1}$ 的整数部分的必要条件, 事实上并非如此.

求解整数部分, 是一个近似值, 远比求解 a_n 的通项公式简单. 解法如下:

因为 a_n 递增, 于是 $a_{n+1} = a_n(1 + a_n) \geqslant \left(1 + \dfrac{1}{4}\right) a_n$, 显然 $a_{2\,011} > 1$. 又 $\dfrac{1}{a_{n+1}} = \dfrac{1}{a_n^2 + a_n} = \dfrac{1}{a_n} - \dfrac{1}{a_n + 1}$, 从而

$$\sum_{n=0}^{2\,011} \frac{1}{a_n + 1} = \sum_{n=0}^{2\,011} \left(\frac{1}{a_n} - \frac{1}{a_{n+1}}\right) = \frac{1}{a_0} - \frac{1}{a_{2\,011}} = 4 - \frac{1}{a_{2\,011}},$$

所以整数部分为 3.

以上案例说明, 如果研究者了解一些问题的数学背景, 教学和教研就可以少走很多的弯路.

3.1.10　三角不等式的证明——从用导数到不用导数[①]

微积分的初步知识目前已经下放到中学了, 高考也考这方面的题目. 但由于微积分的掌握存在一定难度, 高中课时又紧张, 很难学得深入, 因此学生们难免对某些概念认识不清, 似懂非懂. 譬如要证 "$x > 0$ 时, $f(x) > 0$", 学生们乃至不少老师都会习惯性地去证 "$f(0) \geqslant 0$ 且 $f'(x) > 0$", 却从未认真思考过两者之间的关系. 本小节将以下述不等式为例, 阐述二者之间

---

① 本小节与严文兰合作完成.

的关系. 在探究过程中,我们发现了一种有趣的方法,和费马发现的无穷递降法一样,不断递降,最后有个最小数 1 在等着. 利用这种方法,我们证明了不少有难度的三角不等式.

探究的原题: $x>0$,求证: $(2+\cos x)x>3\sin x$.

最简单的思路是:设 $f(x)=(2+\cos x)x-3\sin x$,则 $f'(x)=-x\sin x-2\cos x+2$,如何证 $-x\sin x-2\cos x+2>0$ 则让人头疼. 用计算机作图 3.7,发现 $-x\sin x-2\cos x+2$ 是可能小于 0 的. 是不是题目出错了呢? 绘制了 $f(x)=(2+\cos x)x-3\sin x$ 的图像(图 3.8),发现题目没有问题.

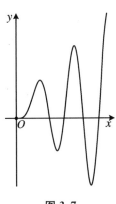

图 3.7

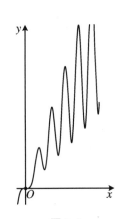

图 3.8

这就说明了:"$f(0)\geqslant 0$ 且 $f'(x)>0$"是"$x>0$ 时,$f(x)>0$"的充分不必要条件. 也就是说此处的 $f'(x)=-x\sin x-2\cos x+2$ 不一定非要大于 0 才行,因为 $f(x)=(2+\cos x)x-3\sin x$ 是有起伏的,并不是严格递增.

图像能够给证明带来启发,从图像可以看出:靠近 y 轴的一段,$f(x)=(2+\cos x)x-3\sin x$ 靠近 x 轴,需细致处理. 而离 y 轴较远时,则可以粗略地放缩.

证法 1 记 $g(x)=-x\sin x-2\cos x+2$,则 $g'(x)=\sin x-x\cos x=\cos x(\tan x-x)$.

当 $0<x<\dfrac{\pi}{2}$ 时,$g'(x)>0$;当 $\dfrac{\pi}{2}<x\leqslant\pi$ 时,$g'(x)>0$. 综合可得:当 $0<x\leqslant\pi$ 时,$g'(x)>0$,$g(x)>g(0)=0$. 即当 $0<x\leqslant\pi$ 时,$f'(x)>0$,所以 $f(x)>f(0)=0$;当 $x>\pi$ 时,$f(x)>1\cdot\pi-3\sin x>0$.

综合可得:当 $0<x$ 时,$f(x)=(2+\cos x)x-3\sin x>0$.

证法 2 $(2+\cos x)x>3\sin x$,可化为 $\left(2+1-\dfrac{x^2}{2!}+\dfrac{x^4}{4!}-\dfrac{x^2}{6!}\right)x>3\left(x-\dfrac{x^3}{3!}+\dfrac{x^5}{5!}\right)$,化简得 $0<x<\sqrt{12}$. 也就是 $(2+\cos x)x>3\sin x$ 在 $0<x<\sqrt{12}$ 时成立. 而当 $x\geqslant\sqrt{12}$ 时,$(2+\cos x)x>3\sin x$ 显然成立.

证法 2 利用了级数知识,将三角函数转化为多项式来解决,与证法 1 类似,也需要分段讨论. 如果稍微改变一下题目形式,看似只是初等数学的小技巧,却能得到一个无须讨论的证法 3.

证法 3 记 $f(x) = x - \dfrac{3\sin x}{2 + \cos x}$，则 $f'(x) = \dfrac{4\sin^4\left(\dfrac{x}{2}\right)}{(\cos x + 2)^2}$．当 $x > 0$ 时，$f'(x) > 0$，$f(x) > f(0) = 0$．

从图 3.9 来看，$x - \dfrac{3\sin x}{2 + \cos x}$ 单调递增，不是起伏的．证法 3 之所以如此简洁，其关键是将变量 x 与三角函数分离开来，变形看似简单，实则是用导数简化证明的重要技巧，希望引起大家的注意．

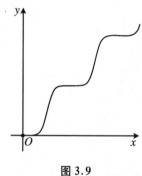

图 3.9

以上三种证法都运用了导数，那么，不用导数能否证明这个不等式呢？经过探索，得到了下面的证法．

证法 4 当 $0 < x < \pi$ 时，记 $f(x) = \dfrac{(2 + \cos x)x}{3\sin x}$，从而 $f(x) > 0$．记 $t = \dfrac{x}{2}$，$\dfrac{f(x)}{f\left(\dfrac{x}{2}\right)} = \dfrac{1 + 2\cos^2 t}{2\cos t + \cos^2 t} > 1 \Leftrightarrow (\cos t - 1)^2 > 0$，则 $f(x) > f\left(\dfrac{x}{2}\right)$，故当 $n \to \infty$，$\dfrac{x}{2^n} \to 0$ 时，$f(x) > f\left(\dfrac{x}{2}\right) > \cdots >$

$f\left(\dfrac{x}{2^n}\right) = \dfrac{\left(2 + \cos\dfrac{x}{2^n}\right)\dfrac{x}{2^n}}{3\sin\dfrac{x}{2^n}} \to 1$．于是 $f(x) > 1$，$(2 + \cos x)x > 3\sin x$．而当 $x \geq \pi$ 时，$(2 + \cos x)x$

$> 1 \cdot \pi > 3\sin x$．

证法 4 用到了 $\lim\limits_{x \to 0}\dfrac{\sin x}{x} = 1$ 这一重要极限．这一公式是大学数学的入门内容，高中生也比较容易理解和接受．可先用面积法证明 $\sin x < x < \tan x\left(0 < x < \dfrac{\pi}{2}\right)$，变形得 $\cos x < \dfrac{\sin x}{x}$

$< 1\left(0 < x < \dfrac{\pi}{2}\right)$，同样也有 $\cos x < \dfrac{\sin x}{x} < 1\left(-\dfrac{\pi}{2} < x < \dfrac{\pi}{2}\text{ 且 } x \neq 0\right)$，当 $x \to 0$ 时，两侧均趋于 1，即得 $\lim\limits_{x \to 0}\dfrac{\sin x}{x} = 1$．这样虽不是很严谨，但也还算直观好懂．

利用证法 4 中的这种递降证法，可以证明许多三角不等式．这些不等式在以往看来，都必须用到较多的微积分知识．

命题 1 证明：$\sin x > x - \dfrac{x^3}{6}\left(0 < x < \dfrac{\pi}{2}\right)$．

证明 先证 $\cos x > 1 - \dfrac{x^2}{2}(0 < x < \pi)$，$\cos x = 1 - 2\sin^2\dfrac{x}{2} > 1 - 2\left(\dfrac{x}{2}\right)^2 = 1 - \dfrac{x^2}{2}$．

记 $f(x) = \dfrac{\sin x}{x - \dfrac{x^3}{6}}\left(0 < x < \dfrac{\pi}{2}\right)$，则 $\dfrac{f(2x)}{f(x)} > 1 \Leftrightarrow \cos x > \dfrac{2(3 - 2x^2)}{6 - x^2}$，只需证 $1 - \dfrac{x^2}{2} >$

$\dfrac{2(3-2x^2)}{6-x^2}$，即证 $\dfrac{x^4}{2(6-x^2)}>0$，此不等式显然成立，所以 $\dfrac{f(2x)}{f(x)}>1$，$f(2x)>f(x)$，故当 $n\to\infty$，$\dfrac{x}{2^n}\to 0$ 时，

$$f(x)>f\left(\dfrac{x}{2}\right)>\cdots>f\left(\dfrac{x}{2^n}\right)=\dfrac{\sin\frac{x}{2^n}}{\frac{x}{2^n}}\dfrac{1}{1-\frac{1}{6}\left(\frac{x}{2^n}\right)^2}\to 1,$$

所以 $f(x)>1$.

推论 1 证明：$\cos x<1-\dfrac{x^2}{2}+\dfrac{x^4}{24}(0<x<\pi)$.

证明

$$\cos x=1-2\sin^2\dfrac{x}{2}<1-2\left[\dfrac{x}{2}-\dfrac{1}{6}\left(\dfrac{x}{2}\right)^3\right]^2=1-\dfrac{x^2}{2}+\dfrac{x^4}{24}-\dfrac{x^6}{1\,152}<1-\dfrac{x^2}{2}+\dfrac{x^4}{24}.$$

推论 2 证明：$\tan x>x+\dfrac{x^3}{3}+\dfrac{x^5}{8}\left(0<x<\dfrac{\pi}{2}\right)$.

证明 $\tan x=\dfrac{\sin x}{\cos x}>\dfrac{x-\dfrac{x^3}{6}}{1-\dfrac{x^2}{2}+\dfrac{x^4}{24}}$，只需证

$$\dfrac{x-\dfrac{x^3}{6}}{1-\dfrac{x^2}{2}+\dfrac{x^4}{24}}>x+\dfrac{x^3}{3}+\dfrac{x^5}{8}\Leftrightarrow x^7(28-3x^2)>0$$

$$\Leftrightarrow 0<x<1.633,$$

最后的不等式显然成立，推论得证.

把不等式 $f(x)>1$ 化为 $f(2x)>f(x)$ 与 $\lim\limits_{x\to 0}f(x)=1$（当然 $\lim\limits_{x\to 0}f(x)\geqslant 1$ 也可以），这是一种证明三角不等式的强有力的方法，接下来用此法再证两个高难度的不等式.

命题 2 证明：$\tan x\cdot\sin^2 x>x^3\left(0<x<\dfrac{\pi}{2}\right)$.

证明 记 $f(x)=\dfrac{\tan x\cdot\sin^2 x}{x^3}\left(0<x<\dfrac{\pi}{2}\right)$，则 $f(x)=\dfrac{2\tan\frac{x}{2}}{1-\tan^2\frac{x}{2}}\dfrac{\left(2\sin\frac{x}{2}\cos\frac{x}{2}\right)^2}{x^3}$，

所以

$$\dfrac{f(x)}{f\left(\frac{x}{2}\right)}=\dfrac{\cos^2\frac{x}{2}}{1-\tan^2\frac{x}{2}}=\dfrac{1}{\left(1+\tan^2\frac{x}{2}\right)\left(1-\tan^2\frac{x}{2}\right)}=\dfrac{1}{1-\tan^4\frac{x}{2}}>1,$$

$$f(x)>f\left(\dfrac{x}{2}\right),$$

当 $n \to \infty, \dfrac{x}{2^n} \to 0$ 时,

$$f(x) > f\left(\dfrac{x}{2}\right) > \cdots > f\left(\dfrac{x}{2^n}\right) = \left(\dfrac{\sin \dfrac{x}{2^n}}{\dfrac{x}{2^n}}\right)^3 \dfrac{1}{\cos \dfrac{x}{2^n}} \to 1,$$

所以 $f(x) > 1$.

命题 3 证明:$\tan x < \dfrac{3x}{3 - x^2}\left(0 < x < \dfrac{\pi}{2}\right)$.

证明 记 $f(x) = \dfrac{3 - x^2}{3x}\tan x \left(0 < x < \dfrac{\pi}{2}\right)$,$t = \dfrac{x}{2}$,则 $\dfrac{f(x)}{f\left(\dfrac{x}{2}\right)} = \dfrac{3 - 4t^2}{3 - t^2}\dfrac{1}{1 - \tan^2 t} > 1 \Leftrightarrow$

$\tan^2 t > \dfrac{3t^2}{3 - t^2}$,由推论 2 只需证 $\left(t + \dfrac{t^3}{3}\right)^2 > \dfrac{3t^2}{3 - t^2}$,等价于 $\dfrac{9 - 3t^2 - t^4}{3 - t^2} > 0$,由于 $t = \dfrac{x}{2} < \dfrac{\pi}{4} < 1$,

此不等式显然成立,所以 $f(x) > f\left(\dfrac{x}{2}\right)$,当 $n \to \infty, \dfrac{x}{2^n} \to 0$ 时,

$$f(x) > f\left(\dfrac{x}{2}\right) > \cdots > f\left(\dfrac{x}{2^n}\right) = \dfrac{3 - \left(\dfrac{x}{2^n}\right)^2}{3\cos \dfrac{x}{2^n}}\dfrac{\sin \dfrac{x}{2^n}}{\dfrac{x}{2^n}} \to 1,$$

所以 $f(x) > 1$.

上述不等式,习惯上好像非得用较多的微积分知识不可,譬如命题 1 和推论 1,看似还和泰勒级数紧密相关.而探究发现,只用一个经典的结论 $\lim\limits_{x \to 0}\dfrac{\sin x}{x} = 1$ 就能推出,这实在是一件非常吸引人的事情.关于微积分的初等化,很多数学家都做过研究.近年来以张景中、林群两位先生的工作尤为引人注意,他们希望不依赖极限概念而建立微积分体系,这样能够在一定程度上降低微积分的入门门槛,让更多的人领会人类文明发展史上理性智慧的精华——微积分.龚昇先生曾说,将微积分称为高等数学是习惯上的说法,微积分在牛顿时代自然是高等的,现在看来,只能说是数学的初步知识.作为数学教育工作者,我们也希望在微积分初等化方面做一点点工作,促进初等数学的蓬勃发展,这对中学数学教学是大有好处的.

3.1.11 高等数学思想指导 完善初等数学错漏

有老师表示,高等数学对中学数学的指导作用毋庸置疑,譬如很多题目,初等数学方法较为困难,但使用高等数学方法则比较简单.譬如洛必达法则、泰勒展开式,让很多题目变得容易,因为命题人很可能就是从高等数学的概念里获得灵感的.问题是,考试时不能直接应用这些高等数学公式,空有屠龙技艺,没有用武之地!

这种情况确实存在,好比很多成年人做小学应用题,本来列方程很容易,但限于算术方

法，则十分困难．这说明高等数学应用于初等数学，需要研究如何化用，而不能照搬．除了明面上的应用，也可以是无形中的渗透，指导我们从更高的角度认识问题，特别是在初等数学中容易忽视的问题．

例8 已知 a,b,c,d 是任意正实数，求 $s=\dfrac{a}{a+b+d}+\dfrac{b}{a+b+c}+\dfrac{c}{b+c+d}+\dfrac{d}{a+c+d}$ 的值域．

多本资料上有这个题，解法也有不同．

解法①

$$0<\frac{a}{a+b+d}+\frac{b}{a+b+c}+\frac{c}{b+c+d}+\frac{d}{a+c+d}\leqslant 1+1+1+1=4.$$

解法② 因为

$$\frac{a}{a+b+d}+\frac{b}{a+b+c}+\frac{c}{b+c+d}+\frac{d}{a+c+d}$$

$$\leqslant \frac{a}{a+b}+\frac{b}{a+b}+\frac{c}{c+d}+\frac{d}{c+d}=2,$$

$$\frac{a}{a+b+d}+\frac{b}{a+b+c}+\frac{c}{b+c+d}+\frac{d}{a+c+d}$$

$$\geqslant \frac{a}{a+b+c+d}+\frac{b}{a+b+c+d}+\frac{c}{a+b+c+d}+\frac{d}{a+b+c+d}=1,$$

又 a,b,c,d 是任意正实数，放缩时等号不能取到，所以 $1<s<2$．

对比之下，相信大多数人都会选择解法2．但解法2真的就完美吗？要知道这可是第16届 IMO 试题，又怎会如此容易！

解法2只是证明了 $1<s<2$，但 s 能否真的取遍 $(1,2)$ 中的所有数？如果不能证明 s 取遍 $(1,2)$ 中的所有数，那只是说明了 $1(2)$ 是 s 的下（上）界，而不能说明是其下（上）确界，那么和解法1中得到的范围 $(0,4]$ 并无实质区别．

举例来说，$y=\begin{cases} x+1, & 0<x\leqslant 1 \\ 0, & x=0 \end{cases}$，则 y 的最大值为2，最小值为0，但这并不意味着 y 的取值范围是 $[0,2]$，因为 $(0,1)$ 之间的值无法取到．

完整解法：设 $a=x^2,b=x>0,c=d=1$，则 $s=\dfrac{x^2+x}{x^2+x+1}+\dfrac{1}{x^2+2}+\dfrac{1}{x+2}$，$\lim\limits_{x\to 0}s=\lim\limits_{x\to\infty}s=1$．设 $a=c=x>0,b=d=1$，则 $s=\dfrac{2x}{x+2}+\dfrac{2}{2x+1}$，$\lim\limits_{x\to 0}s=\lim\limits_{x\to\infty}s=2$．由于所构造的函数 $s=\dfrac{x^2+x}{x^2+x+1}+\dfrac{1}{x^2+2}+\dfrac{1}{x+2}$ 和 $s=\dfrac{2x}{x+2}+\dfrac{2}{2x+1}$ 是初等函数，具有连续性，所以 s 能取尽 $(1,2)$ 中的所有数．

总结而言，解法1并无错，只是得到 $(0,4]$ 是下（上）界，而非下（上）确界，需要进一步压缩.解法2利用放缩技巧,得到更精确的取值范围,只是忽视了连续性.因为中学里接触的函数"几乎"都是初等函数,所以多数情况下不会出问题,这一问题也常常被忽视.而对于学过高等数学的老师而言,还是要做到心中有数为好.

在《国际数学竞赛解题方法》(单墫、葛军著)一书里给出了一种解法,不利用初等函数的连续性,也证明了 s 能取尽 $(1,2)$ 中的所有数,构造十分巧妙.有兴趣的朋友可以参考.

例9 设 x,y,z 是三个实数,且有 $\begin{cases}\dfrac{1}{x}+\dfrac{1}{y}+\dfrac{1}{z}=2\\[2mm]\dfrac{1}{x^2}+\dfrac{1}{y^2}+\dfrac{1}{z^2}=1\end{cases}$,求 $\dfrac{1}{xy}+\dfrac{1}{yz}+\dfrac{1}{zx}$.

一些资料上给出这样的解答:$\left(\dfrac{1}{x}+\dfrac{1}{y}+\dfrac{1}{z}\right)^2=\dfrac{1}{x^2}+\dfrac{1}{y^2}+\dfrac{1}{z^2}+2\left(\dfrac{1}{xy}+\dfrac{1}{yz}+\dfrac{1}{zx}\right)$,于是

$$\dfrac{1}{xy}+\dfrac{1}{yz}+\dfrac{1}{zx}=\dfrac{2^2-1}{2}=\dfrac{3}{2}.$$

这样解答看似没有问题,但学习过高等解析几何之后,遇到此题应该很敏感地联想到 $\begin{cases}X+Y+Z=2\\X^2+Y^2+Z^2=1\end{cases}$,这是一个平面和单位球,而原点到平面的距离 $\dfrac{2}{\sqrt{1^2+1^2+1^2}}=\dfrac{2}{\sqrt{3}}$ 要大于球的半径1,平面与球不相交,意味着方程组无实数解.当 $Z=0$ 时,则是中学里比较熟悉的二维版本 $\begin{cases}X+Y=2\\X^2+Y^2=1\end{cases}$,这里的直线和圆也是不相交的.从 $\begin{cases}X+Y+Z=2\\X^2+Y^2+Z^2=1\end{cases}$ 无实数解可知

$\begin{cases}\dfrac{1}{x}+\dfrac{1}{y}+\dfrac{1}{z}=2\\[2mm]\dfrac{1}{x^2}+\dfrac{1}{y^2}+\dfrac{1}{z^2}=1\end{cases}$ 无实数解,这与题目中 x,y,z 是三个实数矛盾,此题为错题.

由于中学里并不讲点到平面的距离公式(其实可看作是点到直线距离公式的升级版本,类比提一下也无妨),所以发现问题之后,需要另找途径来说明.

利用柯西不等式得 $3(X^2+Y^2+Z^2)\geqslant(X+Y+Z)^2$,即 $3\times1\geqslant2^2$,矛盾.该不等式的推导可用恒等式:

$$3(X^2+Y^2+Z^2)=(X+Y+Z)^2+(X-Y)^2+(Y-Z)^2+(Z-X)^2.$$

这样初中生也能理解了.

例10 若 $x+y+z=1$,求证:$x^2+y^2+z^2\geqslant\dfrac{1}{3}$.

某资料给出的证明:设 $x=\dfrac{1}{3}-t,y=\dfrac{1}{3}-2t,z=\dfrac{1}{3}+3t$,于是

$$x^2+y^2+z^2=\left(\dfrac{1}{3}-t\right)^2+\left(\dfrac{1}{3}-2t\right)^2+\left(\dfrac{1}{3}+3t\right)^2=\dfrac{1}{3}+14t^2\geqslant\dfrac{1}{3}.$$

不止一次看到这样的解法.如果中学生这样解,倒还可以理解.作为学过线性代数的中学老师,出现这样的解法很是不该.

在线性代数中,求解线性方程组 $Ax=B$ 的解的数量有三种情况:无解、唯一解、无穷多解.对于有无穷多组解的方程组,解方程组的本质就是用一组可以自由取值的变量(称为自由变量)来表示其余变量(称为主变量),对于自由变量的任一组值,都能唯一确定主变量的值,它们一起构成方程组的一个解.需要特别强调,主变量和自由变量的分法并不唯一.

求解方程 $x+y+z=1$,就有无穷多解,通常写为 $\begin{cases} x=1-y-z \\ y=y \\ z=z \end{cases}$,也许有人觉得后面两行

多余.事实上这两行强调了方程组有两个自由变量."设 $x=\dfrac{1}{3}-t, y=\dfrac{1}{3}-2t, z=\dfrac{1}{3}+3t$"
使得原有的两个自由变量变为一个自由变量,可取得的值大大减少,譬如"$x=0, y=0, z=1$"就取不到.基于这样的设法,所得的证法也只能是以偏概全.

方程 $x+y+z=1$ 的解还可写成 $\begin{cases} x=\dfrac{1}{3}+m+n \\ y=\dfrac{1}{3}-m \\ z=\dfrac{1}{3}-n \end{cases}$,于是

$$x^2+y^2+z^2=\left(\dfrac{1}{3}+m+n\right)^2+\left(\dfrac{1}{3}-m\right)^2+\left(\dfrac{1}{3}-n\right)^2$$
$$=m^2+n^2+(m+n)^2+\dfrac{1}{3}\geqslant\dfrac{1}{3}.$$

单纯从解题而言,这样的代换解法并不好.因为本题就是均值不等式 $\sqrt{\dfrac{x^2+y^2+z^2}{3}}\geqslant$

$\dfrac{x+y+z}{3}$ 的直接应用.

3.2 函 数 篇

3.2.1 从常系数到变系数——从罗增儒教授的无奈谈起

《数学解题学引论》是罗增儒教授的代表作,其中案例丰富,说理角度新颖,给我很多启发.下面这个案例给我留下了极深刻的印象.

求 $x^2 - 2x\sin\frac{\pi x}{2} + 1 = 0$ 的所有实数根. (1956年北京数学竞赛题)

解 设 x 为实数,则所给二次方程之判别式应大于或等于0, $\left(2\sin\frac{\pi x}{2}\right)^2 - 4 \geqslant 0$,

即 $\left(\sin\frac{\pi x}{2}\right)^2 \geqslant 1$,因为 x 为实数,故 $\left(\sin\frac{\pi x}{2}\right)^2 \leqslant 1$,比较以上两式,即知 $\left(\sin\frac{\pi x}{2}\right)^2 = 1$,

从而 $\sin\frac{\pi x}{2} = \pm 1$. 分别代入原式,有 $\begin{cases} x^2 - 2x + 1 = 0 \\ \sin\frac{\pi x}{2} = 1 \end{cases}$ 或 $\begin{cases} x^2 + 2x + 1 = 0 \\ \sin\frac{\pi x}{2} = -1 \end{cases}$,得 $x_1 = 1$,

$x_2 = -1$ 为所求的实数根.

本来,这种解法既精巧又合理,但是,50年来,已经反反复复有大批读者来信,在多家刊物上提出更正.理由是原方程根本就不是二次方程,不能用判别式.更有甚者,认为只能用配方法求解,这就把判别式法与配方法对立了起来,不知道或不承认判别式是配方法的结果.

从这段文字里,我感受到罗教授的无奈:明明是很好的解法,但总是不被接受,甚至还被纠错.被纠错的理由也说了, $x^2 - 2x\sin\frac{\pi x}{2} + 1 = 0$ 不是二次方程,不能用判别式.那到底是不是二次方程呢?

一般的资料上是这样叙述的,一元二次方程是只含有一个未知数,并且未知数的最高次数是二次的多项式方程.一般形式是: $ax^2 + bx + c = 0(a \neq 0)$,由于 $\left(x + \frac{b}{2a}\right)^2 = \frac{b^2 - 4ac}{4a^2}$,根据平方根的意义可知, $b^2 - 4ac$ 的符号决定一元二次方程根的情况,称之为判别式.

一般的理解, a, b, c 三个参数是和 x 无关的,若有关,譬如 $a = x$,那么方程就不是二次方程,而是三次方程了.从这个角度来说,这种解法被质疑也是可以理解的.

但如果作一点推广,认定 $A(x)x^2 + B(x)x + C(x) = 0$ 为广义上的二次方程,其中的系数 $A(x), B(x), C(x)$ 可以与 x 有关.这样的推广在某些人看来,是难以接受的,因为这样推广将 $x \cdot x^2 = 0$ 也看作是二次方程了,这比将 $x^2 - 2x\sin\frac{\pi x}{2} + 1 = 0$ 看作是二次方程更荒诞.

不必过于纠结二次方程的定义,不管认可与否,面对 $A(x)x^2 + B(x)x + C(x) = 0$,我们可以照猫画虎,配方成 $\left[x + \frac{B(x)}{2A(x)}\right]^2 = \frac{[B(x)]^2 - 4A(x)C(x)}{4[A(x)]^2}$,从而得 $[B(x)]^2 \geqslant$ $4A(x)C(x)$ 是方程有实数根的必要条件.从 $\left[x + \frac{B(x)}{2A(x)}\right]^2 = \frac{[B(x)]^2 - 4A(x)C(x)}{4[A(x)]^2}$ 这个等式可知,配方法和判别式法在此处是等价的.如果你关注等式右边,愿意将 $[B(x)]^2 \geqslant$ $4A(x)C(x)$ 看作是"判别式",当然可以;如果实在不适应,就多看看等式左边,可看作是配

方法的应用. 久而久之, 你就会发现, 每次将 $A(x)x^2 + B(x)x + C(x) = 0$ 写作 $\left[x + \dfrac{B(x)}{2A(x)}\right]^2 = \dfrac{[B(x)]^2 - 4A(x)C(x)}{4[A(x)]^2}$, 然后得出 $[B(x)]^2 \geqslant 4A(x)C(x)$ 有点啰唆, 还不如直接看成是"判别式", 一步到位. 这样, 新的"判别式法"也就自然被接受了.

在现阶段, 我们可以淡化"二次方程""判别式"这些概念, 将 $x^2 - 2x\sin\dfrac{\pi x}{2} + 1 = 0$ 配方成 $\left(x - \sin\dfrac{\pi x}{2}\right)^2 = \sin^2\dfrac{\pi x}{2} - 1$, 从而 $\sin^2\dfrac{\pi x}{2} \geqslant 1$.

需要指出的是, 罗教授在得出 $\sin\dfrac{\pi x}{2} = \pm 1$ 之后, 没有进一步推出 $\dfrac{\pi x}{2} = \dfrac{\pi}{2} + k\pi\,(x = 2k+1, k \in \mathbf{Z})$, 而是将 $\sin\dfrac{\pi x}{2} = \pm 1$ 与原来的式子相结合, 直接得出 $x = \pm 1$, 减少增根出现的麻烦. 这提醒我们注意, 要随时防备可能产生的增根, 因为不是等价变形.

另解 显然 $x \neq 0$, 则 $\left|\sin\dfrac{\pi x}{2}\right| = \dfrac{x^2+1}{2|x|} \leqslant 1$, $(|x|-1)^2 \leqslant 0$, $x = \pm 1$, 经检验满足原方程.

下面我们给出一些案例, 说明广义判别式的应用.

例1 求证 $x^2 - xy + y^2 \geqslant 0$.

证法1 $x^2 - xy + y^2 = \left(x - \dfrac{y}{2}\right)^2 + \dfrac{3y^2}{4} \geqslant 0$.

证法2 若 $x^2 - xy + y^2 = 0$, 而 $(-y)^2 - 4y^2 \leqslant 0$ 恒成立, 所以 $x^2 - xy + y^2 \geqslant 0$.

证法1是常规证法, 证法2相当于配方为 $\left(x - \dfrac{y}{2}\right)^2 = \dfrac{(-y)^2 - 4y^2}{4}$, 两种证法是等价的.

例2 求 $x^2 - 2x^3 + 1 = 0$ 的实数解.

解法1 显然 $x = 1$ 是方程的根, 而 $\dfrac{1 + x^2 - 2x^3}{1-x} = 1 + x + 2x^2$, 易知 $1 + x + 2x^2 = 0$ 无实数解, 所以 $x = 1$ 是方程的唯一实根.

解法2 $x^2 - 2x^3 + 1 = 0$, 即 $x^2 + (-2x^2)x + 1 = 0$, $(-2x^2)^2 - 4 \geqslant 0$, $x^2 \geqslant 1$. 显然 x 为负数不符合, 而当 $x > 1$ 时, $2x^3 = x^3 + x^3 > x^2 + 1$, 也不符合. 所以 $x = 1$ 是方程的唯一实根.

解法1是常规解法, 先找出比较显然的根, 然后利用短除法将高次方程降次. 而解法2则是通过多种途径, 综合分析, 若实根存在, 应该满足什么要求. 缩小实根可能的范围, 有助于解题.

例3 求 $x^2 - 2x + 3^x = 0$ 的实数解.

解 由 $x^2 - 2x + 3^x = 0$, 则 $(-2)^2 - 4 \cdot 3^x \geqslant 0$, $1 \geqslant 3^x$, $x \leqslant 0$. 而当 $x \leqslant 0$ 时, $x^2 - 2x + 3^x$

$>0+0+0=0$,所以方程无解.

例4 试求 $x^3-3x+1=0$ 的实数解的一个上界.

解 将 $x^3-3x+1=0$ 看作是 $x\cdot x^2-3x+1=0$,$(-3)^2-4x\geqslant0$,$9\geqslant4x$,$2.25\geqslant x$.

注意这里的 2.25 是 x 的一个上界,不一定是上确界.事实上由计算机解得,三个解分别为 $x\approx-1.88$,$x\approx0.35$,$x\approx1.53$.通过这种方法,可求得高次方程,甚至是超越方程解的一个大致范围,更好地帮助我们思考.

例5 若 a,b,c,d 是不为零的实数,且满足 $(a^2+b^2)d^2-2b(a+c)d+b^2+c^2=0$,求证:$b^2=ac$.

证法1 将 $(a^2+b^2)d^2-2b(a+c)d+b^2+c^2=0$ 配方为

$$\left[d+\frac{-2b(a+c)}{2(a^2+b^2)}\right]^2+\frac{4(a^2+b^2)(b^2+c^2)-[-2b(a+c)]^2}{4(a^2+b^2)^2}=0,$$

所以 $[-2b(a+c)]^2\geqslant4(a^2+b^2)(b^2+c^2)$,即 $-(b^2-ac)^2\geqslant0$,$b^2=ac$.

如果认可本小节所说的广义判别式,只需从 $[-2b(a+c)]^2\geqslant4(a^2+b^2)(b^2+c^2)$ 写起即可,前面完全多余.因为题干条件中含有 d,所求结论中没有 d,利用判别式法直接消去即可.

证法2(李有贵提供) 由已知得 $(ad-b)^2+(bd-c)^2=0$,所以 $ad=b$,$c=bd$,两式相乘得 $acd=b^2d$,因 $d\neq0$,故 $b^2=ac$.

例6 已知 A,B 为锐角,且满足关系 $\cos A+\cos B-\cos(A+B)=\frac{3}{2}$,求 A,B 的值.

解 已知等式可化为 $\cos^2\frac{A+B}{2}-\cos\frac{A-B}{2}\cos\frac{A+B}{2}+\frac{1}{4}=0$,令 $\cos\frac{A+B}{2}=x$,则 $x^2-\cos\frac{A-B}{2}x+\frac{1}{4}=0$,此方程有实根,由 $\Delta\geqslant0$ 得 $\cos^2\frac{A-B}{2}\geqslant1$,则只能是 $\cos^2\frac{A-B}{2}=1$,$\Delta=0$,有 $x=\cos\frac{A+B}{2}=\frac{1}{2}$.又 A,B 为锐角,易得 $A=B=\frac{\pi}{3}$.

在高等数学中,对判别式这个概念还会进一步推广.譬如对于圆锥曲线 $ax^2+bxy+cy^2+dx+ey+f=0$,判别式为 b^2-4ac,它决定了圆锥曲线的形状.如果判别式小于 0,则是椭圆或圆;如果判别式等于 0,则是一条抛物线;如果判别式大于 0,则是双曲线.一元三次方程、四次方程也有其判别式.这里就不多说了.

回顾数学史,解析几何学的创立,把变量引进了数学,在此基础上又建立了微积分,这是从常量数学到变量数学的一个飞跃,从此数学进入以变数为主要研究对象的新阶段,标志着数学从初等数学时代跨进高等数学时代.而从 $ax^2+bx+c=0$ 到 $A(x)x^2+B(x)x+C(x)$

=0,是从常系数到变系数,这是一个跳跃.这也是很多中学老师接受不了,不断来信纠错的原因.如果我们能跨过这一步,就像当初从 $1+1$(小学算术水平)跨越到 $a+a$(初中代数水平),视野立刻会开阔很多,很多问题将变得统一起来,变得更简单.

3.2.2　以康托函数为背景的函数题

设 $f(x)$ 是定义在 $[0,1]$ 上的非递减函数,且 $2f\left(\dfrac{x}{3}\right)=f(x)$,$f(x)+f(1-x)=1$,求 $f\left(\dfrac{1}{2\,011}\right)$.

此题和 2011 年高中数学联赛贵州预赛题大同小异,关键区别在于贵州预赛题将此处的 $[0,1]$ 改为实数 **R**,从而使题目出现矛盾,这一点在《两道竞赛题的纠错》(发表于《数学教学》2012 年第 9 期)中已经指出.

为何要将定义域 **R** 改为 $[0,1]$,而不是其他? 这是因为此题有着深刻的数学背景,定义域不能随便改.此题的背景是康托函数.可能很多人都不熟悉康托函数,但大家一定了解康托三分集,这二者有着紧密的联系.

康托集,以德国数学家格奥尔格·康托命名,是位于一条线段上的一些点的集合,具有许多深刻的性质.通过考虑这个集合,康托和其他数学家奠定了现代点集拓扑学的基础.康托三分集则是其中最著名的案例,是无处稠密的完备集的典型例子.构造康托三分集,就是不断去掉一条线段中间的三分之一,第一次从 $[0,1]$ 中去掉中间的三分之一 $\left(\dfrac{1}{3},\dfrac{2}{3}\right)$,留下两条线段:$\left[0,\dfrac{1}{3}\right]\cup\left[\dfrac{2}{3},1\right]$.第二次从这两条线段中去掉中间的三分之一,留下四条线段:$\left[0,\dfrac{1}{9}\right]\cup\left[\dfrac{2}{9},\dfrac{3}{9}\right]\cup\left[\dfrac{6}{9},\dfrac{7}{9}\right]\cup\left[\dfrac{8}{9},1\right]$.以此类推,最后 $[0,1]$ 中所剩下的点就构成康托三分集.图 3.10 显示了这个过程最初的六个步骤.

图 3.10

康托函数 $f(x)$ 的定义:在 $[0,1]$ 上的非递减函数,且 $2f\left(\dfrac{x}{3}\right)=f(x)$,$f(x)+f(1-x)=1$.

初看,康托函数是一个抽象函数,康托三分集则是一个几何构造,两者好像风马牛不相及.但究其本质,则是相通的.

从康托函数 $f(x)$ 的定义,容易算出 $f(0)=0,f(1)=1,f\left(\dfrac{1}{3}\right)=f\left(\dfrac{2}{3}\right)=\dfrac{1}{2}$,从而当 $x\in$ $\left[\dfrac{1}{3},\dfrac{2}{3}\right]$ 时,$f(x)=\dfrac{1}{2}$.这相当于康托三分集的第一次构造(端点值有一点不同,这不影响本质).接下来就是利用 $2f\left(\dfrac{x}{3}\right)=f(x)$,对 $\left[\dfrac{1}{9},\dfrac{2}{9}\right]\cup\left[\dfrac{7}{9},\dfrac{8}{9}\right]$ 进行赋值.以此类推,最后 $[0,1]$ 之间每一个数都会被赋值.

康托三分集或是康托函数,都可从递归的角度来看.康托函数用表达式可以这样写:

$$f_{n+1}(x)=\begin{cases}\dfrac{1}{2}\times f_n(3x), & 0\leqslant x<\dfrac{1}{3}\\[2mm]\dfrac{1}{2}, & \dfrac{1}{3}\leqslant x<\dfrac{2}{3}.\\[2mm]\dfrac{1}{2}+\dfrac{1}{2}\times f_n(3x-2), & \dfrac{2}{3}\leqslant x\leqslant 1\end{cases}$$

用图像则如图 3.11 所示(水平线部分表示已经被赋值,斜线部分还有待赋值).

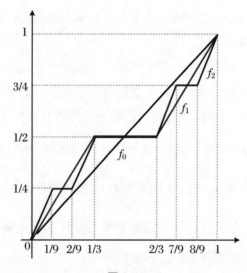

图 3.11

了解这一构造背景,计算 $f\left(\dfrac{1}{2\,011}\right)$ 时就心中有数了,利用 $2f\left(\dfrac{x}{3}\right)=f(x)$ 将 $\dfrac{1}{2\,011}$ 转化进入 $\left[\dfrac{1}{3},\dfrac{2}{3}\right]$,即

$$f\left(\dfrac{1}{2\,011}\right)=\dfrac{1}{2}f\left(\dfrac{3}{2\,011}\right)=\dfrac{1}{2^6}f\left(\dfrac{3^6}{2\,011}\right)=\dfrac{1}{2^6}\dfrac{1}{2}=\dfrac{1}{128},$$

因为 $\dfrac{3^6}{2\,011}\in\left[\dfrac{1}{3},\dfrac{2}{3}\right]$.

上述方法有时也会遇到麻烦,譬如计算 $f\left(\dfrac{1}{13}\right).\dfrac{1}{13}\approx 0.076,\dfrac{3}{13}\approx 0.230,\dfrac{9}{13}\approx 0.692,$

$\frac{10}{13}\approx0.769, \frac{4}{13}\approx0.307$,都不在$\left[\frac{1}{9}, \frac{2}{9}\right]\cup\left[\frac{3}{9}, \frac{6}{9}\right]\cup\left[\frac{7}{9}, \frac{8}{9}\right]$内.这就需要进一步计算一些区间的值,计算次数的多少,取决于所求值在$[0,1]$内所处的位置.好比在康托三分集中,越早挖去的点,越好求值.

不过计算$f\left(\frac{1}{13}\right)$有一个巧办法,即

$$f\left(\frac{1}{13}\right) = \frac{1}{2}f\left(\frac{3}{13}\right) = \frac{1}{4}f\left(\frac{9}{13}\right) = \frac{1}{4}\left[1 - f\left(\frac{4}{13}\right)\right]$$

$$= \frac{1}{4}\left[1 - \frac{1}{2}f\left(\frac{12}{13}\right)\right] = \frac{1}{4}\left\{1 - \frac{1}{2}\left[1 - f\left(\frac{1}{13}\right)\right]\right\},$$

解得$f\left(\frac{1}{13}\right) = \frac{1}{7}$.

经过数学家们的不断研究,得到构造康托三分集的多种方式.其中最有意思的就是从三进制的视角来看.

康托函数$c:[0,1]\rightarrow[0,1]$,对于$x\in[0,1]$,其函数值$c(x)$可由以下步骤得到:

步骤1:以三进制表示x.

步骤2:如果x中有数字1,就将第一个1之后的所有数字换成0.

步骤3:将所有数字2换成数字1.

步骤4:以二进制读取转换之后的数,即为$c(x)$.

此处的$c(x)$和上述的$f(x)$等价.

或者这样看:用三进制表示$[0,1]$间的小数,第一次挖去的是小数点后第1位为1的所有数,第二次则是挖去小数点后第2位为1的所有数,以此类推.最后剩余的是$[0,1]$区间上三进制表示法中不包含1的所有数的集合.这个集合就是康托三分集.

下面简单说明康托三分集与$[0,1]$等势.

先用二进制表示$[0,1]$中的一个数,然后将数位中所有1变为2,这样在数位上就跟康托三分集中的某个数对应起来.反过来,将康托三分集中的任一个数(二进制表示)中的全部2变为1,就唯一对应$[0,1]$中的一个二进制小数.因此,康托三分集与$[0,1]$可以建立一一对应的关系.

了解了这些,有助于解题.

譬如$\frac{1}{2\,011}\approx0.000\,497\approx(0.000\,000\,100\,2)_3$,经过步骤2,变为$0.000\,000\,1$,经过步骤3,仍为$0.000\,000\,1$,以二进制读取,即为$1\times2^{-7} = \frac{1}{128}$.

又如$\frac{1}{13}\approx0.076\,923\,076\,923\cdots\approx(0.002\,002\,002\,002\cdots)_3$,经过步骤2,仍为$0.002\,002\,002\,002\cdots$,经过步骤3,变为$0.001\,001\,001\,001\cdots$,以二进制读取,即为$2^{-3}+2^{-6}$

$+2^{-9}+\cdots=\dfrac{2^{-3}}{1-2^{-3}}=\dfrac{1}{7}.$

由于康托三分集可以容易地推广到康托 $2k+1$ 分集,因此题目也可改为:

设 $f(x)$ 是定义在 $[0,1]$ 上的非递减函数,且 $2f\left(\dfrac{x}{5}\right)=f(x),f(x)+f(1-x)=1$,求 $f\left(\dfrac{1}{2\,011}\right).$ 解答过程完全一致,答案为 $f\left(\dfrac{1}{2\,011}\right)=\dfrac{1}{32}.$

近年来,高等数学指导初等数学的研究比较热门,但多集中在微积分等几个学科,康托集属于测度论、拓扑学研究范畴,一直被认为和中学数学相隔较远.本小节算是为此项研究增加了一个案例.

下面再给出一个函数题,不属于康托函数类型,但和这一题也十分相似,对比以供参考.从题干看,是抽象函数问题,解答用到二进制.

设 **N** 为正整数集,在 **N** 上定义函数 f 如下:$f(1)=1,f(3)=3$,且对 $n\in\mathbf{N}$ 有 $f(2n)=n,f(4n+1)=2f(2n+1)-f(n),f(4n+3)=3f(2n+1)-2f(n)$,问有多少个 $n\in\mathbf{N}$,且 $n\leqslant 1\,988$,使得 $f(n)=n$?(1988 年 IMO 试题)

解

$$f(1)=1,\quad f(8)=f(4)=f(2)=1,\quad f(3)=3,\quad f(6)=3,$$
$$f(5)=f(4\times 1+1)=2f(2\times 1+1)-f(1)=6-1=5,\quad f(10)=5,$$
$$f(7)=f(4\times 1+3)=3f(2\times 1+1)-2f(1)=9-2=7,$$
$$f(9)=f(4\times 2+1)=2f(2\times 2+1)-f(2)=10-1=9.$$

根据数据,大胆猜测:$f(2^k)=1,f(2^k-1)=2^k-1,f(2^k+1)=2^k+1$.这也启发我们把 $f(n)$ 和二进制联系起来,如表 3.1 所示,其中 n_2 和 $(f(n))_2$ 表示 n 和 $f(n)$ 的二进制表现形式.

表 3.1

n	1	2	3	4	5	6	7	8	9	10
n_2	1	10	11	100	101	110	111	1000	1001	1010
$(f(n))_2$	1	01	11	001	101	011	111	0001	1001	0101

由此表,我们猜测:$f(n)$ 是将 n 的二进制展开式反向排列所形成的二进制数.由于 $f(2n)=n$,所以只需考虑 n 为奇数的情形.

若 $n=4m+1$,设 $n=4m+1=2^k a_k+2^{k-1}a_{k-1}+\cdots+2a_1+a_0$,其中 $a_0=1,a_1=0,a_i=0$ 或 $1(i=0,1,2,\cdots,k).$ 于是 $4m=2^k a_k+2^{k-1}a_{k-1}+\cdots+2^2 a_2,m=2^{k-2}a_k+2^{k-3}a_{k-1}+\cdots+a_2,2m+1=2^{k-1}a_k+2^{k-2}a_{k-1}+\cdots+2a_2+1$,而设

$$f(2m+1)=2^{k-1}\cdot 1+2^{k-2}\cdot a_2+\cdots+2a_{k-1}+a_k=2^{k-1}\cdot 1+\sum_{i=2}^{k}a_i 2^{k-i},$$

$$f(m) = 2^{k-2} \cdot a_2 + \cdots + 2a_{k-1} + a_k = \sum_{i=2}^{k} a_i 2^{k-i},$$

根据定义

$$f(4m+1) = 2f(2m+1) - f(m) = 2^k \cdot 1 + 2\sum_{i=2}^{k} a_i 2^{k-i} - \sum_{i=2}^{k} a_i 2^{k-i}$$

$$= 2^k \cdot 1 + \sum_{i=2}^{k} a_i 2^{k-i}.$$

这说明 $f(4m+1)$ 的二进制展开式恰为 $4m+1$ 二进制展开式的反向排列. 所以 $n = 4m+1$ 时猜想成立. 同理可证 $n = 4m+3$ 时猜想成立.

于是题目转化为 $1 \sim 1\,988$ 之间有多少数可表示为对称二进制的形式, 即形如 $(a_1, a_2, \cdots, a_k) = (a_k, a_{k-1}, \cdots, a_1)$.

若该数有 $2k$ 位二进制数码, 记为 $(a_1, a_2, \cdots, a_k, a_k, a_{k-1}, \cdots, a_1)$, 其中 $a_1 = 1, a_2, \cdots, a_k$ 这 k 个数或为 0 或为 1, 有 2^{k-1} 种可能. 所以具有 $2k$ 位数码的对称二进制数有 2^{k-1} 个. 同理具有 $2k-1$ 位数码的对称二进制数有 2^{k-1} 个.

而 $2^{10} < 1\,988 = (11111000100)_2 < 2^{11}$, 于是 1 位, 2 位, $\cdots$, 11 位二进制数中共有 $1 + 1 + 2 + 2 + 4 + 4 + 8 + 8 + 16 + 16 + 32 = 94$ 个. 其中 11111111111 和 11111011111 大于 11111000100, 所以最后符合要求的是 $94 - 2 = 92$ 个.

3.2.3 三次方程判别式问题两例

一元二次方程 $ax^2 + bx + c = 0$ 有判别式 $b^2 - 4ac$, 判别式的正负决定了方程是有两不同实根或两重根或两虚根. 自然联想到一元三次方程 $ax^3 + bx^2 + cx + d = 0$ 有没有判别式, 又是如何决定根的情况的.

一元三次方程可变为 $x^3 + mx^2 + nx + t = 0$ 的形式, 经过一个精妙无比的代换 $x = X - \dfrac{m}{3}$, 变为缺平方项的形式 $X^3 + pX + q = 0$. 再利用卡当公式可求出三次方程的公式解. 三次方程的公式推导较长, 有兴趣的读者请查询维基, 此处略. 公式解中将 $4p^3 + 27q^2$ 看作是三次方程的判别式. 当 $4p^3 + 27q^2 \leqslant 0$ 时, 方程有三实根; 当 $4p^3 + 27q^2 > 0$ 时, 方程有一实根、两虚根. 下面讨论与 $4p^3 + 27q^2$ 相关的两个小问题.

例7 证明: $x^3 + px + q = 0$ 有重根的充要条件是 $4p^3 + 27q^2 = 0$.

证法 1 若 $x^3 + px + q = 0$ 能被 $(x - a)^2$ 整除, 则可设

$$x^3 + px + q = (x - a)^2 \left(x + \frac{q}{a^2}\right) = x^3 + \left(\frac{q}{a^2} - 2a\right)x^2 + \left(a^2 - \frac{2q}{a}\right)x + q,$$

解得 $q = 2a^3, p = -3a^2$, 所以 $4p^3 + 27q^2 = 4(-3a^2)^3 + 27(2a^3)^2 = 0$.

反之,若 $4p^3 + 27q^2 = 0$,则可设 $q = 2a^3$,$p = -3a^2$,于是

$$x^3 + px + q = x^3 + \left(\frac{q}{a^2} - 2a\right)x^2 + \left(a^2 - \frac{2q}{a}\right)x + q = (x - a)^2\left(x + \frac{q}{a^2}\right),$$

所以 $x^3 + px + q = 0$ 有重根.

证法 2 $x^3 + px + q = 0$ 有重根的充要条件是 $x^3 + px + q$ 与 $(x^3 + px + q)' = 3x^2 + p$

有公因式,即 $x^3 + px + q$ 与 $x^3 + px + q - \dfrac{x}{3}(3x^2 + p) = \dfrac{2p}{3}x + q$ 有公因式,因为 $\dfrac{2p}{3}x + q$

为一次式,所以 $\dfrac{2p}{3}x + q$ 能整除 $x^3 + px + q$,即 $\left(-\dfrac{3q}{2p}\right)^3 + p\left(-\dfrac{3q}{2p}\right) + q = 0$,也即 $4p^3 +$

$27q^2 = 0$.

证法 3   先证更一般的情形.

设多项式 $f(x) = a_0x^n + a_1x^{n-1} + \cdots + a_{n-1}x + a_n$ 的 n 个根为 $\beta_1, \cdots, \beta_{n-1}, \beta_n$,$f(x)$ 有

重根的充要条件为 $\begin{vmatrix} S_0 & S_1 & \cdots & S_{n-1} \\ S_1 & S_2 & \cdots & S_n \\ \vdots & \vdots & & \vdots \\ S_{n+1} & S_n & \cdots & S_{2n-2} \end{vmatrix} = 0$,其中 $S_i = \beta_1^i + \beta_2^i + \cdots + \beta_n^i$.

证明:根据范德蒙行列式计算法,设

$$\prod_{1 \leqslant i < j \leqslant n}(\beta_i - \beta_j)^2 = \begin{vmatrix} 1 & 1 & \cdots & 1 \\ \beta_1 & \beta_2 & \cdots & \beta_n \\ \vdots & \vdots & & \vdots \\ \beta_{n+1} & \beta_2^{n-1} & \cdots & \beta_n^{n-1} \end{vmatrix} \begin{vmatrix} 1 & \beta_1 & \cdots & \beta_1^{n-1} \\ 1 & \beta_2 & \cdots & \beta_2^{n-1} \\ \vdots & \vdots & & \vdots \\ 1 & \beta_n & \cdots & \beta_n^{n-1} \end{vmatrix}$$

$$= \begin{vmatrix} S_0 & S_1 & \cdots & S_{n-1} \\ S_1 & S_2 & \cdots & S_n \\ \vdots & \vdots & & \vdots \\ S_{n+1} & S_n & \cdots & S_{2n-2} \end{vmatrix},$$

如果存在 $i \neq j$,$\beta_i = \beta_j$,则 $\begin{vmatrix} S_0 & S_1 & \cdots & S_{n-1} \\ S_1 & S_2 & \cdots & S_n \\ \vdots & \vdots & & \vdots \\ S_{n+1} & S_n & \cdots & S_{2n-2} \end{vmatrix} = 0$.

若 β_1, β_2 是 $ax^2 + bx + c = 0$ 的两个根,易知

$$S_0 = \beta_1^0 + \beta_2^0 = 2, \quad S_1 = \beta_1 + \beta_2 = -\frac{b}{a},$$

$$S_2 = \beta_1^2 + \beta_2^2 = (\beta_1 + \beta_2)^2 - 2\beta_1\beta_2 = \left(-\frac{b}{a}\right)^2 - 2\frac{c}{a} = \frac{b^2 - 2ac}{a^2},$$

于是 $ax^2 + bx + c = 0$ 有重根的充要条件为 $\begin{vmatrix} S_0 & S_1 \\ S_1 & S_2 \end{vmatrix} = 0$,即 $\begin{vmatrix} 2 & -\dfrac{b}{a} \\ -\dfrac{b}{a} & \dfrac{b^2 - 2ac}{a^2} \end{vmatrix} = 0$,也即

$b^2 - 4ac = 0$.这是大家熟知的二次函数的判别式.

若 $\beta_1, \beta_2, \beta_3$ 是 $x^3 + px + q = 0$ 的三个根,则由 $S_i = \beta_1^i + \beta_2^i + \cdots + \beta_n^i$ 和韦达定理

$$\begin{cases} \beta_1 + \beta_2 + \beta_3 = 0 \\ \beta_1\beta_2 + \beta_2\beta_3 + \beta_3\beta_1 = p \\ \beta_1\beta_2\beta_3 = -q \end{cases} 得$$

$S_0 = 3, \quad S_1 = \beta_1 + \beta_2 + \beta_3 = 0,$

$S_2 = \beta_1^2 + \beta_2^2 + \beta_3^2 = (\beta_1 + \beta_2 + \beta_3)^2 - 2(\beta_1\beta_2 + \beta_2\beta_3 + \beta_3\beta_1) = -2p,$

$S_3 = \beta_1^3 + \beta_2^3 + \beta_3^3 = (\beta_1 + \beta_2 + \beta_3)(\beta_1^2 + \beta_2^2 + \beta_3^2 - \beta_1\beta_2 - \beta_2\beta_3 - \beta_3\beta_1) + 3\beta_1\beta_2\beta_3$

$\quad = -3q,$

$S_4 = \beta_1^4 + \beta_2^4 + \beta_3^4$

$\quad = (\beta_1^2 + \beta_2^2 + \beta_3^2)^2 - 2(\beta_1\beta_2 + \beta_2\beta_3 + \beta_3\beta_1)^2 + 4\beta_1\beta_2\beta_3(\beta_1 + \beta_2 + \beta_3)$

$\quad = (-2p)^2 - 2p^2 = 2p^2,$

于是 $x^3 + px + q = 0$ 有重根的充要条件为 $\begin{vmatrix} S_0 & S_1 & S_2 \\ S_1 & S_2 & S_3 \\ S_2 & S_3 & S_4 \end{vmatrix} = 0$,即 $\begin{vmatrix} 3 & 0 & -2p \\ 0 & -2p & -3q \\ -2p & -3q & 2p^2 \end{vmatrix} = 0$,

也即 $4p^3 + 27q^2 = 0$.

根据上述证法 3 的推导,我们可推广原命题.

例 8 设 a, b, c 为 $x^3 + px + q = 0$ 的三个根,求证:

$$4p^3 + 27q^2 = -(a - b)^2(b - c)^2(c - a)^2.$$

证法 1(李有贵提供) 由已知得 $a + b + c = 0, ab + bc + ca = p, abc = -q$,以及

$$\begin{cases} a^3 + pa + q = 0 \\ b^3 + pb + q = 0, \\ c^3 + pc + q = 0 \end{cases} 三式依次相减,并约去公因式得 \begin{cases} a^2 + ab + b^2 + p = 0 \\ b^2 + bc + c^2 + p = 0, \\ c^2 + ca + a^2 + p = 0 \end{cases} 即$$

$$\begin{cases} (a - b)^2 = -p - 3ab \\ (b - c)^2 = -p - 3bc , \text{所以} \\ (c - a)^2 = -p - 3ca \end{cases}$$

$-(a - b)^2(b - c)^2(c - a)^2 = (p + 3ab)(p + 3bc)(p + 3ca)$

$\qquad\qquad = p^3 + 3p^2(ab + bc + ca) + 9pabc(a + b + c) + 27a^2b^2c^2$

$\qquad\qquad = 4p^3 + 27q^2.$

证法 2 借用上题的记号,根据范德蒙行列式可得

$$
(a - b)^2 (b - c)^2 (c - a)^2 = \begin{vmatrix} 1 & a & a^2 \\ 1 & b & b^2 \\ 1 & c & c^2 \end{vmatrix} \begin{vmatrix} 1 & 1 & 1 \\ a & b & c \\ a^2 & b^2 & c^2 \end{vmatrix} = \begin{vmatrix} S_0 & S_1 & S_2 \\ S_1 & S_2 & S_3 \\ S_2 & S_3 & S_4 \end{vmatrix}
$$

$$
= \begin{vmatrix} 3 & 0 & -2p \\ 0 & -2p & -3q \\ -2p & -3q & 2p^2 \end{vmatrix} = -(4p^3 + 27q^2).
$$

证法 3 借用上题的记号,设 $x^3 + px + q = (x - a)(x - b)(x - c)$,对 x 求导得 $3x^2 + p = (x - a)(x - b) + (x - b)(x - c) + (x - a)(x - c)$,于是有

$$
3a^2 + p = (a - b)(a - c),
$$
$$
3b^2 + p = (b - a)(b - c),
$$
$$
3c^2 + p = (c - a)(c - b),
$$

三式相乘得

$$
-(a - b)^2 (b - c)^2 (c - a)^2
$$
$$
= (3a^2 + p)(3b^2 + p)(3c^2 + p)
$$
$$
= 27(abc)^2 + 9p(a^2 b^2 + b^2 c^2 + c^2 a^2) + 3p^2(a^2 + b^2 + c^2) + p^3
$$
$$
= 27(-q)^2 + 9p(p^2) + 3p^2(-2p) + p^3 = 4p^3 + 27q^2.
$$

如果不利用求导,希望直接计算得到

$$
-(a - b)^2 (b - c)^2 (c - a)^2
$$
$$
= 27(abc)^2 + 9p(a^2 b^2 + b^2 c^2 + c^2 a^2) + 3p^2(a^2 + b^2 + c^2) + p^3,
$$

不是说绝对不可以,但计算量太大,难以进行.

证明:一元二次方程最多只能有两个不同的解.有大学生去应聘,被问到这样一题,大学生当时发蒙,这不是显然的吗?其实证法很多.

证法 1 如果一元二次方程 $ax^2 + bx + c = 0$ 有 x_1, x_2, x_3 三个互不相等的解,那么 $ax^2 + bx + c = a(x - x_1)(x - x_2)(x - x_3)$,展开之后对比 x^3 的系数,得到 $a = 0$,而一元二次方程要求 $a \neq 0$,矛盾.

证法 2 如果一元二次方程 $ax^2 + bx + c = 0$ 有 x_1, x_2, x_3 三个互不相等的解,那么

$$
\begin{cases} ax_1^2 + bx_1 + c = 0 \\ ax_2^2 + bx_2 + c = 0 \\ ax_3^2 + bx_3 + c = 0 \end{cases}
$$

,将其看作是关于 (a, b, c) 的齐次线性方程组,由于 a, b, c 不全为 0,所

以方程组有非零解,$\begin{vmatrix} x_1^2 & x_1 & 1 \\ x_2^2 & x_2 & 1 \\ x_3^2 & x_3 & 1 \end{vmatrix} = 0$,即 $(x_1 - x_2)(x_2 - x_3)(x_3 - x_1) = 0$,这与三个解互不

相等矛盾.

求证: 如果 $Ax^3 + Bx^2 + Cx + D = 0$ 有两个相等的根, 则有 $4(B^2 - 3AC)(C^2 - 3DB)$ $= (BC - 9AD)^2$.

证法 1 若 a 为方程中所指的相等的根, 则设 $Ax^3 + Bx^2 + Cx + D = A(x - a)^2 \cdot$ $\left(x + \dfrac{D}{a^2 A} \right)$. 根据系数相等可得 $-2aA + \dfrac{D}{a^2} = B, a^2 A - \dfrac{2D}{a} = C$, 消去 a 可得

$$B(4B^2 - 18AC)D + 27A^2 D^2 = C^2(B^2 - 4AC),$$

即 $4(B^2 - 3AC)(C^2 - 3DB) = (BC - 9AD)^2$.

证法 2 若 a, b, b 为方程 $Ax^3 + Bx^2 + Cx + D = 0$ 的根, 则 b 为 $3Ax^2 + 2Bx + C = 0$ 的根, 根据韦达定理可知:

$a + b, a + b, 2b$ 为方程 $Ax^3 + 2Bx^2 + \left(\dfrac{B^2}{A} + C \right)x + \left(\dfrac{BC}{A} - D \right) = 0$ 的根;

$2b$ 为方程 $Ax^3 + 2Bx^2 + 4Cx + 8D = 0$ 的根;

$2b$ 为方程 $3Ax^2 + 4Bx + 4C = 0$ 的根.

所以 $2b$ 为 $Ax^3 + 2Bx^2 + \left(\dfrac{B^2}{A} + C \right)x + \left(\dfrac{BC}{A} - D \right) = Ax^3 + 2Bx^2 + 4Cx + 8D = 0$ 的根, 解得 $x = \dfrac{9AD - BC}{B^2 - 3AC}$, 代入 $3Ax^2 + 4Bx + 4C = 0$, 化简得 $4(B^2 - 3AC)(C^2 - 3DB) = (BC - 9AD)^2$.

特别地, 当 $A = 0$ 时, $4(B^2 - 3AC)(C^2 - 3DB) = (BC - 9AD)^2$ 化为 $C^2 = 4DB$; 当 $D = 0$ 时, $4(B^2 - 3AC)(C^2 - 3DB) = (BC - 9AD)^2$ 化为 $B^2 = 4AC$, 这与我们熟知的一元二次方程等根的情形是吻合的.

在中学数学里, 学完二元一次方程组之后, 有时还会补充三元一次方程组. 但在学完一元二次方程之后, 很少有补充一元三次方程的, 这是因为一元三次方程难度较大, 需要用到较多的知识, 运算量也要大很多. 而进入大学之后, 高次方程则是必须要面对的.

3.2.4 三次方程和韦达定理①

例9 分解因式 $(a + b + c)(ab + bc + ca) - abc$.

解

$$(a + b + c)(ab + bc + ca) - abc = a^2 b + a^2 c + ab^2 + cb^2 + bc^2 + ac^2 + 2abc$$
$$= a^2(b + c) + bc(b + c) + a(b^2 + c^2 + 2bc)$$

---

① 严文兰和赵付营参与讨论.

$$= a^2(b+c) + bc(b+c) + a(b+c)^2$$
$$= (b+c)(a^2 + bc + ab + ac)$$
$$= (a+b)(b+c)(c+a).$$

将多项式展开再以另外的形式组合,属于数学基本功.对于中学生,做到这一步也就差不多了.如果是中学老师,则还要多想,这题有什么背景,命题者是如何想到的呢?

对于学习过高等数学的中学老师而言,从 $(a+b+c)(ab+bc+ca)-abc$ 这些项联想到构造三次函数并不困难:$(x-a)(x-b)(x-c)=x^3-x^2(a+b+c)+(ab+bc+ca)x-abc$,当 $x=a+b+c$ 时,自然有 $(a+b+c)(ab+bc+ca)-abc=(a+b)(b+c)(c+a)$.

例 10 已知 $a \leqslant b \leqslant c$,$a+b+c=2$,$ab+bc+ca=1$,求证:$0 \leqslant a \leqslant \dfrac{1}{3} \leqslant b \leqslant 1 \leqslant c \leqslant \dfrac{4}{3}$.

证法 1 $a+b=2-c$,$ab=1-c(a+b)=1-c(2-c)$,由 $(a+b)^2 \geqslant 4ab$ 得 $(2-c)^2 \geqslant 4[1-c(2-c)]$,解得 $0 \leqslant c \leqslant \dfrac{4}{3}$,同理 $0 \leqslant a \leqslant \dfrac{4}{3}$,$0 \leqslant b \leqslant \dfrac{4}{3}$.

$$(c-a)(c-b) = c^2 - c(a+b) + ab = c^2 - c(2-c) + [1-c(2-c)]$$
$$= 3c^2 - 4c + 1 \geqslant 0,$$

解得 $1 \leqslant c$ 或 $c \leqslant \dfrac{1}{3}$,而 $\dfrac{2}{3} \leqslant c \leqslant \dfrac{4}{3}$,所以 $1 \leqslant c \leqslant \dfrac{4}{3}$.

$$(a-b)(a-c) = a^2 - a(b+c) + bc = a^2 - a(2-a) + [1-a(2-a)]$$
$$= 3a^2 - 4a + 1 \geqslant 0,$$

解得 $1 \leqslant a$ 或 $a \leqslant \dfrac{1}{3}$,而 $0 \leqslant a \leqslant \dfrac{2}{3}$,所以 $0 \leqslant a \leqslant \dfrac{1}{3}$.

$$(b-a)(b-c) = b^2 - b(a+c) + ac = b^2 - b(2-b) + [1-b(2-b)]$$
$$= 3b^2 - 4b + 1 \leqslant 0,$$

解得 $\dfrac{1}{3} \leqslant b \leqslant 1$,而 $0 \leqslant b \leqslant \dfrac{4}{3}$,所以 $\dfrac{1}{3} \leqslant b \leqslant 1$.

综合得 $0 \leqslant a \leqslant \dfrac{1}{3} \leqslant b \leqslant 1 \leqslant c \leqslant \dfrac{4}{3}$.

证法 2 $(x-a)(x-b)(x-c) = x^3 - x^2(a+b+c) + (ab+bc+ca)x - abc$,于是以 a,b,c 为根的三次方程为 $f(x) = x^3 - 2x^2 + x - abc$,则 $f'(x) = 3x^2 - 4x + 1$,两根分别为 $\dfrac{1}{3}$ 和 1,于是 $f(x)$ 的三根分别在 $\left(-\infty, \dfrac{1}{3}\right]$,$\left[\dfrac{1}{3}, 1\right]$,$[1, +\infty)$ 内.

而要使得三根存在,必须要有 $f\left(\dfrac{1}{3}\right) = \dfrac{4}{27} - abc \geqslant 0$,$f(1) = -abc \leqslant 0$,于是 $f(0) = -abc \leqslant 0$,$f\left(\dfrac{4}{3}\right) = \dfrac{4}{27} - abc \geqslant 0$,所以 $0 \leqslant a, c \leqslant \dfrac{4}{3}$,综合得 $0 \leqslant a \leqslant \dfrac{1}{3} \leqslant b \leqslant 1 \leqslant c \leqslant \dfrac{4}{3}$.

对比这两种证法,发现有相通之处,关键都是要判定三个根的大致范围.证法 1 中的 $3c^2 - 4c + 1$ 和证法 2 中的 $3x^2 - 4x + 1$ 本质一样,联想起解多项式不等式时,有一种常用的数轴标根法(俗称穿针引线法),思想也大致相同,只是求导方法更直接.如何将导数方法的思想渗透到初等数学方法中去,是一个值得研究的问题.

3.2.5 洛必达法则及其替代品

用微积分来处理一元二次函数,有点牛刀杀鸡,大材小用.但凡事也不是绝对的,有些问题不用微积分,还真不好说清楚.

对于二次函数 $y = ax^2 + bx + c\,(b^2 - 4ac > 0)$,当 $a = 0$ 时,其变为一次函数 $y = bx + c$,函数图像与 x 轴的交点也由两个变为一个.那么 $x = \dfrac{-b \pm \sqrt{b^2 - 4ac}}{2a}$ 又是如何变成 $x = -\dfrac{c}{b}$ 的呢? 二者的分母都不相同啊!

不妨设 $b > 0$,当 $a \to 0$ 时,$x = \dfrac{-b + \sqrt{b^2 - 4ac}}{2a}$ 属于 $\dfrac{0}{0}$ 型,按照洛必达法则,有

$$\lim_{a \to 0} x = \lim_{a \to 0} \frac{-b + \sqrt{b^2 - 4ac}}{2a} = \lim_{a \to 0} \frac{-4c}{2 \times 2\sqrt{b^2 - 4ac}} = -\frac{c}{b},$$

而 $\displaystyle\lim_{a \to 0} x = \lim_{a \to 0} \frac{-b - \sqrt{b^2 - 4ac}}{2a} = \lim_{a \to 0} \frac{-b}{a} = \infty$.

这说明,当 $a \to 0$ 时,二次函数 $y = ax^2 + bx + c$ 的一个解趋向于 $-\dfrac{c}{b}$,而另一个解趋向于无穷,弯曲的抛物线也逐渐趋向直线.

不使用洛必达法则也是可以的.

不妨设 $b > 0$,则 $\displaystyle\lim_{a \to 0} x = \lim_{a \to 0} \frac{-b - \sqrt{b^2 - 4ac}}{2a} = \lim_{a \to 0} \frac{-b}{a} = \infty$,而

$$\lim_{a \to 0} x = \lim_{a \to 0} \frac{-b + \sqrt{b^2 - 4ac}}{2a} = \lim_{a \to 0} \frac{(-b + \sqrt{b^2 - 4ac})(-b - \sqrt{b^2 - 4ac})}{2a(-b - \sqrt{b^2 - 4ac})}$$

$$= \lim_{a \to 0} \frac{2c}{-b - \sqrt{b^2 - 4ac}} = -\frac{c}{b}.$$

微积分初步下放到中学之后,又有很多新问题值得研究.譬如高等数学中有很多十分有用的工具,如洛必达法则,在中学却不能用,使得一些中学老师不知道如何与学生讲解.

证明:$\displaystyle\lim_{n \to \infty} (4^n - n^4) \to \infty$.

证法 1 $\displaystyle\lim_{n \to \infty} \frac{4^n - n^4}{4^n} = 1 - \lim_{n \to \infty} \frac{n^4}{4^n}$,多次使用洛必达法则可得 $\displaystyle\lim_{n \to \infty} \frac{4^n - n^4}{4^n} = 1 - \lim_{n \to \infty} \frac{n^4}{4^n} = $

1. 于是 $\lim\limits_{n\to\infty}(4^n - n^4) = \lim\limits_{n\to\infty}\dfrac{4^n - n^4}{4^n}\lim\limits_{n\to\infty}4^n \to \infty$.

此题涉及两个函数增长快慢的比较,用洛必达法则非常方便.

证法 2 设 $a_n = 4^n$, $b_n = n^4$, 显然 $a_4 = b_4$, $a_6 > 2b_6$. 假设 $n \geqslant 6$ 时, $a_n > 2b_n$, 那么 $a_{n+1} = 4a_n \geqslant 8b_n = 8\left(\dfrac{n}{n+1}\right)^4 b_{n+1} \geqslant 2b_{n+1}$, 其中 $\left(\dfrac{n}{n+1}\right)^4 \geqslant \dfrac{1}{4} \Leftrightarrow 2 \geqslant 1 + \dfrac{2}{n} + \dfrac{1}{n^2}$ 显然成立. 所以 $\lim\limits_{n\to\infty}(4^n - n^4) \geqslant \lim\limits_{n\to\infty} n^4 \to \infty$.

利用不等式放缩比较出两个函数增长的快慢.

证法 3 $\lim\limits_{n\to\infty}(4^n - n^4) = \lim\limits_{n\to\infty}(2^n - n^2)(2^n + n^2) \geqslant \lim\limits_{n\to\infty}(2C_n^1 + 2C_n^2 - n^2)(2^n + n^2) = \lim\limits_{n\to\infty} n(2^n + n^2) \to \infty$.

因式分解是中学中常用的招数,但我们也要注意到,如果题目中的 4 改成 3,此招就失效了.

不等式放缩在高等数学中是非常重要的,譬如证明: $\lim\limits_{n\to\infty}\sqrt[n]{n} = 1$.

证法 1 $\lim\limits_{n\to\infty}\sqrt[n]{n} = \lim\limits_{n\to\infty}\mathrm{e}^{\frac{\ln n}{n}} = \lim\limits_{x\to\infty}\mathrm{e}^{\frac{\ln x}{x}} = \mathrm{e}^{\lim\limits_{x\to\infty}\frac{\ln x}{x}} = \mathrm{e}^{\lim\limits_{x\to\infty}\frac{1}{x}} = \mathrm{e}^0 = 1$.

证法 2 由 $1^n \leqslant n$ 得 $1 \leqslant \sqrt[n]{n}$; 由 $n = \sqrt{n} \times \sqrt{n} \times \underbrace{1 \times 1 \times \cdots \times 1}_{n-2个} < \left(\dfrac{2\sqrt{n} + (n-2)}{n}\right)^n < \left(1 + \dfrac{2\sqrt{n}}{n}\right)^n$ 得 $\sqrt[n]{n} < 1 + \dfrac{2\sqrt{n}}{n}$. 所以 $1 \leqslant \sqrt[n]{n} < 1 + \dfrac{2\sqrt{n}}{n}$, 由夹逼准则得 $\lim\limits_{n\to\infty}\sqrt[n]{n} = 1$.

证法 1 是标准的高等数学证法,证法 2 虽然用到夹逼准则,但对于中学生而言,是很好理解和接受的.

3.2.6 十五岁的图灵如何推导级数形式的反正切公式

在很多科普书上,都有这样一个公式: $\dfrac{\pi}{4} = 1 - \dfrac{1}{3} + \dfrac{1}{5} - \dfrac{1}{7} + \cdots$. 此公式显然是将 $x = 1$ 代入 $\arctan(x) = x - \dfrac{x^3}{3} + \dfrac{x^5}{5} - \dfrac{x^7}{7} + \cdots$ 得到的. 那如何推导 $\arctan(x) = x - \dfrac{x^3}{3} + \dfrac{x^5}{5} - \dfrac{x^7}{7} + \cdots$? 有没有中学生能理解的方法?下面介绍数学家图灵在十五岁时所做的一个推导.

由二倍角公式 $\tan(2x) = \dfrac{2\tan x}{1 - \tan^2 x}$, 若设 $x = \arctan t$, 则 $\tan(2\arctan t) = \dfrac{2t}{1 - t^2} = 2t \cdot (1 + t^2 + t^4 + \cdots)$, 观察得 $\arctan x$ 为奇函数, 设为 $\arctan(x) = c_1 x + c_3 x^3 + c_5 x^5 + \cdots$.

根据 $2\arctan t = \arctan[2t(1 + t^2 + t^4 + \cdots)]$, 则
$$2(c_1 t + c_3 t^3 + \cdots) = c_1[2t(1 + t^2 + \cdots)] + c_3[2t(1 + t^2 + \cdots)]^3 + \cdots,$$
根据系数相等可得

$$c_1 = c_1,$$
$$c_3 = c_1 + 4c_3,$$
$$c_5 = c_1 + 12c_3 + 16c_5,$$
$$c_7 = c_1 + 24c_3 + 80c_5 + 64c_7.$$

这说明只要确定系数 c_1，之后的所有系数都将唯一确定．如何求 c_1，这需要用到经典结论：$\lim\limits_{x\to 0}\dfrac{\sin x}{x} = 1$（这通常用面积法直观求出），$\lim\limits_{x\to 0}\dfrac{\tan x}{x} = 1$，从而 $c_1 = \lim\limits_{x\to 0}\dfrac{\arctan(x)}{x} = 1$．继而求得 $c_3 = -\dfrac{1}{3}$，$c_5 = \dfrac{1}{5}$，$c_7 = -\dfrac{1}{7}$，$\cdots$，$\arctan(x) = x - \dfrac{x^3}{3} + \dfrac{x^5}{5} - \dfrac{x^7}{7} + \cdots$．

这个推导给我们很多启发：

① 要具有一定的观察能力，此题观察出 $\arctan x$ 为奇函数是关键．通常所说的奇函数有很多，譬如 $\sin x$ 就是奇函数，但表示为多项式形式的奇函数，则只有一种形式．将各种形式化归为一，这也正是泰勒展开式的价值所在．

② 从 $\tan(2x) = \dfrac{2\tan x}{1 - \tan^2 x}$ 到 $\tan(2\arctan t) = \dfrac{2t}{1 - t^2} = 2t \cdot (1 + t^2 + t^4 + \cdots)$，推导并不困难，继而得到 $2\arctan t = \arctan[2t(1 + t^2 + t^4 + \cdots)]$ 好像也是理所当然的，但问题是，你敢不敢将 $\arctan(x) = c_1 x + c_3 x^3 + c_5 x^5 + \cdots$ 代入？ 可以预见，这是一个异常复杂的式子，估计绝大多数人都会望而却步！ 这启示我们要敢于尝试，不要看到复杂式子就退缩．

③ 要有扎实的计算功底．代入之后，因为式子较复杂，所以找出系数之间的关系也需要有耐心，更细致．

④ 要熟悉一些经典结论：$\lim\limits_{x\to 0}\dfrac{\sin x}{x} = 1$，$\lim\limits_{x\to 0}\dfrac{\tan x}{x} = 1$．

3.2.7 从 $f(x+y) = f(x) + f(y)$ 说开去

在学习分数加法时，常有学生给出"$\dfrac{1}{2} + \dfrac{1}{3} = \dfrac{2}{5}$"这样的结果．这样的"经典算法"并不是个别的．还有一种更经典的分配律算法：$f(x+y) = f(x) + f(y)$．称其经典，是因为它几乎无处不在，贯穿于整个中小学数学教学．

当 $f(x) = x^n$ 时，即 $(x+y)^n = x^n + y^n$．具体地，当 $n = 2, \dfrac{1}{2}, -1$ 时，有 $(x+y)^2 = x^2 + y^2$，$\sqrt{x+y} = \sqrt{x} + \sqrt{y}$，$\dfrac{1}{x+y} = \dfrac{1}{x} + \dfrac{1}{y}$．

当 $f(x) = \sin x$ 时，即 $\sin(x+y) = \sin x + \sin y$．

当 $f(x) = a^x$ 时，即 $a^{x+y} = a^x + a^y$．

当 $f(x)=\log_a x$ 时,即 $\log_a(x+y)=\log_a x+\log_a y$.

面对这些错误,老师是马上纠正,还是让他们错下去呢? 其实无妨让他们再错下去.

如果 $(x+y)^n=x^n+y^n$,当 $x=y=1,n=2$ 时,则易推出 $4=2$.

如果 $\sin(x+y)=\sin x+\sin y$,当 $x=y=\dfrac{\pi}{2}$ 时,则易推出 $0=2$.

如果 $a^{x+y}=a^x+a^y$,当 $a=2,x=y=\dfrac{1}{2}$ 时,则易推出 $1=\sqrt{2}$.

如果 $\log_a(x+y)=\log_a x+\log_a y$,当 $a=2,x=y=1$ 时,则易推出 $\log_a 2=0(1=2)$,甚至是 $\log_a n=0$.

依照上面的推论,会得到一个十分荒谬的连等式: $0=1=\sqrt{2}=2=4=\log_a n$.

得到这样的结论,学习者肯定记忆深刻,下次不会再犯这样的毛病.

对于 $f(x+y)=f(x)+f(y)$,令 $y=0,f(x)=f(x)+f(0)$ 得 $f(0)=0$.再令 $x=-y$, $0=f(0)=f(x)+f(-x)$,于是 $f(-x)=-f(x)$,可得 $f(x)$ 是奇函数.

如果假定 $f(x)$ 是连续函数,且满足 $f(x+y)=f(x)+f(y)$,那么 $f(x)=cx$,其中 c 为常数.

略证 归纳可得 $\forall n\in\mathbf{N},x\in\mathbf{R}$,有 $f(nx)=nf(x)$.对于非负有理数 $x=\dfrac{m}{n}$ $(m\in\mathbf{N},n\in\mathbf{N}^*)$,有 $nf(x)=f(nx)=f(m)=f(m\times 1)=mf(1)$,即 $f(x)=f(1)x$,记 $f(1)=c$,则 $f(x)=cx$;当 x 为负有理数时,亦有 $f(x)=cx$.对于无理数 x,取以 x 为极限的有理数列 $\{r_n\}$,$f(x)=f(\lim_{n\to\infty}r_n)=\lim_{n\to\infty}f(r_n)=\lim_{n\to\infty}(cr_n)=cx$.

> 读大一时,张景中在解析几何教科书上看到函数方程 $f(x+y)=f(x)+f(y)$ 的连续解只有 $f(x)=cx$,想到一个确定它全部解的方法,写成论文,居然顺利地在《数学进展》刊出.没多久,《数学进展》编辑部来信说,读者来信问:关于这个结果,前人有哪些工作? 并指出研究者在发表自己的成果之前,应当了解别人已经做出了什么,才是负责的态度.收到信后,张景中查阅资料发现,早在 1920 年,德国的哈默尔已经做了这个工作,只好复信致歉.后来华罗庚的学生邵品琮告诉张景中,这位"读者"便是华罗庚先生,他是《数学进展》的主编,但刊物出版后他才看到.他让编辑部给张景中写这封信的用意,是促使他明白科学研究的入门规矩.回忆起这段往事,张景中说:"通过此事,我深深地明白,学术研究,不但要想得多,还得读得多."
>
> (参看《师从张景中》第 171 页)

证明从自然数扩展到有理数,由有理数扩展到无理数,确保定理在整个实数域都成立.这样的思路是常见的,譬如证明长方形的面积公式.

长方形的面积公式也需要证明吗？在小学,我们学习了平行四边形的面积等于底乘以高,证明方式就是通过切割将平行四边形割补成一个长方形.但长方形的面积公式如何而来,却没有说明!

要想理解自然数,就必须理解单位1.

一筐苹果有多少个？这个问题很容易回答.因为苹果有着天然的单位.

但问一间房有多大？这就要难很多.因为面积没有天然的单位.

首先要建立单位面积的概念,假设选取边长为1的正方形面积作为单位面积.至于边长是1米或是1厘米,这都不是数学关心的,米和厘米都是物理概念.

如果一个长方形长为3,宽为2,也就是刚好可以拿6个单位正方形不重不漏地铺满,这说明该长方形面积是 $3 \times 2 = 6$.

如果长方形长为3.5,宽为2,此时你还拿着单位正方形去铺这个长方形,怎么也做不到不重不漏地铺满.这时可以先将单位正方形进一步均分成 $10 \times 10 = 100$ 个小正方形.然后拿着这些小正方形去不重不漏地铺满该长方形,我们发现需要 $35 \times 20 = 700$ 个小正方形,而该长方形的面积则为 $35 \times 20 \times 0.01 = 7$.这说明经过细分之后,长方形的面积还是可通过数小正方形的个数来解决.

如果长方形长为 $\sqrt{2}$,宽为2,那么再怎么细分也得不到准确的答案.但这不代表上面的细分法就完全失效了,因为越细分,所得答案离精确值越接近.可以给出一组分数来逼近 $\sqrt{2}$:
$\frac{1}{1}, \frac{3}{2}, \frac{7}{5}, \frac{17}{12}, \frac{41}{29}, \cdots$. 规律是前一个分数若是 $\frac{m}{n}$,后一个分数则为 $\frac{m+2n}{m+n}$.

结合日常生活中,我们对长方形大小认识的朴素看法,总结出以下性质:

性质1 $S(1,1) = 1$,即建立单位正方形,作为衡量面积大小的标准.

性质2 $S(a,b) = S(b,a)$,即把长方形旋转 $90°$,或者说,把长看成宽,宽看成长,长方形面积不变.

性质3 $S(a_1 + a_2, b) = S(a_1, b) + S(a_2, b)$ 或 $S(a, b_1 + b_2) = S(a, b_1) + S(a, b_2)$,即把长方形分割成两个小长方形,长方形面积等于分割后两个小长方形的面积之和.

利用这三点性质,可推出长方形面积公式 $S(a,b) = ab$ 对所有实数都成立.

① 假设 m 和 n 是正整数.
$$S(m,n) = S(\underbrace{1 + 1 + \cdots + 1}_{m\uparrow}, n) = mS(1,n)$$
$$= mS(1, \underbrace{1 + 1 + \cdots + 1}_{n\uparrow}) = mnS(1,1) = mn.$$

② 假设 m, n, p, q 是正整数.
$$1 = S(1,1) = S(\underbrace{\frac{1}{m} + \frac{1}{m} + \cdots + \frac{1}{m}}_{m\uparrow}, 1) = mS(\frac{1}{m}, 1)$$

$$= mS\left(\frac{1}{m}, \underbrace{\frac{1}{n} + \frac{1}{n} + \cdots + \frac{1}{n}}_{n\uparrow}\right) = mnS\left(\frac{1}{m}, \frac{1}{n}\right),$$

于是 $S\left(\frac{1}{m}, \frac{1}{n}\right) = \frac{1}{mn}$. 而 $S\left(\frac{p}{m}, \frac{q}{n}\right) = pS\left(\frac{1}{m}, \frac{q}{n}\right) = pqS\left(\frac{1}{m}, \frac{1}{n}\right) = \frac{p}{m} \times \frac{q}{n}$.

③ 假设 a, b 是非负实数,根据实数理论可以找到两组有理数逼近,即 $a_n \to a$, $b_n \to b$. $S(a_n, b_n) = a_n b_n$,而 $S(a_n, b_n) \to S(a, b)$,即 $a_n b_n \to ab$.

长方形的面积公式很基础,也很重要.除了处理平行四边形外,三角形的面积要转化为长方形来处理,甚至其他的曲边多边形也要转化成长方形.回忆微积分教材上求曲边多边形的面积时,要将之分割成若干狭长长条来处理就好了.

3.2.8　对开方迭代式的认识过程

大学时,数学分析和数值计算等多门课,都出现了通过迭代的方法求平方根的问题:

设 K 是正整数,任取正数 x_1,作序列 $x_{n+1} = \frac{1}{2}\left(x_n + \frac{K}{x_n}\right)$,则 $\lim\limits_{n \to \infty} x_n = \sqrt{K}$.

对于数学式子,笔者总习惯取一些特殊值来帮助理解,譬如令 $K = 2$, $x_1 = 1$,那么 $x_2 = \frac{1}{2}\left(1 + \frac{2}{1}\right) = 1.5$,显然 x_2 比 x_1 更接近 $\sqrt{2}$.接下来,$x_3 \approx 1.4166$, $x_4 \approx 1.4142$, $\cdots$.

概括而言,给出 x_1(不妨设 $x_1 < \sqrt{k}$),那么 $\frac{K}{x_1} > \sqrt{K}$,取平均之后就更接近 $\sqrt{2}$.

笔者曾用 C 语言编程,也用几何画板探究过此迭代式,感觉很有意思.但也在更改初值时发现所谓的"概括而言"存在问题.假设 $K = 2$, $x_1 = 0.1$,那么 $x_2 = \frac{1}{2}\left(0.1 + \frac{2}{0.1}\right) = 10.05$, x_2 反倒比 x_1 更远离 $\sqrt{2}$ 了.不过马上又转了风向,$x_3 \approx 5.1245$, $x_4 \approx 2.7574$, $x_5 \approx 1.7413$, $x_6 \approx 1.4449$, $x_7 \approx 1.4145$, $x_8 \approx 1.4142$, $\cdots$.

为什么会出现远离? 考究上述迭代式的来源,是牛顿迭代法 $x_{n+1} = x_n - \frac{f(x_n)}{f'(x_n)}$ 的特殊情形:设 $f(x) = x^2 - K$, $x_{n+1} = x_n - \frac{x_n^2 - K}{2x_n} = \frac{1}{2}\left(x_n + \frac{K}{x_n}\right)$.而出现远离,是因为初值使得处于分母位置的 $f'(x_n) \to 0$.

牛顿迭代法最早由牛顿于 1671 年在《流数法》(*Method of Fluxions*)中完成,在牛顿去世后的 1736 年公开发表.图 3.12 所示动画直观展示了牛顿迭代法(百度搜索"对开方迭代式的认识过程",可在彭翁成新浪博客中查看动画).

如果对初值取负值又如何? 显然只要每一项前面加负号即可,$x_n \to -\sqrt{2}$.下面分析初值为正的情形.

$$\frac{x_{n+1} - \sqrt{K}}{x_{n+1} + \sqrt{K}} = \frac{\frac{1}{2}\left(x_n + \frac{K}{x_n}\right) - \sqrt{K}}{\frac{1}{2}\left(x_n + \frac{K}{x_n}\right) + \sqrt{K}} = \left(\frac{x_n - \sqrt{K}}{x_n + \sqrt{K}}\right)^2 = \left(\frac{x_1 - \sqrt{K}}{x_1 + \sqrt{K}}\right)^{2^n},$$

因为 $\left|\dfrac{x_1 - \sqrt{K}}{x_1 + \sqrt{K}}\right| < 1$，所以 $\lim\limits_{n \to \infty}\left(\dfrac{x_1 - \sqrt{K}}{x_1 + \sqrt{K}}\right)^{2^n} = 0, \lim\limits_{n \to \infty} x_n = \sqrt{K}.$

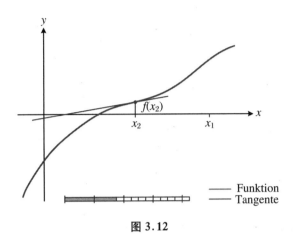

图 3.12

4 ▸ 线 性 代 数

4.1 线性组合和线性无关

4.1.1 漫谈线性组合

线性组合是高等代数中的重要概念,定义为一些抽象的向量各自乘上一个标量后再相加.听起来有点抽象,结合具体问题就好懂了.数学中的问题,题目条件都是明确给出的,解决问题需要将题目给出的条件进行"组合",组合的方式很多,最简单的就是"线性组合".本小节将以一些有趣的案例介绍线性组合在中学数学中的应用,让大家感受到高等数学的概念在中学数学中也有广泛的应用.

首先我们来看几个趣味性的问题.看似像脑筋急转弯,但从数学角度思考更清楚一些.

例 1 煮一个鸡蛋要 15 分钟,现在用两个计时器,一个是 7 分钟,另一个是 11 分钟,问最简单的定时方法是什么?

解 单只用一个计时器显然不行.那该如何组合为好? 假设 7 分钟的计时器用 x 次,11 分钟的计时器用 y 次,需要计时 15 分钟,可列方程 $7x + 11y = 15$,转化成方程就好下手多了,容易看出 $x = -1, y = 2$.

也许有人会质疑:x, y 不要求为非负整数么? 怎么可能为负! $x = -1, y = 2$ 作为 $7x + 11y = 15$ 的一组解肯定是没问题的,下面我们给出实际意义上的解释.同时启动两个计时器,7 分钟计时器走完时开始煮蛋,那么当 11 分钟计时器走完时,鸡蛋已经煮了 4 分钟,再次启动 11 分钟计时器,则可煮熟鸡蛋.

细心的朋友可能注意到:题目问的是"最简单的定时方法",那是不是意味着还有复杂一点的定时方法呢? 这就归结于求 $7x + 11y = 15$ 整数解的问题了.显然 $x = -12, y = 9$ 和

$x=21,y=-12$ 也满足条件.前者的实际意义是同时启动两个计时器,走完之后马上重新开启,当 7 分钟计时器使用 12 次之后开始煮鸡蛋,11 分钟计时器使用 9 次后鸡蛋煮熟.

一些书上记录例 1,是用沙漏代替计时器,还特别注明在古代没钟表时确实有人这样计时.而在中国古代除了用沙漏,有时也用燃香来计时.

例2 两根一样的香,都是 1 小时燃完.怎样用这两根香确定 45 分钟?

解 首先分析:一根香能做什么? 显然能确定 60 分钟.其实此题还蕴含一个条件就是允许两头同时点,这样一根香还能确定 30 分钟.而要求的是 45 分钟,容易想到:$(60+30)/2=45$.

这可解释为:两根香同时点,其中一根点一头,另外一根两头点,两头点的燃完时就是 30 分钟,此时点一头的那根也是燃了 30 分,把它的另外一端也点着,等燃完时就是 15 分钟.

例3 有一人去店里买酒,明知店里只有两个舀勺,分别能舀七两和十一两酒,却硬要老板给他二两,老板在两个勺子中将酒倒来倒去.竟真倒出二两酒来.你能写出过程吗?

这是网友在脑筋急转弯的书上看到的一题,他很想知道这个答案是如何想到的.书上给出的解答是:先用十一两勺打满,用这个满的十一两勺去装满七两勺,这样,十一两勺中就剩四两,把七两勺倒掉,把十一两勺中的四两倒到七两勺中,再把十一两勺打满,然后用这个满的十一两勺去装满七两勺,只用三两就可以装满,十一两勺中就剩八两.把七两勺中的倒掉,用剩八两的十一两勺去装满七两勺,这样十一两勺中就剩一两了.两次这样的操作就可以了.

答案所述方法,文字很长,很容易将人弄晕.即使看懂了,也不知为何是这样的.数学的精妙此时就体现出来了.$7x+11y=1$,则存在一组解 $x=-3,y=2$.

需要强调,这只是从理论上可行,实际操作可能会麻烦些.如果另外还能提供一个大缸,就好办了.先两次用十一两勺倒酒到缸里,再用三次七两勺从缸里倒酒出来,此时缸里剩一两.

短短一行式子等价于上述繁冗的文字,只是一个简单的线性方程求整数解问题.弄清了这一点,就容易给出一个更直接的解法:$7x+11y=2$,则存在一组解 $x=5,y=-3$.

例4 某国家只发行面值 2 元和 5 元的货币.问可以支付哪些钱数(允许找零)?

直观思路解法:支付 1 元,用 $5-2\times2$;支付 2 元,直接用 2;支付 3 元,用 $5-2$;支付 4 元,用 2×2;支付 5 元,直接用 5.这样就可以付 1~5 元.加上 5 之后,可以应付 6~10 元.以此类推,可应付任意的数目.

解 线性组合解法:因为 2 和 5 互素,那么存在 m 和 n,使得 $2m+5n=1$,两边同乘以 k,则 $2mk+5nk=k$,说明任意 k 元都可以用 2 元和 5 元的货币来表示.

注意此处 2 和 5 互素的条件,如果发行的是面值 2 元和 4 元的货币,那就麻烦了,偶数的组合永远是偶数,那么无法表示奇数的数目.

例5 设分数 $\dfrac{n-13}{5n+6}$ 不是最简分数,那么正整数 n 的最小值是多少?

解 因为分数 $\dfrac{n-13}{5n+6}$ 不是最简分数,必然存在整数 $a>1$,使得 $a\mid n-13$,$a\mid 5n+6$,则 a 整除 $n-13$ 和 $5n+6$ 的线性组合,即 $a\mid[6(n-13)+13(5n+6)]$,也即 $a\mid 71n$.若 $a\mid n$,则 $a\mid 13$,$a\mid 6$,得 $a=1$,矛盾,所以 $(a,n)=1$,$a=71$.而 $a\mid n-13$,得 n 的最小值是 84.

例6 某竞赛资料上有这样一道数论题:已知 x 和 y 都是整数,求证:$17\mid 2x+3y\Leftrightarrow$ $17\mid 9x+5y$.

资料上所提供的参考答案是:若 $17\mid 2x+3y$,则 $17\mid 13(2x+3y)$,即 $17\mid 26x+39y$,所以 $17\mid 9x+5y$.若 $17\mid 9x+5y$,则 $17\mid 4(9x+5y)$,即 $17\mid 36x+20y$,所以 $17\mid 2x+3y$.

而运用线性组合的思想,显得更简洁明了.由 $17\mid[13(2x+3y)-(9x+5y)]$ 得 $17\mid 2x+3y$ $\Leftrightarrow 17\mid 9x+5y$.

例7 求 119 和 21 的最大公因式.

解 利用辗转相除法,即 $119=21\cdot5+14$,$21=14\cdot1+7$,$14=7\cdot2$,所以 $7=21-14=$ $21-(119-5\cdot21)=6\cdot21-119$,实质就是以 119 和 21 为基底线性表示 7.

例8 求方程 $\sqrt{x^2+x+1}+\sqrt{2x^2+x+5}=\sqrt{x^2-3x+13}$ 的实数解.

这道题要说难,确实有一定难度,因为涉及三个根式.要说容易,则是可以按照一般思路求解,无须花费时间去想如何下手.

解 一般解法如下:

$$\sqrt{2x^2+x+5}=\sqrt{x^2-3x+13}-\sqrt{x^2+x+1},$$
$$2x^2+x+5=14-2x+2x^2-2\sqrt{x^2-3x+13}\sqrt{x^2+x+1},$$
$$2\sqrt{x^2-3x+13}\sqrt{x^2+x+1}=9-3x,$$
$$4x^4-8x^3+44x^2+40x+52=9x^2-54x+81,$$
$$4x^4-8x^3+35x^2+94x-29=0,$$
$$(2x^2-7x+29)(2x^2+3x-1)=0,$$

$2x^2-7x+29=0$ 无解,$2x^2+3x-1=0$ 的解为 $x=\dfrac{-3\pm\sqrt{17}}{4}$.

如果将 $\sqrt{x^2+x+1}+\sqrt{2x^2+x+5}=\sqrt{x^2-3x+13}$ 中的 13 改成 14,即 $\sqrt{x^2+x+1}+$ $\sqrt{2x^2+x+5}=\sqrt{x^2-3x+14}$,看似是微小改动,但题目难度发生天翻地覆的变化.留与读

者思考.

有人说,此题有巧解,关键在于观察出:$-7(x^2+x+1)+4(2x^2+x+5)=x^2-3x+13$.

另解 设 $\sqrt{x^2+x+1}=a$,$\sqrt{2x^2+x+5}=b$,$\sqrt{x^2-3x+13}=c$,则有 $a+b=c$.而 $-7(x^2+x+1)+4(2x^2+x+5)=x^2-3x+13$,即 $-7a^2+4b^2=(a+b)^2$,也即 $3b^2-2ab-8a^2=0$,解得 $b=2a$,$3b+4a=0$.显然 $3b+4a=0$ 无解,而 $\sqrt{2x^2+x+5}=2\sqrt{x^2+x+1}$,解得 $x=\dfrac{-3\pm\sqrt{17}}{4}$.

观察要靠巧劲,有时也靠点运气.要想扎扎实实百发百中,还得用到线性组合.设 $m(x^2+x+1)+n(2x^2+x+5)=x^2-3x+13$,根据系数相等,得 $\begin{cases} m+2n=1 \\ m+n=-3 \\ m+5n=13 \end{cases}$.一般来说,

前两个方程就可以解出 m 和 n,加上第三个方程,反而容易导致方程无解.但此处前两个方程解出的 $m=-7$ 和 $n=4$ 恰好满足第三个方程.这就说明了题目所构造的数据是相当巧的,极有可能先把 m 和 n 定下来,最后再确定 $m+5n=13$ 这个式子.了解到这一点,解题思路将变得清晰,还可以编造很多类似的题目,譬如将题目改成:求解 $\sqrt{x^2+x+1}+\sqrt{2x^2+x+3}=\sqrt{x^2-3x+5}$,求得答案也更简单,$x=-1$ 或 $x=-\dfrac{1}{2}$.

关于线性组合更深入的探究,请参看高等代数方面的资料,尤其推荐李尚志先生的《线性代数》.

例9 是否存在多项式 $a(x)$,$b(x)$,$c(y)$,$d(y)$,使得 $1+xy+x^2y^2=a(x)c(y)+b(x)d(y)$ 成立?(2003 年美国普特南数学竞赛题)

解 假设存在,那么当 $y=-1,0,1$ 时,$1-x+x^2$,1,$1+x+x^2$ 可以用 $a(x)$ 和 $b(x)$ 线性表示.$1-x+x^2$,1,$1+x+x^2$ 构成线性无关组,有三个维度,而多项式 $a(x)$,$b(x)$ 由 $\{1,x,x^2,\cdots\}$ 为基构成,顶多只有两个维度,所以 $1-x+x^2$,1,$1+x+x^2$ 不能全部由 $a(x)$,$b(x)$ 表示,假设不成立,符合题意的多项式不存在.

4.1.2 已知根式解 寻求原方程[①]

原问题:请找出一个整系数多项式方程,使得 $\sqrt{2}+\sqrt{3}$ 是它的一个根.

我们若没有把握解决一个难题,可尝试解决一些小问题,以此获得启发.

小问题 1 请找出一个整系数多项式方程,使得 $\sqrt{2}$ 是它的一个根.

---

① 本问题和程汉波合作完成.

分析 首先有一点基本常识,$ax + b = 0$ 这样的方程不可能产生 $\sqrt{2}$ 这样的解,同样,$ax^2 + bx + c = 0$ 也不可能产生 $\sqrt[3]{2}$ 这样的解,因为 $\sqrt[3]{2}$ 至少要三次多项式方程才可能产生这样的解.高次方程可有低次方根,但低次方程不可能存在高次方根.

要使方程有 $\sqrt{2}$ 这样的解,可转化为方程含有 $x - \sqrt{2}$ 这样的因式,考虑到题目要求是整系数,那么只需将之配对,利用平方差公式去掉根号即可.$(x - \sqrt{2})(x + \sqrt{2}) = x^2 - 2$,则 $x^2 - 2 = 0$ 就是整系数多项式方程,而 $\sqrt{2}$ 是它的一个根.

类比可得,将 $x - \sqrt{2} - \sqrt{3}$ 配对去掉根号,但仅配对一个式子 $x - \sqrt{2} + \sqrt{3}$ 是不够的,只能消去 $\sqrt{3}$,而不能消去 $\sqrt{2}$,于是我们需要更多的式子与之配对.

解法 1

$$(x + \sqrt{2} + \sqrt{3})(x + \sqrt{2} - \sqrt{3})(x - \sqrt{2} + \sqrt{3})(x - \sqrt{2} - \sqrt{3})$$
$$= [(x + \sqrt{2})^2 - 3][(x - \sqrt{2})^2 - 3] = x^4 - 10x^2 + 1.$$

显然整系数多项式方程 $x^4 - 10x^2 + 1 = 0$ 是符合题意的.

根据分析,只需二次多项式 $x^2 - 2$ 就能产生 $x - \sqrt{2}$ 这样的因式.那么 $x - \sqrt{2} - \sqrt{3}$ 一定要四次多项式才能产生吗?上面的分析是一次平方消去一个根号,消去两个根号就需要四次多项式.

小问题 2 请找出一个整系数多项式方程,使得 $2 + \sqrt{3}$ 是它的一个根.

分析 设 $x = 2 + \sqrt{3}$,如果两边直接平方,那么右边还会产生根号;再平方,仍然如此.解决方法有二:

方法 1 移项再平方.我们的"敌人"是根号,要想办法孤立"敌人".将 $x = 2 + \sqrt{3}$ 转化为 $x - 2 = \sqrt{3}$,平方后 $(x - 2)^2 = 3$,化简得 $x^2 - 4x + 1 = 0$.

于是可得原题的解法 2:

解法 2 $x = \sqrt{2} + \sqrt{3}$,则 $x - \sqrt{2} = \sqrt{3}$,$x^2 + 2 - 2\sqrt{2}x = 3$,$(x^2 - 1)^2 = (2\sqrt{2}x)^2$,得 $x^4 - 10x^2 + 1 = 0$.

方法 2 直接平方,再线性组合消去.$x^2 = 7 + 4\sqrt{3}$,其中含有 $\sqrt{3}$,将 $x^2 = 7 + 4\sqrt{3}$ 与 $x = 2 + \sqrt{3}$ 线性组合即可消去.显然有 $x^2 - 4x + 1 = 0$.

也许有人会有顾虑,原来 x 含有 $\sqrt{3}$,平方之后会不会含有 $\sqrt{2}$,$\sqrt{5}$ 之类,以致无法线性组合消去.这种顾虑是多余的,$a + b\sqrt{3}$ 型的式子,相乘或相加,还是形如 $a + b\sqrt{3}$.这也是数域的封闭性.

于是可得原题的解法 3:

解法 3 设 $x = \sqrt{2} + \sqrt{3}$,则 $x^2 = 5 + 2\sqrt{6}$,$x^3 = 11\sqrt{2} + 9\sqrt{3}$,$x^4 = 49 + 20\sqrt{6}$,将上述式

子写成以 $\{1,\sqrt{2},\sqrt{3},\sqrt{6}\}$ 为基底的形式,则 $1,x,x^2,x^3,x^4$ 可表示为基底的线性组合,其组合系数分别构成向量

$$\boldsymbol{\alpha}_0=\begin{pmatrix}1\\0\\0\\0\end{pmatrix},\quad \boldsymbol{\alpha}_1=\begin{pmatrix}0\\1\\1\\0\end{pmatrix},\quad \boldsymbol{\alpha}_2=\begin{pmatrix}5\\0\\0\\2\end{pmatrix},\quad \boldsymbol{\alpha}_3=\begin{pmatrix}0\\11\\9\\0\end{pmatrix},\quad \boldsymbol{\alpha}_4=\begin{pmatrix}49\\0\\0\\20\end{pmatrix}.$$

由于 $\boldsymbol{\alpha}_0,\boldsymbol{\alpha}_1,\boldsymbol{\alpha}_2,\boldsymbol{\alpha}_3,\boldsymbol{\alpha}_4$ 有五个向量,但都是四维的,因此必线性相关.下面我们用矩阵的初等行变换(高斯消去法)求 $\boldsymbol{\alpha}_0,\boldsymbol{\alpha}_1,\boldsymbol{\alpha}_2,\boldsymbol{\alpha}_3,\boldsymbol{\alpha}_4$ 的极大线性无关组:

$$(\boldsymbol{\alpha}_0\quad \boldsymbol{\alpha}_1\quad \boldsymbol{\alpha}_2\quad \boldsymbol{\alpha}_3\quad \boldsymbol{\alpha}_4)=\begin{pmatrix}1&0&5&0&49\\0&1&0&11&0\\0&1&0&9&0\\0&0&2&0&20\end{pmatrix}\rightarrow\begin{pmatrix}1&0&5&0&49\\0&1&0&11&0\\0&0&0&-2&0\\0&0&2&0&20\end{pmatrix}$$

$$\rightarrow\begin{pmatrix}1&0&5&0&49\\0&1&0&11&0\\0&0&2&0&20\\0&0&0&-2&0\end{pmatrix}\rightarrow\begin{pmatrix}1&0&5&0&49\\0&1&0&11&0\\0&0&1&0&10\\0&0&0&-2&0\end{pmatrix}$$

$$\rightarrow\begin{pmatrix}1&0&0&0&-1\\0&1&0&11&0\\0&0&1&0&10\\0&0&0&-2&0\end{pmatrix}\rightarrow\begin{pmatrix}1&0&0&0&-1\\0&1&0&11&0\\0&0&1&0&10\\0&0&0&1&0\end{pmatrix}$$

$$\rightarrow\begin{pmatrix}1&0&0&0&-1\\0&1&0&0&0\\0&0&1&0&10\\0&0&0&1&0\end{pmatrix}.$$

至此,我们发现,$\boldsymbol{\alpha}_0,\boldsymbol{\alpha}_1,\boldsymbol{\alpha}_2,\boldsymbol{\alpha}_3$ 为 $\boldsymbol{\alpha}_0,\boldsymbol{\alpha}_1,\boldsymbol{\alpha}_2,\boldsymbol{\alpha}_3,\boldsymbol{\alpha}_4$ 的极大线性无关组,这说明少于 4 次的多项式方程是不可能满足要求的.而 $\boldsymbol{\alpha}_4=10\boldsymbol{\alpha}_2-\boldsymbol{\alpha}_0$,两端同时左乘基底向量 $(1,\sqrt{2},\sqrt{3},\sqrt{6})$,则得到 $x^4=10x^2-1$,即 $x^4-10x^2+1=0$ 为满足题意且次数最低的整系数多项式方程.

解决了原问题,我们可进一步挑战难度.

请找出一个整系数多项式方程,使得 $\sqrt{2}+\sqrt[3]{3}$ 是它的一个根.

遇到二次根式,可平方解决.遇到三次根式,需要三次方才可解决.根据前面的分析,我们可以将这两个"敌人"分化处理.

解法 1 $x=\sqrt{2}+\sqrt[3]{3}$,则 $x-\sqrt{2}=\sqrt[3]{3}$,立方得 $x^3-3\sqrt{2}x^2+6x-2^{\frac{3}{2}}=3$,移项平方得

$(x^3 + 6x - 3)^2 = (3\sqrt{2}x^2 + 2^{\frac{3}{2}})^2$,展开得 $x^6 + 12x^4 - 6x^3 + 36x^2 - 36x + 9 = 18x^4 + 8 + 24x^2$,

即 $x^6 - 6x^4 - 6x^3 + 12x^2 - 36x + 1 = 0$.

解法 2 设 $x = \sqrt{2} + \sqrt[3]{3}$,则

$$x^2 = 2 + 2\sqrt{2} \cdot 3^{\frac{1}{3}} + 3^{\frac{2}{3}},$$

$$x^3 = 3 + 2\sqrt{2} + 6 \cdot 3^{\frac{1}{3}} + 3\sqrt{2} \cdot 3^{\frac{2}{3}},$$

$$x^4 = 4 + 12\sqrt{2} + 3 \cdot 3^{\frac{1}{3}} + 8\sqrt{2} \cdot 3^{\frac{1}{3}} + 12 \cdot 3^{\frac{2}{3}},$$

$$x^5 = 60 + 4\sqrt{2} + 20 \cdot 3^{\frac{1}{3}} + 15\sqrt{2} \cdot 3^{\frac{1}{3}} + 3 \cdot 3^{\frac{2}{3}} + 20 \cdot \sqrt{2} \cdot 3^{\frac{2}{3}},$$

$$x^6 = 17 + 120\sqrt{2} + 90 \cdot 3^{\frac{1}{3}} + 24\sqrt{2} \cdot 3^{\frac{1}{3}} + 60 \cdot 3^{\frac{2}{3}} + 18 \cdot \sqrt{2} \cdot 3^{\frac{2}{3}}.$$

将上述式子写成 $\{1, \sqrt{2}, 3^{\frac{1}{3}}, \sqrt{2} \cdot 3^{\frac{1}{3}}, 3^{\frac{2}{3}}, \sqrt{2} \cdot 3^{\frac{2}{3}}\}$ 为基底的形式,则 $1, x, x^2, x^3, x^4, x^5, x^6$ 可表示为基底的线性组合,其组合系数分别构成向量

$$\boldsymbol{\alpha}_0 = \begin{pmatrix} 1 \\ 0 \\ 0 \\ 0 \\ 0 \\ 0 \end{pmatrix}, \quad \boldsymbol{\alpha}_1 = \begin{pmatrix} 0 \\ 1 \\ 1 \\ 0 \\ 0 \\ 0 \end{pmatrix}, \quad \boldsymbol{\alpha}_2 = \begin{pmatrix} 2 \\ 0 \\ 0 \\ 2 \\ 1 \\ 0 \end{pmatrix}, \quad \boldsymbol{\alpha}_3 = \begin{pmatrix} 3 \\ 2 \\ 6 \\ 0 \\ 0 \\ 3 \end{pmatrix}, \quad \boldsymbol{\alpha}_4 = \begin{pmatrix} 4 \\ 12 \\ 3 \\ 8 \\ 12 \\ 0 \end{pmatrix}, \quad \boldsymbol{\alpha}_5 = \begin{pmatrix} 60 \\ 4 \\ 20 \\ 15 \\ 3 \\ 20 \end{pmatrix}, \quad \boldsymbol{\alpha}_6 = \begin{pmatrix} 17 \\ 120 \\ 90 \\ 24 \\ 60 \\ 18 \end{pmatrix}.$$

由于 $\boldsymbol{\alpha}_0, \boldsymbol{\alpha}_1, \boldsymbol{\alpha}_2, \boldsymbol{\alpha}_3, \boldsymbol{\alpha}_4, \boldsymbol{\alpha}_5, \boldsymbol{\alpha}_6$ 有 7 个向量,但都是六维的,因此必线性相关,与前文类似,我们可以利用矩阵的初等行变换求得 $\boldsymbol{\alpha}_0, \boldsymbol{\alpha}_1, \boldsymbol{\alpha}_2, \boldsymbol{\alpha}_3, \boldsymbol{\alpha}_4, \boldsymbol{\alpha}_5$ 为 $\boldsymbol{\alpha}_0, \boldsymbol{\alpha}_1, \boldsymbol{\alpha}_2, \boldsymbol{\alpha}_3, \boldsymbol{\alpha}_4, \boldsymbol{\alpha}_5, \boldsymbol{\alpha}_6$ 的极大线性无关组,且 $\boldsymbol{\alpha}_6 = \boldsymbol{\alpha}_0 + 36\boldsymbol{\alpha}_1 - 12\boldsymbol{\alpha}_2 + 6\boldsymbol{\alpha}_3 + 6\boldsymbol{\alpha}_4$,两端同时左乘基底向量 $(1, \sqrt{2}, 3^{\frac{1}{3}}, \sqrt{2} \cdot 3^{\frac{1}{3}}, 3^{\frac{2}{3}}, \sqrt{2} \cdot 3^{\frac{2}{3}})$,则得到 $x^6 = 6x^4 + 6x^3 - 12x^2 + 36x - 1$,即 $x^6 - 6x^4 - 6x^3 + 12x^2 - 36x + 1 = 0$ 为满足题意且次数最低的整系数多项式方程.

事实上,此题曾作为 2009 年清华大学自主招生数学试题第 2 题:试求出一个整系数多项式 $f(x) = a_n x^n + a_{n-1} x^{n-1} + \cdots + a_0$,使得方程 $f(x) = 0$ 有一根为 $\sqrt{2} + \sqrt[3]{3}$.

题目给出了表达式 $f(x) = a_n x^n + a_{n-1} x^{n-1} + \cdots + a_0$,可见 $x^n, x^{n-1}, \cdots, 1$ 这些基底就是现成的,我们只需要找到合适的系数,消去根号就行.

利用上述方法,我们来解决一般情形.

设 $m, n, p, q \geqslant 2$,且 $m, n, p, q \in \mathbf{N}$,试找出一个整系数多项式方程,使得 $\sqrt[m]{p} + \sqrt[n]{q}$ 是它的一个根.

解 设 $x = \sqrt[m]{p} + \sqrt[n]{q}$,据此依次算出 $x^2, x^3, \cdots, x^{mn-1}, x^{mn}$ 的值,易知每一项值都是 1, $p^{\frac{1}{m}}, p^{\frac{2}{m}}, \cdots, p^{\frac{m-1}{m}}; q^{\frac{1}{n}}, p^{\frac{1}{m}} q^{\frac{1}{n}}, p^{\frac{2}{m}} q^{\frac{1}{n}}, \cdots, p^{\frac{m-1}{m}} q^{\frac{1}{n}}; \cdots; q^{\frac{n-1}{n}}, p^{\frac{1}{m}} q^{\frac{n-1}{n}}, p^{\frac{2}{m}} q^{\frac{n-1}{n}}, \cdots, p^{\frac{m-1}{m}} q^{\frac{n-1}{n}}$ 的整系数线性组合,于是可以将 $1, x, x^2, x^3, \cdots, x^{mn-1}, x^{mn}$ 写成以 $\{1, p^{\frac{1}{m}}, p^{\frac{2}{m}}, \cdots, p^{\frac{m-1}{m}}; q^{\frac{1}{n}}, p^{\frac{1}{m}} q^{\frac{1}{n}}, p^{\frac{2}{m}} q^{\frac{1}{n}}, \cdots, p^{\frac{m-1}{m}} q^{\frac{1}{n}}; \cdots; q^{\frac{n-1}{n}}, p^{\frac{1}{m}} q^{\frac{n-1}{n}}, p^{\frac{2}{m}} q^{\frac{n-1}{n}}, \cdots, p^{\frac{m-1}{m}} q^{\frac{n-1}{n}}\}$ 为基底的形式,则其组合

系数分别构成向量 $\boldsymbol{\alpha}_0, \boldsymbol{\alpha}_1, \boldsymbol{\alpha}_2, \cdots, \boldsymbol{\alpha}_{mn}$,共有 $mn+1$ 个,但都是 mn 维的,因此必线性相关. 与前文类似,可利用矩阵的初等行变换求得 $\boldsymbol{\alpha}_0, \boldsymbol{\alpha}_1, \boldsymbol{\alpha}_2, \cdots, \boldsymbol{\alpha}_{mn}$ 的极大线性无关组,则一定至少存在另外一个向量能够用极大线性无关组表示出来,在该表示出的等式两端同时左乘基底向量,便得到我们需要的整系数多项式方程.

　　其实,结合以下著名的判断多项式在有理数域范围内是否可约的艾森斯坦判别法:对于整系数多项式 $f(x) = a_n x^n + a_{n-1} x^{n-1} + \cdots + a_1 x + a_0$,如能找到一个素数 p,使得 $p \mid a_0$, $p \mid a_i (i=1,2,\cdots,n-1)$,$p^2 \nmid a_n$,那么 $f(x)$ 在有理数域上不可约. 还可由 $\sqrt{2}+\sqrt[3]{3}$ 是整系数多项式方程 $x^6 - 6x^4 - 6x^3 + 12x^2 - 36x + 1 = 0$ 的一个根,又取 $p=3$ 满足艾森斯坦判别法的条件可得 $\sqrt{2}+\sqrt[3]{3}$ 是无理数!

　　总结　如果我们仅仅只希望解决原问题,当然可以遇到二次根式就平方,遇到三次根式就三次方. 这样确实可以得到符合要求的一个整数多项式方程,解答起来也很顺利. 但也正如猪八戒吃人参果一样,吃是吃进去了,还没嚼出味来. 如果进一步思考,找到的这个整数多项式的次数是不是可以低一点呢? 联系线性组合的知识进行探究,对于认识向量空间也是大有好处的.

4.2　行列式解题

4.2.1　行列式解代数问题举例

例1　在《数学营养菜》(谈祥柏著)中有一篇《灵验的八阵图》,记载日本有一个吉野寺,当你去游玩的时候,和尚会让你写 8 个数字. 如 $\begin{vmatrix} 1 & 9 & 3 & 7 \\ 2 & 6 & 0 & 5 \end{vmatrix}$,然后让你两列为一组,两组再相乘,最后进行加减. 具体来说,是这样运算的:

$$\begin{vmatrix} 1 & 9 \\ 2 & 6 \end{vmatrix}\begin{vmatrix} 3 & 7 \\ 0 & 5 \end{vmatrix} - \begin{vmatrix} 1 & 3 \\ 2 & 0 \end{vmatrix}\begin{vmatrix} 9 & 7 \\ 6 & 5 \end{vmatrix} + \begin{vmatrix} 1 & 7 \\ 2 & 5 \end{vmatrix}\begin{vmatrix} 9 & 3 \\ 6 & 0 \end{vmatrix}$$

$$= (6-18)(15-0) - (0-6)(45-42) + (5-14)(0-18) = 0,$$

其中 $\begin{vmatrix} a & b \\ c & d \end{vmatrix} = ad - bc$. 不管游客输入哪 8 个数字,哪怕是输入 $\sqrt{2}, \pi, e$ 这样的数,最后所得结果都是 0. 而 0 的谐音是灵,象征前程似锦,大吉大利,让游客欢喜叹服!

解法 1 设最初八个数为 $\begin{vmatrix} a & b & c & d \\ e & f & g & h \end{vmatrix}$,按照计算法则,只要证明

$$\begin{vmatrix} a & b \\ e & f \end{vmatrix}\begin{vmatrix} c & d \\ g & h \end{vmatrix} - \begin{vmatrix} a & c \\ e & g \end{vmatrix}\begin{vmatrix} b & d \\ f & h \end{vmatrix} + \begin{vmatrix} a & d \\ e & h \end{vmatrix}\begin{vmatrix} b & c \\ f & g \end{vmatrix} = 0,$$

即证

$$(af - be)(ch - gd) - (ag - ce)(bh - fd) + (ah - de)(bg - cf) = 0,$$

此式若展开,会得到 12 项.其实根本无须展开,稍加观察就会发现,12 项中可分为两组,这两组只是相差正负号而已,譬如有一个 $afch$,也就同时有 $-ahcf$.

解法 2 构造一个特殊结构的四阶行列式,使用拉普拉斯定理将之展开,如

$$\begin{vmatrix} a & b & c & d \\ e & f & g & h \\ a & b & c & d \\ e & f & g & h \end{vmatrix} = \begin{vmatrix} a & b \\ e & f \end{vmatrix}\begin{vmatrix} c & d \\ g & h \end{vmatrix} - \begin{vmatrix} a & c \\ e & g \end{vmatrix}\begin{vmatrix} b & d \\ f & h \end{vmatrix} + \begin{vmatrix} a & d \\ e & h \end{vmatrix}\begin{vmatrix} b & c \\ f & g \end{vmatrix} + \begin{vmatrix} b & c \\ f & g \end{vmatrix}\begin{vmatrix} a & d \\ e & h \end{vmatrix}$$

$$- \begin{vmatrix} b & d \\ f & h \end{vmatrix}\begin{vmatrix} a & c \\ e & g \end{vmatrix} + \begin{vmatrix} c & d \\ g & h \end{vmatrix}\begin{vmatrix} a & b \\ e & f \end{vmatrix}$$

$$= 2\left(\begin{vmatrix} a & b \\ e & f \end{vmatrix}\begin{vmatrix} c & d \\ g & h \end{vmatrix} - \begin{vmatrix} a & c \\ e & g \end{vmatrix}\begin{vmatrix} b & d \\ f & h \end{vmatrix} + \begin{vmatrix} a & d \\ e & h \end{vmatrix}\begin{vmatrix} b & c \\ f & g \end{vmatrix}\right) = 0,$$

最后等于 0 的原因是这个四阶行列式有相同的行.

这是一个初中生能理解的代数题,但使用大学知识,看得更加清楚透彻.

例 2 9 个数排成表格:

a_1	a_2	a_3
b_1	b_2	b_3
c_1	c_2	c_3

已知三个行和三个列彼此相等,即 $a_1 + a_2 + a_3 = b_1 + b_2 + b_3 = c_1 + c_2 + c_3 = a_1 + b_1 + c_1 = a_2 + b_2 + c_2 = a_3 + b_3 + c_3$,求证:行积的和等于列积的和,即 $a_1 a_2 a_3 + b_1 b_2 b_3 + c_1 c_2 c_3 = a_1 b_1 c_1 + a_2 b_2 c_2 + a_3 b_3 c_3$.

证法 1 若设 $S = a_1 + a_2 + a_3$,则可求得

$$a_3 = S - a_1 - a_2, \quad b_3 = S - b_1 - b_2,$$
$$c_1 = S - a_1 - b_1, \quad c_2 = S - a_2 - b_2,$$
$$c_3 = a_1 + a_2 + b_1 + b_2 - S,$$

共有 10 个未知数,将等式左边的 5 个变量看作是主变量,等式右边的 5 个变量看作是自由变量.所求证式等价于

$$a_1 a_2 (S - a_1 - a_2) + b_1 b_2 (S - b_1 - b_2)$$

$$+ (S - a_1 - b_1)(S - a_2 - b_2)(a_1 + a_2 + b_1 + b_2 - S)$$
$$= a_1 b_1 (S - a_1 - b_1) + a_2 b_2 (S - a_2 - b_2)$$
$$+ (S - a_1 - a_2)(S - b_1 - b_2)(a_1 + a_2 + b_1 + b_2 - S).$$

从技术层面来讲,展开验证此恒等式,毫无难度,但实际操作起来,还得花一番功夫.

证法 2 由

$$x^3 + y^3 + z^3 - 3xyz = (x + y + z)(x^2 + y^2 + z^2 - xy - yz - zx)$$
$$= \frac{1}{2}(x + y + z)\left[3(x^2 + y^2 + z^2) - (x + y + z)^2\right],$$

得 $6xyz = 2(x^3 + y^3 + z^3) + (x + y + z)^3 - 3(x + y + z)(x^2 + y^2 + z^2).$

设 $S = a_1 + a_2 + a_3$,则 $6a_1 a_2 a_3 = 2(a_1^3 + a_2^3 + a_3^3) + S^3 - 3S(a_1^2 + a_2^2 + a_3^2).$ 对于另两行,也有类似等式,相加得 $6(a_1 a_2 a_3 + b_1 b_2 b_3 + c_1 c_2 c_3) = 2M + S^3 - 3SN$,其中 M, N 分别为 9 个数的立方和、平方和.同理,$6(a_1 b_1 c_1 + a_2 b_2 c_2 + a_3 b_3 c_3) = 2M + S^3 - 3SN.$

上述两种证法都不是很好.证法 1 思路简单,但操作麻烦,而证法 2 则较难想到.从所求证结论来看,可以构造行列式,证明 $\begin{vmatrix} a_1 & c_3 & b_2 \\ b_3 & a_2 & c_1 \\ c_2 & b_1 & a_3 \end{vmatrix} = 0$,但如何从条件推得? 经网友 tan9p 提示,得到证法 3:

证法 3 注意到 $b_3 - c_2 = a_2 - b_1 = c_1 - a_3, a_1 - c_2 = c_3 - b_1 = b_2 - a_3$,于是

$$\begin{vmatrix} a_1 & c_3 & b_2 \\ b_3 & a_2 & c_1 \\ c_2 & b_1 & a_3 \end{vmatrix} = \begin{vmatrix} a_1 - c_2 & c_3 - b_1 & b_2 - a_3 \\ b_3 - c_2 & a_2 - b_1 & c_1 - a_3 \\ c_2 & b_1 & a_3 \end{vmatrix} = 0.$$

例3 已知 $\dfrac{b - c}{y - z} + \dfrac{c - a}{z - x} + \dfrac{a - b}{x - y} = 0$,求证:

$$(b - c)(y - z)^2 + (c - a)(z - x)^2 + (a - b)(x - y)^2 = 0.$$

证法 1 因为

$$0 = \frac{b - c}{y - z} + \frac{c - a}{z - x} + \frac{a - b}{x - y}$$
$$= \frac{bx^2 - cx^2 + 2axy - 2bxy - ay^2 + cy^2 - 2axz + 2cxz + 2byz - 2cyz + az^2 - bz^2}{(x - y)(x - z)(y - z)},$$

所以

$$(b - c)(y - z)^2 + (c - a)(z - x)^2 + (a - b)(x - y)^2$$
$$= -bx^2 + cx^2 - 2axy + 2bxy + ay^2 - cy^2 + 2axz - 2cxz - 2byz + 2cyz - az^2 + bz^2$$
$$= 0.$$

证法 2 (李有贵提供) 原命题等价于:已知 $A + B + C = 0, X + Y + Z = 0, \dfrac{A}{X} + \dfrac{B}{Y} +$

$\dfrac{C}{Z} = 0$,求证：$AX^2 + BY^2 + CZ^2 = 0$. 证明过程如下：

$$(A + B + C)(X^2 + Y^2 + Z^2) + 2XYZ\left(\frac{A}{X} + \frac{B}{Y} + \frac{C}{Z}\right) = 0 \text{ 变形得}$$

$$AX^2 + BY^2 + CZ^2 + A(Y + Z)^2 + B(Y + X)^2 + C(X + Y)^2 = 0,$$

即 $2(AX^2 + BY^2 + CZ^2) = 0$, 所以 $AX^2 + BY^2 + CZ^2 = 0$.

证法 3 易证 $\begin{vmatrix} b-c & c-a & a-b \\ x-y & y-z & z-x \\ z-x & x-y & y-z \end{vmatrix} = 0$（只要将后面两列加到第一列上去即可）. 即

$$(b - c)(y - z)^2 + (c - a)(z - x)^2 + (a - b)(x - y)^2$$
$$- [(a - b)(y - z)(z - x) + (b - c)(z - x)(x - y) + (c - a)(x - y)(y - z)]$$
$$= 0,$$

而由 $\dfrac{b-c}{y-z} + \dfrac{c-a}{z-x} + \dfrac{a-b}{x-y} = 0$,易得

$$(a - b)(y - z)(z - x) + (b - c)(z - x)(x - y) + (c - a)(x - y)(y - z) = 0,$$

所以 $(b-c)(y-z)^2 + (c-a)(z-x)^2 + (a-b)(x-y)^2 = 0$.

证法 1 直接展开,计算也不算太复杂. 如果一时想不到证法 2,使用证法 1 也是可行的选择.

例 4 已知 4 个四位数 $\overline{abcd}$,$\overline{badc}$,$\overline{cdab}$,$\overline{dcba}$ 都能被素数 p 整除,求证：下面四个数 $a + b + c + d$,$a + b - c - d$,$a - b + c - d$,$a - b - c + d$ 中,至少有一个能被 p 整除.

证法 1 考虑 $\begin{vmatrix} a & b & c & d \\ b & a & d & c \\ c & d & a & b \\ d & c & b & a \end{vmatrix}$,将第一列乘以 10^3,第二列乘以 10^2,第三列乘以 10,加到

第四列上去,则 $\begin{vmatrix} a & b & c & d \\ b & a & d & c \\ c & d & a & b \\ d & c & b & a \end{vmatrix} = \begin{vmatrix} a & b & c & \overline{abcd} \\ b & a & d & \overline{badc} \\ c & d & a & \overline{cdab} \\ d & c & b & \overline{dcba} \end{vmatrix}$ 能被素数 p 整除.

考虑 $\begin{vmatrix} a & b & c & d \\ b & a & d & c \\ c & d & a & b \\ d & c & b & a \end{vmatrix}$,将后三列加到第一列上去,行列式可提取出公因子 $a + b + c + d$;

将第一列加上第二列,减去第三列、第四列,行列式可提取出公因子 $a + b - c - d$;将第一列加上第三列,减去第二列、第四列,行列式可提取出公因子 $a - b + c - d$;将第一列加上第四

列,减去第二列、第三列,行列式可提取出公因子 $a-b-c+d$. 由于该行列式是关于变量 a 的四次多项式,所以可设

$$\begin{vmatrix} a & b & c & d \\ b & a & d & c \\ c & d & a & b \\ d & c & b & a \end{vmatrix} = k(a+b+c+d)(a+b-c-d)(a-b+c-d)(a-b-c+d).$$

考虑到 a^4 的系数为 1,所以 $k=1$.

因为 p 整除 $\begin{vmatrix} a & b & c & d \\ b & a & d & c \\ c & d & a & b \\ d & c & b & a \end{vmatrix}$,从而整除

$$(a+b+c+d)(a+b-c-d)(a-b+c-d)(a-b-c+d),$$

而 p 为素数,必能整除 $a+b+c+d,a+b-c-d,a-b+c-d,a-b-c+d$ 中的一个.

证法 2(浙江陈岗提供)

$$\overline{abcd} = 10^3 a + 10^2 b + 10c + d, \qquad ①$$

$$\overline{badc} = 10^3 b + 10^2 a + 10d + c, \qquad ②$$

$$\overline{cdab} = 10^3 c + 10^2 d + 10a + b, \qquad ③$$

$$\overline{dcba} = 10^3 d + 10^2 c + 10b + a, \qquad ④$$

记 $S_1 = ①+②+③+④$,整理得

$$\begin{aligned} S_1 &= (10^3 + 10^2 + 10 + 1) \times (a+b+c+d) \\ &= 1\,111 \times (a+b+c+d) \\ &= 11 \times 101 \times (a+b+c+d). \end{aligned}$$

由于 $p \mid \overline{abcd}, p \mid \overline{badc}, p \mid \overline{cdab}, p \mid \overline{dcba}$,故 $p \mid S_1$,即 $p \mid 11 \times 101 \times (a+b+c+d)$. 因此 $p \mid (a+b+c+d)$ 或 $p=11$ 或 $p=101$.

如果 $p \mid (a+b+c+d)$,则得证;

若 $p=11$,记 $S_2 = ①+②-③-④$,整理得

$$\begin{aligned} S_2 &= (10^3 + 10^2 - 10 - 1) \times (a+b-c-d) \\ &= 999 \times (a+b-c-d) \\ &= 9 \times 111 \times (a+b-c-d), \end{aligned}$$

同理 $p \mid S_2$,即 $p \mid 9 \times 111 \times (a+b-c-d)$,则 $p \mid (a+b-c-d)$;

若 $p=101$,记 $S_3 = ①-②-③+④$,整理得

$$\begin{aligned} S_3 &= (10^3 - 10^2 - 10 + 1) \times (a-b-c+d) \\ &= 891 \times (a-b-c+d), \end{aligned}$$

同理 $p \mid S_3$，即 $p \mid 891 \times (a - b - c + d)$，则 $p \mid (a - b - c + d)$.

证法 1 整体解决，将行列式转化为多项式时要注意技巧.证法 2 分类讨论，反复利用"若 p 整除一些数，则整除这些数的线性组合".

下面例 14 与例 13 类似，虽然表面上看起来很不一样.例 13 看起来就是一个很平常的初等数学问题，例 14 的题干中出现了行列式，提高了理解题意的门槛.

例 5 已知 20 978，38 845，87 618，65 365，99 365 能被 17 整除. 求证：

$$\begin{vmatrix} 2 & 0 & 9 & 7 & 8 \\ 3 & 8 & 8 & 4 & 5 \\ 8 & 7 & 6 & 1 & 8 \\ 6 & 5 & 3 & 6 & 5 \\ 9 & 9 & 3 & 6 & 5 \end{vmatrix}$$ 能被 17 整除.

证法 1 将第一列乘以 10^4，第二列乘以 10^3，第三列乘以 10^2，第四列乘以 10，然后将前四

列加到第五列上去，于是行列式变为 $\begin{vmatrix} 2 & 0 & 9 & 7 & 20\,978 \\ 3 & 8 & 8 & 4 & 38\,845 \\ 8 & 7 & 6 & 1 & 87\,618 \\ 6 & 5 & 3 & 6 & 65\,365 \\ 9 & 9 & 3 & 6 & 99\,365 \end{vmatrix}$，最后一列可提取出 17 这个因子.

命题得证.

证法 2 将题目条件写成关于 $(10^4, 10^3, 10^2, 10, 1)$ 的线性方程组，即

$$2 \cdot 10^4 + 0 \cdot 10^3 + 9 \cdot 10^2 + 7 \cdot 10 + 8 \cdot 1 = 20\,978,$$
$$3 \cdot 10^4 + 8 \cdot 10^3 + 8 \cdot 10^2 + 4 \cdot 10 + 5 \cdot 1 = 38\,845,$$
$$8 \cdot 10^4 + 7 \cdot 10^3 + 6 \cdot 10^2 + 1 \cdot 10 + 8 \cdot 1 = 87\,618,$$
$$6 \cdot 10^4 + 5 \cdot 10^3 + 3 \cdot 10^2 + 6 \cdot 10 + 5 \cdot 1 = 65\,365,$$
$$9 \cdot 10^4 + 9 \cdot 10^3 + 3 \cdot 10^2 + 6 \cdot 10 + 5 \cdot 1 = 99\,365,$$

根据克拉默法则，$1 = \dfrac{\begin{vmatrix} 2 & 0 & 9 & 7 & 20\,978 \\ 3 & 8 & 8 & 4 & 38\,845 \\ 8 & 7 & 6 & 1 & 87\,618 \\ 6 & 5 & 3 & 6 & 65\,365 \\ 9 & 9 & 3 & 6 & 99\,365 \end{vmatrix}}{\begin{vmatrix} 2 & 0 & 9 & 7 & 8 \\ 3 & 8 & 8 & 4 & 5 \\ 8 & 7 & 6 & 1 & 8 \\ 6 & 5 & 3 & 6 & 5 \\ 9 & 9 & 3 & 6 & 5 \end{vmatrix}}$，于是

$$\begin{vmatrix} 2 & 0 & 9 & 7 & 8 \\ 3 & 8 & 8 & 4 & 5 \\ 8 & 7 & 6 & 1 & 8 \\ 6 & 5 & 3 & 6 & 5 \\ 9 & 9 & 3 & 6 & 5 \end{vmatrix} = \begin{vmatrix} 2 & 0 & 9 & 7 & 20\,978 \\ 3 & 8 & 8 & 4 & 38\,845 \\ 8 & 7 & 6 & 1 & 87\,618 \\ 6 & 5 & 3 & 6 & 65\,365 \\ 9 & 9 & 3 & 6 & 99\,365 \end{vmatrix}.$$

命题得证.

4.2.2 行列式与面积

可用面积来定义行列式. 如图 4.1 所示, 原点 O 和 $A(a,c)$, $B(b,d)$ 确定的一个平行四边形 $OACB$ 的面积为 $ad - bc$, 写成行列式是 $\begin{vmatrix} a & c \\ b & d \end{vmatrix}$, 可证明如下:

$$S_{OACB} = (a + b)(c + d) - \frac{1}{2}ac - \frac{1}{2}b(2c + d) - \frac{1}{2}bd - \frac{1}{2}c(a + 2b) = ad - bc.$$

也可以构造图 4.2 来证明.

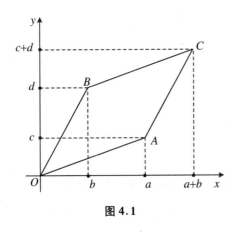

图 4.1

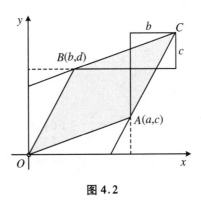

图 4.2

例 6 设平面上不共线的三点 $A(x_1, y_1)$, $B(x_2, y_2)$, $C(x_3, y_3)$, 求 $S_{\triangle ABC}$.

解法 1 如图 4.3 所示.

$$S_{\triangle ABC} = S_{梯形 ADFC} - S_{梯形 ADEB} - S_{梯形 BEFC}$$

$$= \frac{1}{2}(y_1 + y_3)(x_3 - x_1) - \frac{1}{2}(y_1 + y_2)(x_2 - x_1) - \frac{1}{2}(y_2 + y_3)(x_3 - x_2)$$

$$= \frac{1}{2}(x_1 y_2 + x_2 y_3 + x_3 y_1 - x_2 y_1 - x_3 y_2 - x_1 y_3) = \frac{1}{2}\begin{vmatrix} x_1 & y_1 & 1 \\ x_2 & y_2 & 1 \\ x_3 & y_3 & 1 \end{vmatrix}.$$

此处得到的是有向面积①,随三个点位置不同,有正负的变化.

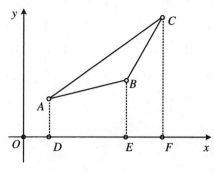

图 4.3

解法 2 直线 BC 的方程为 $(y_2 - y_3)x - (x_2 - x_3)y + (x_2 y_3 - x_3 y_2) = 0$,点 A 到直线 BC 的距离为

$$|AD| = \frac{|(y_2 - y_3)x_1 - (x_2 - x_3)y_1 + (x_2 y_3 - x_3 y_2)|}{\sqrt{(x_2 - x_3)^2 + (y_2 - y_3)^2}},$$

$$|BC| = \sqrt{(x_2 - x_3)^2 + (y_2 - y_3)^2},$$

$$S_{\triangle ABC} = \frac{1}{2}|AD| \cdot |BC| = \frac{1}{2}|(y_2 - y_3)x_1 - (x_2 - x_3)y_1 + (x_2 y_3 - x_3 y_2)|$$

$$= \frac{1}{2}\left\|\begin{matrix} x_1 & y_1 & 1 \\ x_2 & y_2 & 1 \\ x_3 & y_3 & 1 \end{matrix}\right\|.$$

例 7 求椭圆 $\dfrac{x^2}{a^2} + \dfrac{y^2}{b^2} = 1$ 的面积.

解 在椭圆上取分点 $P_i(a\cos \alpha_i, b\sin \alpha_i)(i = 1, 2, \cdots, n + 1)$,且 $0 = \alpha_1 < \alpha_2 < \cdots < \alpha_{n+1} = 2\pi$, $\alpha_{i+1} - \alpha_i = \dfrac{2\pi}{n}(i = 1, 2, \cdots, n)$,则

$$S = \lim_{d \to 0} S_{P_1 P_2 \cdots P_n} = \frac{1}{2} \lim_{n \to \infty} \sum_{i=1}^{n} (a\cos \alpha_i \cdot b\sin \alpha_{i+1} - a\cos \alpha_{i+1} \cdot b\sin \alpha_i)$$

$$= \frac{1}{2}ab \lim_{n \to \infty} \sum_{i=1}^{n} \sin(\alpha_{i+1} - \alpha_i) = \frac{1}{2}ab \lim_{n \to \infty} \sum_{i=1}^{n} \sin\frac{2\pi}{n} = \frac{1}{2}ab \lim_{n \to \infty} n\sin\frac{2\pi}{n} = \pi ab.$$

---

① 如果已知平面上 n 个点的坐标,可以求出这个 n 边形的有向面积,公式为

$$S = \frac{1}{2}\left|\begin{matrix} x_1 & x_2 & x_3 & \cdots & x_n & x_1 \\ y_1 & y_2 & y_3 & \cdots & y_n & y_1 \end{matrix}\right| = \frac{1}{2}(x_1 y_2 + x_2 y_3 + \cdots + x_n y_1 - x_2 y_1 - x_3 y_2 - \cdots - x_1 y_n),$$

这种特殊的"行列式"的计算方法与一般行列式的基本类似.

例8 已知两点 $A(1,1)$ 和 $B(3,6)$,点 $C(x,y)$ 使得 $\triangle ABC$ 的面积恒为 3,求点 C 的轨迹方程.

解 因为 $S_{\triangle ABC} = \pm \dfrac{1}{2} \begin{vmatrix} 1 & 1 & 1 \\ 3 & 6 & 1 \\ x & y & 1 \end{vmatrix} = \pm \dfrac{1}{2} |5x - 2y - 3| = 3$,所以 $5x - 2y - 9 = 0, 5x - 2y + 3 = 0$,这就是点 C 的轨迹方程.

例9 平面上任取三个格点(横纵坐标都是整数的点),证明:它们不可能是正三角形的三个顶点.

证明 设三个格点为 $A(x_1, y_1), B(x_2, y_2), C(x_3, y_3)$,其中 $x_i, y_i (i = 1,2,3)$ 都是整数,则 $S_{\triangle ABC} = \dfrac{1}{2} \begin{vmatrix} x_1 & y_1 & 1 \\ x_2 & y_2 & 1 \\ x_3 & y_3 & 1 \end{vmatrix}$ 必为有理数;若 $\triangle ABC$ 为正三角形,则 $S_{\triangle ABC} = \dfrac{\sqrt{3}}{4} AB^2 = \dfrac{\sqrt{3}}{4} \big[(x_1 - x_2)^2 + (y_1 - y_2)^2 \big]$ 为无理数.因此矛盾,故三个格点不能构成正三角形.

例10 如图 4.4 所示,在抛物线上任取 A, B, C 三点,分别过这三点作抛物线的切线,相交于 D, E, F 三点,求证:$\dfrac{S_{\triangle ABC}}{S_{\triangle DEF}} = 2$.

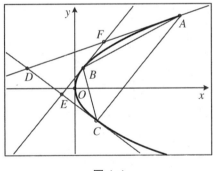

图 4.4

证明 设抛物线方程为 $y^2 = 2px(p > 0)$,A, B, C 三点坐标分别为 $(x_1, y_1), (x_2, y_2)$, (x_3, y_3),则

$$S_{\triangle ABC} = \frac{1}{2} |(x_2 - x_1)(y_3 - y_1) - (y_2 - y_1)(x_3 - x_1)|$$

$$= \frac{|(y_3 - y_1)(y_2 - y_1)(y_2 - y_3)|}{4p}.$$

若 A, B, C 三点都不和抛物线顶点重合,此时所有切线的斜率都存在,易得 $k_{DF} = \dfrac{p}{y_1}$,

$k_{EF} = \dfrac{p}{y_2}$, $k_{DE} = \dfrac{p}{y_3}$, 那么三条切线的方程为 $y - y_1 = \dfrac{p}{y_1}(x - x_1)$, $y - y_2 = \dfrac{p}{y_2}(x - x_2)$, $y - y_3$

$= \dfrac{p}{y_3}(x - x_3)$, 解得 $D\left(\dfrac{y_1 y_3}{2p}, \dfrac{y_1 + y_3}{2}\right)$, $E\left(\dfrac{y_2 y_3}{2p}, \dfrac{y_2 + y_3}{2}\right)$, $F\left(\dfrac{y_1 y_2}{2p}, \dfrac{y_1 + y_2}{2}\right)$, 则

$$S_{\triangle DEF} = \frac{1}{2}\left|\left(\frac{y_2 y_3}{2p} - \frac{y_1 y_3}{2p}\right)\left(\frac{y_1 + y_2}{2} - \frac{y_1 + y_3}{2}\right) - \left(\frac{y_2 + y_3}{2} - \frac{y_1 + y_3}{2}\right)\left(\frac{y_1 y_2}{2p} - \frac{y_1 y_3}{2p}\right)\right|$$

$$= \frac{|(y_3 - y_1)(y_2 - y_1)(y_2 - y_3)|}{8p}.$$

所以 $\dfrac{S_{\triangle ABC}}{S_{\triangle DEF}} = 2$. 容易验证当 A, B, C 三点中有一点和抛物线顶点重合时, 结论也成立.

用超级画板探究, 容易发现: 对椭圆和双曲线的一支来说, 切点三角形与外切三角形的面积比, 一个小于 2, 一个大于 2. 因此我们可以根据切点三角形与外切三角形面积比与 2 的大小关系来判定其属于哪一类圆锥曲线.

4.2.3 从"经过已知三点的一元二次函数"谈起

求经过已知三点的一元二次函数, 这个问题很基础, 也很重要. 求解这个问题, 需要解三元一次方程组, 它是解一元一次方程、二元一次方程组的延伸, 从而引出行列式、矩阵等高等数学知识. 从另一角度来说, 该问题又将引出一元高次方程和一元多项式的研究.

数学大师陈省身认为: 数学有"好"数学和"不大好"的数学之分, 方程, 是"好"的数学的代表. 好的数学就是有开创性的, 有发展前途的. 好的数学可以不断深入, 有深远意义, 能够影响许多学科. 比如说, 解方程就是好的数学.

从求解经过已知三点的一元二次函数, 不管是走向线性方程组的求解, 还是一元高次方程的研究, 在中学只是开个头, 到了大学还会进一步加深. 随着知识水平的提高, 我们对同一个问题会有着不同的认识. 反之, 用同一个问题将不同的知识点串联起来, 也体现了知识的连续性和不断加深. 下面我们简要回顾这几个阶段.

第一阶段: 中学阶段, 采用加减消元法求解. 解三元一次方程组, 只不过比二元一次方程组稍微复杂一点. 为简便起见, 出题人一般会给出具体数值, 方便计算.

求过 $(1,1)$, $(2,2)$, $(3,0)$ 的一元二次函数.

解 设 $f(x) = ax^2 + bx + c$, 则

$$\begin{cases} a + b + c = 1 & \text{①} \\ 4a + 2b + c = 2. & \text{②} \\ 9a + 3b + c = 0 & \text{③} \end{cases}$$

② - ① 得

$$3a + b = 1. \qquad\qquad\qquad ④$$

③－②得

$$5a + b = -2. \tag{⑤}$$

⑤－④得

$$2a = -3. \tag{⑥}$$

解得 $a = -\dfrac{3}{2}$ 之后,容易求得 $b = \dfrac{11}{2}, c = -3$.

第二阶段:刚进入大学,采用初等变换求解.

解

$$\begin{cases} a + b + c = 1 \\ 4a + 2b + c = 2 \\ 9a + 3b + c = 0 \end{cases} \rightarrow \begin{cases} a + b + c = 1 \\ -2b - 3c = -2 \\ -6b - 8c = -9 \end{cases} \rightarrow \begin{cases} a + b + c = 1 \\ -2b - 3c = -2 \\ c = -3 \end{cases}$$

$$\rightarrow \begin{cases} a + b = 4 \\ -2b = -11 \\ c = -3 \end{cases} \rightarrow \begin{cases} a = -\dfrac{3}{2} \\ b = \dfrac{11}{2} \\ c = -3 \end{cases}.$$

初等变换法和中学所学的加减消元法是差不多的.实际上求解三元一次方程组,更多是采用加减消元法,因为观察系数,见机行事,效率较高.而初等变换法先挖空左下方的三角形,再挖空右上方的三角形,优点体现在按部就班,容易形成算法,让计算机去完成,所以人工相对较少使用.

在初等变换法的基础上,可将其写成矩阵变换的形式.省写了 a, b, c,更关注于系数的变化,但实质一样,此处略.

第三阶段:采用克拉默法则.此时为了提炼出三元一次方程组的求解公式,需要讨论一般性的参数.

解 $\begin{pmatrix} a_1 x + b_1 y + c_1 z \\ a_2 x + b_2 y + c_2 z \\ a_3 x + b_3 y + c_3 z \end{pmatrix} = \begin{pmatrix} d_1 \\ d_2 \\ d_3 \end{pmatrix}$,则有 $\begin{vmatrix} a_1 x + b_1 y + c_1 z & b_1 & c_1 \\ a_2 x + b_2 y + c_2 z & b_2 & c_2 \\ a_3 x + b_3 y + c_3 z & b_3 & c_3 \end{vmatrix} = \begin{vmatrix} d_1 & b_1 & c_1 \\ d_2 & b_2 & c_2 \\ d_3 & b_3 & c_3 \end{vmatrix}$,左

边行列式进行列变换得 $x \begin{vmatrix} a_1 & b_1 & c_1 \\ a_2 & b_2 & c_2 \\ a_3 & b_3 & c_3 \end{vmatrix} = \begin{vmatrix} d_1 & b_1 & c_1 \\ d_2 & b_2 & c_2 \\ d_3 & b_3 & c_3 \end{vmatrix}$,则 $x = \dfrac{\begin{vmatrix} d_1 & b_1 & c_1 \\ d_2 & b_2 & c_2 \\ d_3 & b_3 & c_3 \end{vmatrix}}{\begin{vmatrix} a_1 & b_1 & c_1 \\ a_2 & b_2 & c_2 \\ a_3 & b_3 & c_3 \end{vmatrix}}$. 同理可求

其他.

第四阶段:采用逆矩阵求解.

若已知 $\begin{cases} f(x_1) = ax_1^2 + bx_1 + c \\ f(x_2) = ax_2^2 + bx_2 + c \\ f(x_3) = ax_3^2 + bx_3 + c \end{cases}$，求 a, b, c.

解 写成矩阵形式 $\begin{pmatrix} x_1^2 & x_1 & 1 \\ x_2^2 & x_2 & 1 \\ x_3^2 & x_3 & 1 \end{pmatrix} \begin{pmatrix} a \\ b \\ c \end{pmatrix} = \begin{pmatrix} f(x_1) \\ f(x_2) \\ f(x_3) \end{pmatrix}$，则 $\begin{pmatrix} a \\ b \\ c \end{pmatrix} = \begin{pmatrix} x_1^2 & x_1 & 1 \\ x_2^2 & x_2 & 1 \\ x_3^2 & x_3 & 1 \end{pmatrix}^{-1} \begin{pmatrix} f(x_1) \\ f(x_2) \\ f(x_3) \end{pmatrix}$. 下

面求 $\begin{pmatrix} x_1^2 & x_1 & 1 \\ x_2^2 & x_2 & 1 \\ x_3^2 & x_3 & 1 \end{pmatrix}^{-1}$.

$$\begin{pmatrix} x_1^2 & x_1 & 1 & 1 & 0 & 0 \\ x_2^2 & x_2 & 1 & 0 & 1 & 0 \\ x_3^2 & x_3 & 1 & 0 & 0 & 1 \end{pmatrix}$$

$$\rightarrow \begin{pmatrix} 1 & \dfrac{1}{x_1} & \dfrac{1}{x_1^2} & \dfrac{1}{x_1^2} & 0 & 0 \\ 0 & x_2 - \dfrac{x_2^2}{x_1} & 1 - \dfrac{x_2^2}{x_1^2} & -\dfrac{x_2^2}{x_1^2} & 1 & 0 \\ 0 & x_3 - \dfrac{x_3^2}{x_1} & 1 - \dfrac{x_3^2}{x_1^2} & -\dfrac{x_3^2}{x_1^2} & 0 & 1 \end{pmatrix}$$

$$\rightarrow \begin{pmatrix} 1 & \dfrac{1}{x_1} & \dfrac{1}{x_1^2} & \dfrac{1}{x_1^2} & 0 & 0 \\ 0 & x_2 - \dfrac{x_2^2}{x_1} & 1 - \dfrac{x_2^2}{x_1^2} & -\dfrac{x_2^2}{x_1^2} & 1 & 0 \\ 0 & x_3 - \dfrac{x_3^2}{x_1} & 1 - \dfrac{x_3^2}{x_1^2} & -\dfrac{x_3^2}{x_1^2} & 0 & 1 \end{pmatrix}$$

$$\rightarrow \begin{pmatrix} 1 & 0 & -\dfrac{1}{x_1 x_2} & \dfrac{1}{x_1(x_1 - x_2)} & -\dfrac{1}{x_2(x_1 - x_2)} & 0 \\ 0 & 1 & \dfrac{x_1 + x_2}{x_1 x_2} & -\dfrac{x_2}{x_1(x_1 - x_2)} & \dfrac{x_1}{x_2(x_1 - x_2)} & 0 \\ 0 & 0 & \dfrac{(x_1 - x_3)(x_2 - x_3)}{x_1 x_2} & \dfrac{x_3(x_2 - x_3)}{x_1(x_1 - x_2)} & -\dfrac{x_3(x_1 - x_3)}{x_2(x_1 - x_2)} & 1 \end{pmatrix}$$

$$\rightarrow \begin{pmatrix} 1 & 0 & 0 & \dfrac{1}{(x_1 - x_2)(x_1 - x_3)} & \dfrac{1}{(x_2 - x_1)(x_2 - x_3)} & \dfrac{1}{(x_3 - x_1)(x_3 - x_2)} \\ 0 & 1 & 0 & -\dfrac{x_2 + x_3}{(x_1 - x_2)(x_1 - x_3)} & -\dfrac{x_1 + x_3}{(x_2 - x_1)(x_2 - x_3)} & -\dfrac{x_1 + x_2}{(x_1 - x_3)(x_2 - x_3)} \\ 0 & 0 & 1 & \dfrac{x_2 x_3}{(x_1 - x_2)(x_1 - x_3)} & \dfrac{x_1 x_3}{(x_2 - x_1)(x_2 - x_3)} & \dfrac{x_1 x_2}{(x_3 - x_1)(x_3 - x_2)} \end{pmatrix}.$$

于是

$$\begin{bmatrix} a \\ b \\ c \end{bmatrix} = \begin{pmatrix} \dfrac{1}{(x_1-x_2)(x_1-x_3)} & \dfrac{1}{(x_2-x_1)(x_2-x_3)} & \dfrac{1}{(x_3-x_1)(x_3-x_2)} \\ -\dfrac{x_2+x_3}{(x_1-x_2)(x_1-x_3)} & -\dfrac{x_1+x_3}{(x_2-x_1)(x_2-x_3)} & -\dfrac{x_1+x_2}{(x_1-x_3)(x_2-x_3)} \\ \dfrac{x_2x_3}{(x_1-x_2)(x_1-x_3)} & \dfrac{x_1x_3}{(x_2-x_1)(x_2-x_3)} & \dfrac{x_1x_2}{(x_3-x_1)(x_3-x_2)} \end{pmatrix} \begin{bmatrix} f(x_1) \\ f(x_2) \\ f(x_3) \end{bmatrix}$$

$$= \begin{bmatrix} \dfrac{f(x_1)}{(x_1-x_2)(x_1-x_3)} + \dfrac{f(x_2)}{(x_2-x_1)(x_2-x_3)} + \dfrac{f(x_3)}{(x_3-x_1)(x_3-x_2)} \\ -\dfrac{f(x_1)(x_2+x_3)}{(x_1-x_2)(x_1-x_3)} - \dfrac{f(x_2)(x_1+x_3)}{(x_2-x_1)(x_2-x_3)} - \dfrac{f(x_3)(x_1+x_2)}{(x_1-x_3)(x_2-x_3)} \\ \dfrac{f(x_1)x_2x_3}{(x_1-x_2)(x_1-x_3)} + \dfrac{f(x_2)x_1x_3}{(x_2-x_1)(x_2-x_3)} + \dfrac{f(x_3)x_1x_2}{(x_3-x_1)(x_3-x_2)} \end{bmatrix},$$

所以

$$f(x) = \left[\dfrac{f(x_1)}{(x_1-x_2)(x_1-x_3)} + \dfrac{f(x_2)}{(x_2-x_1)(x_2-x_3)} + \dfrac{f(x_3)}{(x_3-x_1)(x_3-x_2)} \right] x^2$$

$$+ \left[-\dfrac{f(x_1)(x_2+x_3)}{(x_1-x_2)(x_1-x_3)} - \dfrac{f(x_2)(x_1+x_3)}{(x_2-x_1)(x_2-x_3)} - \dfrac{f(x_3)(x_1+x_2)}{(x_1-x_3)(x_2-x_3)} \right] x$$

$$+ \left[\dfrac{f(x_1)x_2x_3}{(x_1-x_2)(x_1-x_3)} + \dfrac{f(x_2)x_1x_3}{(x_2-x_1)(x_2-x_3)} + \dfrac{f(x_3)x_1x_2}{(x_3-x_1)(x_3-x_2)} \right]$$

$$= \dfrac{f(x_1)}{(x_1-x_2)(x_1-x_3)} \left[x^2 - (x_2+x_3)x + x_2x_3 \right]$$

$$+ \dfrac{f(x_2)}{(x_2-x_1)(x_2-x_3)} \left[x^2 - (x_1+x_3)x + x_1x_3 \right]$$

$$+ \dfrac{f(x_3)}{(x_3-x_1)(x_3-x_2)} \left[x^2 - (x_1+x_2)x + x_1x_2 \right]$$

$$= \dfrac{f(x_1)(x-x_2)(x-x_3)}{(x_1-x_2)(x_1-x_3)} + \dfrac{f(x_2)(x-x_1)(x-x_3)}{(x_2-x_1)(x_2-x_3)} + \dfrac{f(x_3)(x-x_1)(x-x_2)}{(x_3-x_1)(x_3-x_2)}.$$

也就是求得过已知三点的二次函数方程为

$$y = \dfrac{f(x_1)(x-x_2)(x-x_3)}{(x_1-x_2)(x_1-x_3)} + \dfrac{f(x_2)(x-x_1)(x-x_3)}{(x_2-x_1)(x_2-x_3)} + \dfrac{f(x_3)(x-x_1)(x-x_2)}{(x_3-x_1)(x_3-x_2)}.$$

这是我们熟悉的拉格朗日插值公式,竟然可以通过求解逆矩阵计算得到.计算逆矩阵需要花费较多时间,能否还有一些额外的收获作为补偿呢? 当然是有的.在

$$\begin{pmatrix} \dfrac{1}{(x_1-x_2)(x_1-x_3)} & \dfrac{1}{(x_2-x_1)(x_2-x_3)} & \dfrac{1}{(x_3-x_1)(x_3-x_2)} \\ -\dfrac{x_2+x_3}{(x_1-x_2)(x_1-x_3)} & -\dfrac{x_1+x_3}{(x_2-x_1)(x_2-x_3)} & -\dfrac{x_1+x_2}{(x_1-x_3)(x_2-x_3)} \\ \dfrac{x_2x_3}{(x_1-x_2)(x_1-x_3)} & \dfrac{x_1x_3}{(x_2-x_1)(x_2-x_3)} & \dfrac{x_1x_2}{(x_3-x_1)(x_3-x_2)} \end{pmatrix} \begin{pmatrix} x_1^2 & x_1 & 1 \\ x_2^2 & x_2 & 1 \\ x_3^2 & x_3 & 1 \end{pmatrix}$$

$$= \begin{pmatrix} 1 & 0 & 0 \\ 0 & 1 & 0 \\ 0 & 0 & 1 \end{pmatrix}$$

中,还蕴藏着 9 个恒等式:

$$\frac{x_1^2}{(x_1-x_2)(x_1-x_3)} + \frac{x_2^2}{(x_2-x_1)(x_2-x_3)} + \frac{x_3^2}{(x_3-x_1)(x_3-x_2)} = 1,$$

$$\frac{x_1(x_2+x_3)}{(x_1-x_2)(x_1-x_3)} + \frac{x_2(x_1+x_3)}{(x_2-x_1)(x_2-x_3)} + \frac{x_3(x_1+x_2)}{(x_1-x_3)(x_2-x_3)} = -1,$$

$$\frac{x_2 x_3}{(x_1-x_2)(x_1-x_3)} + \frac{x_1 x_3}{(x_2-x_1)(x_2-x_3)} + \frac{x_1 x_2}{(x_3-x_1)(x_3-x_2)} = 1,$$

$$\frac{x_1}{(x_1-x_2)(x_1-x_3)} + \frac{x_2}{(x_2-x_1)(x_2-x_3)} + \frac{x_3}{(x_3-x_1)(x_3-x_2)} = 0,$$

….

第五阶段:采用线性组合思想求解.

若已知 n 个点在 $n-1$ 次多项式上,满足 $f(x_i)=y_i(1\leqslant i\leqslant n)$,即 $\begin{pmatrix} f(x_1) \\ \vdots \\ f(x_n) \end{pmatrix} = \begin{pmatrix} y_1 \\ \vdots \\ y_n \end{pmatrix}$.设

e_i 为自然基,则 $\begin{pmatrix} y_1 \\ \vdots \\ y_n \end{pmatrix} = y_1 \begin{pmatrix} 1 \\ \vdots \\ 0 \end{pmatrix} + \cdots + y_n \begin{pmatrix} 0 \\ \vdots \\ 1 \end{pmatrix}$,我们希望寻找到 n 个多项式 $f_i(1\leqslant i\leqslant n)$,使

得 $f = \sum_{i=1}^{n} y_i f_i$,即 f 是 f_i 的线性组合.

下面求解 $y_1 f_1 + \cdots + y_n f_n = y_1 e_1 + \cdots + y_n e_n$.

我们希望 f_1 是能使得 $f_1(x_1)=1, f_1(x_2)=\cdots=f_1(x_n)=0$ 的多项式,且次数不超过 $n-1$.设 $f_1 = k_1(x-x_2)\cdots(x-x_n)$,由于 $f_1(x_1) = k_1(x_1-x_2)\cdots(x_1-x_n)=1$,所以 $k_1 = \dfrac{1}{(x_1-x_2)\cdots(x_1-x_n)}$,得 $f_1 = \dfrac{(x-x_2)\cdots(x-x_n)}{(x_1-x_2)\cdots(x_1-x_n)}$.同理可得 $f_i = \prod_{1\leqslant j\leqslant n, i\neq j} \dfrac{x-x_j}{x_i-x_j}$.所以

$$f = \sum_{i=1}^{n} y_i f_i = \sum_{i=1}^{n} \left(y_i \prod_{1\leqslant j\leqslant n, i\neq j} \frac{x-x_j}{x_i-x_j} \right).$$ 此即拉格朗日插值公式.

需要说明,不同的高等代数教材对知识点的编排顺序有所不同,上述几个阶段也不一定完全按照此顺序.

4.2.4 圆方程、三角形五心、圆幂定理

在高中,我们已经学习了圆的一般方程,若已知不共线三点的坐标,代入可求出圆的方

程.这就是典型的求线性方程组问题.

设圆方程为 $A(x^2+y^2)+Dx+Ey+F=0$,已知三点坐标为 (x_1,y_1),(x_2,y_2),

(x_3,y_3),圆上任意点坐标为 (x,y),则
$$\begin{cases} A(x^2+y^2)+Dx+Ey+F=0 \\ A(x_1^2+y_1^2)+Dx_1+Ey_1+F=0 \\ A(x_2^2+y_2^2)+Dx_2+Ey_2+F=0 \\ A(x_3^2+y_3^2)+Dx_3+Ey_3+F=0 \end{cases}$$,构成关于 A,D,

E,F 的四元线性方程组,有非零解的充要条件是 $\begin{vmatrix} x^2+y^2 & x & y & 1 \\ x_1^2+y_1^2 & x_1 & y_1 & 1 \\ x_2^2+y_2^2 & x_2 & y_2 & 1 \\ x_3^2+y_3^2 & x_3 & y_3 & 1 \end{vmatrix}=0$.这就是圆上任

意点 (x,y) 所要满足的方程.

当任意点 (x,y) 与已知三点的某一点重合时,则有两行完全相同,行列式为 0,表明已知三点满足这个方程.

若将所求方程按第一行展开,得

$$\begin{vmatrix} x_1 & y_1 & 1 \\ x_2 & y_2 & 1 \\ x_3 & y_3 & 1 \end{vmatrix}(x^2+y^2)-\begin{vmatrix} x_1^2+y_1^2 & y_1 & 1 \\ x_2^2+y_2^2 & y_2 & 1 \\ x_3^2+y_3^2 & y_3 & 1 \end{vmatrix}x+\begin{vmatrix} x_1^2+y_1^2 & x_1 & 1 \\ x_2^2+y_2^2 & x_2 & 1 \\ x_3^2+y_3^2 & x_3 & 1 \end{vmatrix}y$$

$$-\begin{vmatrix} x_1^2+y_1^2 & x_1 & y_1 \\ x_2^2+y_2^2 & x_2 & y_2 \\ x_3^2+y_3^2 & x_3 & y_3 \end{vmatrix}=0,$$

四个行列式依次对应着 $A,-D,E,-F$ 的值.最特别的是 $\begin{vmatrix} x_1 & y_1 & 1 \\ x_2 & y_2 & 1 \\ x_3 & y_3 & 1 \end{vmatrix}\neq 0$,这对应着三点

不共线.既然不为 0,也就可以约去,使得 x^2+y^2 的系数为 1.

如若嫌引进参数 A 麻烦,也可不引进.这将是一个新的角度:已知 (x_1,y_1),(x_2,y_2),(x_3,y_3) 满足 $x^2+y^2+dx+ey+f=0$,即满足 $dx+ey+f=-x^2-y^2$,使得 d,e,f 有唯一

解,则 $\begin{vmatrix} x_1 & y_1 & 1 \\ x_2 & y_2 & 1 \\ x_3 & y_3 & 1 \end{vmatrix}\neq 0$,而这是由三点不共线所能保证的.由克拉默法则得

$$d = -\frac{\begin{vmatrix} x_1^2 + y_1^2 & y_1 & 1 \\ x_2^2 + y_2^2 & y_2 & 1 \\ x_3^2 + y_3^2 & y_3 & 1 \end{vmatrix}}{\begin{vmatrix} x_1 & y_1 & 1 \\ x_2 & y_2 & 1 \\ x_3 & y_3 & 1 \end{vmatrix}}, \quad e = \frac{\begin{vmatrix} x_1^2 + y_1^2 & x_1 & 1 \\ x_2^2 + y_2^2 & x_2 & 1 \\ x_3^2 + y_3^2 & x_3 & 1 \end{vmatrix}}{\begin{vmatrix} x_1 & y_1 & 1 \\ x_2 & y_2 & 1 \\ x_3 & y_3 & 1 \end{vmatrix}}, \quad f = -\frac{\begin{vmatrix} x_1^2 + y_1^2 & x_1 & y_1 \\ x_2^2 + y_2^2 & x_2 & y_2 \\ x_3^2 + y_3^2 & x_3 & y_3 \end{vmatrix}}{\begin{vmatrix} x_1 & y_1 & 1 \\ x_2 & y_2 & 1 \\ x_3 & y_3 & 1 \end{vmatrix}}.$$

注：为了和上文统一，对分子部分的行列式进行了列交换，从而有负号产生.

对于一般的圆锥曲线 $Ax^2 + 2Bxy + Cy^2 + Dx + Ey + F = 0$，若已知五点坐标$(x_i, y_i)$

$(i = 1, 2, \cdots, 5)$，则方程为 $\begin{vmatrix} x^2 & xy & y^2 & x & y & 1 \\ x_1^2 & x_1 y_1 & y_1^2 & x_1 & y_1 & 1 \\ x_2^2 & x_2 y_2 & y_2^2 & x_2 & y_2 & 1 \\ x_3^2 & x_3 y_3 & y_3^2 & x_3 & y_3 & 1 \\ x_4^2 & x_4 y_4 & y_4^2 & x_4 & y_4 & 1 \\ x_5^2 & x_5 y_5 & y_5^2 & x_5 & y_5 & 1 \end{vmatrix}$.

三角形的五心是初等数学研究中长盛不衰的热点问题，也是数学竞赛中的重要考点. 若已知$\triangle ABC$三点坐标$A(x_1, y_1)$，$B(x_2, y_2)$，$C(x_3, y_3)$，如何表示五心？

重心是最简单的：$\left(\dfrac{x_1 + x_2 + x_3}{3}, \dfrac{y_1 + y_2 + y_3}{3} \right)$.

内心则可根据角平分线定理来求：$\left(\dfrac{ax_1 + bx_2 + cx_3}{a + b + c}, \dfrac{ay_1 + by_2 + cy_3}{a + b + c} \right)$.

旁心与内心类似，只不过有正负号的差别：$I_A \left(\dfrac{-ax_1 + bx_2 + c_3}{-a + b + c}, \dfrac{-ay_1 + by_2 + cy_3}{-a + b + c} \right)$，$I_B \left(\dfrac{ax_1 - bx_2 + cx_3}{a - b + c}, \dfrac{ay_1 - by_2 + cy_3}{a - b + c} \right)$，$I_C \left(\dfrac{ax_1 + bx_2 - cx_3}{a + b - c}, \dfrac{ay_1 + by_2 - cy_3}{a + b - c} \right)$.

而外心和垂心则要难很多.

借助上述推导，过$A(x_1, y_1)$，$B(x_2, y_2)$，$C(x_3, y_3)$三点的圆方程为

$$\begin{vmatrix} x_1 & y_1 & 1 \\ x_2 & y_2 & 1 \\ x_3 & y_3 & 1 \end{vmatrix}(x^2 + y^2) - \begin{vmatrix} x_1^2 + y_1^2 & y_1 & 1 \\ x_2^2 + y_2^2 & y_2 & 1 \\ x_3^2 + y_3^2 & y_3 & 1 \end{vmatrix}x + \begin{vmatrix} x_1^2 + y_1^2 & x_1 & 1 \\ x_2^2 + y_2^2 & x_2 & 1 \\ x_3^2 + y_3^2 & x_3 & 1 \end{vmatrix}y$$

$$- \begin{vmatrix} x_1^2 + y_1^2 & x_1 & y_1 \\ x_2^2 + y_2^2 & x_2 & y_2 \\ x_3^2 + y_3^2 & x_3 & y_3 \end{vmatrix} = 0,$$

结合配方法可得外心坐标：$x_O = \dfrac{\begin{vmatrix} x_1^2 + y_1^2 & y_1 & 1 \\ x_2^2 + y_2^2 & y_2 & 1 \\ x_3^2 + y_3^2 & y_3 & 1 \end{vmatrix}}{2\begin{vmatrix} x_1 & y_1 & 1 \\ x_2 & y_2 & 1 \\ x_3 & y_3 & 1 \end{vmatrix}}$，$y_O = \dfrac{\begin{vmatrix} x_1 & x_1^2 + y_1^2 & 1 \\ x_2 & x_2^2 + y_2^2 & 1 \\ x_3 & x_3^2 + y_3^2 & 1 \end{vmatrix}}{2\begin{vmatrix} x_1 & y_1 & 1 \\ x_2 & y_2 & 1 \\ x_3 & y_3 & 1 \end{vmatrix}}$.

如图 4.5 所示，在 $\triangle ABC$ 中，点 O、点 H 分别是外心和垂心，则 $\overrightarrow{OH} = \overrightarrow{OA} + \overrightarrow{OB} + \overrightarrow{OC}$，并求 H 坐标.

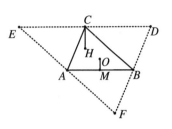

证明 过 A，B，C 三点分别作 BC，AC，AB 的平行线，得到 $\triangle DEF$. 显然 $\triangle ABC \backsim \triangle DEF$，相似比为 $\dfrac{1}{2}$. 非常巧妙的是，$\triangle ABC$ 的垂心 H 变成了 $\triangle DEF$ 的外心. 设 AB 的中点为 M，则 $\overrightarrow{CH} = 2\overrightarrow{OM}$，$\overrightarrow{OH} = \overrightarrow{OC} + \overrightarrow{CH} = \overrightarrow{OC} + 2\overrightarrow{OM} = \overrightarrow{OC} + \overrightarrow{OA} + \overrightarrow{OB}$.

图 4.5

解法 1 $H - O = A + B + C - 3O$，$H = A + B + C - 2O$.

$$x_H = x_1 + x_2 + x_3 - \dfrac{\begin{vmatrix} x_1^2 + y_1^2 & y_1 & 1 \\ x_2^2 + y_2^2 & y_2 & 1 \\ x_3^2 + y_3^2 & y_3 & 1 \end{vmatrix}}{\begin{vmatrix} x_1 & y_1 & 1 \\ x_2 & y_2 & 1 \\ x_3 & y_3 & 1 \end{vmatrix}}$$

$$= \dfrac{\begin{vmatrix} x_1 x_2 + x_2 x_3 + x_3 x_1 - x_2 x_3 - y_1^2 & y_1 & 1 \\ x_1 x_2 + x_2 x_3 + x_3 x_1 - x_3 x_1 - y_2^2 & y_2 & 1 \\ x_1 x_2 + x_2 x_3 + x_3 x_1 - x_1 x_2 - y_3^2 & y_3 & 1 \end{vmatrix}}{\begin{vmatrix} x_1 & y_1 & 1 \\ x_2 & y_2 & 1 \\ x_3 & y_3 & 1 \end{vmatrix}}$$

$$= \dfrac{\begin{vmatrix} -x_2 x_3 - y_1^2 & y_1 & 1 \\ -x_3 x_1 - y_2^2 & y_2 & 1 \\ -x_1 x_2 - y_3^2 & y_3 & 1 \end{vmatrix}}{\begin{vmatrix} x_1 & y_1 & 1 \\ x_2 & y_2 & 1 \\ x_3 & y_3 & 1 \end{vmatrix}} = \dfrac{\begin{vmatrix} x_2 x_3 + y_1^2 & 1 & y_1 \\ x_3 x_1 + y_2^2 & 1 & y_2 \\ x_1 x_2 + y_3^2 & 1 & y_3 \end{vmatrix}}{\begin{vmatrix} x_1 & y_1 & 1 \\ x_2 & y_2 & 1 \\ x_3 & y_3 & 1 \end{vmatrix}}$$

$$
= \frac{\begin{vmatrix} x_2 x_3 & 1 & y_1 \\ x_3 x_1 & 1 & y_2 \\ x_1 x_2 & 1 & y_3 \end{vmatrix} + \begin{vmatrix} y_1^2 & 1 & y_1 \\ y_2^2 & 1 & y_2 \\ y_3^2 & 1 & y_3 \end{vmatrix}}{\begin{vmatrix} x_1 & y_1 & 1 \\ x_2 & y_2 & 1 \\ x_3 & y_3 & 1 \end{vmatrix}} = \frac{\begin{vmatrix} x_2 x_3 & 1 & y_1 \\ x_3 x_1 & 1 & y_2 \\ x_1 x_2 & 1 & y_3 \end{vmatrix} + \begin{vmatrix} -y_1 y_2 - y_1 y_3 & 1 & y_1 \\ -y_2 y_1 - y_2 y_3 & 1 & y_2 \\ -y_3 y_1 - y_3 y_2 & 1 & y_3 \end{vmatrix}}{\begin{vmatrix} x_1 & y_1 & 1 \\ x_2 & y_2 & 1 \\ x_3 & y_3 & 1 \end{vmatrix}}
$$

$$
= \frac{\begin{vmatrix} x_2 x_3 & 1 & y_1 \\ x_3 x_1 & 1 & y_2 \\ x_1 x_2 & 1 & y_3 \end{vmatrix} + \begin{vmatrix} y_2 y_3 & 1 & y_1 \\ y_3 y_1 & 1 & y_2 \\ y_1 y_2 & 1 & y_3 \end{vmatrix}}{\begin{vmatrix} x_1 & y_1 & 1 \\ x_2 & y_2 & 1 \\ x_3 & y_3 & 1 \end{vmatrix}} = \frac{\begin{vmatrix} x_2 x_3 + y_2 y_3 & 1 & y_1 \\ x_3 x_1 + y_3 y_1 & 1 & y_2 \\ x_1 x_2 + y_1 y_2 & 1 & y_3 \end{vmatrix}}{\begin{vmatrix} x_1 & y_1 & 1 \\ x_2 & y_2 & 1 \\ x_3 & y_3 & 1 \end{vmatrix}},
$$

同理 $y_H = \dfrac{\begin{vmatrix} x_2 x_3 + y_2 y_3 & x_1 & 1 \\ x_3 x_1 + y_3 y_1 & x_2 & 1 \\ x_1 x_2 + y_1 y_2 & x_3 & 1 \end{vmatrix}}{\begin{vmatrix} x_1 & y_1 & 1 \\ x_2 & y_2 & 1 \\ x_3 & y_3 & 1 \end{vmatrix}}.$

解法 2 将△ABC 的垂心 H 转化成△DEF 的外心来求. 根据平行四边形的性质可得 $x_D = x_B + x_C - x_A, y_D = y_B + y_C - y_A$, 类似可推其他.

设 $S = x_1^2 + x_2^2 + x_3^2 - 2x_1 x_2 - 2x_2 x_3 - 2x_3 x_1 + y_1^2 + y_2^2 + y_3^2 - 2y_1 y_2 - 2y_2 y_3 - 2y_3 y_1$, 则

$$
x_H = \frac{\begin{vmatrix} x_D^2 + y_D^2 & y_D & 1 \\ x_E^2 + y_E^2 & y_D & 1 \\ x_F^2 + y_F^2 & y_D & 1 \end{vmatrix}}{2\begin{vmatrix} x_D & y_D & 1 \\ x_D & y_D & 1 \\ x_D & y_D & 1 \end{vmatrix}} = \frac{\begin{vmatrix} S + 4(x_2 x_3 + y_2 y_3) & y_1 + y_2 + y_3 - 2y_1 & 1 \\ S + 4(x_3 x_1 + y_3 y_1) & y_1 + y_2 + y_3 - 2y_2 & 1 \\ S + 4(x_1 x_2 + y_1 y_2) & y_1 + y_2 + y_3 - 2y_3 & 1 \end{vmatrix}}{8\begin{vmatrix} x_1 & y_1 & 1 \\ x_2 & y_2 & 1 \\ x_3 & y_3 & 1 \end{vmatrix}}
$$

$$
= \frac{-8\begin{vmatrix} x_2 x_3 + y_2 y_3 & y_1 & 1 \\ x_3 x_1 + y_3 y_1 & y_2 & 1 \\ x_1 x_2 + y_1 y_2 & y_3 & 1 \end{vmatrix}}{8\begin{vmatrix} x_1 & y_1 & 1 \\ x_2 & y_2 & 1 \\ x_3 & y_3 & 1 \end{vmatrix}} = \frac{\begin{vmatrix} x_2 x_3 + y_2 y_3 & 1 & y_1 \\ x_3 x_1 + y_3 y_1 & 1 & y_2 \\ x_1 x_2 + y_1 y_2 & 1 & y_3 \end{vmatrix}}{\begin{vmatrix} x_1 & y_1 & 1 \\ x_2 & y_2 & 1 \\ x_3 & y_3 & 1 \end{vmatrix}},
$$

同理 $y_H = \dfrac{\begin{vmatrix} x_2 x_3 + y_2 y_3 & x_1 & 1 \\ x_3 x_1 + y_3 y_1 & x_2 & 1 \\ x_1 x_2 + y_1 y_2 & x_3 & 1 \end{vmatrix}}{\begin{vmatrix} x_1 & y_1 & 1 \\ x_2 & y_2 & 1 \\ x_3 & y_3 & 1 \end{vmatrix}}$. 其中 $\begin{vmatrix} x_D & y_D & 1 \\ x_D & y_D & 1 \\ x_D & y_D & 1 \end{vmatrix} = 4 \begin{vmatrix} x_1 & y_1 & 1 \\ x_2 & y_2 & 1 \\ x_3 & y_3 & 1 \end{vmatrix}$, 这用到行列式的几

何性质, 即 $S_{\triangle DEF} = 4 S_{\triangle ABC}$. 当然也可用行列式的性质来计算.

在目前相当多的高等数学书籍中, 行列式的习题大多是些计算题, 其中的数据也不知如何来的, 很难看出其背景. 事实上有很多的几何案例可供选用.

设 A_1, A_2, A_3, A_4 是不共圆的四点, O_1 和 R_1 分别是 $\triangle A_2 A_3 A_4$ 外接圆的圆心和半径, 类似定义 O_2, O_3, O_4 和 R_2, R_3, R_4, 求证: $\dfrac{1}{O_1 A_1^2 - R_1^2} + \dfrac{1}{O_2 A_2^2 - R_2^2} + \dfrac{1}{O_3 A_3^2 - R_3^2} + \dfrac{1}{O_4 A_4^2 - R_4^2} = 0$.

证法 1　如图 4.6 所示, 设 $A_1 A_3$ 交 $A_2 A_4$ 于点 M, $A_1 A_3$ 交 $\triangle A_2 A_3 A_4$ 外接圆于点 B_1 (异于点 A_3), 则

$$
\begin{aligned}
O_1 A_1^2 - R_1^2 &= \overrightarrow{A_1 B_1} \cdot \overrightarrow{A_1 A_3} = (\overrightarrow{A_1 M} + \overrightarrow{MB_1}) \cdot \overrightarrow{A_1 A_3} \\
&= \left(\overrightarrow{A_1 M} + \frac{\overrightarrow{MA_2} \cdot \overrightarrow{MA_4}}{\overrightarrow{MA_3}} \right) \cdot (\overrightarrow{A_1 M} + \overrightarrow{MA_3}) \\
&= \frac{\overrightarrow{MA_3} - \overrightarrow{MA_1}}{\overrightarrow{MA_3}} (\overrightarrow{MA_2} \cdot \overrightarrow{MA_4} - \overrightarrow{MA_1} \cdot \overrightarrow{MA_3}),
\end{aligned}
$$

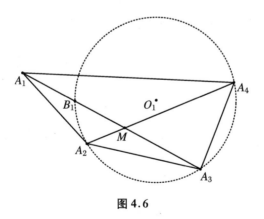

图 4.6

于是

$$
\sum \frac{1}{O_i A_i^2 - R_i^2}
$$

$$
= \frac{1}{\overrightarrow{MA_2} \cdot \overrightarrow{MA_4} - \overrightarrow{MA_1} \cdot \overrightarrow{MA_3}}
$$

$$\cdot \left(\frac{\overrightarrow{MA_3}}{\overrightarrow{MA_3} - \overrightarrow{MA_1}} - \frac{\overrightarrow{MA_4}}{\overrightarrow{MA_4} - \overrightarrow{MA_2}} + \frac{\overrightarrow{MA_1}}{\overrightarrow{MA_1} - \overrightarrow{MA_3}} - \frac{\overrightarrow{MA_2}}{\overrightarrow{MA_2} - \overrightarrow{MA_4}} \right)$$

$$= 0.$$

证法 2 将点 P 对半径为 R 的圆 O 的幂定义为 $OP^2 - R^2$, 显然圆内的点的幂为负数, 圆外的点的幂为正数, 圆上的点的幂为零. 若圆 O 的方程为 $x^2 + y^2 + Dx + Ey + F = 0$, 则 $\left(x + \frac{D}{2} \right)^2 + \left(y + \frac{E}{2} \right)^2 = \frac{D^2 + E^2 - 4F}{4}$; 任意点 (X, Y) 对圆 O 的幂 $P = \left(X + \frac{D}{2} \right)^2 + \left(Y + \frac{E}{2} \right)^2 - \frac{D^2 + E^2 - 4F}{4} = X^2 + Y^2 + DX + EY + F$. 则点 (x_4, y_4) 所对应的 $\triangle A_1 A_2 A_3$ 外接圆的圆幂 P_4 为

$$(x_4^2 + y_4^2) - \frac{\begin{vmatrix} x_1^2 + y_1^2 & y_1 & 1 \\ x_2^2 + y_2^2 & y_2 & 1 \\ x_3^2 + y_3^2 & y_3 & 1 \end{vmatrix}}{\begin{vmatrix} x_1 & y_1 & 1 \\ x_2 & y_2 & 1 \\ x_3 & y_3 & 1 \end{vmatrix}} x_4 + \frac{\begin{vmatrix} x_1^2 + y_1^2 & x_1 & 1 \\ x_2^2 + y_2^2 & x_2 & 1 \\ x_3^2 + y_3^2 & x_3 & 1 \end{vmatrix}}{\begin{vmatrix} x_1 & y_1 & 1 \\ x_2 & y_2 & 1 \\ x_3 & y_3 & 1 \end{vmatrix}} y_4 - \frac{\begin{vmatrix} x_1^2 + y_1^2 & x_1 & y_1 \\ x_2^2 + y_2^2 & x_2 & y_2 \\ x_3^2 + y_3^2 & x_3 & y_3 \end{vmatrix}}{\begin{vmatrix} x_1 & y_1 & 1 \\ x_2 & y_2 & 1 \\ x_3 & y_3 & 1 \end{vmatrix}},$$

$$\begin{vmatrix} x_1^2 + y_1^2 & x_1 & y_1 & 1 \\ x_2^2 + y_2^2 & x_2 & y_2 & 1 \\ x_3^2 + y_3^2 & x_3 & y_3 & 1 \\ x_4^2 + y_4^2 & x_4 & y_4 & 1 \end{vmatrix} = -2S_4 P_4,$$

其中 $2S_4 = \begin{vmatrix} x_1 & y_1 & 1 \\ x_2 & y_2 & 1 \\ x_3 & y_3 & 1 \end{vmatrix}$. 其余 P_i 和 S_i 类似定义. 于是

$$\sum \frac{1}{O_i A_i^2 - R_i^2} = \sum \frac{1}{P_i} = \frac{-2}{\begin{vmatrix} x_1^2 + y_1^2 & x_1 & y_1 & 1 \\ x_2^2 + y_2^2 & x_2 & y_2 & 1 \\ x_3^2 + y_3^2 & x_3 & y_3 & 1 \\ x_4^2 + y_4^2 & x_4 & y_4 & 1 \end{vmatrix}} \sum S_i = 0.$$

4.2.5 海伦公式与托勒密定理的行列式统一公式

沿用上节记号, 点 (x_4, y_4) 所对应的圆幂为

$$(x_4^2 + y_4^2) - \frac{\begin{vmatrix} x_1^2 + y_1^2 & y_1 & 1 \\ x_2^2 + y_2^2 & y_2 & 1 \\ x_3^2 + y_3^2 & y_3 & 1 \end{vmatrix}}{\begin{vmatrix} x_1 & y_1 & 1 \\ x_2 & y_2 & 1 \\ x_3 & y_3 & 1 \end{vmatrix}} x_4 + \frac{\begin{vmatrix} x_1^2 + y_1^2 & x_1 & 1 \\ x_2^2 + y_2^2 & x_2 & 1 \\ x_3^2 + y_3^2 & x_3 & 1 \end{vmatrix}}{\begin{vmatrix} x_1 & y_1 & 1 \\ x_2 & y_2 & 1 \\ x_3 & y_3 & 1 \end{vmatrix}} y_4 - \frac{\begin{vmatrix} x_1^2 + y_1^2 & x_1 & y_1 \\ x_2^2 + y_2^2 & x_2 & y_2 \\ x_3^2 + y_3^2 & x_3 & y_3 \end{vmatrix}}{\begin{vmatrix} x_1 & y_1 & 1 \\ x_2 & y_2 & 1 \\ x_3 & y_3 & 1 \end{vmatrix}},$$

$$\begin{vmatrix} x_1^2 + y_1^2 & x_1 & y_1 & 1 \\ x_2^2 + y_2^2 & x_2 & y_2 & 1 \\ x_3^2 + y_3^2 & x_3 & y_3 & 1 \\ x_4^2 + y_4^2 & x_4 & y_4 & 1 \end{vmatrix} = -2SP,$$

其中 $2S = \begin{vmatrix} x_1 & y_1 & 1 \\ x_2 & y_2 & 1 \\ x_3 & y_3 & 1 \end{vmatrix}$.

将上式变形为

$$-8SP = \begin{vmatrix} x_1^2 + y_1^2 & -2x_1 & -2y_1 & 1 \\ x_2^2 + y_2^2 & -2x_2 & -2y_2 & 1 \\ x_3^2 + y_3^2 & -2x_3 & -2y_3 & 1 \\ x_4^2 + y_4^2 & -2x_4 & -2y_4 & 1 \end{vmatrix},$$

$$2SP = \begin{vmatrix} 1 & x_1 & y_1 & x_1^2 + y_1^2 \\ 1 & x_2 & y_2 & x_2^2 + y_2^2 \\ 1 & x_3 & y_3 & x_3^2 + y_3^2 \\ 1 & x_4 & y_4 & x_4^2 + y_4^2 \end{vmatrix} = \begin{vmatrix} 1 & 1 & 1 & 1 \\ x_1 & x_2 & x_3 & x_4 \\ y_1 & y_2 & y_3 & y_4 \\ x_1^2 + y_1^2 & x_2^2 + y_2^2 & x_3^2 + y_3^2 & x_4^2 + y_4^2 \end{vmatrix},$$

两式相乘得 $-16S^2P^2 = \begin{vmatrix} 0 & l_{12}^2 & l_{13}^2 & l_{14}^2 \\ l_{12}^2 & 0 & l_{23}^2 & l_{24}^2 \\ l_{12}^2 & l_{23}^2 & 0 & l_{34}^2 \\ l_{14}^2 & l_{24}^2 & l_{34}^2 & 0 \end{vmatrix}$, 其中 $l_{ij}^2 = (x_i - x_j)^2 + (y_i - y_j)^2$.

用 $(l_{13} l_{14})^2, (l_{12} l_{14})^2, (l_{12} l_{13})^2$ 分别乘第 2,3,4 列得

$$-16S^2 P^2 l_{12}^4 l_{13}^4 l_{14}^4 = \begin{vmatrix} 0 & (l_{12} l_{13} l_{14})^2 & (l_{12} l_{13} l_{14})^2 & (l_{12} l_{13} l_{14})^2 \\ l_{12}^2 & 0 & (l_{12} l_{23} l_{14})^2 & (l_{12} l_{13} l_{24})^2 \\ l_{13}^2 & (l_{13} l_{14} l_{23})^2 & 0 & (l_{12} l_{13} l_{34})^2 \\ l_{14}^2 & (l_{13} l_{14} l_{24})^2 & (l_{12} l_{34} l_{14})^2 & 0 \end{vmatrix},$$

即

$$-16S^2P^2 = \begin{vmatrix} 0 & 1 & 1 & 1 \\ 1 & 0 & (l_{23}l_{14})^2 & (l_{13}l_{24})^2 \\ 1 & (l_{14}l_{23})^2 & 0 & (l_{12}l_{34})^2 \\ 1 & (l_{13}l_{24})^2 & (l_{12}l_{34})^2 & 0 \end{vmatrix}. \qquad ①$$

情况 1 当点 (x_4, y_4) 与 (x_1, y_1)，(x_2, y_2)，(x_3, y_3) 三点确定的外接圆圆心重合时，则 $P = -R^2$，$l_{14} = l_{24} = l_{34} = R$，于是式①转化为

$$-16S^2R^8 = \begin{vmatrix} 0 & R^2 & R^2 & R^2 \\ 1 & 0 & (l_{23}R)^2 & (l_{13}R)^2 \\ 1 & (l_{23}R)^2 & 0 & (l_{12}R)^2 \\ 1 & (l_{13}R)^2 & (l_{12}R)^2 & 0 \end{vmatrix},$$

即 $-16S^2 = \begin{vmatrix} 0 & 1 & 1 & 1 \\ 1 & 0 & l_{23}^2 & l_{13}^2 \\ 1 & l_{23}^2 & 0 & l_{12}^2 \\ 1 & l_{13}^2 & l_{12}^2 & 0 \end{vmatrix}.$ 设 $l_{12} = a$，$l_{13} = b$，$l_{23} = c$，则有 $-16S^2 =$

$\begin{vmatrix} 0 & 1 & 1 & 1 \\ 1 & 0 & c^2 & b^2 \\ 1 & c^2 & 0 & a^2 \\ 1 & b^2 & a^2 & 0 \end{vmatrix}$，展开得 $16S^2 = (a+b+c)(-a+b+c)(a-b+c)(a+b-c)$. 若设

$2p = a + b + c$，则 $S = \sqrt{p(p-a)(p-b)(p-c)}$，此即著名的海伦公式.

情况 2 当点 (x_4, y_4) 在 (x_1, y_1)，(x_2, y_2)，(x_3, y_3) 三点确定的外接圆圆上时，则 $P = 0$，于是式①转化为

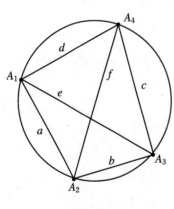

图 4.7

$(l_{23}l_{14} + l_{13}l_{24} + l_{12}l_{34})(l_{23}l_{14} + l_{13}l_{24} - l_{12}l_{34})$

$\quad \cdot (l_{23}l_{14} - l_{13}l_{24} + l_{12}l_{34})(-l_{23}l_{14} + l_{13}l_{24} + l_{12}l_{34})$

$\quad = 0.$

若设 $l_{12} = a$，$l_{23} = b$，$l_{34} = c$，$l_{14} = d$，$l_{13} = e$，$l_{24} = f$，则

$(bd + ef + ac)(bd + ef - ac)(bd - ef + ac)$

$\quad \cdot (-bd + ef + ac) = 0.$

不妨设 (x_1, y_1)，(x_2, y_2)，(x_3, y_3)，(x_4, y_4) 四点逆时针排列，则 $e > a$，$e > b$，$f > b$，$f > c$，$bd + ef + ac > 0$，$bd + ef - ac > 0$，$-bd + ef + ac > 0$，$bd - ef + ac = 0$，即 $bd + ac = ef$，此即著名的托勒密定理(图 4.7).

4.2.6　行列式与射影定理

很多资料上有这样一个例子：

$\triangle ABC$ 中，求证：$\cos^2 A + \cos^2 B + \cos^2 C + 2\cos A\cos B\cos C = 1$.

证法 1

$$\begin{aligned}
\cos^2 A + \cos^2 B + \cos^2 C &= \cos^2 A + \frac{1+\cos 2B}{2} + \frac{1+\cos 2C}{2} \\
&= \cos^2 A + \frac{\cos 2B + \cos 2C}{2} + 1 \\
&= \cos^2 A + \cos(B+C)\cos(B-C) + 1 \\
&= -\cos A\big[\cos(B+C) + \cos(B-C)\big] + 1 \\
&= -2\cos A\cos B\cos C + 1.
\end{aligned}$$

证法 2　如图 4.8 所示，H 是 $\triangle ABC$ 的垂心，由 $\triangle AEF \backsim \triangle ABC$ 得 $S_{\triangle AEF} = S_{\triangle ABC}\cos^2 A$，同理 $S_{\triangle BDF} = S_{\triangle ABC}\cos^2 B$，$S_{\triangle CDE} = S_{\triangle ABC}\cos^2 C$. 又

$$\begin{aligned}
S_{\triangle DEF} &= \frac{1}{2}DE \cdot DF \cdot \sin\angle EDF \\
&= \frac{1}{2}(AB\cos C) \cdot (AC\cos B) \cdot \sin(180° - 2\angle BAC) \\
&= \frac{1}{2}AB \cdot AC\cos B\cos C\sin(2\angle BAC) \\
&= 2S_{\triangle ABC}\cos A\cos B\cos C.
\end{aligned}$$

由 $S_{\triangle AEF} + S_{\triangle BDF} + S_{\triangle CDE} + S_{\triangle DEF} = S_{\triangle ABC}$ 得

$\cos^2 A + \cos^2 B + \cos^2 C + 2\cos A\cos B\cos C = 1$.

证法 3　将射影定理 $\begin{cases} a = b\cos C + c\cos B \\ b = c\cos A + a\cos C \\ c = a\cos B + b\cos A \end{cases}$ 改写

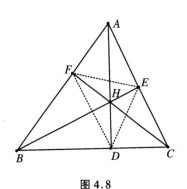

图 4.8

成 $\begin{cases} a - b\cos C - c\cos B = 0 \\ a - \dfrac{b}{\cos C} + c\dfrac{\cos A}{\cos C} = 0 \\ a + b\dfrac{\cos A}{\cos B} - \dfrac{c}{\cos B} = 0 \end{cases}$，则 $(-\cos C, -\cos B)$，

$\left(-\dfrac{1}{\cos C}, \dfrac{\cos A}{\cos C}\right)$，$\left(\dfrac{\cos A}{\cos B}, -\dfrac{1}{\cos B}\right)$ 三点都在直线 $a + bx + cy = 0$ 上. 由三点共线得

$$\frac{-\cos B - \dfrac{\cos A}{\cos C}}{-\cos C + \dfrac{1}{\cos C}} = \frac{-\cos B + \dfrac{1}{\cos B}}{-\cos C - \dfrac{\cos A}{\cos B}},$$ 化简得 $(\cos B \cos C + \cos A)^2 = \sin^2 B \sin^2 C$,即

$(\cos B \cos C + \cos A)^2 = (1 - \cos^2 B)(1 - \cos^2 C)$,于是

$\qquad \cos^2 B \cos^2 C + \cos^2 A + 2\cos A \cos B \cos C = 1 - \cos^2 B - \cos^2 C + \cos^2 B \cos^2 C$,

故 $\cos^2 A + \cos^2 B + \cos^2 C + 2\cos A \cos B \cos C = 1$.

补充:因为 $\cos B$,$\cos C$ 出现在分母位置,还要假设其不为 0.事实上当三角形为直角三角形时,命题显然成立.

证法 4 将射影定理 $\begin{cases} a = b\cos C + c\cos B \\ b = c\cos A + a\cos C \\ c = a\cos B + b\cos A \end{cases}$ 改写成 $\begin{cases} -a + b\cos C + c\cos B = 0 \\ a\cos C - b + c\cos A = 0 \\ a\cos B + b\cos A - c = 0 \end{cases}$,该齐次

线性方程组存在非零解 (a,b,c),于是 $\begin{vmatrix} -1 & \cos C & \cos B \\ \cos C & -1 & \cos A \\ \cos B & \cos A & -1 \end{vmatrix} = 0$,展开得 $\cos^2 A + \cos^2 B$

$+ \cos^2 C + 2\cos A \cos B \cos C = 1$.

证法 1 是最基本的三角换算,证法 2 则是比较巧妙地利用了面积关系,借助图形来证明的好处是直观,缺点则是受图形拘束,若想说明结论对于钝角、直角三角形也成立,则需要另外作图.证法 3 和证法 4 如出一辙,都是利用射影定理来证明,其本质也相通,这说明初等数学解法和高等数学解法之间并没有不可逾越的鸿沟.

证法 4 广泛出现在一些高观点指导初等数学的资料上,称得上是经典案例.

第一次看到证法 4,很容易被解题者新颖的视角震住.而当你在不同的资料上反复看到时,也难免视觉疲劳.很多资料有这个案例,说明大家认可这个案例.但这些转载者是否真正思考过这个例子,还只是简单地抄录? 难说.

如果你有点厌倦这个案例了,可以想着变一变.

射影定理 $\begin{cases} a = b\cos C + c\cos B \\ b = c\cos A + a\cos C \\ c = a\cos B + b\cos A \end{cases}$ 中三个式子,都是一次式,联想到三阶行列式是很自然

的事情,当然这有点放马后炮,第一个想到的人还是很不容易的.但为何将 a,b,c 看作是变量呢? 原因是 $\cos^2 A + \cos^2 B + \cos^2 C + 2\cos A \cos B \cos C = 1$ 中没有 a,b,c,需要消去.能否将其他的量看成是变量? 会得出什么结论? 不妨试一试.

探究 1 $\triangle ABC$ 中,求证:$c^2 = a^2 + b^2 - 2ab\cos C$.

因为结论中不含 $\cos A$,$\cos B$,希望将之看作变量消去.

证明 将射影定理 $\begin{cases} a = b\cos C + c\cos B \\ b = c\cos A + a\cos C \\ c = a\cos B + b\cos A \end{cases}$ 改写成 $\begin{cases} 0 \cdot \cos A + c\cos B + b\cos C - a = 0 \\ c\cos A + 0 \cdot \cos B + a\cos C - b = 0, \\ b\cos A + a\cos B - c = 0 \end{cases}$

该齐次线性方程组存在非零解 $(\cos A, \cos B, 1)$，于是 $\begin{vmatrix} 0 & c & b\cos C - a \\ c & 0 & a\cos C - b \\ b & a & -c \end{vmatrix} = 0$，展开得 $c^2 =$

$a^2 + b^2 - 2ab\cos C$.

探究 2 $\triangle ABC$ 中，求证：$\dfrac{a}{\sin A} = \dfrac{b}{\sin B}$.

因为结论中不含 $c, \cos C$，希望将之看作变量消去. 至于新出现的 $\sin A, \sin B$，则希望由 $\cos A, \cos B$ 转化而来.

证明 将射影定理 $\begin{cases} a = b\cos C + c\cos B \\ b = c\cos A + a\cos C \\ c = a\cos B + b\cos A \end{cases}$ 改写成 $\begin{cases} c\cos B + b\cos C - a = 0 \\ c\cos A + a\cos C - b = 0 \\ -c + 0 \cdot \cos C + b\cos A + a\cos B = 0 \end{cases}$,

该齐次线性方程组存在非零解 $(c, \cos C, 1)$，于是 $\begin{vmatrix} \cos B & b & -a \\ \cos A & a & -b \\ -1 & 0 & b\cos A + a\cos B \end{vmatrix} = 0$，展开

得 $\dfrac{a^2}{\sin^2 A} = \dfrac{b^2}{\sin^2 B}$，即 $\dfrac{a}{\sin A} = \dfrac{b}{\sin B}$.

类似可得余弦定理和正弦定理的其他几种形式.

除此之外，是否还存在其他的变量视角，得出另外的结论呢？不存在. 若将 $a, b, \cos C$ 看成变量，则式子中有 $b\cos C$，就不是线性方程组了.

射影定理、余弦定理、正弦定理，这三个定理是可以互相推导的. 这方面的资料很多了，自己推导也并不困难. 下面仅介绍三个定理的一种统一证法.

证明 如图 4.9 所示，$\overrightarrow{AC} = b(\cos A + i\sin A)$，又

$\overrightarrow{AC} = \overrightarrow{AB} + \overrightarrow{BC} = c + a[\cos(\pi - B) + i\sin(\pi - B)] = c - a\cos B + i a\sin B$,

根据复数相等可得 $b\cos A = c - a\cos B$，$b\sin A = a\sin B$，即 $c = b\cos A + a\cos B$，$\dfrac{a}{\sin A} =$

$\dfrac{b}{\sin B}$. 而由这两种方式计算 $\overrightarrow{AC}^2$ 得 $b^2 = (c - a\cos B)^2 + a^2\sin^2 B$，即 $b^2 = a^2 + c^2 -$

$2ac\cos B$.

已知齐次方程组 $\begin{cases} x - y\cos C - z\cos B = 0 \\ -x\cos C + y - z\cos A = 0 \\ -x\cos B - y\cos A + z = 0 \end{cases}$，式中 A，

B, C 为参数，若此方程除 $x = y = z = 0$ 之外，有其他解，问 A, B, C 之间的关系. 求证：$A + B + C = \pi$ 时，x, y, z 恰为一三角形三边. (1948 年复旦大学入学考题)

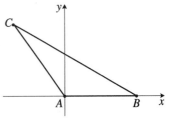

图 4.9

解 若有其他解,则 $\begin{vmatrix} 1 & -\cos C & -\cos B \\ -\cos C & 1 & -\cos A \\ -\cos B & -\cos A & 1 \end{vmatrix} = 0$,展开得

$$\cos^2 A + \cos^2 B + \cos^2 C + 2\cos A\cos B\cos C = 1.$$

当 $A + B + C = \pi$ 时,$\cos(A + B + C) = -1$,展开得

$$\cos A\cos B\cos C - \cos A\sin B\sin C - \sin A\sin B\cos C - \sin A\cos B\sin C = -1,$$

于是

$$\begin{aligned} 2\cos A\cos B\cos C &= \sin B(\cos A\sin C + \sin A\cos C) + \sin C(\sin A\cos B + \cos A\sin B) \\ &\quad + \sin A(\sin B\cos C + \cos B\sin C) - 2 \\ &= \sin B\sin(A + C) + \sin C\sin(A + B) + \sin A\sin(C + B) - 2 \\ &= \sin^2 B + \sin^2 C + \sin^2 A - 2, \end{aligned}$$

所以 $\cos^2 A + \cos^2 B + \cos^2 C + 2\cos A\cos B\cos C = 1$,即 $\begin{vmatrix} 1 & -\cos C & -\cos B \\ -\cos C & 1 & -\cos A \\ -\cos B & -\cos A & 1 \end{vmatrix} = 0$,

除 $x = y = z = 0$ 之外,还有其他解.

由方程组前两个方程可解出

$$x : y : z$$

$$= \begin{vmatrix} -\cos C & -\cos B \\ 1 & -\cos A \end{vmatrix} : \begin{vmatrix} -\cos B & 1 \\ -\cos A & -\cos C \end{vmatrix} : \begin{vmatrix} 1 & -\cos C \\ -\cos C & 1 \end{vmatrix}$$

$$= (\cos A\cos C + \cos B) : (\cos B\cos C + \cos A) : \sin^2 C,$$

而

$$\begin{aligned} \cos A\cos C + \cos B &= \frac{1}{2}[\cos(A + C) + \cos(A - C)] + \cos B \\ &= \frac{1}{2}[\cos(A - C) - \cos(A + C)] = \sin A\sin C, \end{aligned}$$

同理 $\cos B\cos C + \cos A = \sin B\sin C$,所以 $x : y : z = \sin A : \sin B : \sin C$,因此 x, y, z 恰为一三角形三边.

有时探究所得,结论是对的,但没啥太大价值,譬如这样做:将射影定理

$$\begin{cases} a = b\cos C + c\cos B \\ b = c\cos A + a\cos C \\ c = a\cos B + b\cos A \end{cases} \text{改写成} \begin{cases} b\cos C + 0 \cdot b + c\cos B - a = 0 \\ a\cos C - b + c\cos A = 0 \\ 0 \cdot \cos C + b\cos A + a\cos B - c = 0 \end{cases},\text{该齐次线性方程组存在}$$

非零解 $(\cos C, b, 1)$,于是 $\begin{vmatrix} b & 0 & c\cos B - a \\ a & -1 & c\cos A \\ 0 & \cos A & a\cos B - c \end{vmatrix} = 0$,展开得

$$bc\sin^2 A - ab\cos B + ac\cos A\cos B - a^2\cos A = 0,$$

即

$$\sin C(\sin B\sin A + \cos A\cos B) = \sin A\cos A + \sin B\cos B,$$

也即 $2\sin(A + B)\cos(A - B) = \sin 2A + \sin 2B$.

补充一例:设 λ 是大于 1 的实数,且 $\triangle ABC$ 中边角关系满足 $a^\lambda\cos B + b^\lambda\cos A = c^\lambda$,$a^{2\lambda-1}\cos B + b^{2\lambda-1}\cos A = c^{2\lambda-1}$,证明: $\triangle ABC$ 是等腰三角形.

证明 结合射影定理可得 $\begin{cases} a\cos B + b\cos A - c = 0 \\ a^\lambda\cos B + b^\lambda\cos A - c^\lambda = 0 \\ a^{2\lambda-1}\cos B + b^{2\lambda-1}\cos A - c^{2\lambda-1} = 0 \end{cases}$,该齐次线性方程组存

在非零解 $(\cos B, \cos A, -1)$,于是 $\begin{vmatrix} a & b & c \\ a^\lambda & b^\lambda & c^\lambda \\ a^{2\lambda-1} & b^{2\lambda-1} & c^{2\lambda-1} \end{vmatrix} = 0$,而

$$\begin{vmatrix} a & b & c \\ a^\lambda & b^\lambda & c^\lambda \\ a^{2\lambda-1} & b^{2\lambda-1} & c^{2\lambda-1} \end{vmatrix} = abc\begin{vmatrix} 1 & 1 & 1 \\ a^{\lambda-1} & b^{\lambda-1} & c^{\lambda-1} \\ a^{2\lambda-2} & b^{2\lambda-2} & c^{2\lambda-2} \end{vmatrix}$$

$$= abc(a^{\lambda-1} - b^{\lambda-1})(b^{\lambda-1} - c^{\lambda-1})(a^{\lambda-1} - c^{\lambda-1}),$$

所以 $a = b$ 或 $b = c$ 或 $a = c$.

4.2.7 行列式解几何题举例

张奠宙、邹一心两位先生在《现代数学与中学数学》前言中有这样的论述:"我们在高师院校执教多年,深感居高未必能自然地临下.在大学课程中,只管讲学科知识本身,联系中学实际的任务往往视为累赘,忽略不讲.举个例子,讲实变函数论,大谈勒贝格测度、勒贝格积分,却不屑于谈谈测度与面积、体积之间的内在关系.对中学教师来说,也许后者是至关重要的.居"测度之高"去临"面积"之下,也是得花些力气的."前言中还写道:"书稿写成这个样子,仍觉有许多不足,特别是与中学的联系尚欠紧密,应用方面介绍尚少."

这虽是谦虚之词,但也启示我们,需要重视应用,重视案例.我个人是这样做的,看到一个初等数学问题,希望将之与高等数学联系起来,此为初等数学高等化;看到一个高等数学性质,总尝试将之应用到初等数学中去,此为高等数学初等化;花费了很多力气,找到了一些比较满意的案例,高等数学使得初等数学问题变得简单明朗.

下面所举案例是利用行列式解几何题.名为《线性代数》的著作可谓多矣,大多从头到尾都在说空间,但真正将线性代数和几何结合起来,特别是和平面几何结合起来的书并不多.德国数学家克林根贝尔格的《线性代数与几何》书里,出现了莫莱定理的证明,这是国内许多同名书籍罕见的.该书第三版前言中,有这样的观点:线性代数并不单纯以其自身为目的,而是作为分析的基本辅助工具,而且首先是为了几何学而提出的.这说明线性代数和几何研究之间颇有渊源.

例 11 四边形 $ABCD$ 的四个顶点都在 $xy = 1$ 上. A',B',C',D' 分别是 $\triangle BCD$,

$\triangle CDA$,$\triangle DAB$,$\triangle ABC$ 的垂心,求证:A',B',C',D' 四点也在 $xy=1$ 上;四边形 $A'B'C'D'$ 的面积等于四边形 $ABCD$ 的面积.

证明 设 $A\left(a,\dfrac{1}{a}\right)$,$B\left(b,\dfrac{1}{b}\right)$,$C\left(c,\dfrac{1}{c}\right)$,$D\left(d,\dfrac{1}{d}\right)$,$A'(x,y)$,则 $\dfrac{y-\dfrac{1}{b}}{x-b}\cdot\dfrac{\dfrac{1}{c}-\dfrac{1}{d}}{c-d}=$

-1,$\dfrac{y-\dfrac{1}{c}}{x-c}\cdot\dfrac{\dfrac{1}{b}-\dfrac{1}{d}}{b-d}=-1$,解得 $x=-\dfrac{1}{bcd}$,$y=-bcd$,于是 $A'\left(-\dfrac{1}{bcd},-bcd\right)$,同理

$$B'\left(-\frac{1}{cda},-cda\right),\quad C'\left(-\frac{1}{dab},-dab\right),\quad D'\left(-\frac{1}{abc},-abc\right).$$

显然 A',B',C',D' 四点也在 $xy=1$ 上.

要证四边形 $A'B'C'D'$ 和四边形 $ABCD$ 的面积相等,只需证 $\triangle A'B'C'$ 和 $\triangle ABC$ 的面积相等,同理可证 $\triangle C'D'A'$ 和 $\triangle CDA$ 的面积相等.

$$S_{\triangle A'B'C'}=\begin{vmatrix} -\dfrac{1}{bcd} & -bcd & 1 \\[2mm] -\dfrac{1}{cda} & -cda & 1 \\[2mm] -\dfrac{1}{dab} & -dab & 1 \end{vmatrix}=\left(-\dfrac{1}{abcd}\right)\cdot(-abcd)\cdot\begin{vmatrix} a & \dfrac{1}{a} & 1 \\[2mm] b & \dfrac{1}{b} & 1 \\[2mm] c & \dfrac{1}{c} & 1 \end{vmatrix}$$

$$=\begin{vmatrix} a & \dfrac{1}{a} & 1 \\[2mm] b & \dfrac{1}{b} & 1 \\[2mm] c & \dfrac{1}{c} & 1 \end{vmatrix}=S_{\triangle ABC}.$$

上述证法中先提取第一列的公因式 $-\dfrac{1}{abcd}$,再提取第二列的公因式 $-abcd$,两个公因式在行列式之外相消化简,这样的操作在《线性代数》的习题中经常进行.这样的技巧,我们练得多,但很少在解实际问题时应用.此处用上,不亦乐乎.说明这样的技巧是很有用的,绝非屠龙之术.

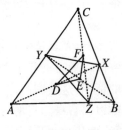

图 4.10

例 12 如图 4.10 所示,$\triangle ABC$ 中,X,Y,Z 分别是 BC,CA,AB 上的点,D,E,F 分别是 AX,BY,CZ 的中点,求证:$S_{\triangle XYZ}=4S_{\triangle DEF}$.

证法 1 设 $A(-2a,0)$,$B(2b,0)$,$C(0,2c)$,$X(2bd,2c(1-d))$,$Y(-2ae,2c(1-e))$,$Z(2f,0)$,则 $D(bd-a,c(1-d))$,$E(b-ae,c(1-e))$,$F(f,c)$,故

$$S_{\triangle XYZ} = \frac{1}{2} \begin{vmatrix} 2bd & 2c(1-d) & 1 \\ -2ae & 2c(1-e) & 1 \\ 2f & 0 & 1 \end{vmatrix} = 4 \cdot \frac{1}{2} \begin{vmatrix} bd & c(1-d) & 1 \\ -ae & c(1-e) & 1 \\ f & 0 & 1 \end{vmatrix}$$

$$= 4 \cdot \frac{1}{2} \cdot c(bd + ef + ae - df - bde - ade)$$

$$= 4 \cdot \frac{1}{2} \begin{vmatrix} bd - a & c(1-d) & 1 \\ b - ae & c(1-e) & 1 \\ f & c & 1 \end{vmatrix} = 4 S_{\triangle DEF}.$$

证法 2 设 $A(a, a')$, $B(b, b')$, 以此类推.

$$S_{\triangle XYZ} = \frac{1}{2} \begin{vmatrix} \frac{1}{2}(a+x) & \frac{1}{2}(a'+x') & 1 \\ \frac{1}{2}(b+y) & \frac{1}{2}(b'+y') & 1 \\ \frac{1}{2}(c+z) & \frac{1}{2}(c'+z') & 1 \end{vmatrix}$$

$$= \frac{1}{8} \begin{vmatrix} a+x & a'+x' & 1 \\ b+y & b'+y' & 1 \\ c+z & c'+z' & 1 \end{vmatrix}$$

$$= \frac{1}{8} \left(\begin{vmatrix} a & a' & 1 \\ b & b' & 1 \\ c & c' & 1 \end{vmatrix} + \begin{vmatrix} a & x' & 1 \\ b & y' & 1 \\ c & z' & 1 \end{vmatrix} + \begin{vmatrix} x & a' & 1 \\ y & b' & 1 \\ z & c' & 1 \end{vmatrix} + \begin{vmatrix} x & x' & 1 \\ y & y' & 1 \\ z & z' & 1 \end{vmatrix} \right)$$

$$= \frac{1}{8} \left(\begin{vmatrix} a & a' & 1 \\ b & b' & 1 \\ c & c' & 1 \end{vmatrix} + \begin{vmatrix} a & x' & 1 \\ b & y' & 1 \\ c & z' & 1 \end{vmatrix} + \begin{vmatrix} x & a' & 1 \\ y & b' & 1 \\ z & c' & 1 \end{vmatrix} \right) + 4 S_{\triangle DEF}.$$

下面证明 $\begin{vmatrix} a & a' & 1 \\ b & b' & 1 \\ c & c' & 1 \end{vmatrix} + \begin{vmatrix} a & x' & 1 \\ b & y' & 1 \\ c & z' & 1 \end{vmatrix} + \begin{vmatrix} x & a' & 1 \\ y & b' & 1 \\ z & c' & 1 \end{vmatrix} = 0$, 可以用全部展开相互抵消的死

办法. 这里给出一种较有意思的证法:

$$\begin{vmatrix} a & a' & 1 \\ b & b' & 1 \\ c & c' & 1 \end{vmatrix} + \begin{vmatrix} a & x' & 1 \\ b & y' & 1 \\ c & z' & 1 \end{vmatrix} + \begin{vmatrix} x & a' & 1 \\ y & b' & 1 \\ z & c' & 1 \end{vmatrix} = \begin{vmatrix} a & a' & 1 \\ b & b' & 1 \\ z & z' & 1 \end{vmatrix} + \begin{vmatrix} a & a' & 1 \\ y & y' & 1 \\ c & c' & 1 \end{vmatrix} + \begin{vmatrix} x & x' & 1 \\ b & b' & 1 \\ c & c' & 1 \end{vmatrix},$$

这个等式并不是用到行列式的什么性质,而是通过观察发现前者18项中的任意一项都在后者找得到,只是等式两边重新排列组合而已.重组之后,发现等式右边的每一个行列式都等于 0,这是因为 A, B, Z 三点, A, Y, C 三点, X, B, C 三点分别共线.

两种证法都用到行列式表示面积.对于设置点的坐标,证法 1 是比较常见的设法,只是

最后得到 D，E，F 三点坐标有点不对称，证法 2 虽然多引进了一些参数，但得到的式子保持了对称，为使用行列式分拆的性质打下基础. 证法 1 看似简短一些，这是因为略去了 $S_{\triangle DEF}$ 的计算过程，而证法 2 则是完完全全写出来了.

例13 如图 4.11 所示，设圆内接凸六边形 $ABCDEF$，$AB = a$，$BC = b'$，$CD = c$，$DE = a'$，$EF = b$，$FA = c'$，$AD = f$，$BE = g$，$CF = e$，证明：

$$efg = aa'e + bb'f + cc'g + abc + a'b'c'.$$

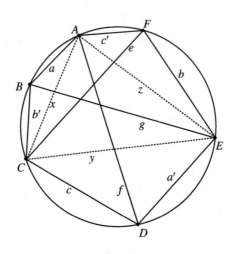

图 4.11

通常的证法：设 $AC = x$，$CE = y$，$EA = z$，则 $ac + b'f = xBD$，$a'b' + cg = yBD$，那么

$$b(ac + b'f) + c'(a'b' + cg) = bxBD + c'yBD = zeBD = e(fg - aa'),$$

于是 $efg = aa'e + bb'f + cc'g + abc + a'b'c'$.

观察这个结论，为什么形式上如此优美？原因是最早的发现者取的字母特别巧，譬如设 $BC = b'$，而不是设 $BC = b$. 从这个结论我们还能联想到什么呢？三阶行列式！六项，每一项都是三个数相乘. 于是可以这样做：

证明 $bx + c'y = ez$，$a'x + cz = fy$，$ay + b'z = gx$，于是 $\begin{cases} bx + c'y - ez = 0 \\ a'x - fy + cz = 0 \\ -gx + ay + b'z = 0 \end{cases}$，要使方程

组有非零解，则 $\begin{vmatrix} b & c' & -e \\ a' & -f & c \\ -g & a & b' \end{vmatrix} = 0$，即 $efg = aa'e + bb'f + cc'g + abc + a'b'c'$.

相对而言，使用行列式证明，所列的三个式子对称性更强，联立成方程组之后，结论显然易得. 而原证法先给出两式，再逐步合并，思维过程则显得繁杂些. 托勒密定理一般是针对四边形而言的，本题性质可看作是托勒密定理的推广.

例 14 如图 4.12 所示，五边形 $ABCDE$ 中，设 $S_{\triangle ABC}$ 表示 $\triangle ABC$ 的有向面积，以此类推，则有 $S_{\triangle EAB} \cdot S_{\triangle ECD} + S_{\triangle EBC} \cdot S_{\triangle EAD} = S_{\triangle ECA} \cdot S_{\triangle EDB}$.

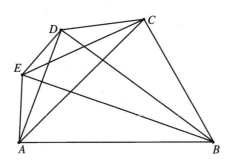

图 4.12

证明 设 $A(a_1, a_2)$，以此类推，$S_{\triangle ABC} = \dfrac{1}{2} \begin{vmatrix} 1 & 1 & 1 \\ a_1 & b_1 & c_1 \\ a_2 & b_2 & c_2 \end{vmatrix}$，考虑六阶行列式

$$\begin{vmatrix} 1 & 1 & 1 & 1 & 0 & 1 \\ a_1 & b_1 & c_1 & d_1 & 0 & e_1 \\ a_2 & b_2 & c_2 & d_2 & 0 & e_2 \\ 1 & 1 & 1 & 1 & 1 & 0 \\ a_1 & b_1 & c_1 & d_1 & e_1 & 0 \\ a_2 & b_2 & c_2 & d_2 & e_2 & 0 \end{vmatrix}$$，显然该行列式结果为 0；若前三行按拉普拉斯定理展开，得

$\dfrac{1}{4}(-S_{\triangle EAB} \cdot S_{\triangle ECD} - S_{\triangle EBC} \cdot S_{\triangle EAD} + S_{\triangle ECA} \cdot S_{\triangle EDB}) = 0$，即 $S_{\triangle EAB} \cdot S_{\triangle ECD} + S_{\triangle EBC} \cdot S_{\triangle EAD}$

$= S_{\triangle ECA} \cdot S_{\triangle EDB}$.

利用行列式的几何性质解题的研究不少，但结合拉普拉斯定理的还比较少见.

例 15 六边形 $ABCDEF$ 中，设 $S_{\triangle ABC}$ 表示 $\triangle ABC$ 的有向面积，则有 $S_{\triangle AEF} \cdot S_{\triangle DBC} + S_{\triangle BEF} \cdot S_{\triangle DCA} + S_{\triangle CEF} \cdot S_{\triangle DAB} = S_{\triangle DEF} \cdot S_{\triangle ABC}$.

证明 设 $A(a_1, a_2)$，以此类推，$S_{\triangle ABC} = \dfrac{1}{2} \begin{vmatrix} 1 & 1 & 1 \\ a_1 & b_1 & c_1 \\ a_2 & b_2 & c_2 \end{vmatrix}$，考虑六阶行列式

$$\begin{vmatrix} 1 & 1 & 1 & -1 & 0 & 0 \\ a_1 & b_1 & c_1 & -d_1 & 0 & 0 \\ a_2 & b_2 & c_2 & -d_2 & 0 & 0 \\ 1 & 1 & 1 & 0 & 1 & 1 \\ a_1 & b_1 & c_1 & 0 & e_1 & f_1 \\ a_2 & b_2 & c_2 & 0 & e_2 & f_2 \end{vmatrix}$$，前三行按照拉普拉斯定理展开，发现所求等式左边等于该

行列式的 $\frac{1}{4}$；而用后面三行分别减去前三行，再由前三行按照拉普拉斯定理展开，发现所求

等式右边等于该行列式的 $\frac{1}{4}$.

例16 如图4.13所示，F 为 $\triangle ABC$ 中位线上一点，BF 交 AC 于点 G，CF 交 AB 于点

H.求证：$\frac{AG}{GC} + \frac{AH}{HB} = 1$.(1985年齐齐哈尔、大庆市竞赛题)

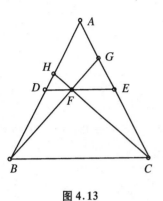

图4.13

证法1 因为

$$2\overrightarrow{AF} = m\overrightarrow{AB} + (1-m)\overrightarrow{AC}$$

$$= m\frac{AB}{AH}\overrightarrow{AH} + (1-m)\overrightarrow{AC}$$

$$= m\overrightarrow{AB} + (1-m)\frac{AC}{AG}\overrightarrow{AG},$$

所以

$$m\frac{AB}{AH} + (1-m) = 2,$$

$$m + (1-m)\frac{AC}{AG} = 2,$$

解得 $\frac{AH}{HB} = m$，$\frac{AG}{GC} = 1-m$，故 $\frac{AG}{CG} + \frac{AH}{HB} = 1$.

证法2 $\frac{AG}{GC} + \frac{AH}{HB} = \frac{S_{\triangle ABF}}{S_{\triangle CBF}} + \frac{S_{\triangle ACF}}{S_{\triangle BCF}} = \frac{S_{\triangle ABE}}{S_{\triangle CBE}} = 1$.

证法3 设 $A(0,a)$，$B(b,0)$，$C(c,0)$，则 $D\left(\frac{b}{2}, \frac{a}{2}\right)$，$E\left(\frac{c}{2}, \frac{a}{2}\right)$，$H(bm, a(1-m))$，$G(cn, a(1-n))$，$DE$ 直线方程为 $y = \frac{a}{2}$，BG 直线方程为 $y = (x-b)\frac{a(1-n)}{cn-b}$，$CH$

直线方程为 $y = (x-c)\frac{a(1-m)}{bm-c}$，由三线共点得 $\begin{vmatrix} 0 & -1 & \frac{a}{2} \\ \frac{a(1-n)}{cn-b} & -1 & -b\frac{a(1-n)}{cn-b} \\ \frac{a(1-m)}{bm-c} & -1 & -c\frac{a(1-m)}{bm-c} \end{vmatrix} = 0$，解

得 $-a^2(b-c)(1+3mn-2n-2m) = 0$，即 $m+n-2mn = 1+mn-m-n$，所以

$$\frac{AG}{GC} + \frac{AH}{HB} = \frac{n}{1-n} + \frac{m}{1-m} = \frac{m+n-2mn}{1+mn-m-n} = 1.$$

例17 单位圆 $x^2 + y^2 = 1$ 面积为 π，求椭圆 $x^2 + (x+y)^2 = 1$ 的面积.

解法1 如图4.14所示，结合 $x^2 + (x+y)^2 = 1$ 和 $x^2 + y^2 = 1$，解得 $A(0,1)$，

$B\left(-\dfrac{2}{\sqrt{5}},\dfrac{1}{\sqrt{5}}\right)$, $C\left(\dfrac{2}{\sqrt{5}},-\dfrac{1}{\sqrt{5}}\right)$, 于是直线 AC 的斜率为 $\dfrac{1+\dfrac{1}{\sqrt{5}}}{0-\dfrac{2}{\sqrt{5}}}=-\dfrac{\sqrt{5}+1}{2}$. 联立 $x^2+(x+y)^2=$

1 和 $y=-\dfrac{\sqrt{5}+1}{2}x$, 解得 $x_D=-\sqrt{\dfrac{2}{5-\sqrt{5}}}$, $y_D=\dfrac{1+\sqrt{5}}{\sqrt{2(5-\sqrt{5})}}$, $OD=\dfrac{\sqrt{5}+1}{2}$. 同理可得 $OE=$

$\dfrac{\sqrt{5}-1}{2}$. 所以椭圆 $x^2+(x+y)^2=1$ 的面积为 $\pi OD\cdot OE=\pi\dfrac{\sqrt{5}+1}{2}\cdot\dfrac{\sqrt{5}-1}{2}=\pi$.

解法 2 如图 4.15 所示, 作一竖直直线与椭圆 $x^2+(x+y)^2=1$ 相交, $M(x,\sqrt{1-x^2}-x)$,

$N(x,-\sqrt{1-x^2}-x)$, $MN=2\sqrt{1-x^2}$, $S=\displaystyle\int_{-1}^{1}2\sqrt{1-x^2}\mathrm{d}x=\pi$.

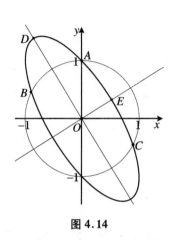

图 4.14

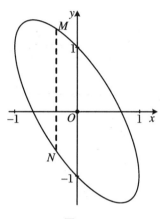

图 4.15

最后一步无须计算, 只要联系单位圆面积积分公式即可.

高等数学的一些资料里, 有这样一个公式: 一般二次曲线 $Ax^2+2Bxy+Cy^2+2ax+2by$

$+D=0$ 若为椭圆方程式, 则所围成的面积为 $S=\dfrac{-\Delta}{\delta^{\frac{3}{2}}}\pi$, 其中 $\Delta=\begin{vmatrix} A & B & a \\ B & C & b \\ a & b & D \end{vmatrix}$, $\delta=$

$\begin{vmatrix} A & B \\ B & C \end{vmatrix}$. 特别地, 椭圆 $\dfrac{x^2}{a^2}+\dfrac{y^2}{b^2}=1$ 的面积为

$$S=\dfrac{-\begin{vmatrix} \dfrac{1}{a^2} & 0 & 0 \\ 0 & \dfrac{1}{b^2} & 0 \\ 0 & 0 & -1 \end{vmatrix}}{\begin{vmatrix} \dfrac{1}{a^2} & 0 \\ 0 & \dfrac{1}{b^2} \end{vmatrix}^{\frac{3}{2}}}\pi=\pi ab.$$

解 法 3 椭圆 $x^2 + (x+y)^2 = 1$ 写为 $2x^2 + 2xy + y^2 - 1 = 0$,则 $S = \dfrac{-\begin{vmatrix} 2 & 1 & 0 \\ 1 & 1 & 0 \\ 0 & 0 & -1 \end{vmatrix}}{\begin{vmatrix} 2 & 1 \\ 1 & 1 \end{vmatrix}^{\frac{3}{2}}} \pi = \pi.$

例 18 已知直线 $P_1 P_2$ 和 $P_3 P_4$ 相交于点 O,且 $OP_1 \cdot OP_2 = OP_3 \cdot OP_4$,求证:$P_1$, P_2, P_3, P_4 四点共圆.

证 法 1 如图 4.16 或图 4.17 所示,由 $\dfrac{OP_1}{OP_4} = \dfrac{OP_3}{OP_2}$ 和 $\angle P_1 OP_3 = \angle P_4 OP_2$,得 $\triangle OP_1 P_3$ $\backsim \triangle OP_4 P_2$,于是 $\angle OP_1 P_3 = \angle OP_4 P_2$,所以 P_1, P_2, P_3, P_4 四点共圆.

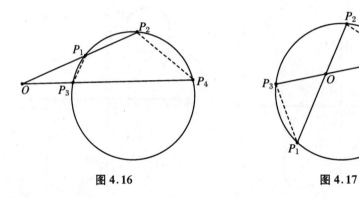

图 4.16　　　　　　　　　　图 4.17

证 法 2 如图 4.16 或图 4.17 所示,设以 O 为原点,$P_1(\rho_1 \cos \alpha, \rho_1 \sin \alpha)$,$P_2(\rho_2 \cos \alpha, \rho_2 \sin \alpha)$,$P_3(\rho_3 \cos \beta, \rho_3 \sin \beta)$,$P_4(\rho_4 \cos \beta, \rho_4 \sin \beta)$(此处允许 ρ_i 为负数),而由四点共圆的充要条件,需计算

$$\begin{vmatrix} \rho_1^2 & \rho_1 \cos \alpha & \rho_1 \sin \alpha & 1 \\ \rho_2^2 & \rho_2 \cos \alpha & \rho_2 \sin \alpha & 1 \\ \rho_3^2 & \rho_3 \cos \beta & \rho_3 \sin \beta & 1 \\ \rho_4^2 & \rho_4 \cos \beta & \rho_4 \sin \beta & 1 \end{vmatrix} = \frac{1}{\rho_1 \rho_2 \rho_3 \rho_4} \begin{vmatrix} \rho_1^2 \rho_2 & \rho_1 \rho_2 \cos \alpha & \rho_1 \rho_2 \sin \alpha & \rho_2 \\ \rho_1 \rho_2^2 & \rho_1 \rho_2 \cos \alpha & \rho_1 \rho_2 \sin \alpha & \rho_1 \\ \rho_3^2 \rho_4 & \rho_3 \rho_4 \cos \beta & \rho_3 \rho_4 \sin \beta & \rho_4 \\ \rho_3 \rho_4^2 & \rho_3 \rho_4 \cos \beta & \rho_3 \rho_4 \sin \beta & \rho_3 \end{vmatrix}$$

$$= \frac{1}{\rho_1 \rho_2 \rho_3 \rho_4} \begin{vmatrix} \rho_1^2 \rho_2 & \rho_1 \rho_2 \cos \alpha & \rho_1 \rho_2 \sin \alpha & \rho_2 \\ \rho_1 \rho_2 (\rho_2 - \rho_1) & 0 & 0 & \rho_1 - \rho_2 \\ \rho_3^2 \rho_4 & \rho_3 \rho_4 \cos \beta & \rho_3 \rho_4 \sin \beta & \rho_4 \\ \rho_3 \rho_4 (\rho_4 - \rho_3) & 0 & 0 & \rho_3 - \rho_4 \end{vmatrix}$$

$$= 0,$$

这是因为第二行和第四行成比例.

例 19 已知从 $\triangle ABC$ 的垂心 H 向 $\angle A$ 的内、外角平分线分别作垂线得垂足为 E,F,

BC 的中点为 G,求证:E,F,G 三点共线.

证明 如图 4.18 所示,以 A 为原点,$\angle A$ 的内角平分

线为 x 轴建立坐标系.设 $\angle A = 2\alpha$,则 $B(a\cos\alpha, a\sin\alpha)$,

$C(b\cos\alpha, -b\sin\alpha)$,$G\left(\dfrac{(a+b)\cos\alpha}{2}, \dfrac{(a-b)\sin\alpha}{2}\right)$,

BH 直线方程为 $\dfrac{y - a\sin\alpha}{x - a\cos\alpha} = \cot\alpha$,$CH$ 直线方程为

$\dfrac{y + b\sin\alpha}{x - b\cos\alpha} = -\cot\alpha$,联立解得 $x_E = x_H = \dfrac{(a+b)\cos 2\alpha}{2\cos\alpha}$,

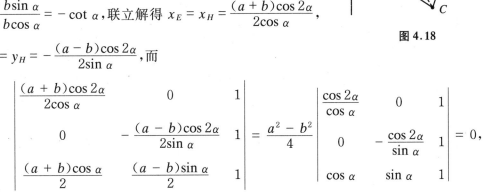

图 4.18

$y_F = y_H = -\dfrac{(a-b)\cos 2\alpha}{2\sin\alpha}$,而

$$\begin{vmatrix} \dfrac{(a+b)\cos 2\alpha}{2\cos\alpha} & 0 & 1 \\[3mm] 0 & -\dfrac{(a-b)\cos 2\alpha}{2\sin\alpha} & 1 \\[3mm] \dfrac{(a+b)\cos\alpha}{2} & \dfrac{(a-b)\sin\alpha}{2} & 1 \end{vmatrix} = \dfrac{a^2 - b^2}{4} \begin{vmatrix} \dfrac{\cos 2\alpha}{\cos\alpha} & 0 & 1 \\[3mm] 0 & -\dfrac{\cos 2\alpha}{\sin\alpha} & 1 \\[3mm] \cos\alpha & \sin\alpha & 1 \end{vmatrix} = 0,$$

所以 E,F,G 三点共线.

例 20 过抛物线 $y^2 = 2px$ 的焦点的一条直线和这条抛物线相交,两个交点的纵坐标为

y_1, y_2,求证:$y_1 y_2 = -p^2$.

证法 1 设两交点为 $\left(\dfrac{y_1^2}{2p}, y_1\right)$,$\left(\dfrac{y_2^2}{2p}, y_2\right)$,与焦点 $\left(\dfrac{p}{2}, 0\right)$ 共线,则 $\dfrac{y_1 - y_2}{\dfrac{y_1^2}{2p} - \dfrac{y_2^2}{2p}} = \dfrac{y_1 - 0}{\dfrac{y_1^2}{2p} - \dfrac{p}{2}}$,

化简得 $y_1 y_2 = -p^2$.特别地,若 $\dfrac{y_1^2}{2p} = \dfrac{y_2^2}{2p}$,此时 $\dfrac{y_1^2}{2p} = \dfrac{y_2^2}{2p} = \dfrac{p}{2}$,显然有 $y_1 y_2 = -p^2$.

证法 2 设两交点为 (x_1, y_1),(x_2, y_2),与焦点 $\left(\dfrac{p}{2}, 0\right)$ 共线,则

$$0 = \begin{vmatrix} x_1 & y_1 & 1 \\ x_2 & y_2 & 1 \\ \dfrac{p}{2} & 0 & 1 \end{vmatrix} = \dfrac{1}{2p} \begin{vmatrix} 2px_1 & y_1 & 1 \\ 2px_2 & y_2 & 1 \\ p^2 & 0 & 1 \end{vmatrix} = \dfrac{1}{2p} \begin{vmatrix} y_1^2 & y_1 & 1 \\ y_2^2 & y_2 & 1 \\ p^2 & 0 & 1 \end{vmatrix}$$

$$= \dfrac{(y_1 - y_2)(y_1 y_2 + p^2)}{2p},$$

而 $y_1 \neq y_2$,所以 $y_1 y_2 = -p^2$.

证法 1 之所以显得非常简单,是因为设 $\left(\dfrac{y_1^2}{2p}, y_1\right)$ 比设 (x_1, y_1) 要巧妙,减少了不必要字

母的出现,减少了运算.同时需要注意斜率不存在的情况.

例21 已知椭圆 $\dfrac{x^2}{a^2} + \dfrac{y^2}{b^2} = 1$ 和圆 $x^2 + y^2 = a^2$,在椭圆的长轴上任取一点 M,过 M 引长轴的垂线分别交椭圆和圆于 P,Q 两点,再从 P,Q 两点分别作椭圆和圆的切线,求证:这两条切线相交于长轴的延长线.

证法 1 设 $M(x_1,0)$,$P(x_1,y_1)$,$Q(x_1,y_2)$,则过点 P 的椭圆的切线方程为 $b^2 x_1 x + a^2 y_1 y - a^2 b^2 = 0$,与 x 轴交于 $\left(\dfrac{a^2}{x_1},0\right)$. 过点 Q 的圆的切线方程为 $x_1 x + y_1 y - a^2 = 0$,与 x 轴交于 $\left(\dfrac{a^2}{x_1},0\right)$.

证法 2 设 $M(x_1,0)$,$P(x_1,y_1)$,$Q(x_1,y_2)$,则过点 P 的椭圆的切线方程为 $b^2 x_1 x + a^2 y_1 y - a^2 b^2 = 0$,过点 Q 的圆的切线方程为 $x_1 x + y_1 y - a^2 = 0$,x 轴为 $y = 0$,

$$\begin{vmatrix} b^2 x_1 & a^2 y_1 & -a^2 b^2 \\ x_1 & y_1 & -a^2 \\ 0 & 1 & 0 \end{vmatrix} = -a^2 x_1 \begin{vmatrix} b^2 & a^2 y_1 & b^2 \\ 1 & y_1 & 1 \\ 0 & 1 & 0 \end{vmatrix} = 0,$$

所以三线共点.

5 ▸ 杂 篇

5.1 认识的深入

5.1.1 不一样的加法和乘法

$\frac{1}{2} + \frac{1}{3} = \frac{1+1}{2+3} = \frac{2}{5}$. 可以这样计算分式加法吗?

当然可以. 那是不是与 $\frac{1}{2} + \frac{1}{3} = \frac{3+2}{2\times 3} = \frac{5}{6}$ 矛盾呢?

不矛盾, 两者无所谓谁对谁错, 只不过应用的场合不一样而已. 譬如以下两例.

案例 1 足球赛上半场的比分是 $1:2$, 下半场的比分是 $1:3$, 那么总比分就是 $2:5$.

案例 2 2 个男生中有 1 个得了优秀, 优秀率为 $\frac{1}{2}$, 3 个女生中有 1 个得了优秀, 优秀率为 $\frac{1}{3}$; 而总的优秀率为 $\frac{2}{5}$.

这说明 $\frac{1}{2} + \frac{1}{3} = \frac{1+1}{2+3} = \frac{2}{5}$ 这样的算法不是无中生有, 异想天开, 而是实实在在有其背景的. 只不过, $\frac{1}{2} + \frac{1}{3} = \frac{3+2}{2\times 3} = \frac{5}{6}$ 等价于 $\frac{1}{2} + \frac{1}{3} = 0.5 + 0.\dot{3} = 0.8\dot{3}$, 应用场合更多, 占了主流. 但并不意味着其他的算法就是错误的.

为避免混淆, 我们最好写成 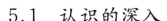 $\frac{1}{2} \oplus \frac{1}{3} = \frac{1+1}{2+3} = \frac{2}{5}$. 这样运算, 将分式加法和乘法 $\frac{1}{2} \times \frac{1}{3} = \frac{1\times 1}{2\times 3} = \frac{1}{6}$ 统一起来, 显得更简单和谐.

类似案例不少, 譬如矩阵的加法和乘法. 既然矩阵加法是指两个矩阵对应元素相加, 那矩阵乘法为何不能是两个矩阵对应元素相乘呢?

通常的矩阵乘法是为了解决线性方程组问题,譬如下例.

例1 设 $a_{ij}(i=1,2;j=1,2,$下同$)$ 表示 i 号店销售 j 号商品的价格,则两个商店的 2 件商品的价格情况就可用矩阵 $\begin{bmatrix} a_{11} & a_{12} \\ a_{21} & a_{22} \end{bmatrix}$ 表示,如果 j 号商品购买 x_j 个单位,那么应该分别付给两个商店多少钱?

解 $\begin{bmatrix} a_{11} & a_{12} \\ a_{21} & a_{22} \end{bmatrix} \begin{bmatrix} x_1 \\ x_2 \end{bmatrix} = \begin{bmatrix} a_{11}x_1 + a_{12}x_2 \\ a_{21}x_1 + a_{22}x_2 \end{bmatrix} = \begin{bmatrix} b_1 \\ b_2 \end{bmatrix}$,其中 b_i 表示 i 号店应该收到的金额.

反之,若已知 $\begin{bmatrix} b_1 \\ b_2 \end{bmatrix}$,也可以求出各种商品的购买量 $\begin{bmatrix} x_1 \\ x_2 \end{bmatrix}$.进一步推广,如果分两次购买,可用矩阵这样表示:

$$\begin{bmatrix} a_{11} & a_{12} \\ a_{21} & a_{22} \end{bmatrix} \begin{bmatrix} x_{11} & x_{21} \\ x_{12} & x_{22} \end{bmatrix} = \begin{bmatrix} b_{11} & b_{21} \\ b_{12} & b_{22} \end{bmatrix},$$

其中 x_{ij} 表示第 i 次购买 j 号商品的数量,b_{ij} 表示第 i 次 j 号店应收金额.

由于矩阵的研究初衷是为了解决线性方程组问题,而线性方程组的应用又十分广泛,所以上述的矩阵乘法自然而然占了主流.

但也存在其他情形,需要用到别样的矩阵乘法运算.

例2 两个城市 C_1 和 C_2 之间的交通费用问题.

解 设 $a_{ij}(i=1,2;j=1,2,$下同$)$ 表示在 C_i 上车而在 C_j 下车的乘客人数,则两个城市间上下车的人数情况可用矩阵 $\begin{bmatrix} a_{11} & a_{12} \\ a_{21} & a_{22} \end{bmatrix}$ 表示.设 b_{ij} 表示从 C_i 到 C_j 所需的交通费用(其中 b_{ii} 表示 C_i 市内交通费用),则两个城市间的交通费用情况可用矩阵 $\begin{bmatrix} b_{11} & b_{12} \\ b_{21} & b_{22} \end{bmatrix}$ 表示.

$$\begin{bmatrix} a_{11} & a_{12} \\ a_{21} & a_{22} \end{bmatrix} \begin{bmatrix} b_{11} & b_{12} \\ b_{21} & b_{22} \end{bmatrix} = \begin{bmatrix} a_{11}b_{11} & a_{12}b_{12} \\ a_{21}b_{21} & a_{22}b_{22} \end{bmatrix} = \begin{bmatrix} c_{11} & c_{12} \\ c_{21} & c_{22} \end{bmatrix},$$

其中 c_{ij} 表示从 C_i 到 C_j 所能收取到的交通费用.

需要说明:从 C_i 到 C_j 和从 C_j 到 C_i,所需交通费用一般来说是相等的,但也可能不等,因为某个方向的行驶可能更顺畅好走,需要的费用低一些.另外,城市之间的交通费用一般远大于市内交通费用,如果是城际交通,那么市内费用忽略不计.

这说明将矩阵乘法定义为两个矩阵对应元素相乘,也有其道理.美妙的是,这样的矩阵乘法,还满足交换律,这是一般矩阵乘法所不具备的.事实上这样的矩阵乘法来头不小,是由法国数学家阿达马首创的,称为阿达马积.另一种更复杂的矩阵乘法是由克罗内克所创的,称为克罗内克积(或直积、张量积).

提到矩阵直积,可联想到矩阵直和.这是一种另类的矩阵加法.

$$A \oplus B = \begin{pmatrix} A & 0 \\ 0 & B \end{pmatrix}, \text{如} \begin{pmatrix} 1 & 2 \\ 3 & 4 \end{pmatrix} \oplus (5 \quad 6) = \begin{pmatrix} 1 & 2 & 0 & 0 \\ 3 & 4 & 0 & 0 \\ 0 & 0 & 5 & 6 \end{pmatrix}.$$

5.1.2　从乘法是加法的简便运算谈起

乘法是求几个相同加数的和的简便运算.

对吗? 有其正确性.在小学学完加减法之后,过渡到乘法,老师就是这样解释的.

有资料也这样定义:乘法,加法的连续运算,同一数的若干次连加,其运算结果称为积.

于是有人根据上述理由,得出结论:凡是乘法都可用加法取代.

这样一引申,就出问题了.因为原来的说法是在小学生刚学乘法时的过渡语言,有其适用范围.就好比未学负数之前,认为 $x+1=0$ 无解一样.

等学的东西一多,就会发现原来那种乘法的定义存在问题.譬如 $0.3 \times 0.4, \pi \times \pi, \sqrt{2} \times \sqrt{3}, (-1) \times (-1), i \times i, \cdots$,用原始的乘法定义就难以解释.

高等数学中,一般就不会这样直接给出乘法的定义,而是拐个弯,说:定义乘法,如果它满足交换律、结合律、有单位元……

这不是要文字游戏,而是另一种思维方式.就好比定义幂 n^m,是指将 n 自乘 m 次,所以求幂就只要不断作乘法就行了.但定义方根则不一样,拐个弯,说:如果 $b^n = a$,那么则称 b 是 a 的 n 次方根.至于是否存在满足条件的 b,存在几个,怎样求,定义都不管.

这充分说明数学的大厦是建立在一堆假设的基础上的.

曾有人从乘法的原始定义出发,得出 $1=2$ 的谬论.

已知 $x^2 = \underbrace{x+x+x+\cdots+x}_{x\text{个}}$,两边求导可得 $2x = \underbrace{1+1+1+\cdots+1}_{x\text{个}} = x$,所以 $2=1$.

这个问题需要深思,并不像某些问题解释为"以 0 作除数"那么简单.

首先思考:若 $kx = \underbrace{x+x+x+\cdots+x}_{k\text{个}}$,两边求导可得 $k = \underbrace{1+1+1+\cdots+1}_{k\text{个}} = k$,那就没问题.而将 k 换成 x,就出了问题,说明这就是根源所在.将 x^2 写成 $x+x+x+\cdots+x$,千万不要忘了后面的补充——x 个,这不是可有可无的,而是十分明确地说明:"x 个"是一个关于 x 的函数,也需要求导,需要使用复合函数的求导法则.

我们可以这样看:设 $F(u,v) = uv$,即 $\underbrace{u+\cdots+u}$,v 个,而 $F(x,x) = x^2$,$F_u(x,x) + F_v(x,x) = 2x$.

或写成这样:$x^2 = \underbrace{x+\cdots+x}_{x\text{个}}$,$(x^2)' = (\underbrace{1+\cdots+1}_{x\text{个}}) + (\underbrace{x+\cdots+x}_{1\text{个}}) = x+x = 2x$.

与此类似,不能从 $(x^n)' = nx^{n-1}$ 推广到 $(x^x)' = xx^{x-1} = x^x$,而应该是 $(x^x)' = (e^{\ln x^x})' = e^{\ln x^x} \cdot (\ln x^x)' = x^x \cdot (x\ln x)' = x^x(1 + \ln x)$.

下面的对话是很有意思的.

A 说:如果类比于 $(x^n)' = nx^{n-1}$,那么 $(x^x)' = xx^{x-1} = x^x$.

B 说:如果类比于 $(a^x)' = \ln a \cdot a^x$,那么 $(x^x)' = \ln x \cdot x^x$.

C 说:你们说的都有道理.干脆把两个式子加起来算了.于是得到:$(x^x)' = x^x(1 + \ln x)$.

5.1.3 漫谈 $1 + 2 + 3 + 4 + \cdots + n$

前 n 个自然数求和 $1 + 2 + 3 + 4 + \cdots + n$,对于相当多的小学生都不是什么难事.这与科普工作者广泛宣传高斯的故事是分不开的.

首尾两项相加的方法是比较重要的.它体现了一种配对的思想、平均的思想.假设将 n 个苹果分给 $n/2$ 个小朋友,那么拿最大苹果的小朋友一定要拿最小苹果,否则就会有人拿不到最大苹果,但还要拿最小苹果,吃亏太多.国外将这种方法亲切地称呼为高斯技巧(Gauss's trick).

问题虽简单,但若角度不同,也还是可以挖掘出一些有意思的东西来.

1. 公式源头

有人在网上求助:请问等差数列的公式是谁最先发现的?

有网友跟帖:这还要问,当然是高斯.难道你不知道高斯的故事吗? $1 + 2 + 3 + 4 + \cdots + 100 = 5\,050$.

笔者曾查阅过不少资料,如《几何原本》《周髀算经》《九章算术》,都没看到等差数列发现者的相关介绍.后来想,由于这个问题比较简单,公式的发现可能比勾股定理的发现还要早.考究其源头,何其难矣!但高斯是可以排除的,因为他是 18~19 世纪的数学家.人类的数学水平不至于发展如此缓慢.如果高斯的故事是真的,那么可猜测出题的老师应该知道倒序相加,不会像某些书上描述的那样,发现了新大陆.

2. 分配律与割补法

采用数形结合来求解此问题,常见做法是先作出图 5.1,此处一个小方块代表数 1,然后再作一个完全一样的图形"扣"在这个图形上面,就好像图 5.2 那样,则根据面积的计算公式可得 $2S = (1 + n) + (2 + n - 1) + \cdots + (n + 1) = n(1 + n)$,即 $S = \dfrac{n(1 + n)}{2}$.

有人画好图 5.1 之后,嫌再画图 5.2 很麻烦,希望能够简化.其实这也是可以做到的.如图 5.3 所示,你只要在图 5.1 上加一条直线就是了.此时 $S = 1 + 2 + \cdots + n = \dfrac{n^2}{2} + \dfrac{n}{2} =$

$\dfrac{1}{2}n(n+1)$. 既然只用割就能解决问题，又何必多此一举，还要补一块呢？

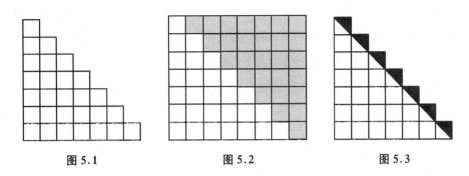

图 5.1   图 5.2   图 5.3

仔细比较两种做法，发现图 5.2 和图 5.3 虽然差别很大，但若从计算公式分析，则仅仅是系数做了一些分配、结合的小动作而已. $S = \dfrac{n(n+1)}{2}$ 既可以重组为 $\dfrac{1}{2}[n(n+1)]$，也可以重组为 $\dfrac{n^2}{2} + \dfrac{n}{2}$. 这也许就是数学中的文字游戏吧！不过你可别小瞧它，用处大着呢！详看笔者和张景中先生的著作《仁者无敌面积法》.

3. 升次与相加化简

求 $\displaystyle\sum_{i=1}^{n} i^k$，常见做法是升次，然后通过相加消去中间项.

$$\sum_{i=1}^{n}(2i+1) = \sum_{i=1}^{n}\left[(i+1)^2 - i^2\right] = (n+1)^2 - 1 = n^2 + 2n,$$

于是 $\displaystyle\sum_{i=1}^{n} 2i = n^2 + n,\ \sum_{i=1}^{n} i = \dfrac{1}{2}n(n+1)$.

相消化简的方式并不唯一. 下面的做法还可免去使用平方和公式.

由 $\dfrac{k+1}{2} - \dfrac{k-1}{2} = 1$ 可得 $\dfrac{k(k+1)}{2} - \dfrac{(k-1)k}{2} = k$，于是

$$1 + 2 + \cdots + n = \dfrac{n(n+1)}{2} - \dfrac{(1-1)\times 1}{2} = \dfrac{1}{2}n(n+1).$$

4. 三角与组合

网上流传这样一种无字证明方法(图 5.4). 你能看明白吗？

意思是：假设三角形共有 $n+1$ 行，最后一行有 $n+1$ 个圈，考虑将 $n+1$ 个圈两两组合配对，先任取 1 个，有 $n+1$ 种取法，与之配对则有 n 种方式. 考虑到对称性要减半，于是可得共有 $\dfrac{n(n+1)}{2}$ 种配对方式.

而从另一个角度来看，上面 n 行中任意一个圈(共有 $1 + 2 + \cdots + n$ 个圈)，斜斜地画两

条线,则对应着一种组合配对方式,于是 $1 + 2 + \cdots + n = \dfrac{1}{2} n(n+1)$. 这是典型的算两次.

图 5.4 确实是一个非常不错的无字证明案例,缺点是作图有点麻烦.我们也可以仿照着作一个简单一点的图形.如图 5.5 所示,将一条长度为 n 的线段 n 等分,显然长为 n 的线段有 1 条,长为 $n-1$ 的线段有 2 条……长为 1 的线段有 n 条,于是总共有 $1 + 2 + \cdots + n$ 条线段.而两端点决定一条线段,此问题又回到上面所谈的 $n+1$ 个对象的配对问题.

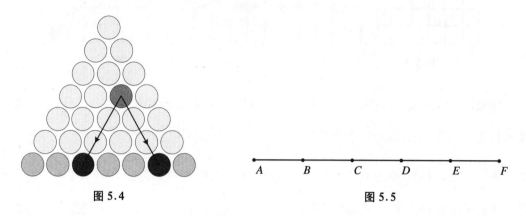

图 5.4   图 5.5

5. 求导与洛必达法则

将恒等式 $1 + x + x^2 + \cdots + x^n = \dfrac{x^{n+1} - 1}{x - 1}$ 两边求导,得

$$1 + 2x + 3x^2 + \cdots + nx^{n-1} = \frac{(n+1)x^n(x-1) - x^{n+1} + 1}{(x-1)^2},$$

当 $x \to 1$ 时,等号右边属于 $\dfrac{0}{0}$ 型,两次使用洛必达法则,有

$$\lim_{x \to 1} \frac{(n+1)x^n(x-1) - x^{n+1} + 1}{(x-1)^2}$$

$$= \lim_{x \to 1} \frac{(n+1)[(n+1)x^n - nx^{n-1}] - (n+1)x^n}{2(x-1)}$$

$$= \lim_{x \to 1} \frac{(n+1)[(n+1)nx^{n-1} - n(n-1)x^{n-2}] - (n+1)nx^{n-1}}{2},$$

所以当 $x \to 1$ 时,有 $1 + 2 + \cdots + n = \dfrac{1}{2} n(n+1)$.

就是这样一个小儿科问题,却能和许多的数学知识联系起来,不能不说是数学的奇妙!

进一步,可以探究自然数的等幂和问题.譬如 $\sum\limits_{k=1}^{n} k^3 = \left(\sum\limits_{k=1}^{n} k \right)^2$ 也有很多种证法,若撇开证法不谈,思考: $\sum\limits_{k=1}^{n} k^a = \left(\sum\limits_{k=1}^{n} k^b \right)^c$,其中自然数 a, b, c 要满足什么条件?

既然是对任意 n 都成立,那当 n 非常大的时候式子也成立.高等数学中有这样一个结论：$\lim\limits_{n\to\infty} = \dfrac{1^p + 2^p + \cdots + n^p}{n^{p+1}} = \dfrac{1}{p+1}$（可用施托尔茨定理来证，也可这样思考：$\sum\limits_{k=1}^{n} k^p = n^{p+1}\dfrac{1}{n}$ ·

$\sum\limits_{k=1}^{n}\left(\dfrac{k}{n}\right)^p$，$\sum\limits_{k=1}^{n} k^p \overset{n\to\infty}{\sim} n^{p+1}\displaystyle\int_0^1 t^p \mathrm{d}t = \dfrac{n^{p+1}}{p+1}$）．依此结论可得 $a+1 = (b+1)c$，$a+1 = $

$(b+1)^c$．若 $c=1$，则 $a=b$，为恒等式；若 $c>1$，则 $c=(b+1)^{c-1}\geqslant 2^{c-1}\geqslant c$，于是 $c=2$，$b=$

1，$a=3$．

这样的探究有助于加深对数学的认识，特别是对于师范生和中学老师而言，多角度、高视角看待一些看似平凡的问题，心中更加有数了，就不会再心生疑惑：学了高等数学，对中小学数学教学有什么帮助呢？

5.1.4 向量

1. 什么是向量？

什么是向量？

这个问题，我思考了很多年．

大学学高等代数，提到的都是"向量"，但从没看到过"有向箭头"．高等代数老师也没告诉我，大学的向量和中学的向量有什么区别和联系．

又好比初中学过图形的相似，后来在高等代数中，又出现了矩阵的相似．这两个相似有什么联系吗？（以后再谈）

仅仅是名字相同吗？

有一位作家叫周立波，写了一本《暴风骤雨》．而某一天你在网上看到周立波在演滑稽戏，做主持人，你心里是不是会嘀咕，作家还会演戏？进一步了解你会知道，此周立波非彼周立波，除了重名之外，两人没任何联系．

数学中的命名大多还是有来由的，相对而言，人取名时随意性就大多了．

《绕来绕去的向量法》出版之后，时常有人问起中学向量和大学向量的关系，这说明不只我一个人有这样的困惑，也表明初等数学和高等数学的教学中，还存在很大的隔阂．

按照中学的说法，有大小、有方向的量就是向量．

那么有向角、有向面积是向量吗？可定义逆时针为正，顺时针为负，也有大小、有方向．物理中的电流是向量吗？也有大小、有方向．

这三个量的运算都不满足平行四边形法则，而是简单的代数运算．

所以，"有大小、有方向的量就是向量"这样的定义，值得商榷，因为无法从中获得足够的信息，来区分向量与非向量．

2．围棋的启发

也许我们需要从其他地方来获取一点启发．

桌上摆着一个棋盘,上面画满了横竖的方格,旁边还放着黑白棋子,这一定是在下围棋吗? 不一定,也许是在下五子棋.类似情形还有不少.譬如人们在中国象棋传统下法的基础上,又开创了新的下法,如象翻棋,象翻棋是把象棋棋子(将、帅除外)翻过来摆放,并采用象翻棋的特点、规则、战略、战术等进行比赛,取得对局胜利的一种新式下法．

围棋是什么? 有资料笼统地将其解释为一种策略性两人棋类游戏,这自然是极其模糊的讲法．

围棋是黑白棋子＋横竖方格吗? 也不是,这样的定义无法区分围棋和五子棋.围棋和五子棋的最大区别,不在于棋具,而是下棋规则．

事实上,围棋考试从不考察围棋的定义.即使去问棋圣聂卫平,他也很难给围棋下一个让所有人信服的定义．

但这又有什么关系呢? 学习围棋,首先要学的是围棋的规则.比赛的时候,大家按照规则行事就好了,绝不能一人使用围棋的规则,另一人使用五子棋的规则．

围棋一定要是黑白两色棋子吗? 红绿可否?

围棋子一定要是圆的吗? 方的如何?

围棋盘一定要是 19×19 吗? 18×20 行吗?

甚至,围棋也未必要叫围棋,换个名字又如何?

我觉得都是可以的.但围棋的规则不能变,一变,就不是围棋了．

在计算机编程中,编写一个计算梯形面积的函数,只要输入: $s(a,b,h)\{(a+b)*h/2;\}$, s 叫作函数名, a , b , h 叫作参数,花括弧中的语句,叫作函数体．

也未必要用 s 表示面积,也不一定要用 a , b 和 h 来表示梯形的上底、下底和高.完全可以写成 $t(x,y,z)\{(x+y)*z/2;\}$,丝毫不影响本质.因为上底、下底和高之间的运算规则没有变．

3．抽象定义的好处

欧几里得试图给点下一个定义,结果并不理想.人们研究几何这么多年,到现在都说不清楚点、线的定义,但也并无大碍．

难得糊涂,这是一种很高的思想境界．

很多事物,难以定义,甚至根本无须定义．

这一点看似简单.但真正想明白,却不容易．

1899 年,希尔伯特的《几何基础》的出版,标志着数学公理化新时期的到来.希尔伯特的公理系统与欧几里得及其后任何公理系统的不同之处,在于他没有原始的定义,定义通过公理反映出来.希尔伯特说:"我们可以用桌子、椅子、啤酒杯来代替点、线、面."当然,这并不表示说几何学研究桌、椅、啤酒怀，而是在几何学中，点、线、面的直观意义要抛掉，应该研究的只是它们之间的关系，关系由公理来体现．几何学是对空间进行逻辑分析，而不诉诸直观．

数学是一门抽象的学科，又是一门应用广泛的学科．

将"速度、位移、力"这些看似风马牛不相及的东西，统称为向量，是因为它们中存在共性，而这些共性就是一些运算法则．只要我们把这些规则研究清楚了，就可以一劳永逸，不必一一再去个别研究，做重复工作．

回顾中学学的向量，要满足哪些运算规则呢？

三角形法则、平行四边形法则、数乘对向量加法的运算律、点乘、数量积⋯⋯

在中学里，这些规则都是并列的，并无"高低贵贱"之分．

而经过数学家的进一步研究，有些规则的条件极其苛刻，不容易满足，很难推广，譬如数量积需要定义两个向量之间的角度，而角度未必那么容易定义，甚至有时根本没有角度可言．

基于此，大学数学课本里不再尝试给向量下定义，而是直接给出规则：

给定域 F，F 上的向量空间 V 是一个集合，其上定义了两种二元运算：

向量加法：$V \times V \to V$，把 V 中的两个元素 u 和 v 映射到 V 中另一个元素，记作 $u + v$；

标量乘法：$F \times V \to V$，把 F 中的一个元素 a 和 V 中的一个元素 u 变为 V 中的另一个元素，记作 $a \cdot u$．

V 中的元素称为向量，相对地，F 中的元素称为标量．而 V 装备的两个运算满足下面的公理（对 F 中的任意元素 a, b 以及 V 中的任意元素 u, v, w 都成立）：

（1）向量加法结合律：$u + (v + w) = (u + v) + w$．

（2）向量加法交换律：$u + v = v + u$．

（3）存在向量加法的单位元：V 里存在一个叫作零向量的元素，记作 $\mathbf{0}$，使得对任意 $u \in V$，都有 $u + \mathbf{0} = u$．

（4）向量加法的逆元素：对任意 $u \in V$，都存在 $v \in V$，使得 $u + v = \mathbf{0}$．

（5）标量乘法对向量加法满足分配律：$a \cdot (v + w) = a \cdot v + a \cdot w$．

（6）标量乘法对域加法满足分配律：$(a + b) \cdot v = a \cdot v + b \cdot v$．

（7）标量乘法与标量的域乘法相容：$a(b \cdot v) = (ab) \cdot v$．

（8）标量乘法有单位元：域 F 的乘法单位元"1"满足，对任意 $v, 1 \cdot v = v$．

4. 直观模型的抽象化过程

一个概念，内涵越少，外延越大．新的向量规则，把数量积排除在外，从而向量的范围更加广泛．"塞翁失马，焉知非福？"试想，当初哈密尔顿要不是放弃了交换律，又怎么建立四元数理论呢？

对于实系数多项式组成的集合，容易验证是满足以上八条的．没人再去理会两个多项式之间的角度是多少！到了这一步，人们更关心的是另一个性质——线性组合．这也是向量空间的一个核心概念.

那为什么要放弃数量积,而不是数乘呢? 这都是有考虑的.

我们从小学习加法,知道 2 只猫加 3 只猫等于 5 只猫.

但我们并不明白:什么是加法?

有资料这样解释:加法是指将两个或者两个以上的数、量合起来,变成一个数、量的计算.

那么"$2+3=23$",为何这样合起来又不行?

还有人疑问:2 只猫加 3 只狗,又等于什么?

一个尖锐的问题,既是一次挑战,也是一次机遇.

这需要从新的角度来理解.譬如建立一个"猫狗坐标系",用 $(2,3)$ 来表示 2 只猫和 3 只狗,凭直觉容易想象 $(2,3)+(4,5)=(6,8)$,$10\times(2,3)=(20,30)$.前者表示又来了 4 只猫和 5 只狗,共有 6 只猫和 8 只狗;后者表示 10 个 2 只猫是 20 只猫,10 个 3 只狗是 30 只狗.

而在建坐标系的过程中,可能会增加一些原本并不存在的性质,譬如人们习惯将坐标系画成是两条互相垂直的直线,而事实上,很难想象猫和狗之间存在相互垂直的关系或是其他角度.又如 $(3,4)$ 表示 3 只猫和 4 只狗,那么 $(3,4)$ 到原点的距离是 5,这个 5 表示什么?

无法解释,只得放弃.有失才有得.拳头紧握,所能掌握的东西毕竟有限;手掌伸开,你才能有机会获得更多.

最终,向量剩下的,就只有最为关键的两条,俗称加法和数乘.

到此,本小节开头的问题就已经有了答案.中学学的向量,符合大学向量的八条规定,属于大学向量的特例,可看作是大学向量的一个直观模型.大学向量可看作是中学向量的进一步扩展,而在扩展的过程中,抛弃了很多几何性质,使得应用更加广泛.

5. 初等、高等数学的桥梁

我不清楚,大学教材的编写者具有怎样的一个想法.

所谓教学也好,写书也罢,都要考虑学习者或读者的已有基础.那为什么对于中学向量提都不提呢? 是怕学习者沉浸在"有向线段"的直观模型中不能自拔吗? 一点都不提,就不怕学习者困惑吗?

大学所学向量是中学所学向量的进一步抽象,是有一些具体的例子可作为这两者之间的桥梁的.

以方程组 $\begin{cases} 2x-y=0 \\ -x+2y=3 \end{cases}$ 来说,可作图求解.在图 5.6 中,明显看出 $\begin{cases} x=1 \\ y=2 \end{cases}$.这样的数形结合,不能说不对,但始终还是把方程组看作两个方程的简单组合,没有把方程组看成一个整体.

如果看成整体 $Ax=b$,不纠结于原来的两个方程,即换个角度,不横着看,而是竖着看,

则可将 $\begin{cases} 2x - y = 0 \\ -x + 2y = 3 \end{cases}$ 看成是 $x\begin{bmatrix} 2 \\ -1 \end{bmatrix} + y\begin{bmatrix} -1 \\ 2 \end{bmatrix} = \begin{bmatrix} 0 \\ 3 \end{bmatrix}$. 如图 5.7 所示,在坐标系中作出 $\overrightarrow{OA}$,$\overrightarrow{OB}$, $\overrightarrow{OC}$,很明显,$\overrightarrow{OA} + 2\overrightarrow{OB} = \overrightarrow{OC}$.

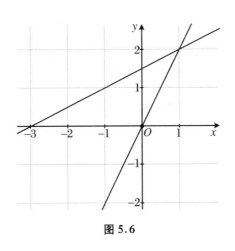

图 5.6

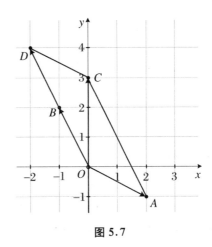

图 5.7

这样就将解线性方程组和向量结合在一起了,而且还是用有大小、有方向的线段来表示向量的!

高等数学是有难度的.如果教材编写者写得太抽象,读者学了之后也是云里雾里.而读者总执着于初等数学的具体,也很难理解得深刻.这中间的度不好把握,桥梁不好搭!

5.1.5 结构与同构

有 3 支笔,每支 4 元,总价多少?

每小时走 5 千米,2 小时走多远?

虽然一个是价钱,一个是走路,但可以认为它们都属于 $y = kx$ 类型,甚至可看成 $a \cdot b = ab$ 类型.你只要掌握了某类型中的一个,其余就全部掌握了.因为这些题目是一个结构的.

这也是中小学数学教学非常注重解题归类的原因,这就是结构的雏形.从不同的问题中抽象出本质.

结构和同构,是非常专业的术语.讲一个比较简单的例子.

例3 如图 5.8 所示,在线段 AB 上任作点 C,作线段 AC 的中点 D,作线段 CB 的中点 E,则 $AB = 2DE$.

图 5.8

例4 如图 5.9 所示,在 $\angle ABC$ 内任作点 D,作 $\angle ABD$ 的角平分线 BE,作 $\angle CBD$ 的角平分线 BF,则 $\angle ABC = 2\angle EBF$.

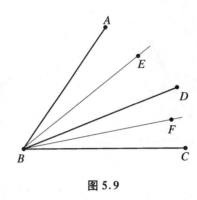

图 5.9

请思考:这两个例子之间有什么相通的地方吗?

显然有着表 5.1 所示的映射关系.例 3 的 A 对应着例 4 的 BA.

表 5.1

例3	例4
A	BA
B	BC
C	BD
D	BE
E	BF

或者这样理解,假设例 3 的线段 AB 在一条数轴上,那么每个点对应着一个数,点和数就有着对应关系.也可以看成是同构的.

同构是在数学对象之间定义的一类映射,它能揭示出在这些对象的属性或者操作之间存在的关系.若两个数学结构之间存在同构映射,那么这两个结构叫作是同构的.一般来说,如果忽略掉同构的对象的属性或操作的具体定义,单从结构上讲,同构的对象是完全等价的.

引入同构的目的是把数学理论应用于不同的领域.如果两个结构是同构的,那么其上的对象会有相似的属性和操作,对某个结构成立的命题,在另一个结构上也就成立.因此,如果在某个数学领域发现了一个对象结构同构于某个结构,且对于该结构已经证明了很多定理,那么这些定理马上就可以应用到该领域.如果某些数学方法可以用于该结构,那么这些方法也可以用于新领域的结构.这就使得理解和处理该对象结构变得容易,并往往可以让数学家对该领域有更深刻的理解.

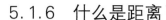

5.1.6 什么是距离

在小学数学行程问题中,反复出现"求两地距离""甲和乙相距多少千米"一类的字句.所以什么是距离,是必须要搞清楚的基本概念.搞懂了距离,相距就简单了,就是彼此间的距离.

一些教材上这样写道:直线上任意两点间的部分叫作线段,两点间线段的长度叫作两点的距离.有些教材甚至避开不谈,因为编者默认小学生在日常生活中已经掌握了什么是距离.

那么,在日常生活中,人们是如何认识距离的呢?

第一,距离肯定不可能是负数,最小为 0.说两个人关系好,常常用"走得近"来形容.好得不能再好了,说"两个人好成一个人似的",这说明两人关系亲密无间,"无间"就是指没有距离,或者说距离为 0.

第二,距离是相对而言的.对同一个对象来说,讨论距离没什么意义.我离你的距离,就是你离我的距离.

第三,两点之间,直线距离最短.你要从 A 地去 B 地,最快的方式就是直接去,如果你在此过程中还去了 C 地,那么就有可能耽误了时间,如果你走了弯路的话.

你还能想到其他的吗? 如果想不到,那我们就先以这三条进行讨论吧.为了讨论的方便,我们要将生活语言转化成数学语言.

设距离函数 $d(x,y)$,满足:

(1) $d(x,y) \geqslant 0$;$d(x,y) = 0 \Leftrightarrow x = y$.(非负性)

(2) $d(x,y) = d(y,x)$.(对称性)

(3) $d(x,y) \leqslant d(x,z) + d(z,y)$.(三角不等式)

严格说来,我们还必须说明 x,y,z 的取值范围,此处默认是实数.

思考:有资料这样定义距离,请问这四条中哪一条多余?

(1) $d(x,y) \geqslant 0$.

(2) $d(x,y) = 0 \Leftrightarrow x = y$.

(3) $d(x,y) = d(y,x)$.

(4) $d(x,y) \leqslant d(x,z) + d(z,y)$.

肯定会有人选择第 2 条为多余的.其余三条不正对应着非负性、对称性、三角不等式吗?其实不然.第一条可以由其他三条推出,是多余的.

$$2d(x,y) = d(x,y) + d(x,y) = d(x,y) + d(y,x) \geqslant d(x,x) = 0.$$

我们在中小学课本中所学的欧氏距离是不是满足这三条要求呢?

假设两个点 $A(x_A, y_A)$ 和 $B(x_B, y_B)$,定义距离 $d((x_A, y_A),(x_B, y_B)) =$

$\sqrt{(x_A - x_B)^2 + (y_A - y_B)^2}$,显然满足非负性和对称性.假设存在 $C(x_C, y_C)$,则需要证

$$\sqrt{(x_A - x_B)^2 + (y_A - y_B)^2}$$
$$\leqslant \sqrt{(x_A - x_C)^2 + (y_A - y_C)^2} + \sqrt{(x_C - x_B)^2 + (y_C - y_B)^2},$$

而这只要将两边平方即可得.

除了欧氏距离,是否还存在其他的"距离"呢? 答案是肯定的.下面看一些例子.

例 5 判断 $d(x, y) = |\sin x - \sin y|$ 是否满足距离的定义.

解 不满足.因为 $|\sin 0 - \sin \pi| = 0$,而 $0 \neq \pi$.

例 6 判断 $d(x, y) = |x^2 - y^2|$ 是否满足距离的定义.

解 不满足.因为 $d(1, -1) = 0$,而 $1 \neq -1$.

例 7 判断 $d(x, y) = |x - 2y|$ 是否满足距离的定义.

解 不满足.因为 $d(1, 2) = 3 \neq 0 = d(2, 1)$.

例 8 判断 $d(x, y) = \left| \ln \dfrac{x}{y} \right|$ 是否满足距离的定义.

解 满足. $d(x, y)$ 显然满足非负性,而 $\left| \ln \dfrac{x}{y} \right| = |\ln x - \ln y| = |\ln y - \ln x| = \left| \ln \dfrac{y}{x} \right|$,满足对称性. $\left| \ln \dfrac{x}{z} \right| = \left| \ln \dfrac{x}{y} + \ln \dfrac{y}{z} \right| \leqslant \left| \ln \dfrac{x}{y} \right| + \left| \ln \dfrac{y}{z} \right|$,满足三角不等式.

例 9 假设 d 满足距离的定义,判断 $D(x, y) = \dfrac{d(x, y)}{1 + d(x, y)}$ 是否满足距离的定义.

解 满足. $D(x, y)$ 显然满足非负性和对称性.只需证三角不等式.

设 $d(x, y) = a, d(y, z) = b, d(z, x) = c$,则

$$\frac{b}{1 + b} + \frac{c}{1 + c} - \frac{a}{1 + a}$$
$$= \frac{b(1 + c + a + ca) + c(1 + a + b + ab) - a(1 + b + c + bc)}{(1 + a)(1 + b)(1 + c)}$$
$$= \frac{b + c - a + 2bc + abc}{(1 + a)(1 + b)(1 + c)} \geqslant 0.$$

例 10 假设 d 满足距离的定义,判断 $D(x, y) = \min\{1, d(x, y)\}$ 是否满足距离的定义.

解 满足. $D(x, y)$ 显然满足非负性和对称性.只需证三角不等式.

若 $d(x, y) \geqslant 1$ 或 $d(y, z) \geqslant 1$,那么 $D(x, y) + D(y, z) \geqslant 1 \geqslant D(x, z)$;不然,$D(x, y) + D(y, z) = d(x, y) + d(y, z) \geqslant d(x, z) \geqslant D(x, z)$.

例11 判断 $d(x,y)=|f(x)-f(y)|$ 是否满足距离的定义,其中 $f(x)$ 是严格单调函数.

解 满足.非负性:$d(x,y)=|f(x)-f(y)|\geqslant 0$,由严格单调可知 $d(x,y)=0\Leftrightarrow x=y$;

对称性:$|f(x)-f(y)|=|f(y)-f(x)|$;

三角不等式:$|f(x)-f(y)|=|f(x)-f(z)+f(z)-f(y)|\leqslant |f(x)-f(z)|+|f(z)-f(y)|$.

例如:$d(x,y)=|x^3-y^3|$,$d(x,y)=|\mathrm{e}^x-\mathrm{e}^y|$.

例12 假设 d 满足距离的定义,判断 $4+d$,e^d-1,$d-|d|$,d^2,$\sqrt{d}$ 中,哪一个满足距离的定义.(GRE试题)

解 因为 d 满足距离的定义,那么 $d\geqslant 0$,$d-|d|=d-d=0$ 满足距离的定义.

$4+d$ 容易排除,因为 $4+d(x,x)=4\neq 0$.其余 e^d-1,d^2,$\sqrt{d}$ 不满足三角不等式.

例13 判断 $d(x,y)=|\arctan x-\arctan y|$ 是否满足距离的定义;计算 $d(-1,\sqrt{3})$;解方程 $d(x,0)=d(x,\sqrt{3})$.

解 满足.显然 $d(x,y)$ 满足非负性和对称性.

$$|\arctan x-\arctan z|=|\arctan x-\arctan y+\arctan y-\arctan z|$$
$$\leqslant |\arctan x-\arctan y|+|\arctan y-\arctan z|,$$

满足三角不等式.

$$d(-1,\sqrt{3})=|\arctan(-1)-\arctan(\sqrt{3})|=\left|-\frac{\pi}{4}-\frac{\pi}{3}\right|=\frac{7\pi}{12}.$$

$d(x,0)=d(x,\sqrt{3})$,即 $|\arctan x|=\left|\arctan x-\frac{\pi}{3}\right|$,也即 $\pm\arctan x=\arctan x-\frac{\pi}{3}$,

解得 $x=\dfrac{\sqrt{3}}{3}$.

例14 两个点的非负值函数 $d(x,y)$,如果 $d(x,y)=d(y,x)$,$d(x,y)+d(y,z)\geqslant d(x,z)$,$d(x,x)=0$,则称 $d(x,y)$ 是距离.证明:函数 $d(x,y)=\dfrac{|x-y|}{\sqrt{1+x^2}\sqrt{1+y^2}}$ 是距离.

证明 设 $x=\tan X$,$y=\tan Y$,则

$$d(x,y)=\frac{|\tan X-\tan Y|}{\sqrt{1+\tan^2 X}\sqrt{1+\tan^2 Y}}=|\sin X\cos Y-\cos X\sin Y|=|\sin(X-Y)|,$$

显然满足 $d(x,y)=d(y,x)$ 和 $d(x,x)=0$.下面求证 $d(x,y)+d(y,z)\geqslant d(x,z)$,即 $|\sin(X-Y)|+|\sin(Y-Z)|\geqslant |\sin(X-Z)|$.设 $X-Y=\alpha$,$Y-Z=\beta$,则

$$|\sin(X-Z)|=|\sin(\alpha+\beta)|=|\sin\alpha\cos\beta+\cos\alpha\sin\beta|$$

$$\leqslant |\sin\alpha\cos\beta| + |\cos\alpha\sin\beta| \leqslant |\sin\alpha| + |\sin\beta|$$
$$= |\sin(X-Y)| + |\sin(Y-Z)|.$$

例15 设 $A(x_1, y_1)$，$B(x_2, y_2)$ 是平面直角坐标系 xOy 上的两点，现定义由点 A 到点 B 的一种折线距离 $\rho(A,B)$ 为 $\rho(A,B) = |x_2 - x_1| + |y_2 - y_1|$. 对于平面 xOy 上给定的不同的两点 $A(x_1, y_1)$，$B(x_2, y_2)$：

(1) 若点 $C(x, y)$ 是平面 xOy 上的点，试证明：$\rho(A,C) + \rho(C,B) \geqslant \rho(A,B)$.

(2) 在平面 xOy 上是否存在点 $C(x, y)$，同时满足：① $\rho(A,C) + \rho(C,B) = \rho(A,B)$；② $\rho(A,C) = \rho(C,B)$. 若存在，请求出所有符合条件的点；若不存在，请予以证明. (2010 年广东理高考数学试题)

证明 本题要首先理解折线距离的定义. 第(1)问只需要理解新定义，验证公理中的三角不等式即可，即

$$\rho(A,C) + \rho(C,B) = |x - x_1| + |y - y_1| + |x_2 - x| + |y_2 - y|$$
$$\geqslant |x - x_1 + x_2 - x| + |y - y_1 + y_2 - y|$$
$$= |y_2 - y_1| + |x_2 - x_1| = \rho(A,B).$$

在第(2)问中，对满足的两个条件：① $\rho(A,C) + \rho(C,B) = \rho(A,B)$；② $\rho(A,C) = \rho(C,B)$ 进行分析. 设 $A(x_1, y_1)$，$B(x_2, y_2)$，$C(x, y)$，先考虑相异两点 A, B 的特殊情况，当 A, B 两点横坐标或者纵坐标相同时，AB 即是分别平行于 y 轴和 x 轴的直线段，符合条件的 C 点即在 AB 的中点上(这属于折线的特殊情况——直线). 若 A, B 两点横纵坐标各异，$x_1 \neq x_2$，$y_1 \neq y_2$ 时，不妨设 $x_1 < x_2$，则下面讨论 $y_1 < y_2$，$y_1 > y_2$ 两种情况.

假设 $y_1 < y_2$，则由条件 ① 可得 $|x - x_1| + |y - y_1| + |x_2 - x| + |y_2 - y| = |x_2 - x_1| + |y_2 - y_1|$，则 $(x - x_1)(x_2 - x) \geqslant 0$，$(y - y_1)(y_2 - y) \geqslant 0$，即 $x_1 \leqslant x \leqslant x_2$，$y_1 \leqslant y \leqslant y_2$. 又由条件② $\rho(A,C) = \rho(C,B)$，即 $|x - x_1| + |y - y_1| = |x_2 - x| + |y_2 - y|$，去掉绝对值符号可得 $x - x_1 + y - y_1 = x_2 - x + y_2 - y$，$x + y = \dfrac{x_1 + x_2 + y_1 + y_2}{2}$，即 $y = -x + \dfrac{x_1 + x_2}{2} + \dfrac{y_1 + y_2}{2}$.

同理假设 $y_1 > y_2$，当 $x_1 \leqslant x \leqslant x_2$，$y_2 \leqslant y \leqslant y_1$ 时，可得 $x - y = \dfrac{x_1 + x_2}{2} - \dfrac{y_1 + y_2}{2}$.

例16 已知集合 $S_n = \{X | X = (x_1, x_2, \cdots, x_n), x_i \in \{0, 1\}, i = 1, 2, \cdots, n\} (n \geqslant 2)$. 对于 $A = (a_1, a_2, \cdots, a_n)$，$B = (b_1, b_2, \cdots, b_n) \in S_n$，定义 A 与 B 的差为 $A - B = (|a_1 - b_1|, |a_2 - b_2|, \cdots, |a_n - b_n|)$；$A$ 与 B 之间的距离为 $d(A,B) = \sum_{i=1}^{n} |a_i - b_i|$.

(1) 证明：$\forall A, B, C \in S_n$，有 $A - B \in S_n$，且 $d(A - C, B - C) = d(A, B)$；

(2) 证明：$\forall A,B,C\in S_n,d(A,B),d(A,C),d(B,C)$ 三个数中至少有一个是偶数；

(3) 设 $P\subseteq S_n$，P 中有 $m(m\geqslant 2)$ 个元素，记 P 中所有两个元素间距离的平均值为 $\bar{d}(P)$，证明：$\bar{d}(P)=\dfrac{mn}{2(m-1)}$.（2010 年北京理 20）

证明 (1) 首先验证运算系统封闭性，即因为 $a_i,b_i\in\{0,1\}$，所以 $|a_i-b_i|\in\{0,1\}$，于是 $A-B=(|a_1-b_1|,|a_2-b_2|,\cdots,|a_n-b_n|)\in S$，接着在 $d(A-C,B-C)$

$$=\sum_{i=1}^{n}\big||a_i-c_i|-|b_i-c_i|\big|$$ 中对 c_i 进行讨论，得出 $d(A-C,B-C)=d(A,B)$

$$=\sum_{i=1}^{n}|a_i-b_i|.$$

(2) 设 $d(A,B)=k,d(A,C)=l,d(B,C)=h$，根据第(1)问所证可得 $d(A,B)=d(A-A,B-A)=d(O,B-A)=k$，其中 $O=(0,0,\cdots,0)$；$d(A,C)=d(A-A,C-A)=d(O,C-A)=l$；$d(B,C)=d(B-A,C-A)=h$. 所以 $|b_i-a_i|(i=1,2,\cdots,n)$ 中 1 的个数为 k，$|c_i-a_i|(i=1,2,\cdots,n)$ 中 1 的个数为 l，设 t 是使 $|b_i-a_i|=|c_i-a_i|=1$ 成立的 i 的个数，则 $h=l+k-2t$. 由此可知，k,l,h 三个数不可能都是奇数.

(3) 首先表示出 $\bar{d}(P)=\dfrac{1}{C_m^2}\sum_{A,B\in P}d(A,B)$，$\sum_{A,B\in P}d(A,B)$ 表示所有两个元素之间距离的总和. 由于 $P\subseteq S_n$，P 中有 $m(m\geqslant 2)$ 个元素，设 P 中所有元素的第 i 个元素共有 t_i 个 1，$m-t_i$ 个 0，则求距离的时候，从 t_i 个 1 中选出某个 1，从 $m-t_i$ 个 0 中选出一个 0，求得距离为 1（其他情况为 0）. 所以 $d(A,B)=t_i(m-t_i)$，总和 $\displaystyle\sum_{A,B\in P}d(A,B)=\sum_{i=1}^{m}t_i(m-t_i)$.

由均值不等式有 $t_i(m-t_i)\leqslant\dfrac{m^2}{4}(i=1,2,\cdots,n)$，所以 $\displaystyle\sum_{A,B\in P}d(A,B)\leqslant\dfrac{nm^2}{4}$，从而

$$\bar{d}(P)=\frac{1}{C_m^2}\sum_{A,B\in P}d(A,B)\leqslant\frac{m^2n}{4C_m^2}\leqslant\frac{mn}{2(m-1)}.$$

距离既可以作为一个非常朴素的概念，从生活中学会，也可以将之抽象出来，通过认识距离走进距离几何，以至更广阔的现代数学.

从本小节的例题可以看出，从距离这个概念出发，可以考察对称性、不等式、单调函数等多个知识点，可以给出距离的三条标准，让学生去判断哪些定义是符合标准的，作为一种新题型出现. 探究距离，已经进入了美国的 GRE 考试，在我国的高考中，也曾多次出现，而在自主招生考试中好像还未看到，高校教师命题喜欢和大学数学挂上钩. 距离这个知识点，迟早会碰上的. 大家要留意.

5.1.7 绝对值多种定义以及分段函数定义缺陷

对于同一事物，可以从不同角度来看，从而得到不同的定义. 当然，这与盲人摸象，每个

人得到一个片面结论是不同的.

对于绝对值,我们至少可以给出以下四种定义.

定义 1 $|x| = \begin{cases} x, & x \geqslant 0 \\ -x, & x < 0 \end{cases}$,即如果 $x \geqslant 0$, $|x| = x$;如果 $x < 0$, $|x| = -x$.

定义 2 $|x| = \max\{x, -x\}$,即定义 $|x|$ 为 x 和 $-x$ 中较大的一个.

定义 3 $|x| = \sqrt{x^2}$.

定义 4 设 x 是任一实数,X 是数轴上坐标为 x 的点,则 $|x|$ 是 X 和原点之间的距离.

前三种定义是从代数角度出发的,定义 4 则是从几何角度出发的.很显然四种定义是等价的.

采用定义 1,需要学习者掌握按情况分类的思想.

采用定义 2,需要学习者先比较一个数与它的相反数的大小,所需要的储备知识和定义 1 是差不多的,只是要想形式化表达,需要引进较大值函数 max.

采用定义 3,需要学习者先掌握二次根式,该内容在现在教材上位置要偏后很多.

采用定义 4,需要学习者有距离的概念.这一定义常作为定义 1 的几何说明,用于解一些绝对值不等式问题,如 $|x-1| < |x+2|$.

目前教材上使用最多的是定义 1,因为教材上绝对值出现在学习负数之后,此时学生已经掌握按照负数和非负数划分实数的方法.采用定义 1 正好符合学习者此时的知识储备状态.但要采用定义 2,也未尝不可!因为很难拿出足够的证据,证明对于学习者来说,定义 1 要优于定义 2.

对于分段函数,相当多的资料给出如下的描述:

对于自变量 x 的不同的取值范围,有着不同的对应法则,这样的函数通常叫作分段函数.它是一个函数,而不是几个函数:分段函数的定义域是各段函数定义域的并集,值域也是各段函数值域的并集.

这样的定义是否可靠呢? 用单调增函数来做对比.

设函数 $f(x)$ 的定义域为 I:如果对于 I 内某个区间上的任意两个自变量的值 x_1, x_2,当 $x_1 > x_2$ 时都有 $f(x_1) \geqslant f(x_2)$,那么就说 $f(x)$ 在这个区间上是增函数(或者说是单调不减函数).

对照单调增函数的定义,对于任意给出的一个函数,我们都可以判断它是或不是单调增函数.但对于分段函数,我们却无法判断.

譬如绝对值函数,是不是分段函数呢?

可以说是,因为 $|x| = \begin{cases} x, & x \geqslant 0 \\ -x, & x < 0 \end{cases}$ 是分区间讨论的.

也可以说不是,因为 $|x| = \sqrt{x^2}$ 或 $|x| = \max\{x, -x\}$ 都不是分区间讨论的.

又如 $f(x)=1$ 不是分段函数,但写成 $f(x)=\begin{cases} \sin^2 x + \cos^2 x, & |x| \leqslant \dfrac{\pi}{2} \\ \log_{|x|}|x|, & |x| > \dfrac{\pi}{2} \end{cases}$ 就可看作是分

段函数了.

这样一来,一个函数到底是不是分段函数,就说不清楚了.

给出了一个定义,相当于圈定了一个范围,符合条件的可以进来,不符合的就拒之门外.而分段函数的定义则不能达到这个要求,一个函数想进则进,想出则出.从这个角度来说,分段函数这个概念是没有意义的.

实际上,分段只是函数表示的一种形式.函数还有其他的表示形式,如列表法、图像法等等.函数的表示形式是外在的、非本质的.确定一个函数最本质的还是对应关系和定义域.

由于人们已经普遍接受分段函数这一说法了,要想取消,也不大可能.但我想,大家心里还是要认识到"分段函数"定义的缺陷才好.

此处插一句:中学教材,甚至大学教材中都存在一些歧义.譬如在函数的章节里,会出现这样的一些小标题:函数的周期性、函数的单调性、函数的奇偶性……好像所有的函数都有周期性、单调性、奇偶性一样.要想研究函数的周期性,首先要这个函数具备周期性才行.只有对周期函数,才有周期性可言.所以这些标题最好改成:周期函数、单调函数、奇偶函数.这样的标题,读者一看,就知道是介绍具有某种特殊性质的函数.

5.1.8 无处不在的一一对应

数学学习中,"一一对应"这个词是什么时候进入我们视野的呢?

有人可能会说,是大学,学到平方数可以与自然数一一对应,$(0,1)$ 之间的实数可与整个实数一一对应.

有人可能会说,是高中,既是单射又是满射的映射称为双射,亦称"一一映射",也就是一一对应.

有人可能会说,是初中,实数与数轴上的点一一对应.

通过以上回答,我们可以感受到一一对应在数学中的存在十分广泛.若细细挖掘,我们更早就认识一一对应了.

1. 数数就是一一对应

我们从一开始说话,甚至还没上幼儿园,大人们就会教我们数数.数数的本质就是一一对应.这一点在《数学哲学》(张景中、彭翕成著)一书里有生动的阐述.

屋子里有许多人,又有许多椅子.人组成一个集合,椅子组成一个集合.哪个集合元素多呢? 通常的办法是数一数.

不过还有一种更痛快的办法:请大家就座.一人坐一把椅子,一把椅子坐一个人.如果椅子都被坐上了人,又没有人站着,就可以肯定人和椅子一样多.

这叫作建立两个集合的一一对应.一个人对一把椅子,一把椅子对一个人.能建立一一对应,就表明两个集合一样多.

我们说了两种比较有穷集大小的办法.两种其实是一种.所谓数一数,其实也是一一对应的办法.不是吗? 当你数椅子的时候,指着一把椅子说1,又指另一把椅子说2……这样,就把椅子编了号码,也就是在椅子和一部分自然数之间建立了一个一一对应.然后又在人和一部分自然数之间建立一一对应——把人也数一数.最后,以自然数为媒介,看能不能在人与椅子之间建立一一对应.

因此,比较两个有穷集的大小,我们只有一种办法——设法建立两个集合的元素间的一一对应.能建立一一对应,就是一样多.

一一对应,是人们认识事物间数量关系的最基本的办法,也是最古老的办法.

有一个以畜牧为生的原始部落,他们选举领袖的办法不是举手或投票,而是看谁的羊群里羊多.羊最多的人就是当然的领袖.可是他们数数的本领最多数到20,再多就不会数了.怎么办呢,就用一一对应的办法:从两个候选人的羊群里各牵一只羊出来,赶到另一个圈里,再各牵一只,如此下去,直到有一个人的羊牵光,胜负就确定了.碰巧两群羊一样多的时候,再用别的办法决定.

2. 三角形中位线的动态教学

传统教学讲三角形的中位线,都是先分别作 AB,AC 的中点 D,E,连接 DE(图 5.10),然后告诉学生,DE 就是△ABC 的一条中位线.

而若使用动态几何软件超级画板来教学,可先在底边 BC 上任取一点 M,连接 AM,作 AM 中点 N(图 5.11).当点 M 在 BC 上运动时,点 N 的轨迹就是一条中位线. 点 M 是 BC 上的动点,能代表线段 BC 上的所有点,当然包括端点 B 和 C 在内.而当 M 确定在某个位置时,则有唯一的中点 N 与之对应.这样一来,中位线可看作是无数个中点 N 的集合,传统教学因为条件有限,所画图形都是静态的,无法动起来,不得已取了两个端点,这样就只有结果,没有过程了.动态展示充分说明了两条线段长度相差一半,但两线段上的点却可一一对应,这为高等数学的学习埋下了伏笔.

三角形中位线的这种动态教学,对理解轨迹的思想也是大有好处的.譬如高中时常会遇到这样的轨迹问题,实质也是一一对应思想的体现.

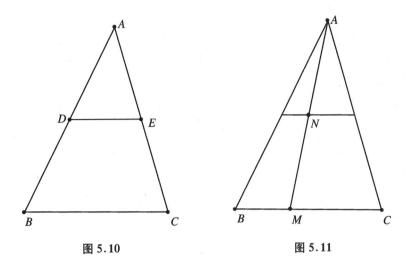

图 5.10　　　　　　　　图 5.11

例如,如图 5.12 所示,在 ⊙O 上任取点 A,对平面上的任一点 B,点 A 在圆周上运动时,线段 AB 中点 P 的轨迹问题.

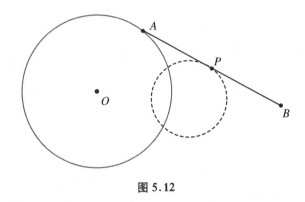

图 5.12

3.不定方程中的确定性

不定方程通常不止一组解,但有时也有例外.正是这个例外,让人一直在回味.

一位学生现在当奥数培训老师,发给我一份教案,是关于不定方程的.其中有一题:

某人的生日月份数乘 31,生日日期数乘 12,相加后得 357,问此人的生日是几月几日?

设月份为 x,日期为 y,此问题相当于求 $31x + 12y = 357$ 的整数解,其中 $1 \leqslant x \leqslant 12, 1 \leqslant y \leqslant 31$.显然 x 为奇数.当 $x = 1$ 时,不符;当 $x = 3$ 时,$y = 22$;当 $x = 5, 7, 9, 11$ 时,不符.

我问这位学生,求出 $x = 3, y = 22$ 之后,为何还要去验算其他的解?

他说:可能还有其他的解呢.

我说:看来你根本没有真正看懂这个问题.

不少科普资料都有这个问题,通常是以一种游戏方式出现.为了保证一定能猜对生日,就必须保证该方程的解是唯一的.

其实证明这一点也很简单.若另有 x' 和 y',使得 $31x + 12y = 31x' + 12y'$,那么 $31(x - x')$ $= 12(y' - y)$,而 31 是素数,$-30 < y' - y < 30$,31 不可能整除 $12(y' - y)$.

其中 31 是素数非常关键,当初的命题人很可能就是看准这一点.如果将 31 换成 30 会如何?

一方面导致某些 31 号出生的情况可能没有包含在内,另一方面会产生多解的情况.譬如 $30 \times 3 + 12 \times 1 = 30 \times 1 + 12 \times 6 = 102$,即 3 月 1 日出生和 1 月 6 日出生的,具有相同的数值.

所以说,此题绝不单单考查了不定方程,还考查了素数整除.正是数据的巧合,造成不定方程有了确定的唯一解,使得每报出的一个数,都有唯一的生日与之对应.

4.二分法、二进制与一一对应

高中学习二分法,猜数游戏是一个经典案例.

假设买了一件衣服,价钱是 1 000 元以下.让你来猜价格,允许你猜若干次,但回答仅为"是"或"不是".要想百分之百猜出来,最少需要猜多少次呢?

如果从 $1,2,3,\cdots$ 开始猜,当然是很笨的方法.用二分法来猜,问:是大于 500 吗?如果回答"是",那么再问是大于 750 吗?这样每次可以缩小一半的范围.$\dfrac{1\,000}{2^9} = \dfrac{1\,000}{512} > 1$,$\dfrac{1\,000}{2^{10}} = \dfrac{1\,000}{1\,024} < 1$,这说明猜 9 次是不够的,猜 10 次才行,才能确保唯一.

二分法就像是一个渔网,每次收紧一半,最终能确保鱼在其中.但我们若换一个角度来看,则会别有风景.

问了 10 次,答了 10 次,若将"是"用"1"表示,"不是"用"0"表示,那么最后得到的将是 10 个数码.而在二进制中,$\underbrace{(11\cdots1)_2}_{10 \text{个}} = 2^9 + 2^8 + \cdots + 2^0 = 2^{10} - 1$,这是 10 个数码能确定的最大数.

如果要与十进制相对应的话,考虑第一问:是大于 512 吗?如果回答"是",则第一位上取 1,否则取 0.若是取 1,则再问是大于 768(即 512 + 256)吗?如果是,则在第二位上取 1,否则取 0……这样所得的 10 个数码,用二进制计算转化成十进制之后,就可以唯一确定所要猜的数.这样的一一对应,更能解释为什么猜 10 次,能百分百猜对!

相对而言,猜数游戏是比较简单的.老鼠喝毒酒问题则可看作是猜数游戏的升级版本.

已知有 1 000 瓶酒,其中一瓶有毒.如果一只老鼠喝了有毒的酒,会在一天之后死亡.那么如果给你一天时间,让你判定哪瓶酒有毒,至少需要几只老鼠?

答案是 10 只老鼠就够了.做法是把 1 000 瓶酒用二进制编号,把 10 只老鼠按十进制编号:

第 1 瓶酒的编号是 0000000001,让第 1 号老鼠喝.

第 2 瓶酒的编号是 0000000010,让第 2 号老鼠喝.

第 3 瓶酒的编号是 0000000011,让第 1 号和第 2 号老鼠喝.

第 4 瓶酒的编号是 0000000100,让第 3 号老鼠喝.

……

第 1 000 瓶酒的编号是 1111101000,让第 4 号、6 号、7 号、8 号、9 号、10 号老鼠喝.

如果是第 1 号老鼠死了,其他老鼠没事,说明第 1 瓶酒有毒.如果是第 1 号、2 号老鼠都死了,其他老鼠没事,说明第 3 瓶酒有毒.

这里的 10 位数码,1 代表有毒,0 代表无毒.由于 10 位数码能表示 1 000 以内的所有数,这样的对应关系决定了 10 只老鼠是足够的.

在等比数列教学中,有一个极常见的题目:求 $1+2+4+\cdots+2^n$.

解法　$1+2+4+\cdots+2^n=2+2+4+\cdots+2^n-1=4+4+\cdots+2^n-1=\cdots=2^{n+1}-1$.

若用二进制来解释,则更有意思,把进位的过程展现得很清楚.

$$1+2+4+\cdots+2^n=(\underbrace{11\cdots1}_{n+1\text{个}})_2+1_2-1_2=2^{n+1}-1.$$

5.1.9　一定是斐波那契数列吗?

$1, 1, 2, 3, 5, 8, 13, 21, \cdots$.

看到这列数,肯定有人会抢答,不用写下去了,规律很明显,不就是斐波那契数列吗?

一定是吗? 且慢下结论! 如果我们将这列数输入到网站:整数数列在线大全-OEIS,就会发现有很多备选答案.这些都还是被数学研究者认为是比较有意义的整数列,并非为了充数.如果只为了凑多,利用拉格朗日插值公式可得无数多组解.下面列出 5 种,供大家参考.

可能性 1　斐波那契数列对 30 取余,编号为 A137290.

斐波那契数列为 $1, 1, 2, 3, 5, 8, 13, 21, 34, 55, \cdots$,对 30 取余得 $1, 1, 2, 3, 5, 8, 13, 21, 4, 25, \cdots$.

也许有人会说,这样也算? 那将 30 换成其他数,不又可以得到新数列了吗? 确实如此,但估计你想不到对 30 取余这列数具有周期性吧,其周期为 120.

论证这一结论不难,斐波那契数列对 2 取余,依次得 $1,1,0,1,1,0,\cdots$,周期为 3;斐波那契数列对 3 取余,依次得 $1,1,2,0,2,2,1,0,1,1,\cdots$,周期为 8;斐波那契数列对 5 取余,依次得 $1,1,2,3,0,3,3,1,4,0,4,4,3,2,0,2,2,4,1,0,1,1,\cdots$,周期为 20;2,3,5 互素,可得斐波那契数列对 30 取余,周期为 120.

数论中有这样的问题:设 $f(n)$ 为斐波那契数列,求证:$3\mid f(n)\Leftrightarrow 4\mid n$.

证法 1　设 $g(n)=f(n)\bmod 3$,列出表 5.2 观察规律,$g(n)$ 以 8 为周期,结论显然正确.

表 5.2

n	1	2	3	4	5	6	7	8	9
$f(n)$	1	1	2	3	5	8	13	21	34
$g(n)$	1	1	2	0*	2	2	1	0*	1

证法 2 $f(n+4) = f(n+3) + f(n+2) = 2f(n+2) + f(n+1) = 3f(n+1) + 2f(n)$，

而 $3 \mid f(4)$，根据数学归纳法可得结论.

可能性 2 $\dfrac{1}{1 - x - x^2 - x^{10} + x^{12}}$ 的展开系数，编号为 A147659.

将 $\dfrac{1}{1 - x - x^2 - x^{10} + x^{12}}$ 在 $x = 0$ 处展开得

$$1 + x + 2x^2 + 3x^3 + 5x^4 + 8x^5 + 13x^6 + 21x^7 + 34x^8 + 55x^9 + 90x^{10} + \cdots,$$

系数分别为 $1, 1, 2, 3, 5, 8, 13, 21, 34, 55, 90, 146, \cdots$.

类似地，若将 $\dfrac{1}{1 - x - x^2 + x^{18} - x^{20}}$ 在 $x = 0$ 处展开，可得系数数列 $1, 1, 2, 3, 5, 8, 13, 21,$ $34, 55, 89, 144, 233, \cdots$，编号为 A185357，此数列与斐波那契数列前 18 项都相同.

上述两个表达式如何得来？如果了解一点形式幂级数和母函数的知识，就可以自己找出表达式.

在数学中，某个序列 a_n 的母函数是一种形式幂级数(所谓形式幂级数，就是形式上像幂级数，但不考虑级数收敛、发散等性质)，每一项的系数可以提供关于这个序列的信息. 赫伯特·维尔夫曾比喻，母函数就是一列用来展示一串数字的挂衣架.

譬如将斐波那契数列作为形式幂级数的系数，设 $f(x) = 1 + x + 2x^2 + 3x^3 + 5x^4 + 8x^5 + 13x^6 + 21x^7 + 34x^8 + 55x^9 + 89x^{10} + \cdots$，则

$xf(x) + x^2 f(x)$

$= x + x^2 + 2x^3 + 3x^4 + 5x^5 + 8x^6 + 13x^7 + 21x^8 + 34x^9 + 55x^{10} + 89x^{11} + \cdots$

$\quad + x^2 + x^3 + 2x^4 + 3x^5 + 5x^6 + 8x^7 + 13x^8 + 21x^9 + 34x^{10} + 55x^{11} + 89x^{12} + \cdots$

$= x + 2x^2 + 3x^3 + 5x^4 + 8x^5 + 13x^6 + 21x^7 + 34x^8 + 55x^9 + 89x^{10} + \cdots$

$= f(x) - 1,$

可得 $f(x) = \dfrac{1}{1 - x - x^2}$. 此表达式看似简单，展开之后却包含斐波那契数列所有信息.

或这样推导，设

$$f(x) = a_0 + a_1 x + a_2 x^2 + \cdots + a_n x^n + \cdots,$$

则

$$-xf(x) = -a_0 x - a_1 x^2 - \cdots - a_{n-1} x^n - \cdots,$$

$$-x^2 f(x) = -a_0 x^2 - \cdots - a_{n-2} x^n - \cdots,$$

三式相加得

$$(1 - x - x^2)f(x) = a_0 + (a_1 - a_0)x + (a_2 - a_1)x + \cdots + (a_n - a_{n-1} - a_{n-2})x^n + \cdots,$$

如果 a_n 满足 $a_n = a_{n-1} + a_{n-2}$，且 $a_0 = a_1 = 1$，那么 $f(x) = \dfrac{1}{1 - x - x^2}$.

有兴趣的读者可参看史济怀先生的《母函数》一书.

可能性 3 将 $\sqrt{135}$ 表示成连分数，渐近分数的分母，编号为 A041247.

$$\sqrt{135} = 11 + \sqrt{135} - 11 = 11 + \frac{14}{\sqrt{135} + 11} = 11 + \cfrac{1}{\cfrac{\sqrt{135} + 11}{14}} = 11 + \cfrac{1}{1 + \cfrac{\sqrt{135} - 3}{14}}$$

$$= 11 + \cfrac{1}{1 + \cfrac{1}{\cfrac{14}{\sqrt{135} - 3}}} = 11 + \cfrac{1}{1 + \cfrac{1}{\cfrac{\sqrt{135} + 3}{9}}} = 11 + \cfrac{1}{1 + \cfrac{1}{1 + \cfrac{\sqrt{135} - 6}{9}}}$$

$$= 11 + \cfrac{1}{1 + \cfrac{1}{1 + \cfrac{1}{\cfrac{\sqrt{135} + 6}{11}}}} = 11 + \cfrac{1}{1 + \cfrac{1}{1 + \cfrac{1}{1 + \cfrac{\sqrt{135} - 5}{11}}}}$$

$$= 11 + \cfrac{1}{1 + \cfrac{1}{1 + \cfrac{1}{1 + \cfrac{1}{\cfrac{\sqrt{135} + 5}{10}}}}} = \cdots.$$

$\sqrt{135}$ 的渐近分数依次是 $\dfrac{11}{1}, \dfrac{12}{1}, \dfrac{23}{2}, \dfrac{35}{3}, \dfrac{58}{5}, \dfrac{93}{8}, \dfrac{151}{13}, \dfrac{244}{21}, \dfrac{5\,519}{475}, \cdots$，分母依次为 $1, 1, 2,$ $3, 5, 8, 13, 21, 475, \cdots$.

可能性 4 Ceiling$\left(\mathrm{e}^{\frac{n-1}{2}}\right)$，编号为 A005181.

Ceiling(x) 俗称天花板函数，是指不小于 x 的最小整数. 如果 n 从 0 开始计算，那么 $\mathrm{e}^{\frac{n-1}{2}}$ 依次为 0.60，1，1.64，2.72，4.48，7.39，12.18，20.09，33.12，54.60，$\cdots$，而 Ceiling$\left(\mathrm{e}^{\frac{n-1}{2}}\right)$ 依次为 1，1，2，3，5，8，13，21，34，55，$\cdots$.

斐波那契数列增长速度很快. 能否构造指数函数去拟合呢？这当然是可以的. 斐波那契数列的通项公式正是指数函数的组合：$f(n) = \dfrac{1}{\sqrt{5}}\left[\left(\dfrac{1 + \sqrt{5}}{2}\right)^n - \left(\dfrac{1 - \sqrt{5}}{2}\right)^n\right]$. Ceiling$\left(\mathrm{e}^{\frac{n-1}{2}}\right)$ 虽然只有在项数较少时，与斐波那契数列完全吻合，但胜在形式简单一些.

可能性 5 $a_1 = 1$，$a_2 = 1$，$a_{n+2} = \mathrm{int}\left(\sqrt{2(a_n^2 + a_{n+1}^2)}\right)$，编号为 A093332.

int(x) 是指不大于 x 的最大整数. 如果 n 从 1 开始计算，那么 a_n 依次为 $1, 1, 2, 3, 5,$ $8, 13, 21, 34, 56, \cdots$.

以平方、开方、取整的方式竟然能准确得到斐波那契数列的前 9 项，不能不让人慨叹数学之奥妙！从公式中出现的 $a_n^2 + a_{n+1}^2$，笔者猜想该公式的得来可能与斐波那契数列的两个恒等式有关.设 $f(n)$ 为斐波那契数列，$f_0 = 0$.

恒等式 1 $f^2(n+1) + f^2(n) = f(n+2)f(n+1) - f(n)f(n-1)$.

证明

$$f(n+2)f(n+1) - f(n)f(n-1) = f^2(n+1) + f(n)f(n+1) - f(n)f(n-1)$$
$$= f^2(n+1) + f^2(n).$$

恒等式 2 $f^2(n+1) + f^2(n) = f(2n+1)$.

证明 设矩阵 $\boldsymbol{M} = \begin{pmatrix} 1 & 1 \\ 1 & 0 \end{pmatrix}$，则 $\begin{pmatrix} 1 & 1 \\ 1 & 0 \end{pmatrix}^n = \begin{pmatrix} f(n+1) & f(n) \\ f(n) & f(n-1) \end{pmatrix}$，而由 $\boldsymbol{M}^{2n} = \boldsymbol{M}^n \boldsymbol{M}^n$ 可得 $\begin{pmatrix} f(2n+1) & f(2n) \\ f(2n) & f(2n-1) \end{pmatrix} = \begin{pmatrix} f(n+1) & f(n) \\ f(n) & f(n-1) \end{pmatrix}^2$，展开第一项可得 $f^2(n+1) + f^2(n) = f(2n+1)$.

几经尝试，发现上述两个恒等式不能推出希望的结论.若不急于使用斐波那契数列的性质，反倒一下子推导出来了.

$$\mathrm{int}(\sqrt{2(a_n^2 + a_{n+1}^2)}) = \mathrm{int}\sqrt{(a_n^2 + a_{n+1}^2 + 2a_n a_{n+1}) + (a_n^2 + a_{n+1}^2 - 2a_n a_{n+1})}$$
$$= \mathrm{int}\sqrt{a_{n+2}^2 + a_{n-1}^2} \to a_{n+2}.$$

等式的最后一步，只有当 n 较小时成立，因为此时 a_{n+2}^2 和 a_{n-1}^2 相差较大，经过取整运算可将后者忽略.而经过计算验证，此公式可得到斐波那契数列的前 9 项.

也许有人会说，数学讲究简单美，斐波那契数列从两个 1 出发，简单相加，但奥妙无穷，何必再去花时间鼓捣一堆复杂规律？有意思吗？

确实，斐波那契数列简单中蕴含复杂，很美，很值得研究.但我们也必须要认识到，科学，除了探究美，还必须探究真.只要其他数列符合你写下的前几项，那么你就必须要承认它的存在，哪怕发现它是困难的，计算它是繁杂的.更何况，其他的规律也各自有研究价值，不能无视，或者你可将它们视为斐波那契数列的衍生产品.

5.2 初等数学、高等数学面面观

5.2.1 特殊与一般——《吉米多维奇数学分析习题集》一题

吉米多维奇的这套习题集，江湖地位可谓崇高.几乎所有的数学分析老师都会在课堂上提到,甚至会大力推荐,有的还会自我吹嘘,当年曾刷完这 4 622 道题,一点不逊于现在的学霸.

习题 1027 求证可微分的偶函数的导函数为奇函数,而可微分的奇函数的导函数为偶函数.对这个事实加以几何解释.

证明 设 $f(x)$ 为偶函数,则 $f(x)=f(-x)$,两边求导得 $f'(x)=-f'(-x)$,即 $f'(-x)=-f'(x)$,$f'(x)$ 为奇函数.同理可证:可微分的奇函数的导函数为偶函数.

这说明:凡对称于 y 轴的图形,其对称点的切线也关于 y 轴对称;凡关于原点对称的图形,其对称点的切线互相平行.

习题 1057 证明抛物线 $y=a(x-x_1)(x-x_2)(a\neq 0,x_1<x_2)$ 与 x 轴相交所成的两角 α 和 $\beta\left(0<\alpha<\dfrac{\pi}{2},0<\beta<\dfrac{\pi}{2}\right)$ 相等.

证明 如图 5.13 所示,设抛物线与 x 轴的两交点分别为 $A(x_1,0),B(x_2,0)$,$y'=2ax-a(x_1+x_2)$,故在点 A,B 处的斜率为 $y'_A=a(x_1-x_2),y'_B=-a(x_1-x_2)$,所以 $\alpha+\gamma=\pi,\alpha=\beta$.

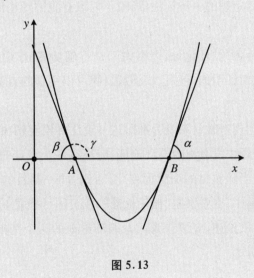

图 5.13

当我看到习题 1057 时,第一感觉就是为何作者不使用习题 1027 的结论来证明呢? 只要将抛物线平移,使其对称轴与 y 轴重合,结论不就是显然的了吗?

如果我来编书,就会把习题 1057 作为一个特殊案例放在前面,让人先有感官认识,再把习题 1027 作为一般性的总结紧随其后.而不是像目前这样,前后顺序颠倒,题号相差 30.

后来我编写了多本书,才知道题目收集很是辛苦,编排归纳更是麻烦.几千题的题典,不容易!

此题也给我们启示,对于大多数问题,特殊情形容易证明一些,一般性结论则难度大些.

但这不是绝对的,一般性的探究摒弃了特殊情形时的干扰条件,有时反倒更容易抓住本质.正如华罗庚先生所说:"善于退,足够地退,退到最原始,而不失去重要地步,是学好数学的诀窍."

5.2.2　谈谈循环论证

曾有不少文章在讨论循环论证.这样的讨论当然是有价值的,因为讨论过程中会涉及很多知识,使得我们的视野更加开阔.

笔者曾写过一篇《也谈循环论证》(发表于《数学教学》2008 年第 2 期),其中引用了张景中先生对循环论证的看法:

"孤立地看一个命题的证法,是很难肯定它是否犯了"循环论证"的错误的.因为证明中还没有出现循环.循环是怎样产生的呢? 往往是在寻根问底的追问下出现的.例如:学生用余弦定理证明勾股定理,教师追问"余弦定理怎么证明的呢?".如果学生又用勾股定理来证明余弦定理,教师则可以指出这是犯了循环论证的错误.反之,如果学生不用勾股定理而用其他别的方法给出了余弦定理的一种证法,那就不但没有犯循环论证的错误,而且应当表扬他的勇于思考的精神."

因此,说某种证法"暗含"循环论证,严格说来是不确切的.你说他的证明中用到了某某定理,而这个定理又是如何证明的,他可以反驳道:我可以用别的方法证明那个定理,这就扯不清了.

有一种说法,说是以"现行教材系统为准",这一说法并没有解决问题.因为,"循环论证"是一个逻辑概念.数学证题中没有出现循环论证,应当有一个稳定的客观标准——以目前数学公理系统为准,而不应当随教材的变化而变化.否则,同一题目的同一做法,今年是"循环论证",过几年又可能不是了.在中国是"循环论证",在美国可能就不是了,这就乱了.

个人认为,张先生这段论述,应该作为讨论循环论证的一个基础.下面我们针对一些期刊上的案例进行具体分析.

例1　证明对数换底公式 $\log_b N = \dfrac{\log_a N}{\log_a b}$ $(a>0, a\neq 1; b>0, b\neq 1; N>0)$.

证明　由 $\log_a b \cdot \log_b a = 1$ 得 $\dfrac{\log_a N}{\log_a b} = \log_a N \cdot \log_b a = \log_b a^{\log_a N} = \log_b N$.

有观点认为这属于循环论证,因为 $\log_a b \cdot \log_b a = 1$ 就是由换底公式推导而来的,即 $\log_a b \cdot \log_b a = \dfrac{\ln b}{\ln a} \cdot \dfrac{\ln a}{\ln b} = 1$.

$\log_a b \cdot \log_b a = 1$ 是不是非依赖换底公式不可? 不是的! $\log_a b \cdot \log_b a = \log_b a^{\log_a b} = \log_b b = 1$.

例2 用$\sin^2 A + \cos^2 A = 1$证明勾股定理算不算循环论证?

有观点认为这属于循环论证,因为$a^2 + b^2 = c^2 \Leftrightarrow \left(\dfrac{a}{c}\right)^2 + \left(\dfrac{b}{c}\right)^2 = 1 \Leftrightarrow \sin^2 A + \cos^2 A = 1$.持有这种观点的人心中已经有了一个根深蒂固的模式:一定要先有勾股定理,然后才有三角恒等式$\sin^2 A + \cos^2 A = 1$.

那能不能不用勾股定理证明$\sin^2 A + \cos^2 A = 1$呢?

证明 如图 5.14 所示,由$S_{\triangle ABC} = S_{\triangle ABD} + S_{\triangle ACD}$得

$$\frac{1}{2} \cdot AB \cdot AC \cdot \sin(\alpha + \beta)$$
$$= \frac{1}{2} \cdot AB \cdot AD \cdot \sin\alpha + \frac{1}{2} \cdot AC \cdot AD \cdot \sin\beta$$
$$= \frac{1}{2} \cdot AB \cdot (AC \cdot \cos\beta) \cdot \sin\alpha$$
$$+ \frac{1}{2} \cdot AC \cdot (AB \cdot \cos\alpha) \cdot \sin\beta,$$

即$\sin(\alpha + \beta) = \sin\alpha\cos\beta + \cos\alpha\sin\beta$.若$\alpha + \beta = \dfrac{\pi}{2}$,则$\sin^2\alpha + \cos^2\alpha = 1$.

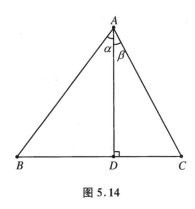

图 5.14

例3 用余弦定理证明勾股定理算不算循环论证?

争论的焦点也是看能否找到不依赖于勾股定理的余弦定理证法.下面给出两种证法,更多面积法证明参看《从数学教育到教育数学》(张景中著)和《仁者无敌面积法》(彭翕成、张景中著).余弦定理证法很多,之所以此处要采用面积法,是因为面积法证明比较基础,基本上不依赖于其他数学知识.

证法1 如图 5.15 所示,注意到$S_{BIHC} = S_{FHGE} = -ab\cos C$,$\triangle ABC \cong \triangle EDG \cong \triangle AEF \cong \triangle BDI$,可得$c^2 = a^2 + b^2 - 2ab\cos C$.

证法2 如图 5.16 所示,$\triangle ABC$ 的三高的延长线将三个正方形分为 6 个矩形,而且面

积两两相等，$S_{BFMJ} = S_{BLPE} = ac\cos B$，$S_{MGCJ} = S_{CHNK} = ab\cos C$，$S_{KNIA} = S_{LADP} = bc\cos A$，则 $b^2 + c^2 = 2bc\cos A + ac\cos B + ab\cos C = 2bc\cos A + a^2$，可得余弦定理.

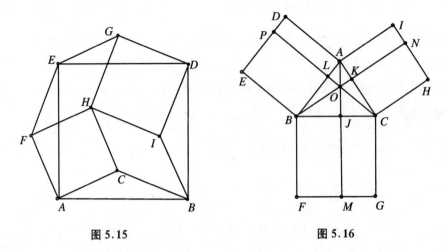

图 5.15　　　　　　　　　　图 5.16

例4 用洛必达法则证明 $\lim\limits_{x \to 0}\dfrac{\sin x}{x} = 1$ 算不算循环论证？

认为属于循环论证的理由是：$\lim\limits_{x \to 0}\dfrac{\sin x}{x} = \lim\limits_{x \to 0}\dfrac{(\sin x)'}{x'} = \lim\limits_{x \to 0}\dfrac{\cos x}{1} = 1$，而 $(\sin x)' = \cos x$ 的推导用到了 $\lim\limits_{x \to 0}\dfrac{\sin x}{x} = 1$. 具体是

$$(\sin x)' = \lim_{\Delta x \to 0}\frac{\sin(x + \Delta x) - \sin x}{\Delta x} = \lim_{\Delta x \to 0}\frac{2\cos\left(x + \dfrac{\Delta x}{2}\right)\sin\dfrac{\Delta x}{2}}{\Delta x}$$

$$= \lim_{\Delta x \to 0}\cos\left(x + \frac{\Delta x}{2}\right) \cdot \lim_{\Delta x \to 0}\frac{\sin\dfrac{\Delta x}{2}}{\dfrac{\Delta x}{2}} = \cos x.$$

例5 证明 $\sin x < x \left(0 < x < \dfrac{\pi}{2}\right)$.

证明 设 $f(x) = x - \sin x$，由 $f'(x) = 1 - \cos x > 0$ 可得 $f(x)$ 在 $\left[0, \dfrac{\pi}{2}\right]$ 单调递增，而 $f(0) = 0$，所以当 $0 < x < \dfrac{\pi}{2}$ 时，$f(x) = x - \sin x > 0$，所以 $\sin x < x$.

有人认为这属于循环论证，理由是用到 $(\sin x)' = \cos x$，$(\sin x)' = \cos x$ 由 $\lim\limits_{x \to 0}\dfrac{\sin x}{x} = 1$ 推导而来，$\lim\limits_{x \to 0}\dfrac{\sin x}{x} = 1$ 由 $\sin x < x$ 推导而来.

因此解决例4和例5的争端，就看能否找到 $(\sin x)' = \cos x$ 的证法，且不依赖 $\lim\limits_{x \to 0}\dfrac{\sin x}{x} = 1$.

其实,在高等数学中常常用公理化的角度定义三角函数,而不是依赖几何直观.譬如在数学大师陶哲轩的《陶哲轩实分析》中,就是用指数函数定义三角函数的,即

$$\sin(x) = \sum_{k=0}^{+\infty} (-1)^k \frac{x^{2k+1}}{(2k+1)!}, \quad \cos(x) = \sum_{k=0}^{+\infty} (-1)^k \frac{x^{2k}}{(2k)!},$$

显然有$(\sin x)' = \cos x$,这就不依赖于$\lim\limits_{x \to 0} \dfrac{\sin x}{x} = 1$.从分析的角度定义,可推出三角函数的所有性质,而且更加严谨.如:设$f(x) = \sin^2 x + \cos^2 x$,$f'(x) = 2\sin x \cos x - 2\sin x \cos x = 0$,而$f(0) = 1$,所以 $\sin^2 x + \cos^2 x = 1$.

有网友与我辩论说,若是按照你这样的观点,那哪还有什么循环论证? 其实不然,循环论证是客观存在的.譬如例 6 和例 7.

例 6 设 $z_n \leqslant x_n \leqslant y_n$,$\lim\limits_{n \to \infty} y_n = a$,$\lim\limits_{n \to \infty} z_n = a$,求证:$\lim\limits_{n \to \infty} x_n = a$.

证明 由 $z_n \leqslant x_n \leqslant y_n$ 得 $a = \lim\limits_{n \to \infty} z_n \leqslant \lim\limits_{n \to \infty} x_n \leqslant \lim\limits_{n \to \infty} y_n = a$,所以 $\lim\limits_{n \to \infty} x_n = a$.

此证法有循环论证的嫌疑,因为题目要求证的结论包含两部分:$\lim\limits_{n \to \infty} x_n$ 存在,且等于常数 a,而证明中已经假定了极限存在.

这种错误在初等数学中也是有的.

例 7 证明三角形内角和等于 $180°$.

证明 设三角形内角和等于 k,如图 5.17 所示,在 BC 上作点 D,则

$$(\angle ABD + \angle BDA + \angle DAB) + (\angle ADC + \angle DCA + \angle CAD)$$
$$= (\angle ABC + \angle BCA + \angle CAB) + (\angle BDA + \angle ADC),$$

即 $2k = k + 180°$,所以 $k = 180°$.

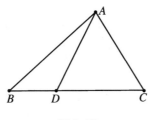

图 5.17

此证法有循环论证的嫌疑,因为要求证的结论包含两部分:三角形内角和等于常数,这个常数等于 $180°$,而该证法假定了内角和为常数.当然,如果能另外找到方法证明内角和为常数,那么这种证明也是可以的.

而事实上,在探讨平行公理的漫长岁月(达两千年之久)中,数学家们已经论证了下面命题与平行公理等价:

① 三角形内角和为两直角.

② 所有三角形的内角和都相等.

③ 存在一对相似但不全等的三角形.

④ 所有三角形都有外接圆.

⑤ 若四边形三个内角是直角,那么第四个内角也是直角.

⑥ 存在一对等距的直线.

⑦ 若两条直线都平行于第三条,那么这两条直线也平行.

平行公理既不能证明又不能证否,作为欧氏几何的一大标志,地位难以撼动,因而例7的补证是行不通的.

讨论循环论证,有助于深入理解知识点的来龙去脉,熟悉证明方法及其论证依据.作为老师,在教学中要大胆鼓励学生多角度思考问题,对所学定理顺推、逆推,而不要一谈循环论证就色变.只有这样,学生才能将所学知识点编织成知识网络,不致只见树木,不见森林.

所有的证明都是建立在一定的逻辑体系当中的,只是有些老师把教科书当成了唯一的逻辑体系.可能换一个领导,换一批课标指定专家,换一些教材编委,教材的编排顺序就会发生变化.譬如以前余弦定理、正弦定理都是初三学,现在放到高中去了.

三角函数是不依赖于三角形而存在的,也可以用欧拉公式定义正弦和余弦,即用幂级数表示正弦和余弦.

以前常有老师问:为什么三角函数在初中是对边比斜边这样的比例,到了高中就变化成一条波浪起伏的线?

其实,不管是比例,还是波浪线,只要符合三角函数公理化的定义,就是三角函数的一个表象.

以《天龙八部》为喻,书里有三大主人公,段誉、萧峰、虚竹,可看作数学里的三大主要性质.

在原著里,是用段誉引出萧峰和虚竹的,相当于是将段誉作为公理,推论其他两个.但要讲述《天龙八部》的故事,未必只有这样一种叙述方式.很多导演认为萧峰很重要,不能让他太晚出场,所以一开始就让萧峰出场,再引出段誉和虚竹.叙述方式都不是唯一的,每个编剧思路就对应着这一种逻辑体系,只要能自圆其说,不存在太大的 bug(漏洞),否则你编的剧就没人看了.

譬如学习微积分,可以多看看一些专家的著作.笔者手头至少有二十位大师写的微积分著作.他们的想法各不一样.譬如之前高等教育出版社再版了一套经典著作,其中有王元的《微积分》,项武义的《微积分大意》.要相信这些书都有大师的思考.不会去东抄西抄.譬如高木贞治的《高等微积分》,我也常翻翻,菲尔兹奖是数学最重要的奖之一,而他是第一届菲尔兹奖的评委,是日本现代数学的宗师人物.

5.2.3　根式方程有理化

例8　求 $\sqrt{x-\dfrac{1}{x}}+\sqrt{1-\dfrac{1}{x}}=x$ 的实数解.

此题是一道经典题,有几十种解法,下面先给出一种构造法.

解法1　根据 $\left(\sqrt{x-\dfrac{1}{x}}\right)^2+\left(\sqrt{\dfrac{1}{x}}\right)^2=x$,$\left(\sqrt{1-\dfrac{1}{x}}\right)^2+\left(\sqrt{\dfrac{1}{x}}\right)^2=1$,构造两个直角三

角形:$\triangle ACD$ 和 $\triangle BCD$(图5.18),于是 $\sqrt{x-\dfrac{1}{x}}+\sqrt{1-\dfrac{1}{x}}=x=AB$.由面积关系得 $\dfrac{1}{2}\sqrt{x}\cdot$

$\sin\angle ACB=\dfrac{1}{2}x\sqrt{\dfrac{1}{x}}$,解得 $\sin\angle ACB=1$,$\angle ACB=90°$.于是根据勾股定理得 $1^2+(\sqrt{x})^2=$

x^2,解得 $x=\dfrac{1\pm\sqrt{5}}{2}$,经检验,负值舍去,所以 $x=\dfrac{1+\sqrt{5}}{2}$.

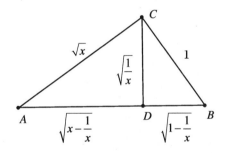

图5.18

解法2　显然 $x>0$.因为 $\sqrt{x-\dfrac{1}{x}}+\sqrt{1-\dfrac{1}{x}}=x$,所以 $x-\dfrac{1}{x}=\left(x-\sqrt{1-\dfrac{1}{x}}\right)^2=x^2-$

$2x\sqrt{1-\dfrac{1}{x}}-\dfrac{1}{x}+1$,即 $x^2-x+1=2x\sqrt{\dfrac{x-1}{x}}$,于是 $(x^2-x+1)^2-4x(x-1)=0$,即 $1+2x$

$-x^2-2x^3+x^4=0$,也即 $(x^2-x-1)^2=0$,解得 $x=\dfrac{1+\sqrt{5}}{2}$.

相比解法1的巧妙构造,解法2可以说平淡无奇,所运用的不过是看到分式就通分,看到根号就平方这样的常识,唯一有点困难的是将四次方程化为可求解的低次方程,如果解题者对 $(a+b+c)^2=a^2+b^2+c^2+2ab+2bc+2ca$ 这样的恒等式比较熟悉,或使用待定系数法,其实也并不困难.解法1有探索的价值,但其教学价值不大,因为今后遇到类似的题目,未必能构造出图形来,特别是在规定的时间内.所以我们更需要的是解法2这样的通法.

求根式方程,最大的难点就是消除根号.根式方程一定能转化成多项式方程吗?这是我们研究最多,也最熟悉的.答案是肯定的,只不过操作起来有点麻烦而已.

其基本思路十分简单. 为什么要将 $\sqrt{x-\dfrac{1}{x}}+\sqrt{1-\dfrac{1}{x}}=x$ 移项之后再平方: $x-\dfrac{1}{x}=\left(x-\sqrt{1-\dfrac{1}{x}}\right)^2$, 是为了这次平方能消去 $\sqrt{x-\dfrac{1}{x}}$. 对于剩下的根式 $\sqrt{\dfrac{x-1}{x}}$, 我们也把它单独放在等式的一边(也可认为是特别重视,单独处理),那么继续平方之后就可以消去该根号了.

例9 证明:如果 $p_i(x)$ 为整式,则方程 $\sqrt{p_1(x)}+\sqrt{p_2(x)}+\cdots+\sqrt{p_n(x)}=a$ 总能有理化.

证法 1 当 $n=1$ 时, $\sqrt{p_1(x)}=a$ 两边平方,则可实现有理化.

假设 $n=k$ 时, $\sqrt{p_1(x)}+\sqrt{p_2(x)}+\cdots+\sqrt{p_k(x)}=a$ 能有理化为 $R(x,a)=0$. 当 $n=k+1$ 时,对于 $\sqrt{p_1(x)}+\sqrt{p_2(x)}+\cdots+\sqrt{p_{k+1}(x)}=a$,根据归纳假设, $\sqrt{p_1(x)}+\sqrt{p_2(x)}+\cdots+\sqrt{p_k(x)}=A$ 能有理化为 $R(x,A)=0$,于是 $A+\sqrt{p_{k+1}(x)}=a$. 将 $A=a-\sqrt{p_{k+1}(x)}$ 代入 $R(x,A)=0$ 之后,只带有 $\sqrt{p_{k+1}(x)}$ 这一个根号,根据之前的假设是可以消去的.

证法 2 第一步,将 $\sqrt{p_1(x)}+\sqrt{p_2(x)}+\cdots+\sqrt{p_n(x)}=a$ 移项为 $\sqrt{p_1(x)}+\sqrt{p_2(x)}+\cdots-a=-\sqrt{p_n(x)}$,平方之后,右边得到有理式,左边得到 $\sqrt{p_i(x)}$ 以及 $\sqrt{p_i(x)}$ 乘积的一类式子. 经此一次,再无 $\sqrt{p_n(x)}$ 这类根式.

第二步,将与 $\sqrt{p_{n-1}(x)}$ 相关项移到右边,无关项放在左边,于是上式移项为

$$\sqrt{p_1(x)}+\sqrt{p_2(x)}+\cdots-a_1=-\sqrt{p_{n-1}(x)}\left(r\sum\sqrt{p_k(x)}+t\sum\sqrt{p_m(x)}\sqrt{p_n(x)}\right),$$

平方之后,再无 $\sqrt{p_{n-1}(x)}$ 这类根式,剩下得到 $\sqrt{p_i(x)}$ 以及 $\sqrt{p_i(x)}$ 乘积的一类式子.

仿照第二步,以此类推. 因为每平方一次,可减少一个根号,由于根号个数有限,那么若干次后,所有根号都会被消除.

对于 $\sqrt[k_1]{p_1(x)}+\sqrt[k_2]{p_1(x)}+\cdots+\sqrt[k_n]{p_1(x)}=a$ 也能有理化,步骤类似.

以上只是理论上可行,实际操作还会遇到一些困难. 从个人经验来讲,证法 2 所提供的思路更具有可操作性. 每次将一个根号相关式子单独移到一边,保证平方一次,减少一个根号. 如果不注意这一点,很容易出错,次数越来越高,根号也越来越多.

例10 将 $\sqrt{x-1}+\sqrt{x+3}+\sqrt{x}=3$ 有理化.

解法 1 设 $\begin{cases}\sqrt{x-1}+\sqrt{x+3}=A\\ 3-\sqrt{x}=A\end{cases}$,整理得 $\begin{cases}A^4-4(x+1)A^2+16=0\\ A^2-6A-(x-9)=0\end{cases}$,解得 $A=\dfrac{3x^2-50x+191}{84-12x}$,消去 A 之后得 $9x^4-228x^3+1\,846x^2-5\,348x+3\,721=0$.

如果使用计算机,结合行列式理论,可将解法转化为更机械化的操作.需要使用计算机的原因是计算高阶行列式,计算量太大.

解法 2　设 $\begin{cases} \sqrt{x-1}+\sqrt{x+3}=A \\ 3-\sqrt{x}=A \end{cases}$,整理得 $\begin{cases} A^4-4(x+a)A^2+16=0 \\ A^2-6A-(x-9)=0 \end{cases}$,所以

$$\begin{vmatrix} 1 & 0 & -4(x+1) & 0 & 16 & 0 \\ 0 & 1 & 0 & -4(x+1) & 0 & 16 \\ 1 & -6 & -(x-9) & 0 & 0 & 0 \\ 0 & 1 & -6 & -(x-9) & 0 & 0 \\ 0 & 0 & 1 & -6 & -(x-9) & 0 \\ 0 & 0 & 0 & 1 & -6 & -(x-9) \end{vmatrix}=0,$$

即 $9x^4-228x^3+1\,846x^2-5\,348x+3\,721=0$.

解法 3　$\sqrt{x-1}+\sqrt{x+3}+\sqrt{x}=3$,即 $\sqrt{x-1}+\sqrt{x+3}-3=-\sqrt{x}$,平方得 $11-6\sqrt{-1+x}+2x-6\sqrt{3+x}+2\sqrt{-1+x}\sqrt{3+x}=x$,即 $11+x-6\sqrt{3+x}=6\sqrt{-1+x}-2\sqrt{-1+x}\sqrt{3+x}$,平方得

$x^2-12x\sqrt{x+3}+58x-132\sqrt{x+3}+229=4x^2-24x\sqrt{x+3}+44x+24\sqrt{x+3}-48$,

即

$$14x+277-3x^2=12x\sqrt{x+3}+132\sqrt{x+3}-24x\sqrt{x+3}+24\sqrt{x+3},$$

平方得

$$9x^4-84x^3-1\,466x^2+7\,756x+76\,729=144x^3-3\,312x^2+13\,104x+73\,008,$$

即 $9x^4-228x^3+1\,846x^2-5\,348x+3\,721=0$.

下面来看几道例题.记住关键,一次处理一个根号.

例 11　已知 $a\sqrt{1-b^2}+b\sqrt{1-a^2}=1$,求证:$a^2+b^2=1$.

证法 1　原式平方得 $a^2+b^2-2a^2b^2+2ab\sqrt{1-a^2}\sqrt{1-b^2}=1$,即 $2ab\sqrt{1-a^2}\cdot\sqrt{1-b^2}=1-a^2-b^2+2a^2b^2$,平方得 $4a^4b^4-4a^4b^2-4a^2b^4+4a^2b^2=1-2a^2+a^4-2b^2+6a^2b^2-4a^4b^2+b^4-4a^2b^4+4a^4b^4$,即 $-a^4-2a^2b^2+2a^2-b^4+2b^2-1=0$,也即 $-(a^2+b^2-1)^2=0$,所以 $a^2+b^2=1$.

证法 2　原式移项得 $a\sqrt{1-b^2}=1-b\sqrt{1-a^2}$,平方得 $a^2(1-b^2)=-a^2b^2-2b\cdot\sqrt{1-a^2}+b^2+1$,即 $2b\sqrt{1-a^2}=1+b^2-a^2$,平方得 $4b^2-4a^2b^2=a^4-2a^2b^2-2a^2+b^4+2b^2+1$,即 $1-2a^2+a^4-2b^2+2a^2b^2+b^4=0$,也即 $(-1+a^2+b^2)^2=0$,所以 $a^2+b^2=1$.

证法 3　原式移项得 $a\sqrt{1-b^2}=1-b\sqrt{1-a^2}$,平方得 $a^2(1-b^2)=-a^2b^2-2b\cdot$

$\sqrt{1-a^2}+b^2+1$，即 $1-a^2-2b\sqrt{1-a^2}+b^2=0$，也即 $(\sqrt{1-a^2}-b)^2=0$，所以 $a^2+b^2=1$.

证法 1 这种做法是不可取的，第一次没有移项就平方，两个根号一个都没消去，巧的是这样操作使得两个根号可以合并为一个根号，相当于消去了一个根号.第二次移项再平方，也实现了两次平方消去两个根号的目的.特别强调，这样操作导致式子变得复杂，不是好方法.

证法 2 是标准的先移项再平方方法，比证法 1 简单.但由于本题并不是要将条件式子有理化，也就是有理化能帮助解题，但不一定要将有理化进行到底.所以在证法 2 的基础上，改进为证法 3，就更简单了.

例12 解方程 $\sqrt{4x^2+4x+1}-\sqrt{x^2+x+3}=\sqrt{x^2+x-2}$.

有资料称:这个方程含有三个二次根式，而根式内又都是二次三项式，颇为复杂.如果我们用通常的平方法直接将它转化成整式方程，则方程变为高次方程，不易求解.

直接平方真的不易求解吗？我们来试试看.

解 由

$$\sqrt{4x^2+4x+1}-\sqrt{x^2+x+3}=\sqrt{x^2+x-2},$$

$$\sqrt{4x^2+4x+1}=\sqrt{x^2+x-2}+\sqrt{x^2+x+3},$$

$$4x^2+4x+1=2x^2+2x+1+2\sqrt{x^2+x-2}\sqrt{x^2+x+3},$$

$$x^2+x=\sqrt{x^2+x-2}\sqrt{x^2+x+3},$$

$$x^4+2x^3+x^2=x^4+x^3+3x^2+x^3+x^2+3x-2x^2-2x-6,$$

即 $x^2+x-6=0$，解得 $x_1=2,x_2=-3$.

代入原方程检验，发现都符合要求.

回顾解题过程，没有任何技巧，就是平方、移项、化简这样的最基本的功夫.如果说还需要别的什么，那就是不要畏惧.

例13 解方程 $\sqrt{3x^2-5x-12}-\sqrt{2x^2-11x+15}=x-3$.

解 由

$$\sqrt{3x^2-5x-12}-\sqrt{2x^2-11x+15}=x-3,$$

$$\sqrt{3x^2-5x-12}=x-3+\sqrt{2x^2-11x+15},$$

$$3x^2-5x-12=x^2-6x+9+2x^2-11x+15+2(x-3)\sqrt{2x^2-11x+15},$$

$$6x-18=(x-3)\sqrt{2x^2-11x+15} \quad (显然 x=3 是方程的解),$$

即 $36=2x^2-11x+15$，解得 $x_1=7,x_2=-\dfrac{3}{2}$.代入原方程检验，发现 $x_1=7,x_2=-\dfrac{3}{2},x_3=3$ 都符合要求.

要强调的是,$6x - 18 = (x - 3)\sqrt{2x^2 - 11x + 15}$ 不能随便约去 $x - 3$.其实 $x = 3$ 是方程的解,从一开始就可以看出来:$\sqrt{3x^2 - 5x - 12} - \sqrt{2x^2 - 11x + 15} = x - 3$ 等价于 $\sqrt{(x-3)(3x+4)} - \sqrt{(x-3)(2x-5)} = x - 3$.

5.2.4 包络线与赋范空间的一点小应用

例 14 求圆族 $2x^2 + 2y^2 - 4mx - 8my + 9m^2 = 0$ 的公切线方程,$m \in \mathbf{R}$.

分析 若 m 确定,则得到一个确定的圆;若 m 取一系列的值,则确定一系列的圆,从而形成圆族.如果对这种带参数的问题把握不清楚,可利用动态几何软件超级画板来直观展现(图 5.19).

解法 1 设切线方程为 $y = kx + b$,考虑到 $m = 0$ 时,圆缩为一点,即原点,此时切线方程要经过原点,所以可设切线方程为 $kx - y = 0$.圆的方程为 $x^2 + y^2 - 2mx - 4my + \dfrac{9}{2}m^2 = 0$,根据点到直线的距离等于圆的半径得

$$\frac{|km - 2m|}{\sqrt{k^2 + 1}} = \sqrt{\frac{4m^2 + 16m^2 - 18m^2}{4}},$$

化简得 $2(k-2)^2 = k^2 + 1$,解得 $k = 1$ 或 $k = 7$,则圆的切线为 $y = x$ 或 $y = 7x$.

解法 2 将圆方程看成是关于 m 的二次方程:$9m^2 - 4(x + 2y)m + 2(x^2 + y^2) = 0$,令 $\Delta = 0$,则

$$[-4(x + 2y)]^2 - 4 \cdot 9 \cdot 2(x^2 + y^2) = 0,$$

即 $7x^2 - 8xy + y^2 = 0$,故 $y = x$ 或 $y = 7x$.

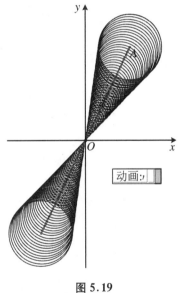

图 5.19

这样做所得答案也是对的,这是为什么?

有解释认为:$\Delta = 0$,表示方程 $9m^2 - 4(x + 2y)m + 2(x^2 + y^2) = 0$ 有等根,此时只有一个 m 与 (x, y) 对应,所以 (x, y) 为切点.

这样解释难以服人.给定一个 m,就确定一个圆,即确定了圆上所有点,而不仅仅是切点.

在高等数学中研究包络线,有这样的性质,若曲线族以隐函数形式 $F(x, y, m) = 0$ 表示,其包络线的方程就是由方程组 $\begin{cases} F(x, y, m) = 0 \\ \dfrac{\partial F(x, y, m)}{\partial m} = 0 \end{cases}$ 消去 m 得出的.

若 $F(x, y, m) = 0$ 是关于 m 的二次方程:$F(x, y, m) = a(x, y)m^2 + b(x, y)m +$

$c(x,y)=0$,其中 $a(x,y),b(x,y),c(x,y)$ 为 x,y 的连续函数,且 $a(x,y)\neq 0$,则包络线

由 $F(x,y,m)=a(x,y)m^2+b(x,y)m+c(x,y)=0$ 和 $\dfrac{\partial F(x,y,m)}{\partial m}=2a(x,y)m+$

$b(x,y)=0$ 决定. 将 $m=-\dfrac{b(x,y)}{2a(x,y)}$ 代入 $a(x,y)m^2+b(x,y)m+c(x,y)=0$,则

$$a(x,y)\left[-\frac{b(x,y)}{2a(x,y)}\right]^2+b(x,y)\left[-\frac{b(x,y)}{2a(x,y)}\right]+c(x,y)=0,$$

即 $b^2(x,y)-4a(x,y)c(x,y)=0$. 由此可知解法 2 确实是有道理的,只是这个道理有点超出中学范围.

例 15 已知 p,q,r 为正实数,x,y,z 为任意实数,求证:$pxy+qyz+rzx\leqslant\dfrac{1}{2}(r+p)x^2+$

$\dfrac{1}{2}(p+q)y^2+\dfrac{1}{2}(q+r)z^2$.

分析 这个不等式的系数写法有点奇怪,为什么不把 $\dfrac{1}{2}$ 移到左边去,变成 2 呢?稍加思考,就知道命题人是有考虑的. 当 $p=q=r=1$ 时,不等式变为我们熟悉的不等式:$xy+yz+zx\leqslant x^2+y^2+z^2$. 而这一不等式的证明通常是将其变换为 $0\leqslant\dfrac{1}{2}[(x-y)^2+(y-z)^2+(z-x)^2]$. 从而猜测所需要求证的不等式也可以类似处理.

证法 1

$$\frac{1}{2}(r+p)x^2+\frac{1}{2}(p+q)y^2+\frac{1}{2}(q+r)z^2-(pxy+qyz+rzx)$$

$$=\frac{1}{2}[p(x-y)^2+q(y-z)^2+r(z-x)^2]\geqslant 0.$$

证法 2 取 $\boldsymbol{M}=\begin{bmatrix} p & 0 & 0 \\ 0 & q & 0 \\ 0 & 0 & r \end{bmatrix}$,由于 p,q,r 为正实数,于是 $\boldsymbol{M}$ 是正定矩阵;定义

$\|\boldsymbol{\xi}\|_{\boldsymbol{M}}=\boldsymbol{\xi}'\boldsymbol{M}\boldsymbol{\xi}$,其中 $\boldsymbol{\xi}=\begin{bmatrix} \xi_1 \\ \xi_2 \\ \xi_3 \end{bmatrix}$. 设 $\boldsymbol{\xi}_0=\begin{bmatrix} x \\ y \\ z \end{bmatrix}$,$\boldsymbol{\eta}_0=\begin{bmatrix} y \\ z \\ x \end{bmatrix}$,于是

$$pxy+qyz+rzx=A,\quad px^2+qy^2+rz^2=\|\boldsymbol{\xi}_0\|_{\boldsymbol{M}}^2=C,$$

$$rx^2+py^2+qz^2=\|\boldsymbol{\eta}_0\|_{\boldsymbol{M}}^2=B,$$

$$\|\boldsymbol{\xi}_0\|_{\boldsymbol{M}}\|\boldsymbol{\eta}_0\|_{\boldsymbol{M}}=\sqrt{px^2+qy^2+rz^2}\sqrt{rx^2+py^2+qz^2}=\sqrt{BC},$$

由三角不等式 $\|\boldsymbol{\xi}_0+\boldsymbol{\eta}_0\|_{\boldsymbol{M}}\leqslant\|\boldsymbol{\xi}_0\|_{\boldsymbol{M}}+\|\boldsymbol{\eta}_0\|_{\boldsymbol{M}}$ 得 $\|\boldsymbol{\xi}_0+\boldsymbol{\eta}_0\|_{\boldsymbol{M}}^2\leqslant\|\boldsymbol{\xi}_0\|_{\boldsymbol{M}}^2+\|\boldsymbol{\eta}_0\|_{\boldsymbol{M}}^2$

$+2\|\boldsymbol{\xi}_0\|_{\boldsymbol{M}}\|\boldsymbol{\eta}_0\|_{\boldsymbol{M}}$,其中

$$\|\boldsymbol{\xi}_0 + \boldsymbol{\eta}_0\|_M^2 = (x+y \quad y+z \quad z+x) \begin{pmatrix} p & 0 & 0 \\ 0 & q & 0 \\ 0 & 0 & r \end{pmatrix} \begin{pmatrix} x+y \\ y+z \\ z+x \end{pmatrix}$$

$$= p(x+y)^2 + q(y+z)^2 + r(z+x)^2$$

$$= (rx^2 + py^2 + qz^2) + (px^2 + qy^2 + rz^2)$$

$$+ 2(pxy + qyz + rzx)$$

$$= B + C + 2A,$$

即 $B + C + 2A \leqslant B + C + 2\sqrt{BC}$，于是 $A \leqslant \sqrt{BC} \leqslant \dfrac{B+C}{2}$，即

$$pxy + qyz + rzx \leqslant \frac{1}{2}(r+p)x^2 + \frac{1}{2}(p+q)y^2 + \frac{1}{2}(q+r)z^2.$$

分析 按照证法 2，关键在于证明

$$(rx^2 + py^2 + qz^2)(px^2 + qy^2 + rz^2) \geqslant (pxy + qyz + rzx)^2.$$

而

$$(rx^2 + py^2 + qz^2)(px^2 + qy^2 + rz^2)$$

$$= (\sqrt{p}^2 y^2 + \sqrt{q}^2 z^2 + \sqrt{r}^2 x^2)(\sqrt{p}^2 x^2 + \sqrt{q}^2 y^2 + \sqrt{r}^2 z^2)$$

$$\geqslant (pxy + qyz + rzx)^2,$$

这只需用到柯西不等式.

证法 3

$$\frac{1}{2}(r+p)x^2 + \frac{1}{2}(p+q)y^2 + \frac{1}{2}(q+r)z^2$$

$$= \frac{(rx^2 + py^2 + qz^2) + (px^2 + qy^2 + rz^2)}{2} \geqslant \sqrt{(rx^2 + py^2 + qz^2)(px^2 + qy^2 + rz^2)}$$

$$= \sqrt{(\sqrt{p}^2 y^2 + \sqrt{q}^2 z^2 + \sqrt{r}^2 x^2)(\sqrt{p}^2 x^2 + \sqrt{q}^2 y^2 + \sqrt{r}^2 z^2)} \geqslant pxy + qyz + rzx.$$

证法 1 紧密联系我们熟悉的不等式，巧妙类比，非常简单地解决问题；证法 2 利用了赋范空间的三角不等式，过程复杂，用到知识点多，很难称得上是一种好方法；但我们从证法 2 受到启发，得到比较令人满意的证法 3，也是一种补偿.

5.2.5 学贵有疑——《数学解题的特殊方法》一题

将高等数学的知识运用于初等数学，这是很多研究者感兴趣的问题. 在吴振奎先生所著《数学解题的特殊方法》中，就有这样的例子.

若 $a > 0, b > 0$，且 $\dfrac{\sin^4 \alpha}{a} + \dfrac{\cos^4 \alpha}{b} = \dfrac{1}{a+b}$，试证：$\dfrac{\sin^8 \alpha}{a^3} + \dfrac{\cos^8 \alpha}{b^3} = \dfrac{1}{(a+b)^3}$.

原书提供了非常巧妙的求导证法.

证法 1 由 $\dfrac{\sin^4\alpha}{a}+\dfrac{\cos^4\alpha}{b}=\dfrac{1}{a+b}$,对 α 求导得 $\dfrac{4\sin^3\alpha\cos\alpha}{a}+\dfrac{4\cos^3\alpha(-\sin\alpha)}{b}=0$,即

$4\sin\alpha\cos\alpha\left(\dfrac{\sin^2\alpha}{a}-\dfrac{\cos^2\alpha}{b}\right)=0$. 若 $\sin\alpha=0$ 或 $\cos\alpha=0$,会推出 $a=0$ 或 $b=0$,从而只有

$\dfrac{\sin^2\alpha}{a}-\dfrac{\cos^2\alpha}{b}=0$,可得 $b\sin^2\alpha-a\cos^2\alpha=0$,所以 $\sin^2\alpha=\dfrac{a}{a+b}$,$\cos^2\alpha=\dfrac{b}{a+b}$,$\dfrac{\sin^8\alpha}{a^3}+\dfrac{\cos^8\alpha}{b^3}$

$=\dfrac{1}{(a+b)^3}$.

末尾,还有一行注:若直接从题设式中导出 $\sin^2\alpha$ 则稍繁.

笔者一直认为老一辈的学者治学著书都还是很严谨的.不像现在的某些资料,在给出自己所认为的精妙解答之后,总喜欢来一句:其他方法都是很烦琐的.这就容易失之偏颇,因为个人所见难免受限.

笔者估计作者在写书时,应该是尝试过从题设中导出 $\sin^2\alpha$ 的,过程也不太难,所以用了"稍繁".

不过有时候前辈的一些论断也不可尽信.譬如王元先生在提到华罗庚先生的著作《高等数学引论》时,说道:"书中不少地方用了"不难证明"一类的字句,这对于华先生这种高水平的数学家而言确实如此;而事实上,即使是像我这样跟在华先生身边几十年的人,有些推导也是不容易的."

那到底此题中的"稍繁"繁到什么程度? 那只有自己亲身一试才知道,就如小马过河一样.

证法 2 由

$$\dfrac{\sin^4\alpha}{a}+\dfrac{\cos^4\alpha}{b}-\dfrac{1}{a+b}=\dfrac{b(a+b)\sin^4\alpha+a(a+b)\cos^4\alpha-ab}{ab(a+b)}$$

$$=\dfrac{(b\sin^2\alpha)^2+(a\cos^2\alpha)^2-2ab\sin^2\alpha\cos^2\alpha}{ab(a+b)}$$

$$=\dfrac{(b\sin^2\alpha-a\cos^2\alpha)^2}{ab(a+b)},$$

可得 $b\sin^2\alpha-a\cos^2\alpha=0$,所以 $\sin^2\alpha=\dfrac{a}{a+b}$,$\cos^2\alpha=\dfrac{b}{a+b}$,$\dfrac{\sin^8\alpha}{a^3}+\dfrac{\cos^8\alpha}{b^3}=\dfrac{1}{(a+b)^3}$.

动手之后,发现确实不难.而题目中"$a>0,b>0$"可改成"a,b 同号".以上内容发表在博客上之后,引起了网友的关注.

根据网友严文兰的提示,有了证法3.

证法 3 设 $\sin^2\alpha=x$,则 $\dfrac{\sin^4\alpha}{a}+\dfrac{\cos^4\alpha}{b}-\dfrac{1}{a+b}=0$ 可化为 $\dfrac{x^2}{a}+\dfrac{(1-x)^2}{b}-\dfrac{1}{a+b}=0$,即

$(a+b)x^2-2ax+a-\dfrac{ab}{a+b}=0$,解得 $x=\dfrac{a}{a+b}$,所以 $\sin^2\alpha=\dfrac{a}{a+b}$,$\cos^2\alpha=\dfrac{b}{a+b}$,$\dfrac{\sin^8\alpha}{a^3}+$

$\dfrac{\cos^8\alpha}{b^3}=\dfrac{1}{(a+b)^3}$.

网友学夫子给出证法4.

证法 4 $\dfrac{\sin^4\alpha}{a}+\dfrac{\cos^4\alpha}{b}-\dfrac{1}{a+b}=0$ 等价于 $\sin^4\alpha+\cos^4\alpha+\dfrac{b}{a}\sin^4\alpha+\dfrac{a}{b}\cos^4\alpha=1$,由均值不等式

$$\sin^4\alpha+\cos^4\alpha+\frac{b}{a}\sin^4\alpha+\frac{a}{b}\cos^4\alpha\geqslant\sin^4\alpha+\cos^4\alpha+2\sin^2\alpha\cos^2\alpha$$

$$=(\sin^2\alpha+\cos^2\alpha)^2=1,$$

等号成立的条件是 $\dfrac{b}{a}\sin^4\alpha=\dfrac{a}{b}\cos^4\alpha$,所以 $\sin^2\alpha=\dfrac{a}{a+b}$,$\cos^2\alpha=\dfrac{b}{a+b}$,$\dfrac{\sin^8\alpha}{a^3}+\dfrac{\cos^8\alpha}{b^3}$

$$=\frac{1}{(a+b)^3}.$$

网友数理化生对原证法两边求导是否可行的理论依据提出了质疑.笔者觉得这个质疑有道理.如果求导是可以的,那么题目条件 $\dfrac{\sin^4\alpha}{a}+\dfrac{\cos^4\alpha}{b}=\dfrac{1}{a+b}$ 改成 $\dfrac{\sin^4\alpha}{a}+\dfrac{\cos^4\alpha}{b}=k$ 也不受影响.求导的一个常用功能就是求极值.而 $\dfrac{\sin^4\alpha}{a}+\dfrac{\cos^4\alpha}{b}=\dfrac{1}{a+b}$ 刚好就是在极值 $\sin^2\alpha=\dfrac{a}{a+b}$ 处才成立,这在证法3和证法4中可以看得非常清楚.

如果一定要用求导法,从 $\dfrac{\sin^4\alpha}{a}+\dfrac{\cos^4\alpha}{b}=\dfrac{1}{a+b}$ 推出 $\sin^2\alpha=\dfrac{a}{a+b}$ 后,还要将 $\sin^2\alpha=\dfrac{a}{a+b}$ 代入 $\dfrac{\sin^4\alpha}{a}+\dfrac{\cos^4\alpha}{b}=\dfrac{1}{a+b}$,看是否使得原式成立.也就是需要一个检验的过程.因为求导之后,并不能保证前后同解.就算检验了,也只能说明是其中的解,不能说明是全部解,譬如 $x^2=x$.这提醒大家,不要随意对等式两边进行求导.而本题可以这样做,纯属巧合.正应了那句老话,无巧不成题.

如果将题目改为:已知 $\dfrac{\sin^4\alpha}{a}+\dfrac{\cos^4\alpha}{b}=k$,求 $\dfrac{\sin^8\alpha}{a^3}+\dfrac{\cos^8\alpha}{b^3}$.那么除证法3之外,其他证法都不可行.而根据 k 的取值不同,$\sin^2\alpha$ 可能无解,可能一解,也可能二解.

古人教导我们,学贵有疑,于不疑处生疑,方是进矣.常有疑点,常有问题,常有思考,常有创新,特别是在出书越来越多,越来越快的今天!

5.2.6 证明 $\sin^2 x+\cos^2 x=1$——《陶哲轩实分析》一题

不同教材上对 $\sin x$ 的定义方式有所不同.在初等数学中,最常见的是,直角三角形中,对边与斜边的比值.这样定义的好处是直观,缺点也很明显.角度不在锐角范围内,就不太方便用此定义了.

张景中先生用单位菱形的面积定义正弦,也是一种思路,将角度范围扩大到 $[0,\pi]$,而且

更好地沟通了三角、代数和几何.详见《一线串通的初等数学》.

在高等数学中,有用微分方程的解来定义的.

定义 $\sin x$ 是微分方程 $y'' = -y$ 的解,且 $y(0) = 0$,$y'(0) = 1$.定义 $(\sin x)' = \cos x$.

如果这样定义,就涉及解微分方程.

如果这样定义,求证 $\sin^2 x + \cos^2 x = 1$ 是容易的.

证明 $(\sin^2 x + \cos^2 x)' = (y^2 + y'^2)' = 2yy' + 2y'y'' = 2yy' - 2yy' = 0$,所以 $\sin^2 x + \cos^2 x = \sin^2 0 + \cos^2 0 = 1$.

也有采用三角级数来定义的.

定义 $\sin x = x - \dfrac{x^3}{3!} + \dfrac{x^5}{5!} - \dfrac{x^7}{7!} + \cdots$,$\cos x = 1 - \dfrac{x^2}{2!} + \dfrac{x^4}{4!} - \dfrac{x^6}{6!} + \cdots$,那么要证 $\sin^2 x + \cos^2 x = 1$,即求证:$\left(x - \dfrac{x^3}{3!} + \dfrac{x^5}{5!} - \dfrac{x^7}{7!} + \cdots\right)^2 + \left(1 - \dfrac{x^2}{2!} + \dfrac{x^4}{4!} - \dfrac{x^6}{6!} + \cdots\right)^2 = 1$.

证法 1 设

$$f(x) = \left(x - \frac{x^3}{3!} + \frac{x^5}{5!} - \frac{x^7}{7!} + \cdots\right)^2 + \left(1 - \frac{x^2}{2!} + \frac{x^4}{4!} - \frac{x^6}{6!} + \cdots\right)^2,$$

则

$$f'(x) = 2\left(x - \frac{x^3}{3!} + \frac{x^5}{5!} - \frac{x^7}{7!} + \cdots\right)\left(1 - \frac{x^2}{2!} + \frac{x^4}{4!} - \frac{x^6}{6!} + \cdots\right)$$

$$- 2\left(1 - \frac{x^2}{2!} + \frac{x^4}{4!} - \frac{x^6}{6!} + \cdots\right)\left(x - \frac{x^3}{3!} + \frac{x^5}{5!} - \frac{x^7}{7!} + \cdots\right)$$

$$= 0,$$

所以 $f(x) = f(0) = 1$.

证法 2 容易发现等式左边两项,不管如何相乘、相加,都只能得到 x 的偶次幂.考虑 x^{2k} 的系数(先只考虑大小),当 $k = 0$ 时,命题显然成立.考虑 $k \geqslant 1$,$\left(x - \dfrac{x^3}{3!} + \dfrac{x^5}{5!} - \dfrac{x^7}{7!} + \cdots\right)^2$ 中 x^{2k} 的系数为 $(-1)^k \displaystyle\sum_{i+j=k-1} \dfrac{1}{(2i+1)!(2j+1)!}$,$\left(1 - \dfrac{x^2}{2!} + \dfrac{x^4}{4!} - \dfrac{x^6}{6!} + \cdots\right)^2$ 中 x^{2k} 的系数为 $(-1)^k \displaystyle\sum_{i+j=k} \dfrac{1}{(2i)!(2j)!}$.若同乘以 $(2k)!$,则只需证 $\displaystyle\sum_{j=0}^{k-1} \binom{2k}{2j+1} = \sum_{i=0}^{k} \binom{2k}{2i}$,这等价于 $\displaystyle\sum_{i=0}^{2k} (-1)^i \binom{2k}{i} = 0$,即 $0 = (1-1)^{2k}$,显然成立.而 $\left(x - \dfrac{x^3}{3!} + \dfrac{x^5}{5!} - \dfrac{x^7}{7!} + \cdots\right)^2$ 中 x^{2k} 与 $\left(1 - \dfrac{x^2}{2!} + \dfrac{x^4}{4!} - \dfrac{x^6}{6!} + \cdots\right)^2$ 中 x^{2k} 符号相反,相加会消去.

同一个问题,由于涉及量采用了不同定义,导致解答难易截然不同.

以前和人争论,那人说,泰勒展开将非多项式函数转化为多项式函数,计算求值简便多了.我说不一定,譬如 $\sin x = x - \dfrac{x^3}{3!} + \dfrac{x^5}{5!} - \dfrac{x^7}{7!} + \cdots$,如何求 $\sin \pi$? 这就涉及如何去

定义 π 的问题. 在一些高等数学书籍上, 定义 π 为满足 $\sin x = 0$ 成立的最小正实数, 和圆没有关系.

《陶哲轩实分析》第 335 页习题 15.7.4: 设 x, y 是实数, 并且 $x^2 + y^2 = 1$, 证明恰有一个实数 $\theta \in (-\pi, \pi]$, 使得 $x = \sin\theta, y = \cos\theta$. 这样的问题在有些人看来是显然的, 无须去证, 但真正严格证明, 却也不是那么容易的. 该书类似问题不少, 读者可尝试思考.

5.2.7 平方差公式的三角扩展

初中有平方差公式: $x^2 - y^2 = (x + y)(x - y)$, 高中则会遇到 $\sin^2 x - \sin^2 y = \sin(x + y)$ $\cdot \sin(x - y)$. 看似只是在平方差公式上加了 "sin" 符号. 简单验算, 该式子 "竟然" 也是成立的.

$$\sin^2 x - \sin^2 y = (\sin x + \sin y)(\sin x - \sin y)$$
$$= 2\sin\frac{x + y}{2}\cos\frac{x - y}{2} \cdot 2\sin\frac{x - y}{2}\cos\frac{x + y}{2}$$
$$= 2\sin\frac{x + y}{2}\cos\frac{x + y}{2} \cdot 2\sin\frac{x - y}{2}\cos\frac{x - y}{2}$$
$$= \sin(x + y)\sin(x - y).$$

除了加 "sin" 符号, 是否可以添加其他符号, 式子也成立? 这等价于求解函数方程: $f^2(x) - f^2(y) = f(x + y)f(x - y)$.

显然 $f(0) = 0$.

对原方程两边关于 x 求导, 得 $2f(x)f'(x) = f'(x + y)f(x - y) + f(x + y)f'(x - y)$.

继续关于 y 求导, 得

$$0 = -f'(x + y)f'(x - y) + f''(x + y)f(x - y)$$
$$- f(x + y)f''(x - y) + f'(x + y)f'(x - y),$$

即 $0 = f''(x + y)f(x - y) - f(x + y)f''(x - y)$.

设 $x + y = u, x - y = v$, 假设存在点 v_0, 使得 $f(v_0) \neq 0$, 若 $c = \dfrac{f''(v_0)}{f(v_0)} \neq 0$, 只需求解 $f''(u) = cf(u)$ 即可. 这是一个典型的二阶常系数齐次线性微分方程. 求解得

$$f(u) = \begin{cases} A\sinh\sqrt{c}u, & c > 0 \\ Au, & c = 0, \\ A\sin\sqrt{-c}u, & c < 0 \end{cases}$$

其中 A 为任意常数, $\sinh x$ 是双曲正弦函数, 定义为 $\sinh x = \dfrac{e^x - e^{-x}}{2}$. 容易验证 $\sinh^2 x - \sinh^2 y = \sinh(x + y)\sinh(x - y)$.

证明

$$\sinh^2 x - \sinh^2 y = \left(\frac{e^x - e^{-x}}{2}\right)^2 - \left(\frac{e^y - e^{-y}}{2}\right)^2 = \left(\frac{e^{2x} + e^{-2x} - e^{2y} - e^{-2y}}{4}\right)$$

$$= \left(\frac{e^{x+y} - e^{-x-y}}{2}\right)\left(\frac{e^{x-y} - e^{-x+y}}{2}\right).$$

下面给出二阶常系数齐次线性微分方程的一般求解过程,供参考.

若 $y'' + py' + qy = 0$,设 $y = e^{rx}$,于是 $y' = re^{rx}$,$y'' = r^2 e^{rx}$,代回原方程得 $(r^2 + pr + q)e^{rx} = 0$.

当 $p^2 - 4q > 0$ 时,$r_{1,2} = \dfrac{-p \pm \sqrt{p^2 - 4q}}{2}$,则 $y = C_1 e^{r_1 x} + C_2 e^{r_2 x}$.

当 $p^2 - 4q = 0$ 时,$r_{1,2} = \dfrac{-p}{2}$,则 $y = (C_1 + C_2)e^{r_1 x}$.

当 $p^2 - 4q < 0$ 时,$r_{1,2} = \alpha \pm i\beta$,其中 $\alpha = -\dfrac{p}{2}$,$\beta = \dfrac{\sqrt{4q - p^2}}{2}$,则 $y = e^{\alpha x}(C_1 \cos \beta x + C_2 \sin \beta x)$.

正弦函数与双曲正弦函数还有很多的相似之处,譬如看到 $f(2x) = 2f(x)f'(x)$,容易联想到 $f(x) = \sin x$. 事实上 $f(x) = \sinh x$ 也是可以的.

证明

$$2\sinh x(\sinh x)' = 2\left(\frac{e^x - e^{-x}}{2}\right)\left(\frac{e^x - e^{-x}}{2}\right)' = 2\left(\frac{e^x - e^{-x}}{2}\right)\left(\frac{e^x + e^{-x}}{2}\right)$$

$$= \frac{e^{2x} - e^{-2x}}{2} = \sinh 2x.$$

更一般地,有 $\sinh(x + y) = \sinh x \cosh y + \cosh x \sinh y$,其中 $\cosh x = (\sinh x)' = \left(\frac{e^x - e^{-x}}{2}\right)' = \frac{e^x + e^{-x}}{2}$,称为双曲余弦函数.

证明

$$\sinh x \cosh y + \cosh x \sinh y = \left(\frac{e^x - e^{-x}}{2}\right)\left(\frac{e^y + e^{-y}}{2}\right) + \left(\frac{e^x + e^{-x}}{2}\right)\left(\frac{e^y - e^{-y}}{2}\right)$$

$$= \frac{e^{x+y} - e^{-(x+y)}}{2} = \sinh(x + y).$$

类似还有 $\sinh x + \sinh y = 2\sinh \dfrac{x+y}{2} \cosh \dfrac{x-y}{2}$.

证明 设 $x = \alpha + \beta, y = \alpha - \beta$,则根据

$$\sinh(\alpha + \beta) = \sinh \alpha \cosh \beta + \cosh \alpha \sinh \beta,$$

$$\sinh(\alpha - \beta) = \sinh \alpha \cosh \beta - \cosh \alpha \sinh \beta,$$

相加得 $\sinh(\alpha + \beta) + \sinh(\alpha - \beta) = 2\sinh \alpha \cosh \beta$,所以

$$\sinh x + \sinh y = 2\sinh \frac{x+y}{2}\cosh \frac{x-y}{2}.$$

类似 $\lim\limits_{x\to 0}\dfrac{\sin x}{x}=1$,也有 $\lim\limits_{x\to 0}\dfrac{\sinh x}{x}=1$.此式利用洛必达法则比较好理解,即

$$\lim_{x\to 0}\frac{\sinh x}{x} = \lim_{x\to 0}\frac{\left(\dfrac{e^x - e^{-x}}{2}\right)'}{x'} = \lim_{x\to 0}\frac{e^x + e^{-x}}{2} = 1.$$

双曲函数与三角函数有如此多相似之处,是偶然巧合,还是内有玄机?

很多资料这样定义正弦函数,如图 5.20 所示,单位圆中,设 $\angle AOB = t$,$\sin t = AB$.这是将角度制作为变量.如果换一个角度,将变量 t 用弧度制考虑呢? $S_{扇形BOC} = \dfrac{1}{2}r^2 t = \dfrac{1}{2}t$(取半径为1),则 $t = 2S_{扇形BOC}$.这样一来,原来看作是角度的自变量 t 可看作是扇形面积的2倍.

$\sin t = AB$,是建立在单位圆的基础上的.如果不是单位圆呢? 则应该是 $\sin t = \dfrac{AB}{OC}$.

类似地,如图 5.21 所示,在等轴双曲线 $x^2 - y^2 = 1$ 上取点 $B(x,y)$,定义 $\sinh t = \dfrac{AB}{OC}$ (取等轴双曲线是为和单位圆对应,此时 OC 为1,可化简).其中变量 t 也定义为是双曲扇形 COB 面积的2倍(注意不是角),则

$$t = 2S_{\triangle COB} = 2S_{\triangle AOB} - 2S_{曲\triangle ACB} = xy - 2\int_1^x \sqrt{x^2 - 1}\,\mathrm{d}x.$$

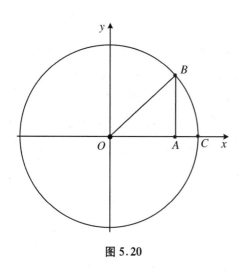

图 5.20

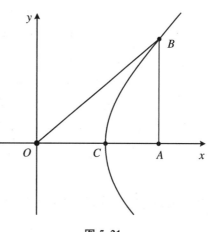

图 5.21

计算 $\int_1^x \sqrt{x^2 - 1}\,\mathrm{d}x$ 可利用分部积分法.令 $u = \sqrt{x^2 - 1}$,则 $\mathrm{d}u = \dfrac{x\,\mathrm{d}x}{\sqrt{x^2 - 1}}$,从而

$$\int_1^x \sqrt{x^2 - 1}\,\mathrm{d}x = x\sqrt{x^2 - 1}\,\Big|_1^x - \int_1^x \frac{x^2}{\sqrt{x^2 - 1}}\,\mathrm{d}x = xy - \int_1^x \frac{x^2 - 1 + 1}{\sqrt{x^2 - 1}}\,\mathrm{d}x$$

$$= xy - \int_1^x \sqrt{x^2 - 1}\,\mathrm{d}x - \int_1^x \frac{1}{\sqrt{x^2 - 1}}\,\mathrm{d}x,$$

于是

$$2\int_1^x \sqrt{x^2 - 1}\,\mathrm{d}x = xy - \int_1^x \frac{1}{\sqrt{x^2 - 1}}\,\mathrm{d}x = xy - \ln(x + \sqrt{x^2 - 1})\,\Big|_1^x = xy - \ln(x + y),$$

所以 $t = \ln(x + y)$，即 $\mathrm{e}^t = x + y$. 而 $\mathrm{e}^{-t} = \dfrac{1}{x + y} = \dfrac{x^2 - y^2}{x + y} = x - y$. 解得 $x = \dfrac{\mathrm{e}^t + \mathrm{e}^{-t}}{2}$，$y = \dfrac{\mathrm{e}^t - \mathrm{e}^{-t}}{2}$. 于是 $\sinh t = y = \dfrac{\mathrm{e}^t - \mathrm{e}^{-t}}{2}$，$\cosh t = x = \dfrac{\mathrm{e}^t + \mathrm{e}^{-t}}{2}$.

从上述推导来看，将三角正弦拓展到双曲正弦，只是将单位圆方程 $x^2 + y^2 = 1$ 改为 $x^2 - y^2 = 1$ 罢了. 上述推导还说明，为何初中的三角函数变量 t 用角度制，到了高中要用弧度制，这都是为了进一步拓展的方便.

另一方面，也可从欧拉公式 $\mathrm{e}^x = \cos x + \mathrm{i}\sin x$ 考虑，$\cos x = \dfrac{\mathrm{e}^{x\mathrm{i}} + \mathrm{e}^{-x\mathrm{i}}}{2}$，$\sin x = \dfrac{\mathrm{e}^{x\mathrm{i}} - \mathrm{e}^{-x\mathrm{i}}}{2\mathrm{i}}$，而

$$\cos(x\mathrm{i}) = \frac{\mathrm{e}^{-x} + \mathrm{e}^x}{2} = \cosh x, \qquad \frac{\sin(x\mathrm{i})}{\mathrm{i}} = \frac{\mathrm{e}^{-x} - \mathrm{e}^x}{2\mathrm{i}^2} = \frac{\mathrm{e}^x - \mathrm{e}^{-x}}{2} = \sinh x.$$

这说明双曲余弦在实轴上的数值，不过是三角余弦在虚轴上的数值，双曲正弦在实轴上的数值，就是三角正弦在虚轴上的数值再用 i 除. 由此两者之间的相互推导就更方便了.

顺便提及两个式子：① $|\sin(x + y\mathrm{i})| = |\sin x + \sin y\mathrm{i}|$.

证明

$$\begin{aligned}|\sin(x + y\mathrm{i})|^2 &= |\sin x\cos y\mathrm{i} + \cos x\sin y\mathrm{i}|^2 = |\sin x\cosh y + \mathrm{i}\cos x\sinh y|^2 \\ &= \sin^2 x\cosh^2 y + \cos^2 x\sinh^2 y = \sin^2 x(1 + \sinh^2 y) + (1 - \sin^2 x)\sinh^2 y \\ &= \sin^2 x + \sinh^2 y = |\sin x + \mathrm{i}\sinh y|^2 = |\sin x + \sin y\mathrm{i}|^2.\end{aligned}$$

② $|\sinh(x + y\mathrm{i})| = |\sinh x + \sinh y\mathrm{i}|$，是否成立？留与读者思考.

本小节从平方差公式谈起，联系高中的一个三角等式，进而引出双曲正弦. 内容不长，但涉及的知识点不少，用一个问题将许多知识点串起来很有意思，会让我们更深层次、多角度地思考数学问题，也为探究性教学、自主招生考试等提供了素材.

5.2.8 从代数恒等式到三角恒等式

从 $x^2 - y^2 = (x + y)(x - y)$ 到 $\sin^2 x - \sin^2 y = \sin(x + y)\sin(x - y)$ 看似荒谬，实则成立. 如果留心，你会发现更多的类似案例.

例 16 $\sin\alpha + \sin 2\alpha + \cdots + \sin n\alpha = \dfrac{\sin\dfrac{n+1}{2}\alpha\sin\dfrac{n}{2}\alpha}{\sin\dfrac{\alpha}{2}}$，去掉"sin"之后变成

$$\alpha + 2\alpha + \cdots + n\alpha = \frac{\dfrac{n+1}{2}\alpha \cdot \dfrac{n}{2}\alpha}{\dfrac{\alpha}{2}} = \frac{n(n+1)\alpha}{2},$$

也是成立的.

这样约去"sin"是不是很滑稽呢？这与"本来是 $\lim\limits_{n\to\infty}\dfrac{\sin x}{n} = 0$，但有学生写成 $\lim\limits_{n\to\infty}\dfrac{\sin x}{n} = \lim\limits_{n\to\infty}six = 6$"是不是一样搞笑的性质呢？其实不然，因为有很多案例都存在类似的现象，就必须引起我们的注意.虽然目前还未能从根本上解决此问题(猜测可能与上一节提出的三角恒等式以及三角复数运算有关)，但笔者很愿意与大家分享一些发现，希望能早日探明其中的奥秘.

例 17 对于正数 a,b,c，若 $\dfrac{a-b}{a+b} + \dfrac{b-c}{b+c} + \dfrac{c-a}{c+a} = 0$，求证：$a,b,c$ 中至少有两个数相等.

证明 $\dfrac{a-b}{a+b} + \dfrac{b-c}{b+c} + \dfrac{c-a}{c+a} = 0$ 等价于 $a^2b - a^2c - ab^2 + ac^2 + b^2c - bc^2 = 0$，即 $(a-b)(b-c)(c-a) = 0$，命题显然成立.

对于高中生而言，我们尝试将这个问题"穿上"三角函数的外衣.即：锐角 $\triangle ABC$ 中，若 $\dfrac{\sin(A-B)}{\sin(A+B)} + \dfrac{\sin(B-C)}{\sin(B+C)} + \dfrac{\sin(C-A)}{\sin(C+A)} = 0$，求证：$A,B,C$ 中至少有两个角相等.

事实上，$\dfrac{\sin(A-B)}{\sin(A+B)} = \dfrac{\sin A\cos B - \cos A\sin B}{\sin A\cos B + \cos A\sin B} = \dfrac{\tan A - \tan B}{\tan A + \tan B}$，这样令 $\tan A = a$，就将三角问题转化为原来的代数问题了.

例 18 由 $(a+b)(a-b) + (b+c)(b-c) + (c+a)(c-a) = 0$ 类比得

$\sin(A+B)\sin(A-B) + \sin(B+C)\sin(B-C) + \sin(C+A)\sin(C-A) = 0.$

证明

$$\sin(A+B)\sin(A-B) + \sin(B+C)\sin(B-C) + \sin(C+A)\sin(C-A)$$
$$= (\sin^2 A - \sin^2 B) + (\sin^2 B - \sin^2 C) + (\sin^2 C - \sin^2 A) = 0.$$

若以 $\dfrac{\pi}{4} + A, \dfrac{\pi}{4} + B, \dfrac{\pi}{4} + C$ 代换 A,B,C，则上式转化为

$\cos(A+B)\sin(A-B) + \cos(B+C)\sin(B-C) + \cos(C+A)\sin(C-A) = 0.$

由多项式恒等式得出正弦关系式，经过角度代换，可扩展到余弦、正切关系式.代换方式还可能是以 $\dfrac{\pi}{2} + A, \dfrac{\pi}{2} + B, \dfrac{\pi}{2} + C$ 代换 A,B,C 等.

例 19 由 $a(b-c) + b(c-a) + c(a-b) = 0$ 类比得

$\sin A\sin(B-C) + \sin B\sin(C-A) + \sin C\sin(A-B) = 0.$

证法 1

$$\sin A \sin(B - C) + \sin B \sin(C - A) + \sin C \sin(A - B)$$
$$= \sin A \sin B \cos C - \sin A \cos B \sin C + \sin B \sin C \cos A - \sin B \cos C \sin A$$
$$\quad + \sin C \sin A \cos B - \sin C \cos A \sin B$$
$$= 0.$$

证法 2

$$\sin A \sin(B - C) + \sin B \sin(C - A) + \sin C \sin(A - B) = \begin{vmatrix} \sin A & \sin B & \sin C \\ \sin A & \sin B & \sin C \\ \cos A & \cos B & \cos C \end{vmatrix} = 0.$$

联系结论:若 $x + y + z = 0$,则 $x^3 + y^3 + z^3 = 3xyz$(由 $x^3 + y^3 + z^3 - 3xyz = \dfrac{1}{2}(x + y + z) \cdot$

$\left[(x-y)^2 + (y-z)^2 + (z-x)^2\right]$ 或 $\begin{vmatrix} a & b & c \\ c & a & b \\ b & c & a \end{vmatrix} = \begin{vmatrix} a+b+c & a+b+c & a+b+c \\ c & a & b \\ b & c & a \end{vmatrix}$ 得到),

还可基于

$$\sin A \sin(B - C) + \sin B \sin(C - A) + \sin C \sin(A - B) = 0,$$

进一步得到

$$\left[\sin A(\sin B - \sin C)\right]^3 + \left[\sin B(\sin C - \sin A)\right]^3 + \left[\sin C(\sin A - \sin B)\right]^3$$
$$= 3\sin A \sin B \sin C(\sin A - \sin B)(\sin B - \sin C)(\sin C - \sin A).$$

这与基于 $a(b-c) + b(c-a) + c(a-b) = 0$ 得到 $\left[a(b-c)\right]^3 + \left[b(c-a)\right]^3 +$ $\left[c(a-b)\right]^3 = 3abc(a-b)(b-c)(c-a)$ 完全类似.

例20 $(a+x)(b-c) + (b+x)(c-a) + (c+x)(a-b) = 0$,类比得

$$\sin(A + \theta)\sin(B - C) + \sin(B + \theta)\sin(C - A) + \sin(C + \theta)\sin(A - B) = 0.$$

证明

$$\sin(A + \theta)\sin(B - C) + \sin(B + \theta)\sin(C - A) + \sin(C + \theta)\sin(A - B)$$
$$= (\sin A \cos \theta + \cos A \sin \theta)\sin(B - C) + (\sin B \cos \theta + \cos B \sin \theta)\sin(C - A)$$
$$\quad + (\sin C \cos \theta + \cos C \sin \theta)\sin(A - B)$$
$$= \cos \theta\left[\sin A \sin(B - C) + \sin B \sin(C - A) + \sin C \sin(A - B)\right]$$
$$\quad + \sin \theta\left[\cos A \sin(B - C) + \cos B \sin(C - A) + \cos C \sin(A - B)\right]$$
$$= \cos \theta \cdot 0 + \sin \theta \cdot 0 \quad (\text{此处用到例 19 的结论})$$
$$= 0.$$

此例有时以分数形式出现,即 $\dfrac{a + x}{(c - a)(a - b)} + \dfrac{b + x}{(a - b)(b - c)} + \dfrac{c + x}{(b - c)(c - a)} = 0,$

类比得 $\dfrac{\sin(A+\theta)}{\sin(C-A)\sin(A-B)}+\dfrac{\sin(B+\theta)}{\sin(A-B)\sin(B-C)}+\dfrac{\sin(C+\theta)}{\sin(C-A)\sin(B-C)}=0.$

例21 $\sum bc(b-c)=-\prod(b-c)$，类比得

$$\sum \sin B\sin C\sin(B-C)=-\prod\sin(B-C).$$

证明

$$\sum \sin B\sin C\sin(B-C)$$

$$=\frac{1}{2}\sum\left[\cos(B-C)-\cos(B+C)\right]\sin(B-C)$$

$$=\frac{1}{2}\sum\left[\sin(B-C)\cos(B-C)\right]\quad(\text{此处用到例18的结论})$$

$$=\frac{1}{4}\left[\sin 2(A-B)+\sin 2(B-C)+\sin 2(C-A)\right]$$

$$=\frac{1}{2}\sin(A-B)\left[\cos(A-B)-\cos(B+A-2C)\right]$$

$$=-\sin(A-B)\sin(B-C)\sin(C-A).$$

若以 $\dfrac{\pi}{2}+A,\dfrac{\pi}{2}+B,\dfrac{\pi}{2}+C$ 代换 A,B,C，则上式转化为

$$\sum \cos B\cos C\sin(B-C)=-\prod\sin(B-C).$$

例22 $\sum(b-c)(x-b)(x-c)=-\prod(b-c)$，类比得

$$\sum \sin(B-C)\sin(\theta-B)\sin(\theta-C)=-\prod\sin(B-C).$$

证明

$$\sum \sin(B-C)\sin(\theta-B)\sin(\theta-C)$$

$$=\frac{1}{2}\sin(B-C)\sum\left[\cos(B-C)-\cos(2\theta-B-C)\right]$$

$$=\frac{1}{4}\sum\left[\sin 2(B-C)+\sin 2(\theta-B)-\sin 2(\theta-C)\right]$$

$$=\frac{1}{4}\sum\sin 2(B-C)$$

$$=\frac{1}{2}\sin(A-B)\left[\cos(A-B)-\cos(B+A-2C)\right]$$

$$=-\sin(A-B)\sin(B-C)\sin(C-A).$$

此例有时以分数形式出现，即由 $\sum\dfrac{(x-b)(x-c)}{(a-b)(a-c)}=1$，类比得

$$\sum\frac{\sin(\theta-B)\sin(\theta-C)}{\sin(A-B)\sin(A-C)}=1.$$

例23 $\sum a(b-c)(b+c-a) = 2\prod(b-c)$，类比得

$$\sum \sin A\sin(B-C)\sin(B+C-A) = 2\prod \sin(B-C).$$

证明

$\sum \sin A\sin(B-C)\sin(B+C-A)$

$= \dfrac{1}{2}\sum \sin(B-C)\big[\cos(B+C-2A)-\cos(B+C)\big]$

$= \dfrac{1}{2}\sum \sin(B-C)\cos\big[(B-A)-(A-C)\big] - \dfrac{1}{2}\sum \sin(B-C)\cos(B+C)$

$= \dfrac{1}{2}\sum \sin(B-C)\cos\big[(B-A)-(A-C)\big]$ （此处用到例 18 的结论）

$= \dfrac{1}{2}\sum \sin(B-C)\big[\cos(B-A)\cos(A-C)+\sin(B-A)\sin(A-C)\big]$

$= 2\prod \sin(B-C).$

以上都是尝试成功的案例，失败的例子更多．

譬如三角恒等式 $\sin x + \sin y + \sin z - \sin(x+y+z) = 4\sin\dfrac{x+y}{2}\sin\dfrac{y+z}{2}\sin\dfrac{z+x}{2}$，约

去"sin"后得到 $x+y+z-(x+y+z) = 4\dfrac{x+y}{2}\dfrac{y+z}{2}\dfrac{z+x}{2}$ 就很荒唐．

譬如恒等式

$$\dfrac{(d-a)(d-b)}{(c-a)(c-b)}(d-c) + \dfrac{(d-b)(d-c)}{(a-b)(a-c)}(d-a) + \dfrac{(d-c)(d-a)}{(b-c)(b-a)}(d-b) = 0$$

（将其看作是关于变量 d 的三次多项式，容易验证 $d=a,b,c,0$ 时，等式成立，从而该等式
为恒等式），但类比得到的

$$\dfrac{\sin(D-A)\sin(D-B)}{\sin(C-A)\sin(C-B)}\sin(D-C) + \dfrac{\sin(D-B)\sin(D-C)}{\sin(A-B)\sin(A-C)}\sin(D-A)$$

$$+ \dfrac{\sin(D-C)\sin(D-A)}{\sin(B-C)\sin(B-A)}\sin(D-B) = 0$$

却不成立．添加系数 2 之后，却又是成立的．

例24 $\dfrac{\sin(D-A)\sin(D-B)}{\sin(C-A)\sin(C-B)}\sin 2(D-C) + \dfrac{\sin(D-B)\sin(D-C)}{\sin(A-B)\sin(A-C)}\sin 2(D-A) +$

$\dfrac{\sin(D-C)\sin(D-A)}{\sin(B-C)\sin(B-A)}\sin 2(D-B) = 0.$

证明 设 $d=\cos 2D + \mathrm{i}\sin 2D, a=\cos 2A + \mathrm{i}\sin 2A, b=\cos 2B + \mathrm{i}\sin 2B, c=\cos 2C$
$+ \mathrm{i}\sin 2C$，则

$d-a = \cos 2D + \mathrm{i}\sin 2D - \cos 2A - \mathrm{i}\sin 2A$

$= \cos 2D - \cos 2A + \mathrm{i}(\sin 2D - \sin 2A)$

$= -2\sin(D-A)\big[\sin(D+A) - \mathrm{i}\cos(D+A)\big]$

$= 2\mathrm{i}\sin(D-A)\big[\cos(D+A) + \mathrm{i}\sin(D+A)\big],$

同理

$$c - a = 2\mathrm{i}\sin(C - A)\big[\cos(C + A) + \mathrm{i}\sin(C + A)\big],$$

则

$$\frac{d - a}{c - a} = \frac{\sin(D - A)}{\sin(C - A)}\big[\cos(D - C) + \mathrm{i}\sin(D - C)\big].$$

同理

$$\frac{d - b}{c - b} = \frac{\sin(D - B)}{\sin(C - B)}\big[\cos(D - C) + \mathrm{i}\sin(D - C)\big],$$

于是

$$\frac{d - a}{c - a}\frac{d - b}{c - b} = \frac{\sin(D - A)}{\sin(C - A)}\frac{\sin(D - B)}{\sin(C - B)}\big[\cos 2(D - C) + \mathrm{i}\sin 2(D - C)\big].$$

同理

$$\frac{d - b}{a - b}\frac{d - c}{a - c} = \frac{\sin(D - B)}{\sin(A - B)}\frac{\sin(D - C)}{\sin(A - C)}\big[\cos 2(D - A) + \mathrm{i}\sin 2(D - A)\big],$$

$$\frac{d - c}{b - c}\frac{d - a}{b - a} = \frac{\sin(D - C)}{\sin(B - C)}\frac{\sin(D - A)}{\sin(B - A)}\big[\cos 2(D - B) + \mathrm{i}\sin 2(D - B)\big].$$

将 $\dfrac{d - a}{c - a}\dfrac{d - b}{c - b} + \dfrac{d - b}{a - b}\dfrac{d - c}{a - c} + \dfrac{d - c}{b - c}\dfrac{d - a}{b - a}$ 看作是关于变量 d 的三次多项式,容易验证 $d = a, b, c, 0$ 时,都等于 1,从而该式恒等于 1.三式相加,对比左右两边的实部和虚部,除了得到所需要求证的命题之外,还顺便得到

$$\frac{\sin(D - A)\sin(D - B)}{\sin(C - A)\sin(C - B)}\cos 2(D - C) + \frac{\sin(D - B)\sin(D - C)}{\sin(A - B)\sin(A - C)}\cos 2(D - A)$$

$$+ \frac{\sin(D - C)\sin(D - A)}{\sin(B - C)\sin(B - A)}\cos 2(D - B)$$

$$= 1.$$

由于我们对代数式的研究远比三角函数深入,所以在求证问题或探索过程中,就要紧紧把握住代数式这一根据地.先探究代数式,再类比到三角函数式.在探索三角函数结论的过程中,也可以通过复数运算等手段,回归到代数运算中来.本小节希望提供一种思路,建立从代数式到三角式的桥梁,也为高中教学合情推理提供了丰富的素材.

最后回答一个疑问:代数等式千千万万,一个个去类比,三角运算又比较麻烦,如何才能快速得到正确的结论呢?这就需要利用计算机来帮忙.将三角等式输入计算机,取若干特殊值时,看等式是否成立,若成立,才想办法求证.若不成立,则可尽早放弃.

5.2.9 例证法:从代数式到三角式

$\dfrac{(x - b)(x - c)}{(a - b)(a - c)} + \dfrac{(x - c)(x - a)}{(b - c)(b - a)} + \dfrac{(x - a)(x - b)}{(c - a)(c - b)} = 1$ 是例证法的经典案例,等式左

边如果展开成多项式,最高次数不超过 2;但如果分别将 $x = a, x = b, x = c$ 代入,则会发现一个不超过二次的方程竟然有 3 个解,唯一的解释就是等式只能为恒等式了. 进一步可隐藏掉恒等式的踪迹.

例 25 求证:$\dfrac{bc}{(a-b)(a-c)} + \dfrac{ca}{(b-c)(b-a)} + \dfrac{ab}{(c-a)(c-b)} = 1$.

经过尝试发现,如果将上述式子加上正弦符号,同样也是恒等式:

$$\frac{\sin(x-b)\sin(x-c)}{\sin(a-b)\sin(a-c)} + \frac{\sin(x-c)\sin(x-a)}{\sin(b-c)\sin(b-a)} + \frac{\sin(x-a)\sin(x-b)}{\sin(c-a)\sin(c-b)} = 1.$$

即要证

$$\sin(b-c)\sin(x-b)\sin(x-c) + \sin(c-a)\sin(x-c)\sin(x-a)$$
$$+ \sin(a-b)\sin(x-a)\sin(x-b)$$
$$= -\sin(a-b)\sin(b-c)\sin(c-a).$$

证法 1 利用下面的结论:若 $2\alpha + 2\beta + 2\gamma = 0$,于是 $\sin 2\alpha + \sin 2\beta + \sin 2\gamma = -4\sin\alpha\sin\beta\sin\gamma$(此结论的证明参看第 2 章最后一题).

$$4\sin(b-c)\sin(x-b)\sin(x-c) + 4\sin(c-a)\sin(x-c)\sin(x-a)$$
$$+ 4\sin(a-b)\sin(x-a)\sin(x-b)$$
$$= -4\sin(b-c)\sin(x-b)\sin(c-x) - 4\sin(c-a)\sin(x-c)\sin(a-x)$$
$$- 4\sin(a-b)\sin(x-a)\sin(b-x)$$
$$= \sin 2(b-c) + \sin 2(x-b) + \sin 2(c-x)$$
$$+ \sin 2(c-a) + \sin 2(x-c) + \sin 2(a-x)$$
$$+ \sin 2(a-b) + \sin 2(x-a) + \sin 2(b-x)$$
$$= \sin 2(b-c) + \sin 2(c-a) + \sin 2(a-b)$$
$$= -4\sin(a-b)\sin(b-c)\sin(c-a).$$

证法 2

$$4\sin(b-c)\sin(x-b)\sin(x-c) + 4\sin(c-a)\sin(x-c)\sin(x-a)$$
$$+ 4\sin(a-b)\sin(x-a)\sin(x-b)$$
$$= 2\sin(b-c)\big[\cos(b-c) - \sin(2x-b-c)\big]$$
$$+ 2\sin(c-a)\big[\cos(c-a) - \sin(2x-c-a)\big]$$
$$+ 2\sin(a-b)\big[\cos(a-b) - \sin(2x-a-b)\big]$$
$$= \sin 2(b-c) - \big[\sin 2(b-x) - \sin 2(x-c)\big]$$
$$+ \sin 2(c-a) - \big[\sin 2(c-x) - \sin 2(x-a)\big]$$
$$+ \sin 2(a-b) - \big[\sin 2(a-x) - \sin 2(x-b)\big]$$
$$= \sin 2(b-c) + \sin 2(c-a) + \sin 2(a-b)$$
$$= 2\sin(b-a)\cos(b-2c+a) + 2\sin(a-b)\cos(a-b)$$

$$= 2\sin(a - b)\left[\cos(a - b) - \cos(b - 2c + a)\right]$$

$$= -4\sin(a - b)\sin(b - c)\sin(c - a).$$

例 26 设 a, b, c 是两两不相等的实数，A 为二行二列的矩阵，E 为二行二列的单位矩阵，证明：$\dfrac{(A - bE)(A - cE)}{(a - b)(a - c)} + \dfrac{(A - cE)(A - aE)}{(b - c)(b - a)} + \dfrac{(A - aE)(A - bE)}{(c - a)(c - b)} = E.$

证明 因为

$$(A - bE)(A - cE) = A^2 - (b + c)A + bcE,$$

$$(A - cE)(A - aE) = A^2 - (c + a)A + caE,$$

$$(A - aE)(A - bE) = A^2 - (a + b)A + abE,$$

所以所求式子的左边可表示为 $lA^2 + mA + nE$ 的形式，其中

$$l = \frac{1}{(a - b)(a - c)} + \frac{1}{(b - c)(b - a)} + \frac{1}{(c - a)(c - b)}$$

$$= \frac{-(b - c) - (a - b) - (c - a)}{(a - b)(b - c)(c - a)} = 0,$$

$$m = -\frac{b + c}{(a - b)(a - c)} - \frac{c + a}{(b - c)(b - a)} - \frac{a + b}{(c - a)(c - b)}$$

$$= \frac{(b^2 - c^2) + (a^2 - b^2) + (c^2 - a^2)}{(a - b)(b - c)(c - a)} = 0,$$

$$n = \frac{bc}{(a - b)(a - c)} + \frac{ca}{(b - c)(b - a)} + \frac{ab}{(c - a)(c - b)}$$

$$= -\frac{bc(b - c) + ab(a - b) + ca(c - a)}{(a - b)(b - c)(c - a)}$$

$$= \frac{(a - b)(b - c)(c - a)}{(a - b)(b - c)(c - a)} = 1.$$

命题得证.

例 27 已知：$\dfrac{x_1}{a_1 + a_1} + \dfrac{x_2}{a_2 + a_1} + \cdots + \dfrac{x_n}{a_n + a_1} = 1$，$\dfrac{x_1}{a_1 + a_2} + \dfrac{x_2}{a_2 + a_2} + \cdots + \dfrac{x_n}{a_n + a_2}$

$= 1, \cdots, \dfrac{x_1}{a_1 + a_n} + \dfrac{x_2}{a_2 + a_n} + \cdots + \dfrac{x_n}{a_n + a_n} = 1$，求证：$\dfrac{x_1}{a_1} + \dfrac{x_2}{a_2} + \cdots + \dfrac{x_n}{a_n} = 1 + (-1)^{n-1}.$

证明 考虑 $\dfrac{x_1}{a_1 + x} + \dfrac{x_2}{a_2 + x} + \cdots + \dfrac{x_n}{a_n + x} = 1 - \dfrac{(x - a_1)(x - a_2) \cdots (x - a_n)}{(a_1 + x)(a_2 + x) \cdots (a_n + x)}$，由题意可

得当 $x = a_1, a_2, \cdots, a_n$ 时，等式都成立，等式两边同乘以 $(a_1 + x)(a_2 + x) \cdots (a_n + x)$，等式

两边都是不高于 $n - 1$ 次的多项式，而又有 n 个解，所以该式子为恒等式. 当 $x = 0$ 时，$\dfrac{x_1}{a_1} +$

$\dfrac{x_2}{a_2} + \cdots + \dfrac{x_n}{a_n} = 1 + (-1)^{n-1}.$

例28 化简

$$\frac{(a-x)(a-y)(a-z)}{a(a-b)(a-c)(a-d)} + \frac{(b-x)(b-y)(b-z)}{b(b-a)(b-c)(b-d)} + \frac{(c-x)(c-y)(c-z)}{c(c-a)(c-b)(c-d)}$$

$$+ \frac{(d-x)(d-y)(d-z)}{d(d-a)(d-b)(d-c)}.$$

解 考虑

$$\frac{(t-x)(t-y)(t-z)}{(t-a)(t-b)(t-c)(t-d)}$$

$$= \frac{(a-x)(a-y)(a-z)}{(t-a)(a-b)(a-c)(a-d)} + \frac{(b-x)(b-y)(b-z)}{(t-b)(b-a)(b-c)(b-d)}$$

$$+ \frac{(c-x)(c-y)(c-z)}{(t-c)(c-a)(c-b)(c-d)} + \frac{(d-x)(d-y)(d-z)}{(t-d)(d-a)(d-b)(d-c)},$$

等式两边同乘以 $(t-a)(t-b)(t-c)(t-d)$,相消之后,等式两边都是关于 t 的不超过三次的多项式,显然当 $t=a,b,c$ 时,等式两边都相等,说明该式为恒等式.当 $t=0$ 时,所求式子等于 $\dfrac{xyz}{abcd}$.

例29 求证:

$$\frac{a^2(b-c)}{b+c-a} + \frac{b^2(c-a)}{c+a-b} + \frac{c^2(a-b)}{a+b-c} + \frac{(a+b+c)^2(b-c)(c-a)(a-b)}{(b+c-a)(c+a-b)(a+b-c)} = 0.$$

证明 考虑

$$x^2 = \frac{a^2(x-b)(x-c)}{(a-b)(a-c)} + \frac{b^2(x-a)(x-c)}{(b-a)(b-c)} + \frac{c^2(x-a)(x-b)}{(c-a)(c-b)},$$

这是因为等式左边和右边都是不高于二次的多项式,但显然当 $x=a,x=b,x=c$ 时等式都成立,所以该式为恒等式.又可写作

$$x^2 = \frac{a^2(x-a)(x-b)(x-c)}{(x-a)(a-b)(a-c)} + \frac{b^2(x-a)(x-b)(x-c)}{(x-b)(b-a)(b-c)}$$

$$+ \frac{c^2(x-a)(x-b)(x-c)}{(x-c)(c-a)(c-b)},$$

即

$$\frac{x^2}{(x-a)(x-b)(x-c)}$$

$$= \frac{a^2}{(x-a)(a-b)(a-c)} + \frac{b^2}{(x-b)(b-a)(b-c)}$$

$$+ \frac{c^2}{(x-c)(c-a)(c-b)},$$

当 $x = \dfrac{a+b+c}{2}$ 时,

$$\frac{(a+b+c)^2}{(b+c-a)(c+a-b)(a+b-c)}$$

$$=\frac{a^2}{(b+c-a)(a-b)(a-c)}+\frac{b^2}{(c+a-b)(b-a)(b-c)}$$

$$+\frac{c^2}{(a+b-c)(c-a)(c-b)},$$

即 $\dfrac{a^2(b-c)}{b+c-a}+\dfrac{b^2(c-a)}{c+a-b}+\dfrac{c^2(a-b)}{a+b-c}+\dfrac{(a+b+c)^2(b-c)(c-a)(a-b)}{(b+c-a)(c+a-b)(a+b-c)}=0.$

以上案例,例证法用于代数,能不能用于三角函数呢?

例30 已知函数 $f(x)=A\sin x+B\cos x$,如果 $f(x_1)=f(x_2)=0$,其中 A 和 B 为常数,$x_1-x_2\neq k\pi(k\in \mathbf{Z})$,求证:$f(x)=0$.

证法1 假设 A 和 B 不全为 0,则

$$f(x)=A\sin x+B\cos x=\sqrt{A^2+B^2}\left(\frac{A}{\sqrt{A^2+B^2}}\sin x+\frac{B}{\sqrt{A^2+B^2}}\cos x\right)$$

$$=\sqrt{A^2+B^2}\sin(x+\varphi),$$

如果 $f(x_1)=f(x_2)=0$,则 $x_1+\varphi=m\pi,x_2+\varphi=n\pi,x_1-x_2=(x_1+\varphi)-(x_2+\varphi)=(m-n)\pi$,与 $x_1-x_2\neq k\pi$ 矛盾,所以 $A=B=0,f(x)=0$.

证法2 将 $\begin{cases}A\sin x_1+B\cos x_1=0\\A\sin x_2+B\cos x_2=0\end{cases}$ 看成是关于 A 和 B 的齐次线性方程组,因为 $x_1-x_2\neq k\pi$,所以 $\begin{vmatrix}\sin x_1 & \cos x_1\\\sin x_2 & \cos x_2\end{vmatrix}=\sin(x_1-x_2)\neq 0$,方程组只有零解,所以 $A=B=0,f(x)=0$.

这一例题所展示的性质非常重要,下面则是该性质的应用.

例31 计算 $\sin(x+60°)+2\sin(x-60°)-\sqrt{3}\cos(120°-x)$.

解 显然所求式子展开之后是关于 $\sin x$ 和 $\cos x$ 的一次齐次式,当 $x=0°$ 时,$\sin 60°+2\sin(-60°)-\sqrt{3}\cos 120°=0$. 当 $x=90°$ 时,$\sin 150°+2\sin 30°-\sqrt{3}\cos 30°=0$.

我们验证了当 x 取两个特殊值时,表达式结果都为 0,是否就此可以断定,x 取任意数值时,表达式结果都为 0 呢? 在我们的习惯思维中,好像是不行的. 因为从特殊推广到一般,这需要完整证明,而不是个别化的验证. 但由例 30 的证明,我们发现这样是可以的,是有理论保证的.

例32 计算 $\cos 41°+\cos 79°+\cos 161°$.

解 设 $f(x)=\cos x+\cos(x+120°)+\cos(x+240°)$,这是关于 $\sin x$ 和 $\cos x$ 的一次齐次式,而 $f(0)=f(90°)=0$,所以 $f(x)=0$,当 $x=41°$ 时,$\cos 41°+\cos 79°+\cos 161°=0$.

从几何意义上看,$(\cos x, \sin x)$,$(\cos(x + 120°), \sin(x + 120°))$,$(\cos(x + 240°)$,$\sin(x + 240°))$这三点均匀分布在单位圆上,构成等边三角形.其重心就是原点.

例33 求证:$\sin(A + B + C) + 4\sin A\sin B\sin C = \sin(-A + B + C) + \sin(A - B + C) + \sin(A + B - C)$.

证明 设 $f(A) = \sin(A + B + C) + 4\sin A\sin B\sin C - \sin(-A + B + C) - \sin(A - B + C) - \sin(A + B - C)$,则 $f(A)$ 是关于 $\sin A$ 和 $\cos A$ 的一次齐次式,而

$$f(0) = \sin(B + C) + 0 - \sin(B + C) - \sin(-B + C) - \sin(B - C) = 0,$$

$$f\left(\frac{\pi}{2}\right) = \cos(B + C) + 4\sin B\sin C + \cos(B + C) - \cos(B - C) - \cos(B - C) = 0,$$

所以 $f(A) = 0$,原式成立.

例34 求证:$\cos(A + B + C) + \cos(-A + B + C) + \cos(A - B + C) + \cos(A + B - C) = 4\cos A\cos B\cos C$.

证法 1 设 $f(A) = \cos(A + B + C) + \cos(-A + B + C) + \cos(A - B + C) + \cos(A + B - C) - 4\cos A\cos B\cos C$,则 $f(A)$ 是关于 $\sin A$ 和 $\cos A$ 的一次齐次式,而

$$f(0) = \cos(B + C) + \cos(B + C) + \cos(-B + C) + \cos(B - C) - 4\cos B\cos C = 0,$$

$$f\left(\frac{\pi}{2}\right) = \sin(B + C) - \sin(B + C) - \sin(B - C) + \sin(B - C) = 0,$$

所以 $f(A) = 0$,原式成立.

证法 2

$$\cos(A + B + C) + \cos(-A + B + C) + \cos(A - B + C) + \cos(A + B - C)$$
$$= 2\cos(B + C)\cos A + 2\cos A\cos(B - C)$$
$$= 2\cos A[\cos(B + C) + \cos(B - C)] = 4\cos A\cos B\cos C.$$

例35 若 $\alpha_1\sin\alpha_1 + \alpha_2\sin\alpha_2 + \cdots + \alpha_n\sin\alpha_n = 0$,$\alpha_1\cos\alpha_1 + \alpha_2\cos\alpha_2 + \cdots + \alpha_n\cos\alpha_n = 0$,求证:对于任意实数 x,有 $\alpha_1\cos(\alpha_1 + x) + \alpha_2\cos(\alpha_2 + x) + \cdots + \alpha_n\cos(\alpha_n + x) = 0$.

证法 1

$$\alpha_1\cos(\alpha_1 + x) + \alpha_2\cos(\alpha_2 + x) + \cdots + \alpha_n\cos(\alpha_n + x)$$
$$= \alpha_1(\cos\alpha_1\cos x - \sin\alpha_1\sin x) + \alpha_2(\cos\alpha_2\cos x - \sin\alpha_2\sin x) + \cdots$$
$$+ \alpha_n(\cos\alpha_n\cos x - \sin\alpha_n\sin x)$$
$$= \cos x(\alpha_1\cos\alpha_1 + \alpha_2\cos\alpha_2 + \cdots + \alpha_n\cos\alpha_n)$$
$$- \sin x(\alpha_1\sin\alpha_1 + \alpha_2\sin\alpha_2 + \cdots + \alpha_n\sin\alpha_n)$$
$$= 0.$$

证法 2 设 $f(x) = \alpha_1\cos(\alpha_1 + x) + \alpha_2\cos(\alpha_2 + x) + \cdots + \alpha_n\cos(\alpha_n + x)$,则 $f(x)$ 是关

于 $\sin x$ 和 $\cos x$ 的一次齐次式,而

$$f(0) = \alpha_1 \cos \alpha_1 + \alpha_2 \cos \alpha_2 + \cdots + \alpha_n \cos \alpha_n = 0,$$

$$f\left(\frac{\pi}{2}\right) = \alpha_1 \sin \alpha_1 + \alpha_2 \sin \alpha_2 + \cdots + \alpha_n \sin \alpha_n = 0,$$

所以 $f(x) = 0$.

5.2.10 勾股定理的三维推广

平面几何里有勾股定理:"设 $\triangle ABC$ 的两边 AB, AC 互相垂直,则 $AB^2 + AC^2 = BC^2$." 拓展到空间,类比平面几何的勾股定理,研究三棱锥的面面积与底面面积间的关系,可以得出的正确结论是:"设三棱锥 $A\text{-}BCD$ 的三个侧面 ABC, ACD, ADB 两两相互垂直,则 $S^2_{\triangle BCD} = S^2_{\triangle ABC} + S^2_{\triangle ACD} + S^2_{\triangle ABD}$."

此结论非常经典,作为 2003 年高考题出现之后,流传更广.原题是考察合情推理,类比推广,并不要求证明.下面介绍几种证明方法.前 4 种证法是初等数学里比较常见的证法,证法 5 和证法 6 用到向量积,有回路法的形式,也有坐标法的形式.证法 7 用到海伦公式,你会发现三维勾股定理和海伦公式两者等价.

证法 1 设面 ABC 和面 DBC 的二面角为 α,点 A 在面 BCD 上的射影为点 O(图 5.22),则 $S_{\triangle OBC} = S_{\triangle ABC} \cos \alpha = S_{\triangle ABC} \dfrac{S_{\triangle ABC}}{S_{\triangle BCD}}$,类似可证其他.所以

$$S_{\triangle BCD} = S_{\triangle OBC} + S_{\triangle OCD} + S_{\triangle ODC} = \frac{S^2_{\triangle ABC}}{S_{\triangle BCD}} + \frac{S^2_{\triangle ACD}}{S_{\triangle BCD}} + \frac{S^2_{\triangle ABD}}{S_{\triangle BCD}},$$

即 $S^2_{\triangle BCD} = S^2_{\triangle ABC} + S^2_{\triangle ACD} + S^2_{\triangle ABD}$.

证法 2 如图 5.23 所示,由面积关系可得 $AF \cdot DE = AD \cdot AE$,则

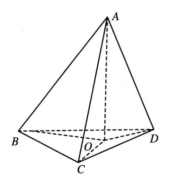

图 5.22

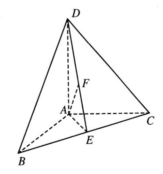

图 5.23

$$AF = \frac{AD \cdot AE}{DE} = \frac{AD \cdot \dfrac{AB \cdot AC}{\sqrt{AB^2 + AC^2}}}{\sqrt{AD^2 + \left(\dfrac{AB \cdot AC}{\sqrt{AB^2 + AC^2}}\right)^2}} = \frac{AD \cdot AB \cdot AC}{\sqrt{AD^2 AB^2 + AD^2 AC^2 + AB^2 AC^2}},$$

$$S_{\triangle BCD}^2 = \frac{9 V_{A\text{-}BCD}^2}{AF^2} = 9 V_{A\text{-}BCD}^2 \left[\frac{AD^2 \, AB^2 + AD^2 \, AC^2 + AB^2 \, AC^2}{(AD \cdot AB \cdot AC)^2} \right]$$

$$= 9 V_{A\text{-}BCD}^2 \left(\frac{1}{AD^2} + \frac{1}{AB^2} + \frac{1}{AC^2} \right) = S_{\triangle ABC}^2 + S_{\triangle ACD}^2 + S_{\triangle ABD}^2 .$$

如果使用点到平面的距离公式,还可以更快. 平面 BCD 的方程是 $\dfrac{x}{AB} + \dfrac{y}{AC} + \dfrac{z}{AD} = 1$,则

$$AF = \frac{1}{\sqrt{\left(\dfrac{1}{AB} \right)^2 + \left(\dfrac{1}{AC} \right)^2 + \left(\dfrac{1}{AD} \right)^2}},$$

$$S_{\triangle BCD}^2 = \frac{9 V_{A\text{-}BCD}^2}{AF^2} = 9 V_{A\text{-}BCD}^2 \left(\frac{1}{AD^2} + \frac{1}{AB^2} + \frac{1}{AC^2} \right) = S_{\triangle ABC}^2 + S_{\triangle ACD}^2 + S_{\triangle ABD}^2 .$$

证法 3

$$\cos^2 \angle BCD = \frac{(BC^2 + CD^2 - BD^2)^2}{(2BC \cdot CD)^2} = \frac{AC^4}{(AB^2 + AC^2)(AD^2 + AC^2)},$$

$$S_{\triangle BCD}^2 = \frac{1}{4}(BC \cdot CD)^2 (1 - \cos^2 \angle BCD)$$

$$= \frac{1}{4}(AB^2 + AC^2)(AD^2 + AC^2) \left[\frac{(AB^2 + AC^2)(AD^2 + AC^2) - AC^4}{(AB^2 + AC^2)(AD^2 + AC^2)} \right]$$

$$= \frac{1}{4}(AB^2 \, AD^2 + AB^2 \, AC^2 + AC^2 \, AD^2).$$

证法 4 作 $AE \perp BC$,根据三垂线定理,易证 $AD \perp$ 面 ABC,$AD \perp BC$,$BC \perp$ 面 AED,$BC \perp ED$,故

$$S_{\triangle ABC}^2 + S_{\triangle ACD}^2 + S_{\triangle ABD}^2$$

$$= \left(\frac{BC \cdot AE}{2} \right)^2 + \left(\frac{AC \cdot AD}{2} \right)^2 + \left(\frac{AB \cdot AD}{2} \right)^2$$

$$= \left(\frac{BC \cdot AE}{2} \right)^2 + \frac{BC^2 \cdot AD^2}{4} = \frac{BC^2 \cdot ED^2}{4} = S_{\triangle BCD}^2 .$$

证法 5 设 $A(0,0,0)$,$B(x,0,0)$,$C(0,y,0)$,$D(0,0,z)$,则

$$S_{\triangle ABC}^2 + S_{\triangle ACD}^2 + S_{\triangle ABD}^2 = \left(\frac{xy}{2} \right)^2 + \left(\frac{yz}{2} \right)^2 + \left(\frac{zx}{2} \right)^2,$$

$$\overrightarrow{CD} = (0, -y, z), \quad \overrightarrow{CB} = (x, -y, 0),$$

$$S_{\triangle BCD}^2 = \left(\frac{1}{2} \overrightarrow{CD} \times \overrightarrow{CB} \right)^2 = \left(\frac{1}{2} yz \right)^2 + \left(\frac{1}{2} zx \right)^2 + \left(\frac{1}{2} xy \right)^2$$

$$= S_{\triangle ABC}^2 + S_{\triangle ACD}^2 + S_{\triangle ABD}^2 .$$

证法 6

$$(\overrightarrow{CD} \times \overrightarrow{CB})^2 = [(\overrightarrow{CA} + \overrightarrow{AD}) \times (\overrightarrow{CA} + \overrightarrow{AB})]^2 = (\overrightarrow{CA} \times \overrightarrow{AB} + \overrightarrow{AD} \times \overrightarrow{CA} + \overrightarrow{AD} \times \overrightarrow{AB})^2$$

$$= (\overrightarrow{CA} \times \overrightarrow{AB})^2 + (\overrightarrow{AD} \times \overrightarrow{CA})^2 + (\overrightarrow{AD} \times \overrightarrow{AB})^2$$

$$+ 2 \overrightarrow{CA} \times (\overrightarrow{AB} + \overrightarrow{AD}) + 2 \overrightarrow{AD} \times (\overrightarrow{CA} + \overrightarrow{AB}) + 2 \overrightarrow{AB} \times (\overrightarrow{CA} + \overrightarrow{AD}),$$

所以 $S^2_{\triangle BCD} = S^2_{\triangle ABC} + S^2_{\triangle ACD} + S^2_{\triangle ABD}$.

证法 7　设 $A(0,0,0), B(x,0,0), C(0,y,0), D(0,0,z), a^2 = y^2 + z^2, b^2 = z^2 + x^2,$

$c^2 = x^2 + y^2, S_1 = \dfrac{1}{2} yz, S_2 = \dfrac{1}{2} zx, S_3 = \dfrac{1}{2} xy,$ 则

$$x^2 = \frac{-a^2 + b^2 + c^2}{2}, \quad y^2 = \frac{a^2 - b^2 + c^2}{2}, \quad z^2 = \frac{a^2 + b^2 - c^2}{2},$$

故

$$S^2_1 + S^2_2 + S^2_3 = \frac{1}{4}(x^2 y^2 + y^2 z^2 + z^2 x^2)$$

$$= \frac{1}{16}(-a^4 - b^4 - c^4 + 2a^2 b^2 + 2b^2 c^2 + 2c^2 a^2)$$

$$= \frac{1}{16}(a + b + c)(-a + b + c)(a - b + c)(a + b - c) = S^2.$$

从以上推导可知,若已知海伦公式,则可推出三维勾股定理;若已知三维勾股定理,则可推出海伦公式.两者是等价的.

5.2.11　一道多情形几何题的多种证明[①]

四边形 $ABCD$ 平面上有点 E,点 E 的位置有三种情形(图 5.24～图 5.26),分别有

$$-S_{\triangle EAB} \cdot S_{\triangle ECD} + S_{\triangle EBC} \cdot S_{\triangle EAD} = S_{\triangle ECA} \cdot S_{\triangle EDB},$$

$$S_{\triangle EAB} \cdot S_{\triangle ECD} - S_{\triangle EBC} \cdot S_{\triangle EAD} = S_{\triangle ECA} \cdot S_{\triangle EDB},$$

$$S_{\triangle EAB} \cdot S_{\triangle ECD} + S_{\triangle EBC} \cdot S_{\triangle EAD} = S_{\triangle ECA} \cdot S_{\triangle EDB}.$$

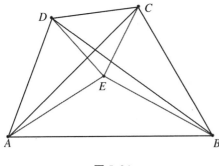

图 5.24

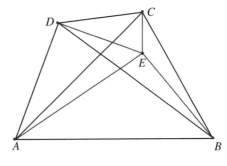

图 5.25

证明　如图 5.27 所示,作 $EF /\!/ AC$ 交 BD 于点 F,作 $EG /\!/ BD$ 交 AC 于点 G, AC 交

---

①　本小节与武汉陈起航合作完成.

BD 于点 H，设 $k = \dfrac{\sin\angle AHB}{2}$，$HA = a$，$HB = b$，$HC = c$，$HD = d$，$HG = g$，$HF = f$，则

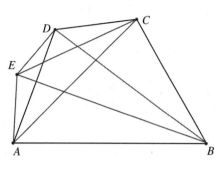

图 5.26

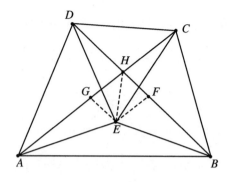

图 5.27

$S_{\triangle AHB} = abk$，$S_{\triangle BHC} = bck$，$S_{\triangle CHD} = cdk$，$S_{\triangle EBD} = f(b+d)k$，

$S_{\triangle ECA} = g(a+c)k$，$S_{\triangle EHA} = gak$，$S_{\triangle EHB} = fbk$，$S_{\triangle EHC} = gck$，$S_{\triangle EHD} = fdk$，

于是

$$S_{\triangle EBC} = S_{\triangle EHB} + S_{\triangle BHC} - S_{\triangle EHC} = fbk + bck - gck.$$

同理可得

$$S_{\triangle ECD} = cgk + dfk + cdk，\quad S_{\triangle EDA} = adk + agk - dfk，\quad S_{\triangle EAB} = abk - agk - bfk.$$

故

$$-S_{\triangle EAB} \cdot S_{\triangle ECD} + S_{\triangle EBC} \cdot S_{\triangle EDA}$$

$$= -(abk - agk - bfk)(cgk + dfk + cdk) + (fbk + bck - gck)(adk + agk - dfk)$$

$$= k^2 gf(a+c)(b+d) = \big[g(a+c)k\big]\big[f(b+d)k\big] = S_{\triangle ECA} \cdot S_{\triangle EDB}.$$

其余两种情形类似可证.

经研究，上述几何命题可以转化为三角恒等式.以图 5.25 为例说明(一般的情形需要用到有向角和有向面积的概念)，设 $\angle CED = \alpha$，$\angle DEA = \beta$，$\angle AEB = \gamma$，从而有 $\angle CEB = \alpha + \beta + \gamma$，$\angle CEA = \alpha + \beta$，$\angle DEB = \beta + \gamma$.

根据面积公式，计算 E 为顶点的六个三角形的面积：

$$S_{\triangle EAB} = \frac{1}{2} \cdot EA \cdot EB \cdot \sin\gamma,$$

$$S_{\triangle EBC} = \frac{1}{2} \cdot EB \cdot EC \cdot \sin(\alpha + \beta + \gamma),$$

$$S_{\triangle ECA} = \frac{1}{2} \cdot EA \cdot EC \cdot \sin(\alpha + \beta),$$

$$S_{\triangle ECD} = \frac{1}{2} \cdot EC \cdot ED \cdot \sin\alpha,$$

$$S_{\triangle EDA} = \frac{1}{2} \cdot EA \cdot ED \cdot \sin\beta,$$

$$S_{\triangle EDB} = \frac{1}{2} \cdot EB \cdot ED \cdot \sin(\beta + \gamma).$$

然后将这六个三角形配成三组：

$$S_{\triangle EAB} \cdot S_{\triangle ECD} = \frac{1}{4} \cdot EA \cdot EB \cdot EC \cdot ED \cdot \sin\alpha\sin\gamma,$$

$$S_{\triangle EBC} \cdot S_{\triangle EDA} = \frac{1}{4} \cdot EA \cdot EB \cdot EC \cdot ED \cdot \sin\beta\sin(\alpha+\beta+\gamma),$$

$$S_{\triangle ECA} \cdot S_{\triangle EDB} = \frac{1}{4} \cdot EA \cdot EB \cdot EC \cdot ED \cdot \sin(\alpha+\beta)\sin(\beta+\gamma).$$

于是几何命题 $S_{\triangle EAB} \cdot S_{\triangle ECD} + S_{\triangle EBC} \cdot S_{\triangle EDA} = S_{\triangle ECA} \cdot S_{\triangle EDB}$ 等价于三角恒等式 $\sin(\alpha+\beta)\sin(\beta+\gamma) = \sin\alpha\sin\gamma + \sin\beta\sin(\alpha+\beta+\gamma)$，此恒等式有多种证法.

证法 1 使用欧拉公式，利用复数换算，等价于 $\dfrac{e^{(\alpha+\beta)i} - e^{-(\alpha+\beta)i}}{2i} \cdot \dfrac{e^{(\beta+\gamma)i} - e^{-(\beta+\gamma)i}}{2i} =$

$\dfrac{e^{\alpha i} - e^{-\alpha i}}{2i} \cdot \dfrac{e^{\gamma i} - e^{-\gamma i}}{2i} + \dfrac{e^{\beta i} - e^{-\beta i}}{2i} \cdot \dfrac{e^{(\alpha+\beta+\gamma)i} - e^{-(\alpha+\beta+\gamma)i}}{2i}$，即证

$$e^{(\alpha+2\beta+\gamma)i} - e^{(\alpha-\gamma)i} - e^{-(\alpha-\gamma)i} + e^{-(\alpha+2\beta+\gamma)i}$$
$$= e^{(\alpha+\gamma)i} - e^{(\alpha-\gamma)i} - e^{-(\alpha-\gamma)i} + e^{-(\alpha+\gamma)i} + e^{(\alpha+2\beta+\gamma)i} - e^{-(\alpha-\gamma)i} - e^{(\alpha+\gamma)i} + e^{-(\alpha+2\beta+\gamma)i},$$

这是显然的.

证法 2

$$\sin\alpha\sin\gamma + \sin(\alpha+\beta+\gamma)\sin\beta$$

$$= -\frac{1}{2}\big[\cos(\alpha+\gamma) - \cos(\alpha-\gamma)\big] - \frac{1}{2}\big[\cos(\alpha+2\beta+\gamma) - \cos(\alpha+\gamma)\big]$$

$$= \frac{1}{2}\big[\cos(\alpha-\gamma) - \cos(\alpha+2\beta+\gamma)\big]$$

$$= -\sin\frac{(\alpha-\gamma)+(\alpha+2\beta+\gamma)}{2}\sin\frac{(\alpha-\gamma)-(\alpha+2\beta+\gamma)}{2}$$

$$= \sin(\alpha+\beta)\sin(\beta+\gamma).$$

当 $\beta + \gamma = \dfrac{\pi}{2}$ 时，恒等式变为 $\sin\alpha\cos\beta + \cos\alpha\sin\beta = \sin(\alpha+\beta)$，此为两角和公式.

证法 3 改证若 $\alpha + \beta + \delta + \gamma = 180°$，则有

$$\sin(\alpha+\beta) \cdot \sin(\beta+\gamma) = \sin\alpha \cdot \sin\delta + \sin\beta \cdot \sin\gamma.$$

如图 5.28 所示，在 BC 上取点 P，由面积关系得

$$\frac{1}{2}AB \cdot AC\sin(\alpha+\beta) = \frac{1}{2}AB \cdot AP\sin\alpha + \frac{1}{2}AP \cdot AC\sin\beta,$$

两边同除以 $\dfrac{1}{2}AB \cdot AC \cdot AP$，则 $\dfrac{\sin(\alpha+\beta)}{AP} = \dfrac{\sin\alpha}{AC} + \dfrac{\sin\beta}{AB}$. 此式一般称为张角公式.

应用正弦定理，得 $\dfrac{AP}{AC} = \dfrac{\sin\delta}{\sin t}$，$\dfrac{AP}{AB} = \dfrac{\sin\gamma}{\sin t}$，则 $\sin(\alpha+\beta) = \sin\alpha\dfrac{\sin\delta}{\sin t} + \sin\beta\dfrac{\sin\gamma}{\sin t}$，将 t

$= \delta + \beta$ 代入,命题得证.

这一三角恒等式,与托勒密定理等价:如图 5.29 所示,过点 A 作圆的切线,将 $AB = 2R\sin\alpha$,$BC = 2R\sin\beta$,$CD = 2R\sin\gamma$,$AD = 2R\sin\delta$,$AC = 2R\sin(\alpha + \beta)$,$BD = 2R\sin(\beta + \gamma)$,代入恒等式 $\sin(\alpha + \beta) \cdot \sin(\beta + \gamma) = \sin\alpha \cdot \sin\gamma + \sin\beta \cdot \sin\delta$,可得托勒密定理.

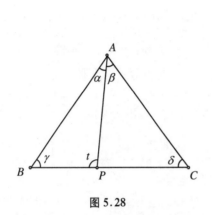

图 5.28

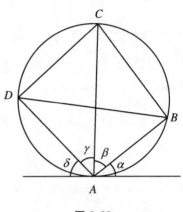

图 5.29

如果把直线看作是半径无穷大的圆,则直线和圆之间存在对应关系,譬如欧拉定理可看作是托勒密定理的特例.

欧拉定理 设 A,B,C,D 依次为直线上四点,则 $\overrightarrow{AB} \cdot \overrightarrow{CD} + \overrightarrow{AC} \cdot \overrightarrow{DB} + \overrightarrow{AD} \cdot \overrightarrow{BC} = 0$.

托勒密定理 设四边形内接于圆,则对角线的积等于对边乘积之和.反之,设有四个点,两条对边的积等于其他两对对边乘积之和,则这四点共圆.

欧拉定理证明比较简单,在一数轴上任作四点 A,B,C,D,则 $(x_B - x_A)(x_D - x_C) + (x_C - x_A)(x_B - x_D) + (x_D - x_A)(x_C - x_B) = 0$,显然成立.

$\sin(\alpha + \beta)\sin(\beta + \gamma) = \sin\alpha\sin\gamma + \sin\beta\sin(\alpha + \beta + \gamma)$ 这个三角恒等式,颇有趣味.去掉正弦符号"sin",得到 $(\alpha + \beta)(\beta + \gamma) = \alpha\gamma + \beta(\alpha + \beta + \gamma)$,竟然也是成立的.当 $\alpha = -\gamma$ 时,即 $\sin^2\beta - \sin^2\alpha = \sin(\beta + \alpha)\sin(\beta - \alpha)$,正好是我们在《平方差公式的三角扩展》中曾经探讨过的问题:将平方差公式 $x^2 - y^2 = (x + y)(x - y)$ 加上"sin"符号,得到 $\sin^2 x - \sin^2 y = \sin(x + y)\sin(x - y)$.

上述两种思路都是要分情形讨论,能否将三种情形统一证明呢? 从行列式角度来看,也是可行的.等价于证明:对于任意的 $x_i,y_i (i = 1,2,3,4)$ 和 x,y,恒有

$$\begin{vmatrix} x_1 & y_1 & 1 \\ x_2 & y_2 & 1 \\ x & y & 1 \end{vmatrix} \cdot \begin{vmatrix} x_3 & y_3 & 1 \\ x_4 & y_4 & 1 \\ x & y & 1 \end{vmatrix} + \begin{vmatrix} x_2 & y_2 & 1 \\ x_3 & y_3 & 1 \\ x & y & 1 \end{vmatrix} \cdot \begin{vmatrix} x_1 & y_1 & 1 \\ x_4 & y_4 & 1 \\ x & y & 1 \end{vmatrix} = \begin{vmatrix} x_3 & y_3 & 1 \\ x_1 & y_1 & 1 \\ x & y & 1 \end{vmatrix} \cdot \begin{vmatrix} x_4 & y_4 & 1 \\ x_2 & y_2 & 1 \\ x & y & 1 \end{vmatrix}.$$

这个恒等式的证明较麻烦.因为三阶行列式展开有 6 项,两个三阶行列式相乘则有 36

项,写起来烦琐,容易出错.这是最直接的方法,只要够细心,也是能够成功的.

从另一个角度来想,由于 x,y 的任意性造成了解题的难度,何不取点 E 为原点呢? 那么只需证

$$\begin{vmatrix} x_1 & y_1 & 1 \\ x_2 & y_2 & 1 \\ 0 & 0 & 1 \end{vmatrix} \cdot \begin{vmatrix} x_3 & y_3 & 1 \\ x_4 & y_4 & 1 \\ 0 & 0 & 1 \end{vmatrix} + \begin{vmatrix} x_2 & y_2 & 1 \\ x_3 & y_3 & 1 \\ 0 & 0 & 1 \end{vmatrix} \cdot \begin{vmatrix} x_1 & y_1 & 1 \\ x_4 & y_4 & 1 \\ 0 & 0 & 1 \end{vmatrix} = \begin{vmatrix} x_3 & y_3 & 1 \\ x_1 & y_1 & 1 \\ 0 & 0 & 1 \end{vmatrix} \cdot \begin{vmatrix} x_4 & y_4 & 1 \\ x_2 & y_2 & 1 \\ 0 & 0 & 1 \end{vmatrix},$$

而这是容易验证的.

由于平行四边形的面积可以用外积表示,据此可将面积恒等式改写为向量恒等式:
$(x,y)(z,w)+(y,z)(x,w)+(z,x)(y,w)=0$,这里 x,y,z,w 是任意四个平面向量.

于此题而言,设 E 为原点,令 $x=\overrightarrow{EA},y=\overrightarrow{EB},z=\overrightarrow{EC},w=\overrightarrow{ED}$,求证:
$$(\overrightarrow{EA},\overrightarrow{EB})(\overrightarrow{EC},\overrightarrow{ED}) + (\overrightarrow{EB},\overrightarrow{EC})(\overrightarrow{EA},\overrightarrow{ED}) + (\overrightarrow{EC},\overrightarrow{EA})(\overrightarrow{EB},\overrightarrow{ED}) = 0.$$

证明　设实数 m,n,k 使得 $m\overrightarrow{EA}+n\overrightarrow{EB}+k\overrightarrow{EC}=\mathbf{0}$,不失一般性,取 $k\neq 0$,不妨设 $k=1$,于是 $m\overrightarrow{EA}+n\overrightarrow{EB}+\overrightarrow{EC}=\mathbf{0}$.

此式分别与向量 $\overrightarrow{EA},\overrightarrow{EB},\overrightarrow{ED}$ 取外积,得到
$$m(\overrightarrow{EA},\overrightarrow{EA}) + n(\overrightarrow{EB},\overrightarrow{EA}) + (\overrightarrow{EC},\overrightarrow{EA}) = 0,$$
$$m(\overrightarrow{EA},\overrightarrow{EB}) + n(\overrightarrow{EB},\overrightarrow{EB}) + (\overrightarrow{EC},\overrightarrow{EB}) = 0,$$
$$m(\overrightarrow{EA},\overrightarrow{ED}) + n(\overrightarrow{EB},\overrightarrow{ED}) + (\overrightarrow{EC},\overrightarrow{ED}) = 0,$$

化简得
$$n(\overrightarrow{EB},\overrightarrow{EA}) + (EC,\overrightarrow{EA}) = 0,$$
$$m(\overrightarrow{EA},\overrightarrow{EB}) + (\overrightarrow{EC},\overrightarrow{EB}) = 0,$$
$$m(\overrightarrow{EA},\overrightarrow{ED}) + n(\overrightarrow{EB},\overrightarrow{ED}) + (\overrightarrow{EC},\overrightarrow{ED}) = 0.$$

将最后一个式子两边乘上 (EA,EB),得出
$$m(\overrightarrow{EA},\overrightarrow{EB})(\overrightarrow{EA},\overrightarrow{ED}) + n(\overrightarrow{EA},\overrightarrow{EB})(\overrightarrow{EB},\overrightarrow{ED}) + (\overrightarrow{EA},\overrightarrow{EB})(\overrightarrow{EC},\overrightarrow{ED}) = 0,$$
再将前两个式子代入此式,得出
$$(\overrightarrow{EB},\overrightarrow{EC})(\overrightarrow{EA},\overrightarrow{ED}) + (\overrightarrow{EC},\overrightarrow{EA})(\overrightarrow{EB},\overrightarrow{ED}) + (\overrightarrow{EA},\overrightarrow{EB})(\overrightarrow{EC},\overrightarrow{ED}) = 0.$$

到此,我们得到了多种证法:最容易被中学生理解和接受的是面积法证明、三角恒等式证明、行列式证明、向量外积证明.这充分说明了面积是一座桥梁,连接了众多知识点.而从不同角度来看同一问题,也有不同的收获.这种探究是很有意义的.

此题涉及面积、行列式、向量,让人联想到一个著名结论:

如图 5.30 所示,设点 O 是 $\triangle ABC$ 内一点,则 $S_{\triangle BOC}\overrightarrow{OA}$ $+ S_{\triangle COA}\overrightarrow{OB} + S_{\triangle AOB}\overrightarrow{OC} = \mathbf{0}$.

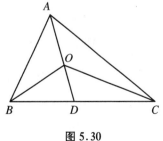

图 5.30

证法 1 因为

$$\overrightarrow{AO} = \frac{AO}{AD}\overrightarrow{AD} = \frac{AO}{AD}\frac{DC}{BC}\overrightarrow{AB} + \frac{AO}{AD}\frac{BD}{BC}\overrightarrow{AC} = \frac{S_{\triangle COA}}{S_{\triangle ACD}}\frac{S_{\triangle ACD}}{S_{\triangle ABC}}\overrightarrow{AB} + \frac{S_{\triangle AOB}}{S_{\triangle ABD}}\frac{S_{\triangle ABD}}{S_{\triangle ABC}}\overrightarrow{AC}$$

$$= \frac{S_{\triangle COA}}{S_{\triangle ABC}}\overrightarrow{AB} + \frac{S_{\triangle AOB}}{S_{\triangle ABC}}\overrightarrow{AC} = \frac{S_{\triangle COA}}{S_{\triangle ABC}}(\overrightarrow{OB} - \overrightarrow{OA}) + \frac{S_{\triangle AOB}}{S_{\triangle ABC}}(\overrightarrow{OC} - \overrightarrow{OA}),$$

所以 $S_{\triangle BOC}\overrightarrow{OA} + S_{\triangle COA}\overrightarrow{OB} + S_{\triangle AOB}\overrightarrow{OC} = \mathbf{0}$.

证法 2 以 O 为原点建立坐标系,设 $A(x_1,y_1)$,$B(x_2,y_2)$,$C(x_3,y_3)$,则

$$S_{\triangle BOC}\overrightarrow{OA} + S_{\triangle COA}\overrightarrow{OB} + S_{\triangle AOB}\overrightarrow{OC}$$

$$= \frac{1}{2}\begin{vmatrix} x_2 & y_2 & 1 \\ 0 & 0 & 1 \\ x_3 & y_3 & 1 \end{vmatrix}(x_1,y_1) + \frac{1}{2}\begin{vmatrix} x_3 & y_3 & 1 \\ 0 & 0 & 1 \\ x_1 & y_1 & 1 \end{vmatrix}(x_2,y_2) + \frac{1}{2}\begin{vmatrix} x_1 & y_1 & 1 \\ 0 & 0 & 1 \\ x_2 & y_2 & 1 \end{vmatrix}(x_3,y_3)$$

$$= \frac{1}{2}\big[(x_1 y_2 x_3 - x_1 x_2 y_3, y_1 y_2 x_3 - y_1 x_2 y_3) + (x_1 y_3 x_2 - y_1 x_2 x_3, x_1 x_2 y_3 - y_1 y_2 x_3)$$

$$+ (y_1 x_2 x_3 - x_1 y_2 x_3, y_1 x_2 y_3 - x_1 y_2 y_3)\big] = \mathbf{0}.$$

其实,这一著名结论和本小节给出的面积关系式也存在关联.取 $\triangle ABC$ 和点 E,根据上述结论得 $S_{\triangle EAB}\overrightarrow{OC} + S_{\triangle EBC}\overrightarrow{OA} + S_{\triangle ECA}\overrightarrow{OB} = \mathbf{0}$,任取点 D,将该式两边与 $\overrightarrow{ED}$ 作外积,得

$$S_{\triangle EAB}\,\overrightarrow{OC} \times \overrightarrow{ED} + S_{\triangle EBC}\,\overrightarrow{OA} \times \overrightarrow{ED} + S_{\triangle ECA}\,\overrightarrow{OB} \times \overrightarrow{ED} = 0,$$

外积对应着平行四边形的面积,减半即得 $S_{\triangle EAB} \cdot S_{\triangle ECD} + S_{\triangle EBC} \cdot S_{\triangle EDA} + S_{\triangle ECA} \cdot S_{\triangle EDB} = 0$.这里的面积,指带号面积,请读者根据三种图示自行确定符号.

另外,本小节的面积恒等式还与一个著名的几何定理有关.德国数学家高斯曾经证明过一个五边形面积定理:已知凸五边形 $ABCDE$,$\triangle EAB$ 的面积为 a,$\triangle ABC$ 的面积为 b,$\triangle BCD$ 的面积为 c,$\triangle CDE$ 的面积为 d,$\triangle DEA$ 的面积为 e,五边形 $ABCDE$ 的面积为 s,求证:$s^2 - (a + b + c + d + e)s + ab + bc + cd + de + ea = 0$.

证明 $S_{\triangle EAB} = a$,$S_{\triangle ECD} = d$,$S_{\triangle EBC} = s - a - d$,$S_{\triangle EAD} = e$,$S_{\triangle ECA} = -(s - b - d)$,注意这里是带号面积,$S_{\triangle EBD} = s - a - c$,代入上述的面积恒等式 $S_{\triangle EAB} \cdot S_{\triangle ECD} + S_{\triangle EBC} \cdot S_{\triangle EAD} + S_{\triangle ECA} \cdot S_{\triangle EBD} = 0$,可得 $ad + (s - a - d)e - (s - b - d)(s - a - c) = 0$,变形得 $s^2 - (a + b + c + d + e)s + ab + bc + cd + de + ea = 0$.

五边形 $ABCDE$(图 5.31)中,设 $S_{\triangle ABC}$ 表示 $\triangle ABC$ 的有向面积,以此类推,则有 $S_{\triangle EAB} \cdot S_{\triangle ECD} + S_{\triangle EBC} \cdot S_{\triangle EAD} = S_{\triangle ECA} \cdot S_{\triangle EDB}$.

证明 设 $A(a_1,a_2)$,以此类推,$S_{\triangle ABC} = \frac{1}{2}\begin{vmatrix} 1 & 1 & 1 \\ a_1 & b_1 & c_1 \\ a_2 & b_2 & c_2 \end{vmatrix}$,考虑六阶行列式

$$\begin{vmatrix} 1 & 1 & 1 & 1 & 0 & 1 \\ a_1 & b_1 & c_1 & d_1 & 0 & e_1 \\ a_2 & b_2 & c_2 & d_2 & 0 & e_2 \\ 1 & 1 & 1 & 1 & 1 & 0 \\ a_1 & b_1 & c_1 & d_1 & e_1 & 0 \\ a_2 & b_2 & c_2 & d_2 & e_2 & 0 \end{vmatrix}$$

，显然该行列式结果为 0；若前三行按拉普拉斯定理展开，得

$\dfrac{1}{4}(-S_{\triangle EAB} \cdot S_{\triangle ECD} - S_{\triangle EBC} \cdot S_{\triangle EAD} + S_{\triangle ECA} \cdot S_{\triangle EDB}) = 0$，即 $S_{\triangle EAB} \cdot S_{\triangle ECD} + S_{\triangle EBC} \cdot S_{\triangle EAD}$

$= S_{\triangle ECA} \cdot S_{\triangle EDB}$.

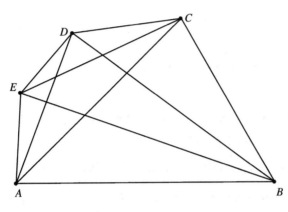

图 5.31

5.2.12　初等、高等数学不同视角　一题多解更显风采

大学时，读《马克思恩格斯全集》，第 35 卷中有这样一段：

你无须害怕在这方面会有数学家走在你的前面．这种求微分的方法其实比所有其他的方法要简单得多，所以我刚才就运用它求出了一个我一时忘记了的公式，然后又用普通的方法对它进行了验证．

这说明革命导师学习了微积分之后，感受到高等数学的魅力．同时还用初等数学方法和高等数学方法对同一公式进行推导，也算是一题多解．

案例 1　如图 5.32 所示，作一个半圆（$\left(x - \dfrac{1}{2}\right)^2 +$

$y^2 = \left(\dfrac{1}{2}\right)^2$ 的上半部分），其中 $A\left(\dfrac{1}{4}, 0\right)$，$C\left(\dfrac{1}{2}, 0\right)$，$AB$

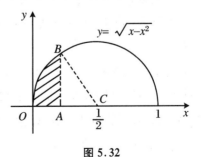

图 5.32

$\perp OC$,求阴影部分面积.

解法 1 易得 $\angle ACB = 60°$,阴影部分面积等于扇形 OCB 的面积减去三角形 ABC 的面积,即 $\dfrac{1}{6}\pi\left(\dfrac{1}{2}\right)^2 - \dfrac{1}{2}\cdot\dfrac{1}{4}\sqrt{\left(\dfrac{1}{2}\right)^2 - \left(\dfrac{1}{4}\right)^2} = \dfrac{\pi}{24} - \dfrac{\sqrt{3}}{32} \approx 0.076\,77$.

解法 2 将半圆方程写成 $y = \sqrt{x - x^2} = x^{\frac{1}{2}}(1-x)^{\frac{1}{2}}$,则

$$\int_0^{\frac{1}{4}} x^{\frac{1}{2}}(1-x)^{\frac{1}{2}}\,\mathrm{d}x = \int_0^{\frac{1}{4}} x^{\frac{1}{2}}\left(1 - \frac{x}{2} - \frac{x^2}{8} - \frac{x^3}{16} - \frac{5x^4}{128} - \cdots\right)\mathrm{d}x$$

$$= \int_0^{\frac{1}{4}}\left(x^{\frac{1}{2}} - \frac{1}{2}x^{\frac{3}{2}} - \frac{1}{8}x^{\frac{5}{2}} - \frac{1}{16}x^{\frac{7}{2}} - \frac{5}{128}x^{\frac{9}{2}} - \cdots\right)\mathrm{d}x$$

$$= \frac{2}{3}\left(\frac{1}{4}\right)^{\frac{3}{2}} - \frac{1}{5}\left(\frac{1}{4}\right)^{\frac{5}{2}} - \frac{1}{28}\left(\frac{1}{4}\right)^{\frac{7}{2}} - \frac{1}{72}\left(\frac{1}{4}\right)^{\frac{9}{2}} - \frac{5}{704}\left(\frac{1}{4}\right)^{\frac{11}{2}} - \cdots$$

$$= \frac{1}{12} - \frac{1}{160} - \frac{1}{3\,584} - \frac{1}{36\,864} - \frac{5}{1\,441\,792} - \cdots$$

$$\approx 0.076\,77.$$

两种方法计算面积,结果十分接近.也许你会想,这么简单的题目,用这么高端的方法,还如此烦琐,实在是多此一举,不值一提.

你肯定想不到,这种方法的提出者竟然是牛顿.牛顿计算上述级数时,计算了前面 9 项,从而得到了更精确的结果 $0.076\,773\,106\,78$.于是得 $\dfrac{\pi}{24} - \dfrac{\sqrt{3}}{32} \approx 0.076\,773\,106\,78$,解得 $\pi \approx 3.141\,592\,668\cdots$,精确到小数点后第 7 位.

牛顿这种看似烦琐无比的方法,给出了一种新的角度,开创了求圆周率的新纪元,这与之前的穷竭法求圆周率完全不同.

每个人都有自己的习惯思维.如果面对一个问题,很多人都用同样的方式去思考,说明这种思路常见,是普遍被人认可的.但是不是还有其他思路,其他思路是否更优?需要不断地尝试比较.

人们发现一座山,在攀爬时找到了一条相对平坦的路.多数的后来者都按照前辈探索的道路前进,但也有一些人打破常规,尝试新路.新路未必会更好走,但有可能看到不一样的风景,得到不一样的收获.

不断创新,不断反思,打破常规思维,不走寻常路.

案例 2 设 F_n 是斐波那契数列,$F_0 = F_1 = 1$,$F_{n+1} = F_n + F_{n-1}(n \geq 1)$,求证:$F_{n+1}F_{n-1} - F_n^2 = (-1)^{n+1}$.

斐波那契数列是一个很好的研究课题.入门知识简单,中学生都能探究,越探究越能发掘其魅力.往深里去,就不是中学知识所能解决的了,甚至大学知识都还不够.这样的课题好,好就好在可深可浅,浅可以做一些科普教学性的工作,深可以作为学术研究的课题.

证法 1 要证 $F_{k+1}F_{k-1} - F_k^2 = (-1)^{k+1}$,即证 $F_{k+2}F_k - F_{k+1}^2 = (-1)^{k+2}$.下面证

$F_{k+2}F_k - F_{k+1}^2 = F_k^2 - F_{k+1}F_{k-1}.$

$$F_k^2 - F_{k+1}F_{k-1} = F_k^2 + F_kF_{k-1} - F_kF_{k-1} - F_{k+1}F_{k-1}$$

$$= F_{k+1}F_k - F_kF_{k-1} - F_{k+1}F_{k-1} = F_{k+1}F_k - 2F_kF_{k-1} - F_{k-1}^2$$

$$= (F_{k+1} + F_k)F_k - (F_k + F_{k-1})^2 = F_{k+2}F_k - F_{k+1}^2,$$

而 $2 \times 1 - 1^2 = 1 = 1^{1+1}$，根据数学归纳法，命题正确.

注：证明递推式 $F_{k+2}F_k - F_{k+1}^2 = F_k^2 - F_{k+1}F_{k-1}$ 是解题的一大关键. 利用斐波那契数列的定义推理的好处就是所用知识少，但其中用到一些分解合并的技巧，不够直接明朗. 下面给出一个新的视角.

考虑线性方程组 $\begin{cases} F_kx + F_{k-1}y = F_{k+1}, \\ F_{k+1}x + F_ky = F_{k+2} \end{cases}$，显然 $x = y = 1$ 是其唯一解. 根据克拉默法则，

$$1 = y = \frac{\begin{vmatrix} F_k & F_{k+1} \\ F_{k+1} & F_{k+2} \end{vmatrix}}{\begin{vmatrix} F_k & F_{k-1} \\ F_{k+1} & F_k \end{vmatrix}},$$ 即 $F_{k+2}F_k - F_{k+1}^2 = F_k^2 - F_{k+1}F_{k-1}.$

证法 2 已知 $F_n = \frac{1}{\sqrt{5}}(\phi^n - \tau^n)$，其中 $\phi = \frac{1+\sqrt{5}}{2}, \tau = \frac{1-\sqrt{5}}{2}, \phi\tau = -1, \phi - \tau = \sqrt{5}$，则

$$F_{n+1}F_{n-1} - F_n^2 = \frac{1}{5}\left[(\phi^{n+1} - \tau^{n+1})(\phi^{n-1} - \tau^{n-1}) - (\phi^n - \tau^n)^2\right]$$

$$= \frac{1}{5}\left[\phi^{n+1}\tau^{n-1} - \phi^{n-1}\tau^{n+1} + 2\phi^n\tau^n\right]$$

$$= \frac{1}{5}(\phi\tau)^{n-1}(\phi^2 - 2\phi\tau + \tau^2)$$

$$= \frac{1}{5}(-1)^{n-1}(\phi - \tau)^2 = (-1)^{n+1}.$$

证法 3 设 $A = \begin{pmatrix} 0 & 1 \\ 1 & 1 \end{pmatrix}$，下面证 $A^{n+1} = \begin{pmatrix} F_{n-1} & F_n \\ F_n & F_{n+1} \end{pmatrix}$.

当 $n = 1$ 时，则 $A^{1+1} = \begin{pmatrix} 0 & 1 \\ 1 & 1 \end{pmatrix}\begin{pmatrix} 0 & 1 \\ 1 & 1 \end{pmatrix} = \begin{pmatrix} 1 & 1 \\ 1 & 2 \end{pmatrix}$；

当 $n = k+1$ 时，则 $A^{k+2} = \begin{pmatrix} F_{k-1} & F_k \\ F_k & F_{k+1} \end{pmatrix}\begin{pmatrix} 0 & 1 \\ 1 & 1 \end{pmatrix} = \begin{pmatrix} F_k & F_{k-1}+F_k \\ F_{k+1} & F_k+F_{k+1} \end{pmatrix} = \begin{pmatrix} F_k & F_{k+1} \\ F_{k+1} & F_{k+2} \end{pmatrix}$.

所以 $A^{n+1} = \begin{pmatrix} F_{n-1} & F_n \\ F_n & F_{n+1} \end{pmatrix}$. 两边取行列式得 $F_{n+1}F_{n-1} - F_n^2 = (-1)^{n+1}$.

证法 4

$$D_n = \begin{vmatrix} F_{n+1} & F_n \\ F_n & F_{n-1} \end{vmatrix} = \begin{vmatrix} F_{n-1} & F_{n-2} \\ F_n & F_{n-1} \end{vmatrix} = (-1)\begin{vmatrix} F_n & F_{n-1} \\ F_{n-1} & F_{n-2} \end{vmatrix} = (-1)D_{n-1}$$

$$= (-1)^{n-1} D_1 = (-1)^{n-1} \begin{vmatrix} F_2 & F_1 \\ F_1 & F_0 \end{vmatrix} = (-1)^{n-1} \begin{vmatrix} 2 & 1 \\ 1 & 1 \end{vmatrix} = (-1)^{n-1} = (-1)^{n+1}.$$

案例 3 求 $S = 1 + 2x + 3x^2 + \cdots + nx^{n-1}$.

当 $x = 0$ 时, $S = 1$; 当 $x = 1$ 时, $S = \dfrac{n(n+1)}{2}$. 下面讨论其他情形.

分析 1 此题看似不能直接用等比数列求和公式, 但完全可以类比等比数列求和公式的推导来求解.

解法 1 $S = 1 + 2x + 3x^2 + \cdots + nx^{n-1}$, $xS = x + 2x^2 + 3x^3 + \cdots + nx^n$, 则 $(1-x)S = 1 + x + x^2 + \cdots + x^{n-1} - nx^n$, 所以

$$S = \frac{1-x^n}{(1-x)^2} - \frac{nx^n}{1-x} = \frac{nx^{n+1} - (n+1)x^n + 1}{(1-x)^2}.$$

分析 2 由 $(x^n)' = nx^{n-1}$ 受到启发, 先积分使得求和变成规范的等比数列的形式, 最后再求导.

解法 2 $\displaystyle\int S \,\mathrm{d}x = x + x^2 + x^3 + \cdots + x^n + C = \frac{x(1-x^n)}{1-x} + C = \frac{x}{1-x} - \frac{x^{n+1}}{1-x} + C$, 所以

$$S = \left(\frac{x}{1-x} - \frac{x^{n+1}}{1-x} + C \right)' = \frac{1}{(1-x)^2} - \frac{x^n(n+1-nx)}{(1-x)^2} = \frac{nx^{n+1} - (n+1)x^n + 1}{(1-x)^2}.$$

分析 3 将求和变成规范的等比数列的形式, 并不一定需要通过微积分的方式. 简单拆分也能达到同样的效果.

解法 3

$$\begin{aligned} S = 1 + 2x + 3x^2 + \cdots + nx^{n-1} &= (1 + x + x^2 + \cdots + x^{n-1}) + (x + x^2 + \cdots + x^{n-1}) \\ &\quad + (x^2 + x^3 + \cdots + x^{n-1}) + \cdots + (x^{n-1} + x^{n-1}) + x^{n-1} \\ &= \frac{1-x^n}{1-x} + \frac{x-x^n}{1-x} + \cdots + \frac{x^{n-1}-x^n}{1-x} \\ &= \frac{1 + x + \cdots + x^{n-1}}{1-x} - \frac{nx^n}{1-x} \\ &= \frac{nx^{n+1} - (n+1)x^n + 1}{(1-x)^2}. \end{aligned}$$

解法 3 这种分拆, 让人联想到阿贝尔恒等式.

苏轼诗云: 横看成岭侧成峰. 在数学中也是有体现的. 这种算两次的方法, 在数学中很常见. 小学生做题, 常常做完之后再算一遍, 以此减少错误. 假若两次用同样的方法计算, 不大容易发现问题. 但如果用不同方法得出同样的结果, 那就说明这个结果比较可靠. 而列方程解应用题更是如此, 为了得到一个方程, 必须把一个量用不同的方法表示出来.

数学中与东坡这句诗最对应的, 要数阿贝尔恒等式了. 阿贝尔是挪威数学家, 虽然只活到 27 岁, 但成就非凡, 以研究五次方程和椭圆函数闻名. 阿贝尔的成功秘诀之一就是要读大

师的著作,感受大师们不同凡响的创造性方法和成果,开阔视野,提升境界,快速达到研究前沿.阿贝尔曾在笔记中写下这样的话:"要想在数学上取得进展,就应该阅读大师的而不是他们的门徒的著作."

阿贝尔恒等式:

$$a_1b_1 + a_2b_2 + a_3b_3 + \cdots + a_nb_n$$
$$= a_1(b_1 - b_2) + (a_1 + a_2)(b_2 - b_3) + \cdots$$
$$+ (a_1 + a_2 + \cdots + a_{n-1})(b_{n-1} - b_n) + (a_1 + a_2 + \cdots + a_n)b_n.$$

看起来有点复杂,但看明白之后,其实很简单,就是从两个角度看同一个面积而已.

令 $n = 3$,如图 5.33 所示,$a_1b_1 + a_2b_2 + a_3b_3 = a_1(b_1 - b_2) + (a_1 + a_2)(b_2 - b_3) + (a_1 + a_2 + a_3)b_3$.

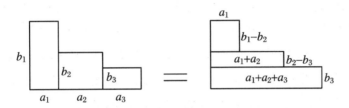

图 5.33

解法 4 设 a_n 为 $1, x, x^2, \cdots, x^{n-1}$,$b_n$ 为 $1, 2, 3, \cdots, n$,由阿贝尔恒等式得

$$S = 1 + 2x + 3x^2 + \cdots + nx^{n-1}$$
$$= -1 - (1 + x) - \cdots - (1 + x + x^2 + \cdots + x^{n-2}) + (1 + x + x^2 + \cdots + x^{n-1})n$$
$$= -\left(\frac{1-x}{1-x} + \frac{1-x^2}{1-x} + \cdots + \frac{1-x^{n-1}}{1-x}\right) + n\frac{1-x^n}{1-x}$$
$$= -\frac{1}{1-x}\left(n - 1 - \frac{x - x^n}{1-x}\right) + n\frac{1-x^n}{1-x}$$
$$= \frac{nx^{n+1} - (n+1)x^n + 1}{(1-x)^2}.$$

一个题目有多种解法,除了看解法是否巧妙简单之外,还有一条标准,就是看是否有普适性.譬如用上面四种方法来解下面这道题,看是否还能奏效.这里仅给出阿贝尔恒等式的解法.

求 $S = 1 + 4x + 9x^2 + \cdots + n^2x^{n-1}$.

解 设 a_n 为 $1, x, x^2, \cdots, x^{n-1}$,$b_n$ 为 $1, 4, 9, \cdots, n^2$,由阿贝尔恒等式得

$$S = 1 + 4x + 9x^2 + \cdots + n^2x^{n-1}$$
$$= -\left[3\frac{1-x}{1-x} + 5\frac{1-x^2}{1-x} + \cdots + (2n-1)\frac{1-x^{n-1}}{1-x}\right] + n^2\frac{1-x^n}{1-x}$$
$$= \left(\frac{1-x}{1-x} + \frac{1-x^2}{1-x} + \cdots + \frac{1-x^{n-1}}{1-x}\right)$$

$$- 2 \left(2 \, \frac{1-x}{1-x} + 3 \, \frac{1-x^2}{1-x} + \cdots + n \, \frac{1-x^{n-1}}{1-x} \right) + n^2 \, \frac{1-x^n}{1-x}$$

$$= \frac{1}{1-x} (n - 1 - x - x^2 - \cdots - x^{n-1})$$

$$- \frac{2}{1-x} \left[\frac{n(n+1)}{2} - 1 - 2x - 3x^2 - \cdots - nx^{n-1} \right] + n^2 \, \frac{1-x^n}{1-x}$$

$$= \frac{1}{1-x} \left(n - \frac{1-x^n}{1-x} \right) - \frac{2}{1-x} \left[\frac{n(n+1)}{2} - \frac{nx^{n+1} - (n+1)x^n + 1}{(1-x)^2} \right] + n^2 \, \frac{1-x^n}{1-x}$$

$$= - \frac{(2n-1)x^n + 1}{(1-x)^2} - \frac{n^2 x^n}{1-x} - \frac{2x^n - 2}{(1-x)^3}.$$

看似平常最奇崛.仔细想来,这种多个角度看问题的思想是如此的重要,若不基于此,很多方程都无法列出来.单墫先生曾写过一本小册子《算两次》,就是专门论述这一点的.

初等数学如此,高等数学亦如是.勒贝格积分和黎曼积分的主要区别,就在于前者是对函数的值域进行划分,后者是对函数的定义域进行划分.这不就是从横、纵两个角度看吗?勒贝格本人也对此有过比喻说明:假如我欠人家一笔钱,现在要还,此时按钞票的面值的大小分类,然后计算每一类的面额总值,再相加,这就是勒贝格积分思想;如不按面额大小分类,而是按从钱袋取出的先后次序来计算总数,那就是黎曼积分思想.

5.2.13　你也可以做幻方

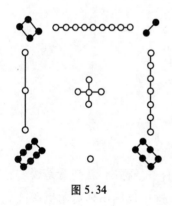

图 5.34

幻方(Magic Square)是一种将数字安排在正方形格子中,使每行、列和对角线上的数字和都相等的图表,中国古代称为"河图""洛书",又叫"纵横图",如图5.34所示.

9个数如何排列,是有口诀的:二四为肩,六八为足,左三右七,戴九履一,五居中央.口诀形象地用人作比喻,2和4为双肩,6和8为双脚,3和7为双手,帽为9,鞋为1,5在中央.注意古代的书是从右向左看,所以二四为肩,二是右肩,四是左肩.

$$\begin{matrix} 4 & 9 & 2 \\ 3 & 5 & 7 \\ 8 & 1 & 6 \end{matrix}$$

如果不记得口诀,也可自己尝试着填写.

1. 方法1:列方程,分拆求解

三行和为 $1 + 2 + 3 + \cdots + 8 + 9 = 45$,因而行和 = 列和 = 对角线和 = 15.

设第 i 行第 j 列的元素是 a_{ij}，将含有 a_{22} 的四个等式相加，即 $a_{11}+a_{22}+a_{33}=15,a_{13}+a_{22}+a_{31}=15,a_{12}+a_{22}+a_{32}=15,a_{21}+a_{22}+a_{23}=15$，四式相加得 $3a_{22}+\sum a_{ij}=60$，解得 $a_{22}=5$.

从直观上来说，5 不大不小，而过中心位置的线有 4 条，需要一个不大不小的数来调节. 同样的想法，1 和 9 这样极端的数最好不要放在 4 个顶点上，因为有 3 条线过顶点. 当然这一点也需要严格证明.

需要 4 对数与 5 组合，而刚好 $10(10=15-5)$ 可以分解成 $1+9,2+8$，$3+7,4+6$，如果少了一对，此题就无解. 如何摆放这 4 对数？

$$\begin{vmatrix} 1 & a_{12} & a_{13} \\ & 5 & a_{23} \\ & & 9 \end{vmatrix}$$

假设 9 在正方形顶点上，不妨设在图 5.35 位置，则有 $1+a_{12}=a_{23}+9$，即 $a_{12}=a_{23}+8$，无解. 于是 9 只能在正方形的边上的中点位置，有 4 种可能：

图 5.35

$$\begin{bmatrix} \\ 9 & 5 & 1 \\ \\ \end{bmatrix},\quad \begin{bmatrix} & 1 & \\ & 5 & \\ & 9 & \end{bmatrix},\quad \begin{bmatrix} \\ 1 & 5 & 9 \\ \\ \end{bmatrix},\quad \begin{bmatrix} & 9 & \\ & 5 & \\ & 1 & \end{bmatrix}.$$

需要两对数与 9 组合，而 $6(6=15-9)$ 可以分解成 $1+5,2+4,3+3$，其中 $3+3$ 不符合要求，$1+5$ 已用，则只能用 $2+4$. 于是 4 种可能变为 8 种可能：

$$\begin{bmatrix} 2 & & \\ 9 & 5 & 1 \\ 4 & & \end{bmatrix},\quad \begin{bmatrix} & 1 & \\ & 5 & \\ 2 & 9 & 4 \end{bmatrix},\quad \begin{bmatrix} & & 2 \\ 1 & 5 & 9 \\ & & 4 \end{bmatrix},\quad \begin{bmatrix} 2 & 9 & 4 \\ & 5 & \\ & 1 & \end{bmatrix},$$

$$\begin{bmatrix} 4 & & \\ 9 & 5 & 1 \\ 2 & & \end{bmatrix},\quad \begin{bmatrix} & 1 & \\ & 5 & \\ 4 & 9 & 2 \end{bmatrix},\quad \begin{bmatrix} & & 4 \\ 1 & 5 & 9 \\ & & 2 \end{bmatrix},\quad \begin{bmatrix} 4 & 9 & 2 \\ & 5 & \\ & 1 & \end{bmatrix}.$$

至此，剩下的空完全被确定，很容易填写，补充完整就是

$$\begin{bmatrix} 2 & 7 & 6 \\ 9 & 5 & 1 \\ 4 & 3 & 8 \end{bmatrix},\quad \begin{bmatrix} 6 & 1 & 8 \\ 7 & 5 & 3 \\ 2 & 9 & 4 \end{bmatrix},\quad \begin{bmatrix} 6 & 7 & 2 \\ 1 & 5 & 9 \\ 8 & 3 & 4 \end{bmatrix},\quad \begin{bmatrix} 2 & 9 & 4 \\ 7 & 5 & 3 \\ 6 & 1 & 8 \end{bmatrix},$$

$$\begin{bmatrix} 4 & 3 & 8 \\ 9 & 5 & 1 \\ 2 & 7 & 6 \end{bmatrix},\quad \begin{bmatrix} 8 & 1 & 6 \\ 3 & 5 & 7 \\ 4 & 9 & 2 \end{bmatrix},\quad \begin{bmatrix} 8 & 3 & 4 \\ 1 & 5 & 9 \\ 6 & 7 & 2 \end{bmatrix},\quad \begin{bmatrix} 4 & 9 & 2 \\ 3 & 5 & 7 \\ 8 & 1 & 6 \end{bmatrix}.$$

上面的推导，表明有且仅有这 8 种情况. 仔细观察，你会发现这 8 个方阵并不是完全独立的，彼此之间有着联系，有些关于水平中线对称，有些关于竖直中线对称，有些关于对角线对称，有些由中心旋转得到……我们完全可以从一个方阵出发，得到其他 7 个. 设 α 为逆时针旋转 $90°$，β 为关于竖直中线对称，那么任由其中一个方阵出发，经过 $\alpha^i\beta^j(1\leqslant i\leqslant 4$，$1\leqslant j\leqslant 2)$ 这 8 种变换，可得到 8 种情形，其中最特殊的是 $\alpha^4\beta^2$，相当于旋转 $360°$，翻转两次，

属于恒等变换,还是自身.

又如 $\begin{bmatrix} 6 & 1 & 8 \\ 7 & 5 & 3 \\ 2 & 9 & 4 \end{bmatrix}$ 和 $\begin{bmatrix} 4 & 3 & 8 \\ 9 & 5 & 1 \\ 2 & 7 & 6 \end{bmatrix}$ 关于对角线对称,但也可分解为旋转和竖直中线对称的组

合,即 $\begin{bmatrix} 6 & 1 & 8 \\ 7 & 5 & 3 \\ 2 & 9 & 4 \end{bmatrix}$ 旋转 $90°$ 得到 $\begin{bmatrix} 8 & 3 & 4 \\ 1 & 5 & 9 \\ 6 & 7 & 2 \end{bmatrix}$,然后关于竖直中线对称得到 $\begin{bmatrix} 4 & 3 & 8 \\ 9 & 5 & 1 \\ 2 & 7 & 6 \end{bmatrix}$,简写为

$$\begin{bmatrix} 6 & 1 & 8 \\ 7 & 5 & 3 \\ 2 & 9 & 4 \end{bmatrix} \alpha\beta = \begin{bmatrix} 4 & 3 & 8 \\ 9 & 5 & 1 \\ 2 & 7 & 6 \end{bmatrix}.$$

2. 方法 2:线性组合

假设对填写的数字不做要求,只要求每行、列和对角线上的数字和都相等,那么都填写 1

是最简单的,即 $I = \begin{bmatrix} 1 & 1 & 1 \\ 1 & 1 & 1 \\ 1 & 1 & 1 \end{bmatrix}$.这符合幻方的定义,只是过于平凡,没有太大的价值.

也可这样填写:$A_1 = \begin{bmatrix} 1 & 2 & 0 \\ 0 & 1 & 2 \\ 2 & 0 & 1 \end{bmatrix}$,这并不是唯一的,还可填写成 $A_2 = \begin{bmatrix} 0 & 2 & 1 \\ 2 & 1 & 0 \\ 1 & 0 & 2 \end{bmatrix}$,$A_2$ 可

看作是由 A_1 关于竖直中线对称得到的,也可认为是由 A_1 关于中心逆时针旋转 $90°$ 得到的.

显然 $rA_1 + sA_2 + tI$ 所成的方阵,每行、列和对角线上的数字和都相等.

如果要求填写 $1\sim9$ 的数字,很容易试探得到一组解:$3A_1 + A_2 + I = \begin{bmatrix} 4 & 9 & 2 \\ 3 & 5 & 7 \\ 8 & 1 & 6 \end{bmatrix}$,或是

$A_1 + 3A_2 + I = \begin{bmatrix} 2 & 9 & 4 \\ 7 & 5 & 3 \\ 6 & 1 & 8 \end{bmatrix}$,至此构造出我们希望的幻方.

若设 $A_3 = \begin{bmatrix} 2 & 0 & 1 \\ 0 & 1 & 2 \\ 1 & 2 & 0 \end{bmatrix}$,则 $3A_1 + A_3 + I = \begin{bmatrix} 6 & 7 & 2 \\ 1 & 5 & 9 \\ 8 & 3 & 4 \end{bmatrix}$,$A_1 + 3A_3 + I = \begin{bmatrix} 8 & 3 & 4 \\ 1 & 5 & 9 \\ 6 & 7 & 2 \end{bmatrix}$,也符

合要求.

之所以可以这样操作,是因为 $0\sim8$ 之间的数被 3 除之后,商和余数都在 $0,1,2$ 三个数中取值,可用 $a_{ij} = 3b_{ij} + c_{ij}$ 表示,其中 a_{ij} 表示 $0\sim8$ 之间的数,b_{ij} 和 c_{ij} 在 $0,1,2$ 三个数中取值.而 9 不在 $a_{ij} = 3b_{ij} + c_{ij}$ 之中,于是将此公式修正为 $a'_{ij} = 3b'_{ij} + c'_{ij} + 1$,$a'_{ij}$ 表示 $1\sim9$ 之间

的数, b'_{ij} 和 c'_{ij} 在 $0,1,2$ 三个数中取值.

这样做的好处是将难题分解,逐个击破,先逐步得到一些符合部分要求的小模块,线性组合之后完整解答.

幻方看似简单,只涉及加法运算,但它可以引出方程求解,甚至可以引出线性组合,是一道从小学生到大学生都可以尝试的好题目.当然,幻方进一步的研究,譬如演化成幻圆、立体幻方、反幻方等,所涉及的知识就更多了.

5.2.14 剑桥大学的一道经典名题

数学大师哈代的名著《纯数学教程》中有这样一题:若 a,b,c 均为有理数,且 $a\sqrt[3]{4}+b\sqrt[3]{2}+c=0$,求证:$a=b=c=0$. 经查,此题还多次作为剑桥大学的考试题目,十分经典.

证法 1 设 $\sqrt[3]{2}=x$,则 $x^3=2$,由 $a\sqrt[3]{4}+b\sqrt[3]{2}+c=0$ 得 $ax^2+bx+c=0$,即 $2ax^2+2bx+cx^3=0$,也即 $2ax+2b+cx^2=0$,消去 x^2 项得 $(ax^2+bx+c)c=(2ax+2b+cx^2)a$,即 $(bc-2a^2)x=2ab-c^2$.

若 $bc-2a^2=2ab-c^2=0$,而 a 和 b 都不为 0,则可得 $bc=2a^2$,$4a^2b^2=c^4$,$2b^3=c^3$,于是 $\sqrt[3]{2}$ 为有理数,矛盾.若 $bc-2a^2\neq0$,$2ab-c^2\neq0$,则 $\sqrt[3]{2}=x=\dfrac{2ab-c^2}{bc-2a^2}$ 为有理数,矛盾.

证法 2 设 $\sqrt[3]{2}=x$,则 $ax^2+bx+c=0$,$\sqrt[3]{2}=\dfrac{-b\pm\sqrt{b^2-4ac}}{2a}$. 两边立方可得

$$16a^3=-b^3\pm3b^2(\sqrt{b^2-4ac})-3b(b^2-4ac)\pm(\sqrt{b^2-4ac})^3,$$

即 $16a^3+b^3+3b(b^2-4ac)=\pm(4b^2-4ac)\sqrt{b^2-4ac}$.

根据"非零有理数与无理数之积必是无理数",而上式左边为有理数,所以 $(4b^2-4ac)$ • $\sqrt{b^2-4ac}=0$. 分两种情况讨论:① $b^2-4ac=0$,则 $16a^3+b^3=0$,从而得 $2\sqrt[3]{2}a+b=0$,若 $a\neq0$ 可推出 $\sqrt[3]{2}$ 为有理数,所以 $a=b=c=0$;② $4b^2-4ac=0$,则 $16a^3+b^3+3b(b^2-4ac)=0$,从而得 $\sqrt[3]{2}a-b=0$,若 $a\neq0$ 可推出 $\sqrt[3]{2}$ 为有理数,所以 $a=b=c=0$.

证法 3 设 $\sqrt[3]{2}=x$,则有 $ax^2+bx+c=0$,$\sqrt[3]{2}=\dfrac{-b\pm\sqrt{b^2-4ac}}{2a}$. 下面证明更一般的结论:若 $\sqrt[3]{2}=p+q\sqrt{r}$(p,q,r 为有理数),则 $2=p(p^2+3q^2r)+q(3p^2+q^2r)\sqrt{r}$.

若 $q=0$,则 $\sqrt[3]{2}=p$ 为有理数.

若 $3p^2+q^2r=0$,则 $2=p[p^2+3(-3p^2)]=-8p^3$,故 $\sqrt[3]{2}=-2p$ 为有理数.

若 $q\neq0$,$3p^2+q^2r\neq0$,则 $\sqrt{r}=\dfrac{2-p(p^2+3q^2r)}{q(3p^2+q^2r)}$ 为有理数,$\sqrt[3]{2}=p+q\sqrt{r}$ 为有理数.

也就是不管哪种情况,$\sqrt[3]{2}=p+q\sqrt{r}$ 都会推出 $\sqrt[3]{2}$ 为有理数,与熟知的结论矛盾,所以 $\sqrt[3]{2}$ 不

能表示为 $p + q\sqrt{r}$.

证法 4 已知 a, b, c 为有理数,若 a, b, c 均为整数,则不变;若不都是整数,则可以乘以一个足够大的整数,使得 a, b, c 均为整数.若 a, b, c 不全为 0,还含有因数 2,则消去,使得三个数互素.下面不妨设 a, b, c 已经都变为互素的整数了.

联系结论:若 $x + y + z = 0$,得 $x^3 + y^3 + z^3 = 3xyz$,这可以由

$$x^3 + y^3 + z^3 - 3xyz = \frac{1}{2}(x + y + z)\left[(x - y)^2 + (y - z)^2 + (z - x)^2\right]$$

$$\begin{vmatrix} x & y & z \\ z & x & y \\ y & z & x \end{vmatrix} = \begin{vmatrix} x + y + z & x + y + z & x + y + z \\ z & x & y \\ y & z & x \end{vmatrix}$$

得到.

于是由 $a\sqrt[3]{4} + b\sqrt[3]{2} + c = 0$ 得 $4a^3 + 2b^3 + c^3 = 6abc$.显然 c 必须为偶数,设为 $2c_1$,于是 $4a^3 + 2b^3 + 8c_1^3 = 12abc_1$,即 $2a^3 + b^3 + 4c_1^3 = 6abc_1$,显然 b 必须为偶数,设为 $2b_1$,于是 $2a^3 + 8b_1^3 + 4c_1^3 = 12ab_1c_1$,即 $a^3 + 4b_1^3 + 2c_1^3 = 6ab_1c_1$,显然 a 必须为偶数,设为 $2a_1$,于是 $8a_1^3 + 4b_1^3 + 2c_1^3 = 12a_1b_1c_1$,即 $4a_1^3 + 2b_1^3 + c_1^3 = 6a_1b_1c_1$.这与 a, b, c 三个数互素矛盾.

证法 5 若 $\sqrt[3]{2}$ 是 $ax^2 + bx + c = 0$ 的根,同时也是 $x^3 - 2 = 0$ 的根,则 $\sqrt[3]{2}$ 是 $ax^2 + bx + c$ 和 $x^3 - 2$ 的最大公因式 $d(x)$ 的根.$d(x)$ 也是有理系数多项式,而且 $d(x)$ 的最高次数不大于 2.若 $d(x)$ 最高次数为 1,则有理系数一元多项式 $d(x)$ 只有唯一的有理根.若 $d(x)$ 最高次数为 2,则 $\dfrac{x^3 - 2}{d(x)}$ 是有理系数一元多项式,有唯一的有理根,该有理根也是 $x^3 - 2$ 的有理根,根据 Eisenstein(艾森斯坦)判别法,$x^3 - 2$ 没有有理根.

此题用高等代数的专业术语表述就是:$1, \sqrt[3]{2}, \sqrt[3]{4}$ 在有理数域 **Q** 上线性无关.

5.2.15 从高考题谈迭代

2006 年高考福建卷(理)第 16 题:如图 5.36 所示,连接 $\triangle ABC$ 各边中点得到一个新的 $\triangle A_1 B_1 C_1$,又连接 $\triangle A_1 B_1 C_1$ 各边中点得到一个新的 $\triangle A_2 B_2 C_2$,如此无限继续下去,得到一系列三角形:$\triangle ABC, \triangle A_1 B_1 C_1, \triangle A_2 B_2 C_2, \cdots$,这一系列的三角形趋向于一个点 M,已知 $A(0,0), B(3,0), C(2,2)$,则点 M 的坐标是_____.

此题可以推广:任意给定实数 a, b, c,设 $a_0 = a, b_0 = b, c_0 = c, a_n = \dfrac{b_{n-1} + \lambda c_{n-1}}{1 + \lambda}, b_n$

$= \dfrac{c_{n-1} + \lambda a_{n-1}}{1 + \lambda}, c_n = \dfrac{a_{n-1} + \lambda b_{n-1}}{1 + \lambda}$,其中 $\lambda > 0, n \in \mathbf{N}^*$,求证:数列 $\{a_n\}, \{b_n\}, \{c_n\}$ 的极限

存在且相等.

可用闭区间套定理来证明,也可以用不等式来证明.

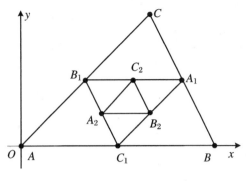

图 5.36

证明 设 $k = \max\left\{\dfrac{1}{1+\lambda}, \dfrac{\lambda}{1+\lambda}\right\}$,显然 $0 < k < 1$,则

$$|c_n - a_n| = \left|\frac{a_{n-1} + \lambda b_{n-1}}{1+\lambda} - \frac{b_{n-1} + \lambda c_{n-1}}{1+\lambda}\right| = \left|\frac{a_{n-1} - b_{n-1} + \lambda(b_{n-1} - c_{n-1})}{1+\lambda}\right|$$

$$\leqslant k|a_{n-1} - c_{n-1}| \leqslant \cdots \leqslant k^n|a_0 - c_0|,$$

所以 $\lim\limits_{n\to\infty}|c_n - a_n| = 0$. 同理 $\lim\limits_{n\to\infty}|c_n - b_n| = 0$. 由

$$a_n + b_n + c_n = \frac{c_{n-1} + \lambda a_{n-1}}{1+\lambda} + \frac{b_{n-1} + \lambda c_{n-1}}{1+\lambda} + \frac{a_{n-1} + \lambda b_{n-1}}{1+\lambda} = a_{n-1} + b_{n-1} + c_{n-1}$$

可知每次变换都保持三个数的和不变,所以 $\lim\limits_{n\to\infty}a_n = \lim\limits_{n\to\infty}b_n = \lim\limits_{n\to\infty}c_n = \dfrac{a_0 + b_0 + c_0}{3}$.

上述证明确实有一点闭区间套定理的影子,但并没有必要一定非用闭区间套定理不可. 在高考数学题中渗透高等数学知识也是最近几年来高考命题的一个特点. 得到上述一般结论后,那道高考题的答案显然为 $\left(\dfrac{5}{3}, \dfrac{2}{3}\right)$.

根据三角形中位线的性质可知,三角形序列两两相似,只是形状越来越小. 而题中所要求的 M 点,其实就是 $\triangle ABC$ 的重心,而且同是所有三角形序列的重心.

设 $\triangle ABC$ 的三个顶点的坐标分别为 (x_1, y_1),(x_2, y_2),(x_3, y_3),那么经过变换后,$\triangle A_1 B_1 C_1$ 的三个顶点的坐标则为 $\left(\dfrac{x_2 + x_3}{2}, \dfrac{y_2 + y_3}{2}\right)$,$\left(\dfrac{x_1 + x_3}{2}, \dfrac{y_1 + y_3}{2}\right)$,$\left(\dfrac{x_1 + x_2}{2}, \dfrac{y_1 + y_2}{2}\right)$.

而 $\triangle ABC$ 和 $\triangle A_1 B_1 C_1$ 的重心都是 $\left(\dfrac{x_1 + x_2 + x_3}{3}, \dfrac{y_1 + y_2 + y_3}{3}\right)$,也就是变换都不改变点 M 是三角形序列重心这一性质.

一个三角形的三个顶点分别在另一个三角形三边上,且分相同的比,则两个三角形有同样的重心.

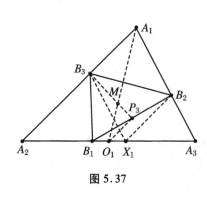

图 5.37

如图 5.37 所示,设 B_1,B_2,B_3 在 $\triangle A_1A_2A_3$ 的边上,且 $\dfrac{B_1A_2}{B_1A_3}=\dfrac{B_2A_3}{B_2A_1}=\dfrac{B_3A_1}{B_3A_2}=k$,在 A_2A_3 上取点 X_1,使得 $X_1A_3=A_2B_1$,则 $B_2X_1\parallel A_1A_2$,$B_3X_1\parallel A_1A_3$;因此四边形 $A_1B_3X_1B_2$ 为平行四边形.设点 O_1 为 A_2A_3 的中点,显然点 O_1 也为 B_1X_1 的中点,再设点 P_3 为 B_1B_2 的中点,则 $O_1P_3\underset{=}{\parallel}\dfrac{1}{2}X_1B_2$.根据三角形相似,可得 $\dfrac{A_1M}{MO_1}=\dfrac{B_3M}{P_3M}=\dfrac{A_1B_3}{O_1P_3}=2$,那么点 M 既是 $\triangle A_1A_2A_3$ 的重心,也是 $\triangle B_1B_2B_3$ 的重心.

上述问题的背景是经典的动力系统问题,其特色是用到迭代,而迭代包括数的迭代和形的迭代.下面再举两个关于形的迭代例题,其证法基本类似.

例36 如图 5.38 所示,作 $\triangle ABC$ 的内切圆,内切圆与 $\triangle ABC$ 的三个交点分别为 A_1,B_1,C_1;再作 $\triangle A_1B_1C_1$ 的内切圆,内切圆与 $\triangle A_1B_1C_1$ 的三个交点分别为 A_2,B_2,C_2;这样无限继续下去,得到一系列三角形:$\triangle ABC$,$\triangle A_1B_1C_1$,$\triangle A_2B_2C_2$,$\cdots$,这一系列的三角形趋向于正三角形.

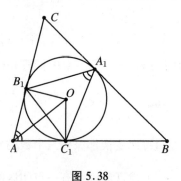

图 5.38

证法1 设圆心为 O,$\angle A_1=\dfrac{1}{2}\angle B_1OC_1=\dfrac{1}{2}(\pi-\angle BAC)=\dfrac{1}{2}(\angle B+\angle C)$,同理 $\angle C_1=\dfrac{1}{2}(\angle A+\angle B)$,则有

$$|\angle C_1-\angle A_1|=\left|\dfrac{1}{2}(\angle A+\angle B)-\dfrac{1}{2}(\angle B+\angle C)\right|=\dfrac{1}{2}|\angle A-\angle C|,$$

递推可得 $|\angle C_n-\angle A_n|=\dfrac{1}{2^n}|\angle A-\angle C|$,所以 $\lim\limits_{n\to\infty}|\angle C_n-\angle A_n|=0$.同理 $\lim\limits_{n\to\infty}|\angle C_n-\angle B_n|=0$.由 $\angle A_n+\angle B_n+\angle C_n=\angle A_{n-1}+\angle B_{n-1}+\angle C_{n-1}=\pi$ 可得每次变换都保持角度和不变,所以 $\lim\limits_{n\to\infty}\angle A_n=\lim\limits_{n\to\infty}\angle B_n=\lim\limits_{n\to\infty}\angle C_n=\dfrac{\pi}{3}$,三角形趋向于正三角形.

证法2 $\angle A_1=\dfrac{1}{2}\angle B_1OC_1=\dfrac{1}{2}(\pi-\angle A)$,递推可得 $\angle A_2=\dfrac{1}{2}(\pi-\angle A_1)$,$\angle A_3=\dfrac{1}{2}(\pi-\angle A_2)$,$\cdots$,$\angle A_n=\dfrac{1}{2}(\pi-\angle A_{n-1})$.各式相加可得 $\angle A_n=\pi\sum\limits_{i=1}^{n}(-1)^{i+1}\dfrac{1}{2^i}+(-1)^n\dfrac{\angle A}{2^n}$,所以 $\lim\limits_{n\to\infty}|\angle A_n|=\dfrac{\pi}{3}$.同理 $\lim\limits_{n\to\infty}|\angle B_n|=\dfrac{\pi}{3}$,$\lim\limits_{n\to\infty}|\angle C_n|=\dfrac{\pi}{3}$.故 $\triangle A_nB_nC_n$

趋向于正三角形.

例37 如图5.39所示,作$\triangle ABC$的内切圆,圆心为O,连接AO,BO,CO,交内切圆分别于点A_1,B_1,C_1;再作$\triangle A_1B_1C_1$的内切圆,圆心为O_1,连接A_1O_1,B_1O_1,C_1O_1,交内切圆分别于点A_2,B_2,C_2;这样无限继续下去,得到一系列三角形:$\triangle ABC$,$\triangle A_1B_1C_1$,$\triangle A_2B_2C_2$,$\cdots$,这一系列的三角形趋向于正三角形.

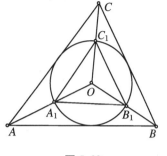

图 5.39

证明 $\angle A_1 = \dfrac{1}{2}\angle B_1OC_1 = \dfrac{1}{2}\left(\pi - \dfrac{1}{2}\angle B - \dfrac{1}{2}\angle C\right) = \dfrac{\pi}{4} + \dfrac{\angle A}{4}$,递推可得$\angle A_2 = \dfrac{\pi}{4} + \dfrac{\angle A_1}{4}$,$\angle A_3 = \dfrac{\pi}{4} + \dfrac{\angle A_2}{4}$,$\cdots$,$\angle A_n = \dfrac{\pi}{4} + \dfrac{\angle A_{n-1}}{4}$.各式相加可得$\angle A_n = \displaystyle\sum_{i=1}^{n}\dfrac{\pi}{4^i} + \dfrac{\angle A}{4^n}$,

所以$\displaystyle\lim_{n\to\infty}|\angle A_n| = \dfrac{\pi}{3}$.同理$\displaystyle\lim_{n\to\infty}|\angle B_n| = \dfrac{\pi}{3}$,$\displaystyle\lim_{n\to\infty}|\angle C_n| = \dfrac{\pi}{3}$.故$\triangle A_nB_nC_n$趋向于正三角形.

5.2.16　微积分新概念的教学　脚步何妨慢一点

数学发展已有几千年之久.即使在中小学主要学习初等数学的精华部分,但12年的课时和几千年相比,基本上可忽略不计,所以教学必须讲究效率.所谓效率,可理解为单位时间达到的效果.可见效率的高低,仅看教学快慢是不够的,还得看效果.笔者认为,新概念的教学,特别是新学科分支的新概念教学,还是放慢一点为好.

微积分被认为是人类智慧最伟大的成就之一.从研究内容来说,微积分学是研究极限、微分学、积分学和无穷级数的一个数学分支.其中无限细分是微分的基本思想,无限求和是积分的基本思想.数学中的量分为有限与无限两种,极限可看作是从有限通向无限的桥梁,是在用一种运动的思想看待问题.

微积分的产生,标志着数学从"常量数学"进入了"变量数学"时代.微积分是一门研究变化的科学,正如几何学是研究形状的科学,代数学是研究代数运算和解方程的科学一样.

正因为微积分与之前的初等数学有着显著的不同,所以学习者必然会遇到很多的困难,这是多年来教学实践早已经证明了的.那能否凭借一些学习者比较熟悉的案例,通过温故知新的方式,摸着"旧知识"这个石头过河,逐步过渡到微积分这个新学科分支去呢?本小节将给出两个案例,供参考.

案例 1 如图 5.40 所示,作一个直角三角形,两直角边都为 1,求面积 S.[①]

如图 5.41~图 5.43 所示,将三角形一分为二,则有 $0 < S_1 < \frac{1}{2} \times \frac{1}{2}$,$\frac{1}{2} \times \frac{1}{2} < S_2 < \frac{1}{2} \times 1$,于是 $\frac{1}{2} \times \frac{1}{2} < S = S_1 + S_2 < \frac{1}{2} \times \left(\frac{1}{2} + \frac{2}{2}\right)$.

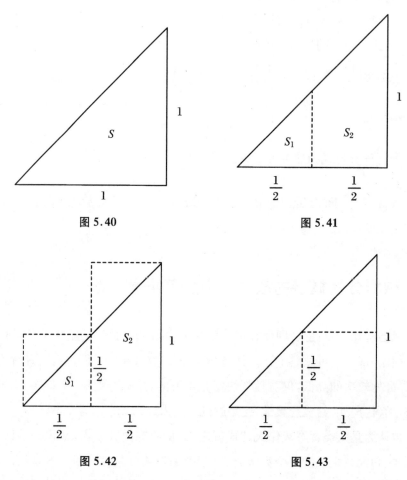

图 5.40　　　　　　　　　　图 5.41

图 5.42　　　　　　　　　　图 5.43

如图 5.44~图 5.45 所示,继续将三角形进行分割,则有 $\frac{1}{4} \times \left(\frac{1}{4} + \frac{2}{4} + \frac{3}{4}\right) < S < \frac{1}{4} \times \left(\frac{1}{4} + \frac{2}{4} + \frac{3}{4} + \frac{4}{4}\right)$;以此类推,则有 $\frac{1}{2^n}\left(\frac{1}{2^n} + \frac{2}{2^n} + \cdots + \frac{2^n - 1}{2^n}\right) < S < \frac{1}{2^n}\left(\frac{1}{2^n} + \frac{2}{2^n} + \cdots + \frac{2^n}{2^n}\right)$. 利用等差数列求和可得 $\frac{1}{2} - \frac{1}{2^{n+1}} < S < \frac{1}{2} + \frac{1}{2^{n+1}}$,写成 $\left|S - \frac{1}{2}\right| < \frac{1}{2^{n+1}}$. 随着分割的不断进行,$\frac{1}{2^{n+1}}$ 越来越小,甚至可以小于事先给定的任意正数,而要使得 $\left|S - \frac{1}{2}\right| < \frac{1}{2^{n+1}}$ 始终成立,则必须 $S = \frac{1}{2}$.

---

① 此例参考秦元勋教授的《从算术到常微分方程》.

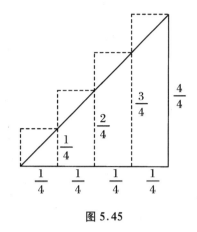

图 5.44　　　　　　　　　　　图 5.45

也许有人会疑惑,不就是求直角三角形的面积吗? 小学生都会,为何要弄得如此麻烦.

切莫小看这个简单案例,实则包含无限分割、无限求和、无穷级数、极限等多个微积分概念.小学方法是静态求解,而现在的方法则是动态求解.而且正因为结果是大家都知道的,以此做基础,就可以验证这种新方法是否可靠.这样的案例就是希望温故知新,用熟悉的案例将学习者在不知不觉中引进新的领域.

如果一开始就挑战难度,求一个之前我们原本做不出来的问题,又如何呢?

在平面坐标系中,求由 $y=0$, $x=1$ 和抛物线 $y=x^2$ 围成的曲多边形面积.

这就是现在很多课堂教学所采用的案例.将 $y=x$ 改成了 $y=x^2$,无限分割、求和、取极限这个套路还是一样的,但直线变成曲线,增加了作图难度,求和时就要从 $1+2+\cdots+n=\dfrac{n(n+1)}{2}$ 变化到 $1^2+2^2+\cdots+n^2=\dfrac{n(n+1)(2n+1)}{6}$,也会增加计算难度.这些难度的增加对理解无限分割、求和、取极限这个套路(这是本小节的核心内容)毫无帮助,只会产生干扰.而最后求得结果为 $\dfrac{1}{3}$,缺少已有基础作为验证,有的学习者甚至会怀疑这样做对不对.

而如果先从 $y=x$ 探究起,让学生对无限分割、求和、取极限这个套路有所了解了,然后再进一步探究 $y=x^2$,此时既是练习,又是推广,学生也不会那么畏难,甚至还可以回过头来思考 $y=x^0=1$.于是有:

$y=x^0=1$ 时,图像为正方形,$S_0=\dfrac{\text{底}\times\text{高}}{1}=\dfrac{1\times1}{1}=1$;

$y=x^1$ 时,图像为直角三角形,$S_1=\dfrac{\text{底}\times\text{高}}{2}=\dfrac{1\times1}{2}=\dfrac{1}{2}$;

$y=x^2$ 时,图像为曲边三角形,$S_2=\dfrac{\text{底}\times\text{高}}{3}=\dfrac{1\times1}{3}=\dfrac{1}{3}$.

由此甚至可猜想:在平面坐标系中,由 $y=0$, $x=1$ 和曲线 $y=x^n$ 围成的曲多边形面积为 $S_n=\dfrac{\text{底}\times\text{高}}{n+1}=\dfrac{1\times1}{n+1}=\dfrac{1}{n+1}$.随着进一步的学习可知:由 $y=0$, $x=b$ 和曲线 $y=x^n$ 围成

的曲多边形面积为 $S_n = \dfrac{\text{底} \times \text{高}}{n+1} = \dfrac{b \times b^n}{n+1} = \dfrac{b^{n+1}}{n+1}$.

可见,这样的引入是有助于后来微积分的学习的.

案例 2 求过圆 $x^2 + y^2 = r^2$ 上一点 $P(x_1, y_1)$ 的切线方程.

解法 1 $P(x_1, y_1)$ 和 $Q(x_2, y_2)$ 为圆 $x^2 + y^2 = r^2$ 上的两点,则有 $x_1^2 + y_1^2 = r^2$, $x_2^2 + y_2^2 = r^2$,两式相减得 $x_2^2 - x_1^2 = y_1^2 - y_2^2$,即 $\dfrac{x_2 + x_1}{y_1 + y_2} = \dfrac{y_1 - y_2}{x_2 - x_1}$;而直线 PQ 的方程为 $y - y_1 = \dfrac{y_1 - y_2}{x_1 - x_2} \cdot (x - x_1)$,即 $y - y_1 = -\dfrac{x_2 + x_1}{y_1 + y_2}(x - x_1)$,假设点 Q 无限接近于点 P,则 $x_2 \to x_1$, $y_2 \to y_1$,于是 $y - y_1 = -\dfrac{x_1}{y_1}(x - x_1)$,即 $yy_1 - y_1^2 = x_1^2 - x_1 x$,也即 $x_1 x + y_1 y = r^2$.

很容易发现,$x_1 - x_2$ 出现在分母,而后来又让 $x_2 \to x_1$,这中间是不是存在问题呢?我们用解法 2 来验证结果,至于过程是否严密以后再说.

解法 2 OP 所在直线的斜率为 $\dfrac{y_1}{x_1}$,与之垂直的直线斜率为 $-\dfrac{x_1}{y_1}$,过点 P 的切线方程为 $y - y_1 = -\dfrac{x_1}{y_1}(x - x_1)$,即 $x_1 x + y_1 y = r^2$.

解法 1 体现了割线向切线动态转化的过程,是动态的观点,而解法 2 是静态的观点.

常见案例是探究 $y = x^2$,而此处探究圆,也是考虑学习者对求圆的切线已经有了认识,希望温故知新.掌握了割线向切线转化的套路之后,再探究 $y = x^2$ 也不迟.

本小节列举两例说明,在微积分新概念的教学时,可尝试将进度放慢一点,特别是面对基础较差的学生时更要注意这一点.如果经过实验,发现这样虽然看似慢了,但效果有明显提高,那么效率还是有所提升啊!

当然,也许有人会对本小节嗤之以鼻,这两个案例都用 $y = x^2$ 有何不可?阿基米德都知道用一连串的三角形来填充抛物线来计算面积了,难道我们连两千多年前的古人都不如吗?

的确,有一种基于数学发展史的教学观点.但我想,切莫看轻古人,特别是有着"数学之神"美誉的顶级数学家.

5.2.17 高等数学的"败笔"

高等数学是在初等数学的基础上发展起来的,两相比较,前者要高也是很自然的事情.由于本书写作是以初等数学为基础的,所以也着重挖掘了初等数学的潜力,尽可能展现初等数学的美和力量.有时也"故意"给出一些高等数学的"败笔",这些看似笨拙的招式,背后都有着深意,望读者仔细体会.

有多少对不同的有序非负整数对 (a, b) 满足 $2a + 5b = 100$?

这个问题难度不大,也就是小学竞赛的难度.而在美国教授 Paul Zeitz(蔡茨)的著作《怎样解题 数学竞赛攻关宝典》中却花费很大的篇幅来讲解它.

例 4.3.5 有多少对不同的有序非负整数对 (a,b) 满足

$$2a+5b=100?$$

解答 先看一看一般情况:设 u_n 是满足方程 $2a+5b=n$ 的有序非负整数对的个数.因此 $u_0=1,u_1=0,u_2=1$ 等等.现在要找出 u_{100},定义

$$A(x)=1+x^2+x^4+x^6+x^8+\cdots,$$
$$B(x)=1+x^5+x^{10}+x^{15}+x^{20}+\cdots,$$

考虑它们的积

$$A(x)B(x)=(1+x^2+x^4+\cdots)(1+x^5+x^{10}+\cdots)$$
$$=1+x^2+x^4+x^5+x^6+x^7+x^8+x^9+2x^{10}+\cdots.$$

我们断言 $A(x)B(x)$ 就是序列 $u_0,u_1,u_2,\cdots$ 的生成函数.

现在利用几何级数工具来化简

$$A(x)=\frac{1}{1-x^2},\quad B(x)=\frac{1}{1-x^5}.$$

因此

$$\frac{1}{(1-x^2)(1-x^5)}=u_0+u_1x+u_2x^2+u_3x^3+\cdots. \tag{4}$$

抽象意义上讲,我们已经"做出来了",因为有一个形式很漂亮的生成函数.但是还不知道 u_{100} 等于多少.不过,这也不难计算.通过观察,可以算出

$$u_0=u_2=u_4=u_5=u_6=u_7=1,\quad u_1=u_3=0. \tag{5}$$

然后将式(4)化成

$$1=(1-x^2)(1-x^5)(u_0+u_1x+u_2x^2+u_3x^3+\cdots)$$
$$=(1-x^2-x^5+x^7)(u_0+u_1x+u_2x^2+u_3x^3+\cdots).$$

右边各项乘积的 x^k(如果 $k>0$)的系数必须为 0.乘出来,它的系数就是

$$u_k-u_{k-2}-u_{k-5}+u_{k-7}.$$

所以对所有 $k>7$,有递推关系 $u_k=u_{k-2}+u_{k-5}-u_{k-7}.$ \tag{6}

结合式(5)和式(6)就可以算出 u_{100},虽然有点单调,但是确实很简单.举个例子,

$$u_8=u_6+u_3-u_1=1,\quad u_9=u_7+u_4-u_2=1,\quad u_{10}=u_8+u_5-u_3=2,\quad\cdots.$$

如果仔细琢磨,就会发现一些捷径(试着反向思考,并制作表格来省去一些步骤),最终会算出 $u_{100}=11$.

这样的解法用到了无穷级数、母函数等多个高等数学的概念,无疑是烦琐的,看起来甚至有点吃力,远不如这样分析:由于 $0 \leqslant b \leqslant 20$,而且 b 只能为偶数,于是 $b = 0, 2, 4, 6, \cdots, 20$,共 11 个.

但我们能因此否定母函数方法吗?我想不能.

母函数的博大精深,并不因为这样简单的应用而受到"鄙视".譬如将 $2a + 5b = 100$ 改为 $2a + 5b + 3c + 4d = 100$,那么又有多少组解呢?恐怕就不是一两行分析就可以快速得到答案了.

遥想当年,瑞士数学家雅各布·伯努利也是因为思考类似的问题而首先使用了母函数方法,这个问题是"当投掷 n 粒骰子时,加起来点数总和等于 m 的可能方式的数目",他得出的结果是:$(x + x^2 + x^3 + x^4 + x^5 + x^6)^n$ 的展开式中 x^m 项的系数.

之后,欧拉在研究自然数的分解时也使用了母函数方法并奠定了母函数方法的基础.后来,法国数学家拉普拉斯在著作《概率的分析理论》的第一卷中系统地研究了母函数方法及与之有关的理论.

母函数的应用十分广泛,这方面的专著不少,科普类的著作可参看史济怀先生的《母函数》一书.

在某些入门著作当中,作者可能会使用简单案例来介绍一些较高深的方法.读者切莫因为案例的简单,从而"鄙视"这些方法,总觉得还是自己的原始方法要好.

正所谓:鹰有时确实没有鸡飞得高,但鸡永远也飞不上云端!对于初等数学、高等数学的比较,又何尝不是如此呢?

说明:有些文章提及此句,常写作"鹰有时飞得比鸡低,但鸡永远不能飞得比鹰高".这样的表述明显前后矛盾,前半句肯定鹰有时飞得比鸡低这个事实,而后半句却矢口否认.这句话出自《克雷洛夫寓言》.

寓言大意是,鹰在高空飞翔之后落在低矮的烘谷房上歇息,然后又向另一个烘谷房飞去.一只凤头母鸡看到了,大发感慨,鹰凭什么备受尊重,如果我愿意,也能在烘谷房之间飞来飞去,以后我们别当傻瓜,认为老鹰有着比我们显贵的门第,它们和鸡飞得一样低.鸽子对此言颇为反感,就回了一句:鹰有时确实没有鸡飞得高,但鸡永远也飞不上云端!

克雷洛夫的结论是,"评论天才人物,别去寻找他们的不足,而要看到他们的优点,善于理解他们所达到的高度".

5.2.18 不好的高等数学解法举例

是不是解题时,使用了高等数学就高人一等呢?也不尽然.初等数学威力不可小觑,高等数学若用得不当,也是个摆设,或者更加复杂.下面一些例子,可作为反面教材.

例38 已知实数 x, y, z, u 满足 $\begin{cases} x = by + cz + du \\ y = ax + cz + du \\ z = ax + by + du \\ u = ax + by + cz \end{cases}$，求证：$\dfrac{a}{1+a} + \dfrac{b}{1+b} + \dfrac{c}{1+c} + \dfrac{d}{1+d}$

$= 1$.

证法 1（高等数学解法）$\begin{cases} x = by + cz + du \\ y = ax + cz + du \\ z = ax + by + du \\ u = ax + by + cz \end{cases}$，移项得 $\begin{cases} x - by - cz - du = 0 \\ ax - y + cz + du = 0 \\ ax + by - z + du = 0 \\ ax + by + cz - u = 0 \end{cases}$，则

$$\begin{vmatrix} 1 & -b & -c & -d \\ a & -1 & c & d \\ a & b & -1 & d \\ a & b & c & -1 \end{vmatrix} = 0，展开得 -1 + ab + ac + bc + 2abc + ad + bd + 2abd + cd + 2acd$$

$+ 2bcd + 3abcd = 0.$ 而

$$\frac{a}{1+a} + \frac{b}{1+b} + \frac{c}{1+c} + \frac{d}{1+d} - 1$$

$$= \frac{-1 + ab + ac + bc + 2abc + ad + bd + 2abd + cd + 2acd + 2bcd + 3abcd}{(1+a)(1+b)(1+c)(1+d)}.$$

题目条件是非常规范的关于 x, y, z, u 的线性方程组，而所求结论则不含这四个参数，那么只需计算系数行列式消去 x, y, z, u，必然可得出与结论相关的式子. 这种思路是直接的，对于学过高等数学的人而言，可以算是条件反射，但由于存在一定的计算量，所以解法并不算太好. 如果观察方程系数，还可得到另一证法.

证法 2 后三式相加得 $3ax = y + z + u - 2by - 2cz - 2du$，即 $3ax = y + z + u - 2x$，于是 $a = -\dfrac{-u + 2x - y - z}{3x}$，$\dfrac{a}{1+a} = \dfrac{-2u + x + y + z}{u + x + y + z}$，类似可得其他，所以 $\dfrac{a}{1+a} + \dfrac{b}{1+b} + $

$\dfrac{c}{1+c} + \dfrac{d}{1+d} = 1.$

例39 设 $p = \dfrac{a-b}{a+b}$，$q = \dfrac{b-c}{b+c}$，$r = \dfrac{c-a}{c+a}$，且 $a+b, b+c, c+a$ 均不为零，求证：$(1-p)(1-q)(1-r) = (1+p)(1+q)(1+r).$

证法 1 由 $\dfrac{p}{1} = \dfrac{a-b}{a+b}$，根据合分比定理可得 $\dfrac{1-p}{1+p} = \dfrac{b}{a}$，即 $(p-1)a + (p+1)b + 0 \cdot c$

$= 0$；因为 $a+b, b+c, c+a$ 均不为零，所以方程组 $\begin{cases} (p-1)a + (p+1)b + 0 \cdot c = 0 \\ 0 \cdot a + (q-1)b + (q+1) \cdot c = 0 \\ (r+1)a + 0 \cdot b + (r-1) \cdot c = 0 \end{cases}$有非

零解，故 $\begin{vmatrix} p-1 & p+1 & 0 \\ 0 & q-1 & q+1 \\ r+1 & 0 & r-1 \end{vmatrix} = 0$，即 $(1-p)(1-q)(1-r) = (1+p)(1+q)(1+r)$.

证法 2 由 $\dfrac{p}{1} = \dfrac{a-b}{a+b}$，根据合分比定理可得 $\dfrac{1-p}{1+p} = \dfrac{b}{a}$，所以

$$\frac{(1-p)(1-q)(1-r)}{(1+p)(1+q)(1+r)} = \frac{b \cdot c \cdot a}{a \cdot b \cdot c} = 1.$$

例 40 证明：$\triangle ABC$ 中，$(b-c)\cot\dfrac{A}{2} + (c-a)\cot\dfrac{B}{2} + (a-b)\cot\dfrac{C}{2} = 0$.

证法 1 设 s 为半周长，则 $\cot\dfrac{A}{2} = \dfrac{s-a}{r}$，即 $s - r\cot\dfrac{A}{2} - a = 0$，所以方程组

$$\begin{cases} s - r\cot\dfrac{A}{2} - a = 0 \\[2mm] s - r\cot\dfrac{B}{2} - b = 0 \\[2mm] s - r\cot\dfrac{C}{2} - c = 0 \end{cases}$$ 有非零解 $(s, r, 1)$，故 $\begin{vmatrix} 1 & -\cot\dfrac{A}{2} & -a \\[2mm] 1 & -\cot\dfrac{B}{2} & -b \\[2mm] 1 & -\cot\dfrac{C}{2} & -c \end{vmatrix} = 0$，即

$$(b-c)\cot\frac{A}{2} + (c-a)\cot\frac{B}{2} + (a-b)\cot\frac{C}{2} = 0.$$

证法 2 $\cot\dfrac{A}{2} = \dfrac{s-a}{r}$，所以

$$(b-c)\frac{s-a}{r} + (c-a)\frac{s-b}{r} + (a-b)\frac{s-c}{r}$$

$$= \frac{1}{r}[s(b-c+c-a+a-b) - a(b-c) - b(c-a) - c(a-b)] = 0.$$

例 41 证明：$\triangle ABC$ 中，$\dfrac{b-c}{a}\cos^2\dfrac{A}{2} + \dfrac{c-a}{b}\cos^2\dfrac{B}{2} + \dfrac{a-b}{c}\cos^2\dfrac{C}{2} = 0$.

证法 1 设 s 为半周长，则 $\cos^2\dfrac{A}{2} = \dfrac{s(s-a)}{bc}$，即 $s^2 - sa - bc\cos^2\dfrac{A}{2} = 0$，所以方程组

$$\begin{cases} s^2 - sa - bc\cos^2\dfrac{A}{2} = 0 \\[2mm] s^2 - sb - ca\cos^2\dfrac{B}{2} = 0 \\[2mm] s^2 - sc - ab\cos^2\dfrac{C}{2} = 0 \end{cases}$$ 有非零解 $(s^2, -s, -1)$，故 $\begin{vmatrix} 1 & a & bc\cos^2\dfrac{A}{2} \\[2mm] 1 & b & ca\cos^2\dfrac{B}{2} \\[2mm] 1 & c & ab\cos^2\dfrac{C}{2} \end{vmatrix} = 0$，而 $abc \neq 0$，于是

$$\frac{b-c}{a}\cos^2\frac{A}{2} + \frac{c-a}{b}\cos^2\frac{B}{2} + \frac{a-b}{c}\cos^2\frac{C}{2} = 0.$$

证法 2 设 s 为半周长，则 $\cos^2\dfrac{A}{2} = \dfrac{s(s-a)}{bc}$，于是所求证式变成 $(b-c)(s-a) +$

$(c-a)(s-b)+(a-b)(s-c)=0$,显然有

$$s(b-c+c-a+a-b)-a(b-c)-b(c-a)-c(a-b)=0.$$

$\dfrac{b-c}{a}\cos^2\dfrac{A}{2}+\dfrac{c-a}{b}\cos^2\dfrac{B}{2}+\dfrac{a-b}{c}\cos^2\dfrac{C}{2}=0$ 等价于

$$(\sin B-\sin C)\cot\dfrac{A}{2}+(\sin C-\sin A)\cot\dfrac{B}{2}+(\sin A-\sin B)\cot\dfrac{C}{2}=0,$$

这说明 $\sin A$,$\sin B$,$\sin C$ 成等差数列,可推出 $\cot\dfrac{A}{2}$,$\cot\dfrac{B}{2}$,$\cot\dfrac{C}{2}$ 成等差数列,反之亦然.

例 42 $\triangle ABC$ 中,求证:$a^2+b^2+c^2\geqslant 4\sqrt{3}S_{\triangle ABC}$.

证明 如图 5.46 所示,设 $A(-m,0)$,$B(m,0)$,$C(p,q)$,则

$$a^2+b^2+c^2=(p-m)^2+q^2+(p+m)^2+q^2+4m^2=2p^2+2q^2+6m^2,$$

$$S_{\triangle ABC}=\dfrac{1}{2}\begin{vmatrix} -m & 0 & 1 \\ m & 0 & 1 \\ p & q & 1 \end{vmatrix}=mq,$$

故

$$a^2+b^2+c^2-4\sqrt{3}S_{\triangle ABC}=2p^2+2q^2+6m^2-4\sqrt{3}mq=2\left[p^2+(q-\sqrt{3}m)^2\right]\geqslant 0.$$

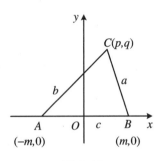

图 5.46

笔者曾在不少书籍和杂志上看到这一解法.整体思路很好,但在计算 $S_{\triangle ABC}$ 时有点失败,$S_{\triangle ABC}=mq$,这不是显然的吗?何须行列式呢!多本资料出现一模一样的问题,可见不少借鉴者盲目迷信,没有自己的思考.

某资料上有下面这道题及解法,使用了行列式计算面积,篇幅也不短,看似高大上,实则只是小学生的题目而已.由共边定理可知 $\dfrac{S_{\triangle ADG}}{S_{\triangle ABG}}=\dfrac{DG}{GB}=\dfrac{S_{\triangle CDG}}{S_{\triangle CBG}}$.此结论对于任意四边形成立,梯形的条件多余.

例 43 梯形 $ABCD$ 的两对角线相交于点 G,求证:$S_{\triangle ADG}\cdot S_{\triangle CBG}=S_{\triangle ABG}\cdot S_{\triangle CDG}$.

分析　建立坐标系,设出四个三角形的顶点坐标,即可求出它们之间的等量关系.

证明　建立坐标系(如图 5.47 所示),设梯形各顶点的坐标为 $A(a,0),B(b,d),C(c,d),D(0,0)$.对角线交点 G 的坐标为 (x,y).

再设 $\dfrac{DG}{GB}=\lambda$.由平行知道,$\triangle ADG \backsim \triangle BCG$,$\dfrac{DG}{GB}=\dfrac{DA}{CB}=\dfrac{a}{b-c}$,即 $\lambda=\dfrac{a}{b-c}$.

又由线段的定比分点公式得 G 点的坐标为

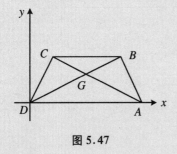

图 5.47

$$x=\frac{0+\lambda b}{1+\lambda}=\frac{\dfrac{a}{b-c}\cdot b}{1+\dfrac{a}{b-c}}=\frac{ab}{a+b-c},$$

$$y=\frac{0+\lambda d}{1+\lambda}=\frac{\dfrac{a}{b-c}\cdot d}{1+\dfrac{a}{b-c}}=\frac{ad}{a+b-c},$$

所以

$$S_{\triangle ADG}=\frac{1}{2}\cdot y\cdot|AD|=\frac{1}{2}\cdot\frac{ad}{a+b-c}\cdot a=\frac{a^2d}{2(a+b-c)},$$

$$S_{\triangle BCG}=\frac{1}{2}(d-y)\cdot|BC|=\frac{1}{2}\left(d-\frac{ad}{a+b-c}\right)\cdot(b-c)=\frac{(b-c)^2d}{2(a+b-c)},$$

$$S_{\triangle CDG}=\frac{1}{2}\begin{vmatrix}0 & 0 & 1\\ \dfrac{ab}{a+b-c} & \dfrac{ad}{a+b-c} & 1\\ c & d & 1\end{vmatrix}=\frac{1}{2}\cdot\frac{ad(b-c)}{(a+b-c)},$$

$$S_{\triangle ABG}=\frac{1}{2}\begin{vmatrix}a & 0 & 1\\ b & d & 1\\ \dfrac{ab}{a+b-c} & \dfrac{ad}{a+b-c} & 1\end{vmatrix}=\frac{1}{2}\cdot\frac{ad(b-c)}{(a+b-c)}.$$

由于 $S_{\triangle ADG}\cdot S_{\triangle BCG}=\left[\dfrac{ad(b-c)}{2(a+b-c)}\right]^2$,$S_{\triangle ABG}\cdot S_{\triangle CDG}=\left[\dfrac{ad(b-c)}{2(a+b-c)}\right]^2$,所以 $S_{\triangle ADG}\cdot S_{\triangle BCG}=S_{\triangle ABG}\cdot S_{\triangle CDG}$.

5.2.19　陈省身没做出来的数学题

传记文学在中国历史悠久,为今人留下了很多宝贵文献.胡适先生应该算得上是传记文学的积极倡导者.譬如他自己写的《四十自述》,唐德刚先生整理的《胡适口述自传》都有很大的影响力.

　　自己写传,好处是材料翔实可靠.哪些事情对自己影响大,可以重点写.他人写传,则难免有失实之处,特别是和传主没有深入接触,更是有胡编乱造的嫌疑.譬如金庸传记很多,但金庸先生都是不承认的,认为他们胡写.不过传主口述、其他人整理则不在此列,它既可以保证传主把自己想要表达的意思全盘托出,整理人又能从旁观者角度挖掘材料,这样使得史实可靠,又能满足读者的好奇心.

　　相对文学而言,数学方面的传记少得可怜.如果把徐迟的报告文学《哥德巴赫猜想》算作是陈景润的传记,那无疑是数学领域最有影响力的传记.很多人从此喜欢上数学,报考了数学专业.

　　在此还推荐几本传记,王元先生写的《华罗庚传》、张奠宙的自传《我亲历的数学教育(1938～2008)》、徐利治口述的《徐利治访谈录》.还有贝尔所著的《数学大师:从芝诺到庞加莱》、刘培杰主编的《精神的圣徒　别样的人生——60位中国数学家成长的历程》也可以一看.

　　下面所述,皆摘录于《徐利治访谈录》.

　　徐利治先生认为,西南联大数学系的老师数学基础是扎实的.但从现在的观点来看,包括一些名家在内,他们的知识面还是比较专而窄的,尽管他们在自己的研究领域里做得很好.

　　案例1　钟开莱老师问徐利治(当时还是学生),你听王湘浩讲集合论,到底集合论是怎么一回事? 徐利治解释了之后,钟开莱说这课没什么意思,"无穷大基数与序数大而不当".而许宝騄先生则质疑集合论,认为康托是个唯心主义者.

　　钟开莱(Kai-lai Chung,1917～2009),数学家、概率学家,1936年入清华大学物理系,1940年毕业于清华大学数学系,1942年清华大学数学系研究生毕业,1942～1945年任昆明西南联合大学数学系教员,1944年考取第六届庚子赔款公费留美奖学金,1945年年底赴美国留学,1947年获普林斯顿大学博士学位,50年代任教于美国纽约州雪城大学,60年代以后任斯坦福大学数学系教授、荣休教授.钟开莱为世界知名概率学家,著有十余部专著,2009年6月1日在菲律宾逝世.

　　案例2　刘晋年先生想不通为什么无理数比有理数多,有理数也是多得不得了啊.于是晚上去敲申又枨先生的门.申先生证明给他看.

　　申又枨(You-cheng Shen,1901～1978),著名数学家,北京大学教授,主要从事复变函数的插值理论、微分方程、数学教育的研究,1922～1926年在南开大学学习,1931～1934年在哈佛大学数学系攻读博士学位,1935年应邀到北大工作.在哈佛大学期间,申又枨师从著名数学家J. L. Walsh教授,研究的课题是用多项式级数或有理函数级数表示一般的解析函数.在此期间,申又枨在插值理论方面的研究得到了很高的评价,回国后,他在插值理论及其应用方面又做出了许多新的贡献.

案例3 徐利治到办公室向陈省身先生请教问题,级数求和:$\sqrt{1}+\sqrt{2}+\cdots+\sqrt{n}$. 陈先生看了很久,没有回答出来.

陈省身(Shiing-shen Chern,1911~2004),国际数学大师、著名教育家、中国科学院外籍院士,20世纪世界级的几何学家,少年时代即显露数学才华,在其数学生涯中,几经抉择,努力攀登,终成辉煌.他在整体微分几何上的卓越贡献,影响了整个数学的发展,被杨振宁誉为继欧几里得、高斯、黎曼、嘉当之后又一里程碑式的人物.他曾先后主持、创办了三大数学研究所,造就了一批世界知名的数学家,1936年获得博士学位,1937年离开法国回国,在西南联大讲授微分几何.

计算:$\sqrt{1}+\sqrt{2}+\cdots+\sqrt{n}$.

证明1 因为 $\sum\limits_{i=1}^{n}\sqrt{i}=n\sqrt{n}\sum\limits_{i=1}^{n}\dfrac{1}{n}\sqrt{\dfrac{i}{n}}$,$\sum\limits_{i=0}^{n-1}\dfrac{1}{n}\sqrt{\dfrac{i}{n}}<\int_{0}^{1}\sqrt{x}\,\mathrm{d}x=\dfrac{2}{3}<\sum\limits_{i=1}^{n}\dfrac{1}{n}\sqrt{\dfrac{i}{n}}$,

故 $\dfrac{2}{3}<\sum\limits_{i=1}^{n}\dfrac{1}{n}\sqrt{\dfrac{i}{n}}<\dfrac{2}{3}+\dfrac{1}{n}$,$\sum\limits_{i=1}^{n}\sqrt{i}=\dfrac{2}{3}n^{3/2}+c\sqrt{n}\,(0<c<1)$.

证明2 由 $\int_{k}^{k+1}\sqrt{x}\,\mathrm{d}x\leqslant\int_{k}^{k+1}\left(\dfrac{x}{2\sqrt{k}}+\dfrac{\sqrt{k}}{2}\right)\mathrm{d}x=\dfrac{(k+1)^2-k^2}{4\sqrt{k}}+\dfrac{\sqrt{k}}{2}=\sqrt{k}+\dfrac{1}{4\sqrt{k}}$ 得

$$\int_{1}^{n}\sqrt{x}\,\mathrm{d}x\leqslant\sum_{k=1}^{n-1}\left(\sqrt{k}+\dfrac{1}{4\sqrt{k}}\right),$$

$$\sum_{k=1}^{n-1}\dfrac{1}{4\sqrt{k}}\leqslant\sum_{k=1}^{n-1}\dfrac{1}{2\sqrt{k}+2\sqrt{k-1}}\leqslant\sum_{k=1}^{n-1}\dfrac{\sqrt{k}-\sqrt{k-1}}{2}<\dfrac{\sqrt{n-1}}{2},$$

所以 $\dfrac{2}{3}n^{3/2}-\dfrac{2}{3}\leqslant\dfrac{\sqrt{n-1}}{2}+\sum\limits_{k=1}^{n-1}\sqrt{k}$,设 $S_n=\sum\limits_{k=1}^{n}\sqrt{k}$,则

$$S_n\geqslant\dfrac{2}{3}n^{3/2}-\dfrac{2}{3}+\sqrt{n}-\dfrac{\sqrt{n-1}}{2}\geqslant\dfrac{2}{3}n^{3/2}-\dfrac{2}{3}+\dfrac{\sqrt{n}}{2}.$$

若设 $G_n=S_n-\dfrac{2}{3}n^{3/2}-\dfrac{\sqrt{n}}{2}$,显然有 $G_n\geqslant-\dfrac{2}{3}$,下面证 $G_{n+1}<G_n$.

$6(G_n-G_{n+1})(\sqrt{n+1}+\sqrt{n})$

$=[4(n+1)\sqrt{n+1}+3\sqrt{n+1}-6\sqrt{n+1}-4n\sqrt{n}-3\sqrt{n}](\sqrt{n+1}+\sqrt{n})$

$=[\sqrt{n+1}+4n(\sqrt{n+1}-\sqrt{n})-3\sqrt{n}](\sqrt{n+1}+\sqrt{n})$

$=\sqrt{n+1}(\sqrt{n+1}+\sqrt{n})+4n-3\sqrt{n}(\sqrt{n+1}+\sqrt{n})$

$=2n+1-2\sqrt{n^2+n}=\sqrt{4n^2+4n+1}-\sqrt{4n^2+4n}>0,$

所以 $1+\sqrt{2}+\cdots+\sqrt{n}\sim\dfrac{2}{3}n^{3/2}+\dfrac{\sqrt{n}}{2}+C$.

深入研究此问题,需用到 Euler-Maclaurin(欧拉-麦克劳林)公式,有一般性结论:$1+\sqrt[r]{2}$
$+\cdots+\sqrt[r]{n}\sim\dfrac{r}{r+1}n^{(r+1)/r}+\dfrac{\sqrt[r]{n}}{2}+C.$

5.2.20 相信付出才有回报

我的一个学生走向工作岗位之后,觉得怀才不遇,有时向我诉苦,在单位里如何不受重视,好像有他不多,无他也不少.

我说:不是好像,根本就是这么一回事.试想一下,这个学校当初若不招你,难道就要停止运转,关门大吉了吗? 不是吧! 新人在工作单位,要不断学习,同时也要展现自己的实力.要相信:怀才和怀孕一样,怀久了,自然就会显露出来.

我在一篇博文中提到:曾经有一位大学教授笑话我说,你这样的也叫文章,这样的文章我一晚上写3篇,还包括排版.

类似的批评,我也听得多了.花时间去反驳,估计也是白费功夫.还是去努力,不断提高自己才是王道.

最近又和这位教授聊了,由于这位教授主攻偏微分方程,而我最近在写本书,有些微积分的问题可以交流,下面略举两例.

例44 求证:$x^2<\sin x\tan x,0<x<\dfrac{\pi}{2}.$

教授说,这题目简单,可用泰勒展开式来分析.但我有更简单的证法:

证法 1

$$\frac{\sin x}{x}\cdot\frac{\tan x}{x}=\int_0^1\cos(tx)\mathrm{d}t\cdot\int_0^1\frac{1}{\cos^2(tx)}\mathrm{d}t\geqslant\left(\int_0^1\frac{1}{\sqrt{\cos(tx)}}\mathrm{d}t\right)^2>1.$$

这种解法当然是非常精彩的,干净利落.略作解释:

如果觉得 $\dfrac{\sin x}{x}=\displaystyle\int_0^1\cos(tx)\mathrm{d}t$ 难以理解,可将 x 移到右边,即 $\sin x=\displaystyle\int_0^1\cos(tx)\mathrm{d}(tx)$,

这就好懂一些了. $\dfrac{\tan x}{x}=\displaystyle\int_0^1\frac{1}{\cos^2(tx)}\mathrm{d}t$ 也同样如此.接下来则用到柯西-施瓦茨不等式:

$\left|\displaystyle\int f(x)g(x)\mathrm{d}x\right|^2\leqslant\displaystyle\int|f^2(x)|\mathrm{d}x\cdot\displaystyle\int|g^2(x)|\mathrm{d}x$,我们可能更熟悉它的初等形式:

$\left(\displaystyle\sum_{i=1}^n x_iy_i\right)^2\leqslant\left(\displaystyle\sum_{i=1}^n x_i\right)^2\cdot\left(\displaystyle\sum_{i=1}^n y_i\right)^2.$

(补充:设 $f(x)$ 和 $g(x)$ 是连续函数,对于任意 λ,由 $[\lambda f(x)+g(x)]^2\geqslant0$,即 $\lambda^2f^2(x)+$

$2f(x)g(x)\lambda+g^2(x)\geqslant0$,故 $\lambda^2\displaystyle\int f^2(x)\mathrm{d}x+2\displaystyle\int f(x)g(x)\mathrm{d}x\lambda+\displaystyle\int g^2(x)\mathrm{d}x\geqslant0$,根据二次函

数的判别式可知 $\left[\int f(x)g(x)\mathrm{d}x\right]^2 \leqslant \int f^2(x)\mathrm{d}x\int g^2(x)\mathrm{d}x.$)

证法 2 $\sqrt{\sin x\tan x}\geqslant \dfrac{2}{\dfrac{1}{\sin x}+\dfrac{1}{\tan x}}=\dfrac{2\sin x}{1+\cos x}=2\tan\dfrac{x}{2}\geqslant x.$

两种证法,从形式上来看都是短短一行,但后者所用到的知识要少很多,仅仅是均值不等式和三角函数的简单应用.中学生完全可以理解并接受这种解法.

证法 3 设 $f(x)=\sin x\tan x-x^2$,其中 $0\leqslant x<\dfrac{\pi}{2}$,则 $f(0)=0.$

$$f'(x)=\frac{\sin x}{\cos^2 x}+\sin x-2x,\quad f'(0)=0,$$

$$f''(x)=\frac{1}{\cos x}+\frac{2\sin^2 x}{\cos^3 x}+\cos x-2=\left(\sqrt{\cos x}-\frac{1}{\sqrt{\cos x}}\right)^2+\frac{2\sin^2 x}{\cos^3 x}>0,$$

从而 $f'(x)>0,f(x)>0.$

例 45 求 $\lim\limits_{n\to\infty}\dfrac{1}{\sqrt{n^3+1}}+\dfrac{2}{\sqrt{n^3+2}}+\cdots+\dfrac{n}{\sqrt{n^3+n}}.$

这是一个很常见的题目.有学生这样做:设

$$S_n=\frac{1}{\sqrt{n^3+1}}+\frac{2}{\sqrt{n^3+2}}+\cdots+\frac{n}{\sqrt{n^3+n}},$$

有

$$\frac{1}{\sqrt{n^3+1}}\leqslant\frac{1}{\sqrt{n^3+1}}<\frac{n}{\sqrt{n^3+1}},$$

$$\frac{1}{\sqrt{n^3+1}}<\frac{2}{\sqrt{n^3+2}}<\frac{n}{\sqrt{n^3+1}},$$

$$\cdots,$$

$$\frac{1}{\sqrt{n^3+1}}<\frac{n}{\sqrt{n^3+n}}<\frac{n}{\sqrt{n^3+1}},$$

则 $\dfrac{n}{\sqrt{n^3+1}}\leqslant S_n<\dfrac{n^2}{\sqrt{n^3+1}}.$ 接下去,就不知咋办了.

分式相加,分母不同要通分,将异分母变成同分母.这是小学老师反复强调的.但此处涉及根号,式子又多,如果仅仅是简单通分,则会使式子变得格外复杂.由于这不是求精确值,允许有少量误差.

这位学生是知道要化成同分母这个大方向,也掌握了一些放缩的技巧,但由于不等式的基本功还掌握得不是很好,放缩范围过大.

解法 1

$$S_n=\sum_{k=1}^{n}\frac{k}{\sqrt{n^3+k}}\geqslant\sum_{k=1}^{n}\frac{k}{\sqrt{n^3+n}}=\frac{n^2+n}{2\sqrt{n^3+n}},$$

$$\lim_{n\to\infty}S_n \geqslant \lim_{n\to\infty}\frac{n^2+n}{2\sqrt{n^3+n}} \to \infty.$$

解法 2　由 $n^3 \leqslant n^3+k \leqslant n^3+n \leqslant 2n^3$，得

$$\frac{1}{\sqrt{2n^3}} \leqslant \frac{1}{\sqrt{n^3+k}} \leqslant \frac{1}{\sqrt{n^3}},$$

$$\frac{n(n+1)}{2\sqrt{2n^3}} = \frac{1}{\sqrt{2n^3}}\sum_{k=1}^{n}k \leqslant \sum_{k=1}^{n}\frac{k}{\sqrt{n^3+k}} \leqslant \frac{1}{\sqrt{n^3}}\sum_{k=1}^{n}k = \frac{n(n+1)}{2\sqrt{n^3}},$$

所以 $\lim\limits_{n\to\infty}S_n \to \infty$.

看似考察极限，实则是考察不等式.高等数学中有专门章节学习极限，却不会再专门学习不等式了.

我对教授说：你们这些教高等数学的人要感谢我这个科普工作者，我是在为你们的教学做铺垫.

教授说：初等数学的功底不行，是学不好高等数学的.我现在能理解你所做工作的意义了.很期待你的《从初等数学到高等数学》早点出版.

得到这位教授的认可，我很开心.科普之路不容易，容易干不了大业绩.

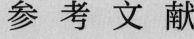

参 考 文 献

[1]　上海教育出版社.初等数学论丛[M].上海：上海教育出版社,1980.

[2]　李尚志.数学的神韵[M].北京：科学出版社,2010.

[3]　菲利克斯·克莱因.高观点下的初等数学[M].上海：复旦大学出版社,2008.

[4]　沈钢.高观点下的初等数学概念[M].杭州：浙江大学出版社,2001.

[5]　梅向明.用近代数学观点研究初等数学[M].北京：人民教育出版社,1989.

[6]　唐复苏.中学数学现代基础[M].北京：北京师范大学出版社,1988.

[7]　吕凤,董笑咏,梁世安.高等数学在中学数学中的应用1000例[M].长春：东北师范大学出版社,1995.

[8]　王仁发.高观点下的中学数学：代数学[M].北京：高等教育出版社,2001.

[9]　高夯.高观点下的中学数学：分析学[M].北京：高等教育出版社,2002.